Die Verbrennungskraftmaschine

Herausgegeben von

Prof. Dr. Hans List VDI

Dresden

Heft 8

**Grundlagen
zur Gestaltung von Verbrennungskraftmaschinen**

Zweiter Teil

Die Dynamik der Verbrennungskraftmaschine

Springer-Verlag Wien GmbH

Die Dynamik der Verbrennungskraftmaschine

Von

Dr.-Ing. **Hans Schrön**
a. pl. Professor an der Technischen Hochschule München

Mit 187 Textabbildungen

Springer-Verlag Wien GmbH

ISBN 978-3-662-01905-4   ISBN 978-3-662-02200-9 (eBook)
DOI 10.1007/978-3-662-02200-9

Alle Rechte, insbesondere das der Übersetzung
in fremde Sprachen, vorbehalten

Copyright 1942 by Springer-Verlag Wien
Ursprünglich erschienen bei Springer-Verlag Wien 1942

Vorwort.

Von einer Verbrennungskraftmaschine muß ruhiger und gleichförmiger Lauf und ausreichende mechanische Betriebssicherheit gefordert werden. Aus diesen Gründen ist bereits beim Entwurf auf jene lauftechnischen Probleme volles Augenmerk zu richten, die zu Störungen Anlaß geben können und deren Kenntnis manche Fehlgriffe in der Planung und in der Durchbildung wichtiger Teile der Verbrennungskraftmaschine verhütet.

Von der großen Zahl der einschlägigen Fragen sind mit der Steigerung des Raschlaufes der Verbrennungskraftmaschine einige besonders in den Vordergrund gerückt. Zu diesen gehören die Vorgänge vorwiegend dynamischer Art mit ihren zahlreichen Begleiterscheinungen, wie vor allem der Massenausgleich, der Drehmomentausgleich und das Schwingungsverhalten des Triebwerks.

Mit der Dynamik der Maschine eng verbunden ist die Berechnung der Hauptabmessungen der Maschine aus vorgeschriebener Leistung und die mit ihr zusammenhängende Wahl der Zylinderzahl und der Maschinenbauart; denn letztere beeinflussen das Entstehen und die Auswirkung der dynamischen Erscheinungen maßgeblich.

Dem Wunsche von Herrn Professor Dr.-Ing. H. LIST, im Rahmen des von ihm herausgegebenen Werkes die Behandlung dieser Sonderprobleme zu übernehmen, bin ich gerne nachgekommen, da ich diesen Gebieten von jeher meine Aufmerksamkeit zugewendet habe.

Bei der Bearbeitung von Einzelfragen und bei der Korrektur der Druckbogen war Herr Dipl. Ing. A. BRAUN in dankenswerter Weise behilflich.

München, Dezember 1941.

H. Schrön.

Inhaltsverzeichnis.

	Seite
A. Berechnung der Hauptabmessungen	1
I. Ähnlichkeitsbeziehungen der Maschinenreihen	2
1. Maß für die Schnelläufigkeit	2
2. Maß für die Baustoffausnützung	4
3. Maß für die thermische Beanspruchung der Baustoffe	4
a) Wärmebelastung des Kolbens	4
b) Wärmebelastung des gesamten Verbrennungsraumes	5
4. Weitere Vergleichsgrößen	6
a) Hubraumleistung	6
b) Hubraum- oder Litergewicht	6
c) Leistungsgewicht	7
5. Schnelläufigkeit und Hubverhältnis als Kennwerte für die Einteilung der Maschinen	9
a) Langsamläufer und Mittelläufer	9
b) Schnelläufer	9
c) Hubverhältnis	10
II. Wahl der Zylinderzahl und der Bauform	10
1. Zylinderzahl	10
a) Ausgeführte Zylinderzahlen	10
b) Zylinderzahl und Zündfolge	11
c) Thermisches Verhalten verschieden großer Zylinder	15
d) Dynamisches Verhalten verschiedener Zylinderzahlen	15
e) Hubraumleistung	17
f) Hubraumgewicht	17
g) Raumbedarf der Maschine	19
h) Vielzahl der Einzelteile	19
i) Herstellungsrücksichten	19
k) Besondere Anforderungen	19
2. Bauform	20
a) Stehende und liegende Bauart	20
b) Hängende Bauart	20
c) Mehrstrahlige Bauarten	20
d) Kurbeltrieb ohne und mit Kreuzkopf	21
e) Einfach- oder doppeltwirkende Zylinder	21
III. Ermittlung der Hauptabmessungen	22
1. Leistungsformeln	22
2. Hauptabmessungen	24
Berechnung von Durchmesser und Hub	24
Berechnung des Verdichtungsraumes	34
IV. Erfahrungswerte	34
1. Kennwerte	34
2. Ergänzende Hinweise	35
Schrifttum	36
B. Massenausgleich	37
I. Kräfteausgleich	37
1. Massenkräfte eines Kurbelgetriebes	38
a) Massenverteilung	38
b) Massenkräfte	39

Inhaltsverzeichnis. VII

Seite

2. Maßnahmen zur Bekämpfung der Massenkräfte bei Einkurbelmaschinen 42
   a) Umformung der Schwerpunktbahn der bewegten Massen und Änderung der Wirkungsrichtung der freien Kräfte 42
   b) Massenausgleich 1. Ordnung mit Hilfswelle und umlaufenden Massen 43
3. Ausgleich der Massenkräfte der Mehrzylindermaschinen 43
   a) Reihenbauart 44
      α) Einreihenanordnung der Zylinder 44. — β) Zweireihenanordnung der Zylinder 48. — γ) Dreireihenanordnung der Zylinder 50. — δ) Vierreihenanordnung der Zylinder 50.
   b) Sternbauart 51

II. Momentenausgleich 54
  1. Verschiedene Arten von Momenten 54
   a) Wirkung der Massenkräfte bei Mehrzylindermaschinen 54
   b) Wirkung der Drehmomente aus der Pleuelstangenschwingung 54
  2. Einreihenbauart 54
   a) Kippmomente 54
   b) Quermomente 58
  3. Mehrreihenbauart 62
  4. Sternbauart 64

III. Folgeerscheinungen der freien Massenwirkungen und ihre Milderung 65
   Schrifttum 66

C. Drehmoment und Wuchtausgleich. Schwungradberechnung 66

I. Verschiedene Untersuchungsverfahren 67
  1. Vorgehen mit vereinfachter Wuchtgleichung 67
  2. Vorgehen mit vollständiger Wuchtgleichung 68

II. Drehmomentausgleich. Berechnung von Schwungradgewicht und Ungleichförmigkeitsgrad aus dem Drehkraftdiagramm 69
  1. Drehkraftdiagramm eines Zylinders 69
   a) Massendrehkräfte 70
   b) Gasdrehkräfte 71
  2. Drehkraftdiagramm der Mehrzylindermaschine 73
   a) Kurbelversetzung oder Zylinderversetzung 73
   b) Resultierende Massendrehkräfte 74
   c) Resultierende Gasdrehkräfte 74
   d) Zusammensetzung der Massen- und Gasdrehkräfte 76
  3. Schwungräder als Energiespeicher 79
   a) Aufzuspeichernde Arbeit 80
   b) Ungleichförmigkeitsgrad 82
   c) Schwungmasse und Schwungmoment 84
   d) Schwungradberechnung ohne Aufzeichnung der Drehkraftkurve 85
   e) Berücksichtigung weiterer Gesichtspunkte 86

III. Wuchtausgleich. Bestimmung des Schwungradgewichtes mit Hilfe des Trägheits-Energie-Diagramms 90
  1. Allgemeines Trägheits-Energie-Diagramm 90
   a) Wucht eines Kurbeltriebes 91
   b) Wucht bei Mehrzylindermaschinen 97
   c) Arbeitsdiagramm 98
   d) Trägheits-Energie-Diagramm 99
   e) Ungleichförmigkeitsgrad 102
   f) Zusatzschwungmasse 103
   g) Vergleich der verschiedenen Zylinderzahlen 104
  2. Vereinfachtes Vorgehen mit zwei reduzierten Massen 107

IV. Festigkeitsrechnung der Schwungräder 108
  1. Festigkeit des Scheibenschwungrades 108
   a) Umlaufende, volle Scheibe gleicher Stärke 108
   b) Scheibe gleicher Stärke mit Bohrung in der Mitte 111
   c) Berechnung der Spannungen in Scheibenschwungrädern 112
  2. Festigkeit des Speichenschwungrades 115
   Schrifttum 118

D. Kurbelwellenschwingungen ... 119

I. Biegeschwingungen ... 119
1. Einfluß der Lagerung der Kurbelwelle ... 120
2. Eigenschwingungsformen und -zahlen ... 121
   a) Zweifach gelagerte Wellen ... 121
   b) Mehrfach gelagerte Wellen ... 128
   c) Längsfederung der Welle ... 129
3. Erregende Kräfte ... 129
4. Kritische Maschinendrehzahlen ... 130
5. Kritische Drehzahl von Kurbelwellen als Folge umlaufender Massen ... 130
6. Biegeschwingungen an ausgeführten Anlagen ... 132

II. Drehschwingungen ... 133
1. Schwingendes System ... 133
   Ermittlung des Ersatzsystems ... 133
   a) Ermittlung der Ersatzmassen ... 134
   b) Ermittlung der Ersatzlängen ... 137
2. Eigenschwingungsformen und Eigenschwingungszahlen des Systems ... 143
   a) Allgemeines ... 143
   b) Verfahren zur Ermittlung der Schwingungsform ... 144
   c) Beispiele von Anlagen mit Abwandlung der Eigenschwingungsform ... 150
   d) Beispiele von Eigenschwingungszahlen ... 151
3. Erregende Drehkräfte aus Gas- und Massenkräften ... 151
   a) Gesamtdrehkraft und Einzeldrehkraft ... 152
   b) Bezeichnung der erregenden Harmonischen ... 152
   c) Darstellung der Harmonischen ... 153
   d) Harmonische der Massendrehkraft ... 153
   e) Harmonische der Gasdrehkraft und resultierende Drehkraft ... 154
4. Ermittlung der Resonanzausschläge ... 158
   a) Wirkung der Drehkräfte ... 158
   b) Kritische Drehzahlen ... 159
   c) Ziffer und Ordnung der kritischen Erregenden ... 161
   d) Schwingungsarbeit und Dämpfung ... 161
   e) Resonanzausschläge ... 164
5. Resonanzkurven ... 167
6. Drehbeanspruchung der Kurbelwelle bei Resonanz ... 169
7. Zahlenbeispiel ... 171
   a) Eigenschwingungsform und -zahl der Welle ... 172
   b) Resonanzausschläge und Zündfolge ... 173
   c) Kritische Drehzahlen des Motors ... 174
   d) Zusätzliche Drehbeanspruchung der Welle ... 174
8. Bekämpfung der Schwingungen ... 175
9. Drehschwingungswandler (Dämpfer und Tilger) ... 177
   a) Einmassensystem mit aufgesetztem Wandler ... 178
      α) Resonanzdämpfer 179. — β) Sonderfälle des dynamischen Dämpfers 183.
   b) Mehrmassensystem mit aufgesetztem Wandler. Dämpfer- und Tilgerbauarten .. 185
      α) Bauliche Gestaltung und Bemessung des Resonanzschwingungsdämpfers 185. — β) Weitere dynamische Dämpfer 187. — γ) Schwingungstilger (ungedämpfter, exzentrischer Zusatzschwinger) 195.

Schrifttum ... 199

A. Berechnung der Hauptabmessungen.

Die Hauptabmessungen der Verbrennungskraftmaschine sind Zylinderdurchmesser und Kolbenhub; sie ergeben im Verein mit einer bestimmten Zylinderzahl und Wellendrehzahl bei Durchführung eines festgelegten Arbeitsprozesses die Leistung von vorgeschriebenem Betrag. Die Berechnung dieser Abmessungen setzt vorteilhaft die Kenntnis von Beziehungen voraus, die hier zunächst besprochen werden sollen.

Die wichtigsten Bezeichnungen sind:

N_i Innenleistung (indizierte Leistung) [PS],
N_e Nutzleistung (effektive Leistung) an der Kurbelwelle [PS],
N_l Hubraumleistung (Literleistung) $\left[\dfrac{\text{PS}}{\text{l}}\right]$,
N_F Flächenbelastung des Kolbens $\left[\dfrac{\text{PS}}{\text{cm}^2}\right]$,
λ_l Liefergrad,
η_m mechanischer Wirkungsgrad,
η_e Nutzwirkungsgrad (effektiver Wirkungsgrad),
z Zylinderzahl,
D Zylinderdurchmesser (Bohrung) [cm],
s Hub [m],
F wirksame Kolbenfläche [cm²],
V_h Zylinderhubraum (-volumen) [l, m³],
V_H Gesamthubraum [l, m³],
V_c Verdichtungsraum [l, m³],
ε Verdichtungsverhältnis,
H_g Gemischheizwert $\left[\dfrac{\text{kcal}}{\text{m}^3}\right]$,
p_i mittlerer indizierter Druck, Innendruck $\left[\dfrac{\text{kg}}{\text{cm}^2}\right]$,
p_e mittlerer effektiver Druck, Nutzdruck $\left[\dfrac{\text{kg}}{\text{cm}^2}\right]$,
n minutliche Drehzahl $\left[\dfrac{1}{\text{min}}\right]$,
n_m mechanische Schnellaufzahl $\left[\dfrac{1}{\text{min}} \cdot \text{PS}^{\frac{1}{2}}\right]$,
c_m mittlere Kolbengeschwindigkeit $\left[\dfrac{\text{m}}{\text{sek}}\right]$,
F_t Zeitquerschnitt [cm² sek],
G Gesamtgewicht der Maschine [kg],
G_l Hubraumgewicht (Litergewicht) $\left[\dfrac{\text{kg}}{\text{l}}\right]$,
G_N Leistungsgewicht $\left[\dfrac{\text{kg}}{\text{PS}}\right]$,
G_s spezifisches Leistungsgewicht $\left[\dfrac{\text{kg}}{\text{PS}}\right]$.

I. Ähnlichkeitsbeziehungen der Maschinenreihen.

1. Maß für die Schnelläufigkeit.

Die Festlegung der Hauptabmessungen D, s und der Drehzahl n bei gegebener Zylinderleistung geht von Erfahrungswerten aus; diese Werte sind zweckmäßig so zu wählen, daß sie möglichst unabhängig von der Maschinengröße sind. Da für die Maschinen der einzelnen Gattungen annähernd gleicher Werkstoff zur Anwendung gelangt, ist die zulässige mechanische Beanspruchung gleich. Daher wird man die Forderung nach gleicher Ausnützung des Baustoffes aufstellen, so daß die Beanspruchung durch die Kräfte von der Verkleinerung oder Vergrößerung der Maschinen unabhängig ist, gleichbedeutend mit Einhaltung *mechanischer Ähnlichkeit* der Maschinen.

Nun sind Maschinen annähernd gleicher Bauart, aber von verschiedener Größe nahezu geometrisch ähnlich, da alle linearen Abmessungen im gleichen Verhältnis eine Änderung erfahren; die Teile sind maßstäblich verkleinert oder vergrößert. Nimmt man dabei gleich gute Füllung der ähnlichen Zylinder, gleiches Verdichtungsverhältnis und gleichen Verlauf der Verbrennung an, so sind die Gasdrücke p, also die Gaskräfte auf 1 cm² Kolbenfläche, gleich, damit auch bei gleichem mechanischen Wirkungsgrad die mittleren effektiven Drücke p_e. Sollen weiter die Drücke der bewegten Massen und die Drosselung des Arbeitsmittels durch die Steuerorgane gleichen Betrag haben, so müssen die Geschwindigkeiten gleich sein, z. B. die mittlere sekundliche Kolbengeschwindigkeit c_m, die sich errechnet aus Kolbenhub und minutlicher Drehzahl zu:

$$c_m = \frac{s \cdot n}{30}. \qquad (1)$$

Es wird also bei einer Maschinenreihe mit annähernd gleicher mechanischer Beanspruchung sowohl p_e als auch c_m gleich sein; man erhält so *geometrisch-mechanisch ähnliche Maschinen*. Die mittlere Kolbengeschwindigkeit selbst ist nach dem jeweiligen Stand der Technik aus erprobten Werten zu wählen.

Will man unter Beibehaltung des Arbeitsverfahrens, mithin von p_e, die Leistungsausbeute erhöhen, so erreicht man dies durch Steigerung von c_m; daher ist c_m eine maßgebende Größe für den mechanischen Schnellauf. Weitere Maßstäbe für die Schnelläufigkeit bringen die anschließenden Betrachtungen.

Sind bei einer Maschine im Vergleich zu einer anderen die linearen Abmessungen ver-λ-facht, so gilt für den Hub der ersteren:

$$s_0 = \lambda \cdot s \qquad (2)$$

und für den Kolbendurchmesser:

$$D_0 = \lambda \cdot D; \qquad (3)$$

das Hubverhältnis s/D bleibt unverändert. Die für beide Maschinen gleiche durchschnittliche Kolbengeschwindigkeit c_m gemäß Gleichung (1) ist mit den Hüben s und s_0 und den minutlichen Drehzahlen n und n_0:

$$\frac{s \cdot n}{30} = \frac{s_0 \cdot n_0}{30};$$

hieraus folgt:

$$n_0 = \frac{n}{\lambda}. \qquad (4)$$

Bildet man das Produkt der Ausdrücke (3) und (4), so erscheint:

$$n_0 \cdot D_0 = n \cdot D, \qquad (5)$$

d. h. das Produkt aus Drehzahl und Zylinderdurchmesser ist konstant, eine wichtige, von ZEMAN [1][1] bei der Berechnung von Zweitaktmaschinen verwendete Beziehung. Mit D in Metern wird die Dimension: m/min.

---

[1] Die Zahlen in eckigen Klammern verweisen auf die Schrifttumszusammenstellung am Schluß der einzelnen Abschnitte.

Die Nutzleistungen der beiden Maschinen, die mit gleichem p_e arbeiten, sind:

und
$$\left. \begin{aligned} N_e &= \frac{\pi \cdot D^2}{4} \cdot p_e \cdot c_m \cdot C \\ N_{e_0} &= \frac{\pi \cdot D_0^2}{4} \cdot p_e \cdot c_m \cdot C \end{aligned} \right\}, \tag{a}$$

worin C, wie aus späteren Beziehungen (S. 22) hervorgeht, eine von dem Arbeitsverfahren und der Zylinderzahl abhängige Größe ist. Das Verhältnis der beiden Leistungen wird somit:

$$\frac{N_{e_0}}{N_e} = \frac{D_0^2}{D^2} \tag{b}$$

und mit Gleichung (3):

$$\frac{N_{e_0}}{N_e} = \lambda^2, \tag{6}$$

d. h. die Leistung wächst quadratisch mit dem Vergrößerungsfaktor. Gleichung (6) führt weiter auf:

$$\sqrt{\frac{N_{e_0}}{N_e}} = \lambda \tag{7}$$

und mit Einsetzung von $\lambda = \dfrac{n}{n_0}$ aus (4) erhält man:

$$n_0 = n \cdot \sqrt{\frac{N_e}{N_{e_0}}}. \tag{8}$$

Diese Drehzahl geht mit $N_{e_0} = 1$ in die *Drehzahl der ähnlichen 1-PS-Maschine* über und wird *spezifische Drehzahl* genannt.

Soll eine Maschine einer erprobten Maschine geometrisch ähnlich sein und dieselbe mechanische Beanspruchung aufweisen, so ist das Produkt

$$n_0 \cdot \sqrt{N_{e_0}} = n \cdot \sqrt{N_e} = n_m \tag{9}$$

einzuhalten; dieser Ausdruck kann mithin als Kennzahl für die *mechanische Schnelläufigkeit* gelten. Dabei kann n_m für alle Zylinder mit der Gesamtleistung oder für den Einzelzylinder mit der Einführung der Zylinderleistung angegeben werden. Die Schnelläufigkeit ändert sich mit $\lambda^{-1} \cdot \lambda = \lambda^0$, d. h. sie bleibt unverändert bei ähnlicher Vergrößerung oder Verkleinerung der Maschine, solange Arbeitsdrücke und Gleitgeschwindigkeiten gleichbleiben.

Diese Kennzahl enthält die Drehzahl n und mittelbar die Kolbengeschwindigkeit c_m, deren stetige Erhöhung das unaufhaltsame Vordringen des zuverlässigen Raschläufers anzeigt. Der Einfluß der Geschwindigkeit c_m ist im obigen Ausdruck besonders stark, doch ist sie allein nicht entscheidend, wie eine Umformung von (a) zeigt. Es ist:

$$n \cdot \sqrt{N_e} = \frac{c_m}{2s} \cdot \sqrt{C_1 \cdot p_e \cdot D^2 \cdot c_m}$$
$$= C_2 \cdot p_e^{\frac{1}{2}} \cdot D \cdot c_m^{\frac{3}{2}} \cdot s^{-1}. \tag{10}$$

Es tragen zur mechanischen Schnelläufigkeit bei: der mittlere Druck nur in der $\frac{1}{2}$. Potenz, der Zylinderdurchmesser in der einfachen Potenz, die Kolbengeschwindigkeit in der $\frac{3}{2}$. Potenz, der Hub im umgekehrten Verhältnis.

KUTZBACH [2] hat zuerst auf die Bedeutung der Schnellaufzahl hingewiesen und den Begriff von $n \cdot \sqrt{N_e}$ als „Modelldrehzahl" für leistungsübertragende Wellen eingeführt.

Aus Gleichung (8) leitet sich ferner ab:

$$\frac{N_{e_0}}{N_e} = \frac{n^2}{n_0^2}$$

oder:
$$N_{e_0} = N_e \cdot \frac{n^2}{n_0{}^2} \tag{11}$$

und mit $n_0 = 1$:
$$N_{e_0} = n^2 \cdot N_e \tag{11a}$$

als *Leistung der ähnlichen Maschine mit der Drehzahl 1/min* und als abgeänderte Form der Schnellaufzahl. Diese von LAUDAHN [3] zum Vergleich der Maschinen gebrauchte Zahl ist wegen ihrer Vielstelligkeit wenig anschaulich.

Eine andere Kennzahl erhält man ausgehend von Gleichung (11) mit Einführung des Zylinderhubraumes V_h und mit $N_e = V_h \cdot n \cdot C'$. Es ist:
$$n_0{}^2 \cdot V_{h_0} \cdot n_0 \cdot C' = n^2 \cdot V_h \cdot n \cdot C'$$

oder
$$n_0{}^3 \cdot V_{h_0} = n^3 \cdot V_h.$$

woraus:
$$n_0 = n \cdot \frac{\sqrt[3]{V_h}}{\sqrt[3]{V_{h_0}}}. \tag{12}$$

Mit $V_{h_0} = 1\,l$ wird daraus:
$$n_0 = n \cdot \sqrt[3]{V_h}. \tag{13}$$

Diese *Drehzahl der ähnlichen 1-l-Maschine*, die eine zweite Form der Schnellaufzahl darstellt, hat LUTZ [4] aufgestellt; sie ist jedoch wenig in Gebrauch.

2. Maß für die Baustoffausnützung.

Der Zweck der Steigerung der Schnelläufigkeit ist vornehmlich die Senkung des Gewichtes G der Maschine. Zum Vergleich der Gewichtsverhältnisse zweier Maschinen muß man eine Beziehung zwischen dem Maschinengewicht G und der Leistung N_e, die unabhängig von dem Ähnlichkeitsfaktor λ ist, aufstellen. Bedenkt man, daß das Gewicht mit der dritten Potenz der Längen, die Leistung aber nach Gleichung (b) mit der Kolbenfläche, d. h. mit der zweiten Potenz der Längen, wächst, so lautet das auf die Leistung bezogene Gewicht zweier ähnlicher Maschinen:

$$G_s = \frac{G_0}{N_{e_0}^{\frac{3}{2}}} = \frac{\lambda^3 \cdot G}{(\lambda^2 \cdot N_e)^{\frac{3}{2}}} = \frac{G}{N_e^{\frac{3}{2}}}. \tag{14}$$

Diese Kennzahl hat v. SANDEN [5] das „*spezifische Leistungsgewicht*" benannt. Sie allein ist ein Maßstab für die relative Leichtigkeit und für die Baustoffausnützung von Maschinen verschiedener Leistung und gibt das *Gewicht der geometrisch-mechanisch ähnlichen 1-PS-Maschine* an.

3. Maß für die thermische Beanspruchung der Baustoffe.

Die vorangehenden Beziehungen ergaben sich ausgehend von der mechanischen Beanspruchung des Werkstoffes. Nicht minder wichtig ist die thermische Beanspruchung der den Gasen ausgesetzten Teile der Maschine. Als Maß dieser Beanspruchung dient die Wärmebelastung des Kolbens und des Verbrennungsraumes.

a) Wärmebelastung des Kolbens.

Als ungefähres Maß hierfür kann das Verhältnis der Zylinderleistung N_e zur Kolbenfläche F in PS/cm² angesehen werden. Diese spezifische Flächenleistung oder Leistungsbelastung der Kolbenfläche:

$$N_F = \frac{N_e}{F} \tag{15}$$

oder wegen Gleichung (a):

$$N_F = p_e \cdot c_m \cdot C \tag{15a}$$

erscheint zunächst unabhängig vom Maßstab der Maschine, da man bei allen Maschinengrößen gleiches p_e und gleiches c_m erreichen kann. Wie aber die ausgeführten Maschinen zu erkennen geben, lassen kleine Zylinder etwas höhere Flächenbelastung als größere zu (vgl. Abb. 1, Kurve a und a'). Dies ist darin begründet, daß bei kleineren Kolben infolge der kürzeren Wärmeleitwege der Widerstand gegen den Abfluß der Wärme merklich geringer ist als bei größeren. Die Länge der Wege und das für die Wärmeableitung nötige Temperaturgefälle wachsen mit dem Vergrößerungsfaktor λ; daher wird der Kolben eines großen Zylinders heißer als jener eines kleinen Zylinders und macht schließlich eine zusätzliche Kolbenkühlung notwendig. Wenn nun einzelne Motorgattungen, beispielsweise die derzeitigen Flugmotoren, einen abweichenden Verlauf, wie Linie b in Abb. 1, ergeben, so liegt es wesentlich daran, daß die Bauarten mit kleiner Zylinderzahl und kleinen Zylindern die Schnelläufigkeit nicht so weit getrieben haben wie die

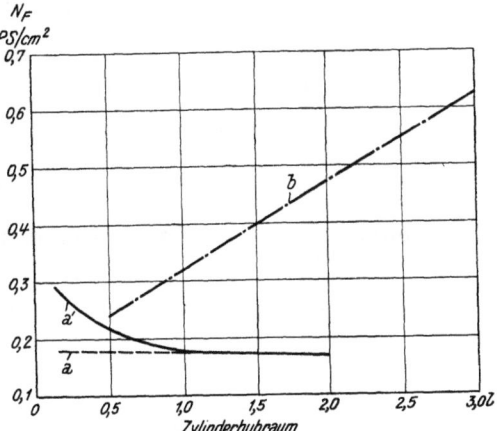

Abb. 1. Linie a: Mittelwerte der Belastung der Kolbenfläche normaler Fahrzeugmotoren, Linie a': Belastung einschließlich der Sportmotoren. — Linie b: Mittelwerte der Belastung der Flugmotorkolben bei verschiedenen Zylindergrößen.

größeren Baumuster, die mit einem Zahnradgetriebe auf das Endglied der Anlage, hier die Luftschraube, arbeiten.

b) Wärmebelastung des gesamten Verbrennungsraumes.

Die vollständige Beurteilung der Wärmeverhältnisse der Maschine erfordert die Kenntnis der zulässigen Wärmebelastung in der ganzen Fläche, die den heißen Verbrennungsgasen ausgesetzt ist. Als Maß dieser Wärmebelastung läßt sich nach KAMM [6] die Leistung für die Einheit des Zeitquerschnittes, der für den Wärmedurchgang während des Verbrennungs- und Ausschubhubes zur Verfügung steht, ansehen. Der Zeitquerschnitt für den Wärmedurchgang vom Verbrennungsraum an das Kühlmittel ist unter Zusammenfassung der einer Maschine eigenen Größen zu einem Festwert C:

$$F_t = C \cdot \frac{V_h}{c_m} \quad \text{cm}^2 \text{sek},$$

wenn der Zylinderhubraum V_h in cm³ und c_m in cm/sek gemessen werden. Es gilt z. B. für Vergaser-Viertakt-Fahrzeugmotoren: $C \sim 11{,}5$.

Als Maß für die mittlere Wärmebelastung der Wandungen des Verbrennungsraumes läßt sich der Wert

$$N_w = \frac{N_e}{F_t} \quad \frac{\text{PS}}{\text{cm}^2 \text{sek}} \tag{16}$$

ansehen.

Hat man einen *Motor mit bestimmter Leistung* N_e zu bauen, so kann man ihn mit hoher Drehzahl und kleinem Hubraum oder mit niedriger Drehzahl und großem Hubraum ausführen. Bei gleicher mechanischer Beanspruchung verhalten sich die Zylinderleistungen nach Gleichung (6) wie $\lambda^2 : 1$. Bei gleicher Leistung ist eine λ^{-2} verhältige Zylinderzahl nötig; dabei stehen die Kühlflächen der Einzelzylinder im Verhältnis λ^2, so daß bei λ^{-2} Zylindern jeweils die gleiche Kühlfläche im ganzen Motor zur Verfügung steht. Doch ist die an das Kühlmittel abgehende Wärme bei der Maschine mit großen Zylindern wegen der kleineren Wärmeabgabe größerer Zylinder etwas geringer als bei der Maschine mit kleinen Zylindern, damit sind höhere Kolben- und Zylinderwandungstemperaturen verbunden und der motorische Betrieb in Frage gestellt. Geometrisch ähnliche Maschinen sind demnach nicht zugleich thermisch gleichgestellt. Die Beziehungen zwischen Leistung und Wärmeabfuhr haben RIEKERT und HELD [7] näher untersucht.

4. Weitere Vergleichsgrößen.

a) Hubraumleistung.

Sie gibt die Ausnützung des Hubraumes an. Wird dieser in Litern gemessen, so erhält man die *Literleistung* in PS/l, z. B. bezogen auf die Nutzleistung:

$$N_l = \frac{N_e}{V_H}. \tag{17}$$

Da weiter $\frac{N_e}{V_H} = C \cdot p_e \cdot n$, so bestimmt die Drehzahl n oder die Häufigkeit der Ausnützung des Hubraumes in der Minute zusammen mit dem erreichbaren mittleren Druck die Hubraumleistung. Die zweifache Ausnützung des Hubraumes in der doppeltwirkenden Maschine ist beim Vergleich mit der Literleistung der einfachwirkenden Maschine zu beachten.

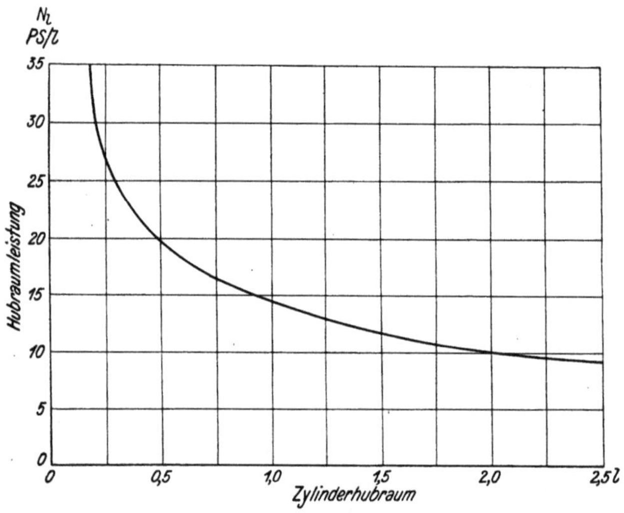

Die zahlenmäßige Größe der Literleistung läßt vergleichsweise den Entwicklungsstand zweier Motoren gleicher Leistung erkennen. Der Motor mit kleinem Hubvolumen hat höhere Drehzahl n und damit gute Hubraumausnützung und hohe Schnelläufigkeit $n\sqrt{N_e}$. Abb. 2 veranschaulicht die Mittelwerte der Literleistungen üblicher Ausführungen von Fahrzeugmotoren mit Selbstansaugung, abhängig vom Zylinderinhalt. Die Literleistung steigt mit abnehmendem Hubraum.

Abb. 2. Literleistung, abhängig vom Einzelzylinder-Hubraum bei Fahrzeugmotoren.

Wenn der Vergleich mancher Motoren, z. B. derzeitiger Flugmotoren, dieses Verhalten nicht klar erkennen läßt, so liegt es, wie VOHRER [8] hervorhebt, daran, daß man die Möglichkeit der Drehzahlsteigerung bei kleinen Abmessungen oder die Behinderung durch die begrenzte Schnelläufigkeit der Steuerung nicht genügend wahrgenommen hat.

Bei der Ver-λ-fachung der Abmessungen einer Maschine von V_H auf V_{H_0} ändert sich der Hubraum mit λ^3; die Leistungen hingegen mit λ^2 nach Gleichung (6). Die Literleistungen verhalten sich daher wie folgt:

$$\frac{N_{l_0}}{N_l} = \frac{N_{e_0}}{V_{H_0}} \cdot \frac{V_H}{N_e} = \lambda^2 \cdot \frac{1}{\lambda^3} = \frac{1}{\lambda},$$

d. h. die Literleistungen stehen im umgekehrten Verhältnis des Ähnlichkeitsfaktors λ, werden also mit wachsendem λ kleiner, mit abnehmendem λ dagegen größer.

b) Hubraum- oder Litergewicht

ist das Gewicht für die Einheit des Hubraumes in kg/l oder das Gewicht der ähnlichen 1-l-Maschine:

$$G_l = \frac{G}{V_H}. \tag{18}$$

Der Hubraum V_H gibt ein Maß für den Baustoffaufwand. Rechnet man das Litergewicht für die ganze Maschine oder auch einzelner Teile aus, so gewinnt man damit eine Vergleichszahl und einen Maßstab für das Können des Konstrukteurs.

Das Hubraumgewicht bleibt bei ähnlicher Verkleinerung der Zylindereinheit theoretisch *gleich*, da das Gewicht G und der Hubraum V_h sich mit der dritten Potenz der linearen

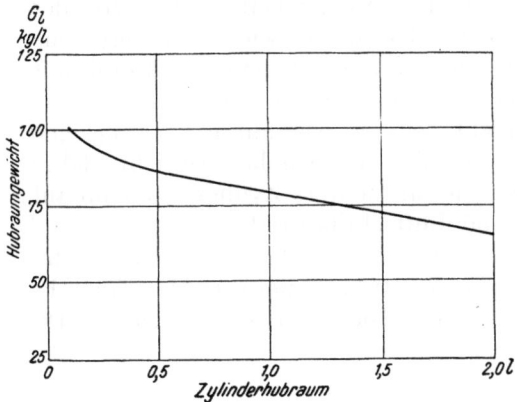

Abb. 3. Litergewicht, abhängig vom Einzelzylinder-Hubraum bei Fahrzeug-Otto- (Vergaser-) Motoren nach KAMM.

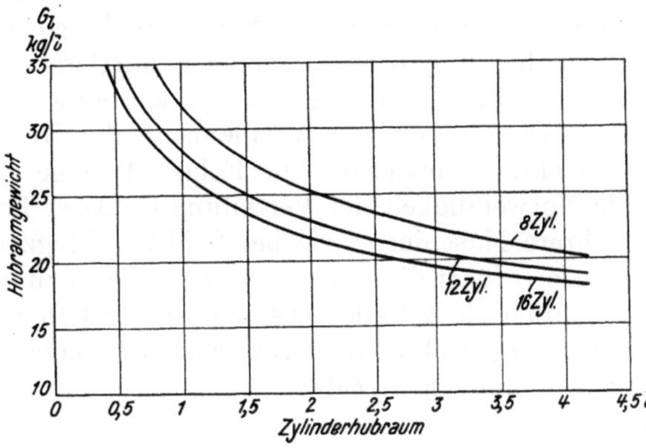

Abb. 4. Litergewichte eines zweireihigen Otto-Flugmotors mit verschiedenen Zylinderzahlen nach BENSINGER.

Abmessungen ändern. In Wirklichkeit steigt das Hubraumgewicht, weil bei manchen Teilen, insbesondere beim Motorzubehör, der Baustoffaufwand nicht mit der Verkleinerung Schritt hält.

Wird ein bestimmter Gesamthubraum V_H auf eine Anzahl Zylinder verteilt, so steigt das Litergewicht mit kleiner werdendem Hubraum der Einzelzylinder. KAMM [6] fand aus den Mittelwerten der Baugewichte von Vier- und Sechszylinder-*Vergasermotoren* den Verlauf abhängig vom Zylinderinhalt gemäß Abb. 3. BENSINGER [9] hat die Litergewichte einer Anzahl unter gleichen Gesichtspunkten entworfener *Flugmotoren* für Vergaser- oder Einspritzbetrieb zu verschiedenen Leistungsstufen ermittelt; die Ergebnisse für 8, 12 und 16 Zylinder lassen in Abb. 4 deutlich das Ansteigen der Litergewichte mit abnehmender Zylindergröße sowie für abnehmende Gesamtzylinderzahl erkennen.

Trägt man die Durchschnittswerte der Hubraumgewichte ausgeführter Flugmotoren über dem Gesamthubraum auf, so nimmt

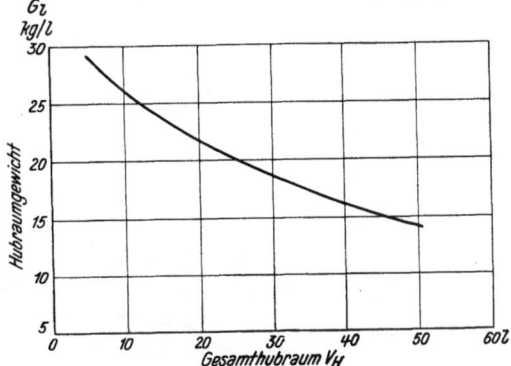

Abb. 5. Mittelwerte der Litergewichte, abhängig vom Gesamthubraum bei Flugmotoren.

das Litergewicht mit kleiner werdendem Gesamthubraum ebenfalls zu, wie Abb. 5 dartut.

c) Leistungsgewicht.

Das Leistungsgewicht oder das Gewicht für die Einheit der Leistung in kg/PS kommt durch:

$$G_N = \frac{G}{N_e} \qquad (19)$$

zum Ausdruck. Diese Kennzahl ist kein eindeutiger Maßstab für das konstruktiv Erreichte, denn sie wächst linear mit dem Ähnlichkeitsfaktor λ, wenn die Maschine geometrisch-mechanisch ähnlich vergrößert wird, weil das Gewicht mit λ^3, die Leistung aber mit λ^2 zunimmt. Demnach wird:

$$G_{N_0} = \frac{G_0}{N_{e_0}} = \frac{\lambda^3 \cdot G}{\lambda^2 \cdot N_e} = \lambda \cdot G_N. \qquad (19\,\mathrm{a})$$

Führt man die Werte $G = V_H \cdot G_l$ und $N_e = C \cdot V_H \cdot p_e \cdot n$ ein, so wird das Leistungsgewicht:

$$G_N = c \cdot \frac{G_l}{p_e \cdot n}, \qquad (20)$$

d. h. G_N hängt bei maßstäblicher Verkleinerung oder Vergrößerung der Maschine und Aufrechterhaltung des mittleren Kolbendruckes und des Litergewichtes allein von der Drehzahl ab, worauf KUTZBACH [10] hingewiesen hat. Geringes Gewicht erfordert hohe Drehzahl; da aber bei gleicher mittlerer Kolbengeschwindigkeit hohe Drehzahl mit kleinen Hüben und kleinen Zylindereinheiten verknüpft ist, so hat eine Verkleinerung der Zylinder und eine Vermehrung der Zylinderzahl für eine bestimmte Leistung eine Gewichtsverminderung zur Folge. Wenige große Zylinder geben hohes Gewicht, daher die Notwendigkeit der Verteilung größerer Leistungen auf mehrere Zylinder, sodann auf mehrere Maschinen, wie bei Schiffs-, Flugzeug- und Luftschiffantrieb.

Doch führt diese Aufteilung nur dann zu einer Senkung des Leistungsgewichtes, wenn der durch die Zylinderverkleinerung erzielbare Gewinn an Hubraumleistung den Zuwachs des Litergewichtes der größeren Zylinderzahl übersteigt. Dies geht aus Gleichung (19) hervor, wenn man Zähler und Nenner durch V_H teilt:

$$G_N = \frac{G/V_H}{N_e/V_H}$$

und wegen Gleichung (17) und (18):

$$G_N = \frac{G_l}{N_l}. \qquad (21)$$

Folgende Beispiele geben einen gewissen Aufschluß:

Die Leistungsgewichte von Fahrzeugmotoren mit 80 PS$_e$ und 4, 6, 8 und 12 Zylindern verhalten sich, nach den Ermittlungen von KAMM, wie 100 : 84 : 74 : 60. In der oben erwähnten Arbeit hat BENSINGER die Leistungsgewichte bei verschiedenen Zylinder-

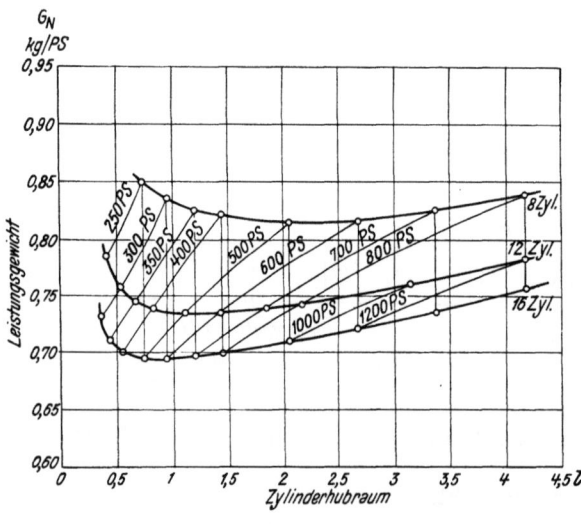

Abb. 6. Leistungsgewichte eines zweireihigen Otto-Flugmotors mit verschiedenen Zylinderzahlen nach BENSINGER.

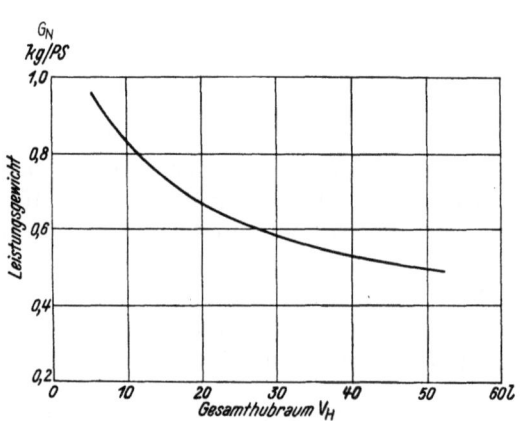

Abb. 7. Mittelwerte der Leistungsgewichte, abhängig vom Gesamthubraum bei Otto-Flugmotoren.

zahlen über dem Zylinderinhalt aufgetragen; das Ergebnis ist aus Abb. 6 ersichtlich. Der Achtzylindermotor ist schwerer als der Zwölfzylindermotor und dieser schwerer als der Sechzehnzylindermotor. Für jede dieser Zahlen ist ein Kleinstwert von G_N für einen gewissen Hubraum des Einzelzylinders vorhanden.

Die Kurve in Abb. 7 zeigt den Verlauf der durchschnittlichen Leistungsgewichte ausgeführter Flugmotoren über dem Gesamthubraum.

Zusammenfassend sei hervorgehoben: Unter den gebräuchlichen Kennwerten der Maschinen von gleicher Gattung und gleichen Baustoffen sind manche unabhängig von der Maschinengröße; diese unabhängigen Beziehungen hat man auch nach dem Vorgang von Lutz [4] „Modellgrößen" benannt. Solche Modellgrößen sind: Mittlerer Arbeitsdruck p_e, mittlere Kolbengeschwindigkeit c_m, Hubverhältnis s/D, Schnellaufzahl $n \cdot \sqrt{N_e}$, spezifisches Leistungsgewicht $G/N_e^{\frac{3}{2}}$ Hubraumgewicht G/V_h, Kolbenbelastung N_e/F. Keine Modellgrößen sind: Hubraumleistung N_e/V_h und Leistungsgewicht G/N_e.

Einen weiteren bemerkenswerten Versuch zur Aufstellung grundlegender Beziehungen, welche die Beurteilung der mannigfaltigen Gattungen von Verbrennungskraftmaschinen erleichtern sollen, hat Jaklitsch [11] unternommen.

5. Schnelläufigkeit und Hubverhältnis als Kennwerte für die Einteilung der Maschinen.

Die Maschinen lassen sich in bezug auf den erreichten Grad der *Schnelläufigkeit*, wenn man die Kolbengeschwindigkeit c_m, die heute noch geläufiger ist als die Schnellaufzahl n_m, zugrunde legt, in drei Gruppen teilen: Langsamläufer, Mittelläufer und Schnelläufer. Eine Reihe von Maschinen hat sich der Entwicklung im Sinne hohen Schnellaufes noch nicht angeschlossen; dieser Umstand findet eine Erklärung in gewissen Forderungen, die an die Spitze gestellt werden, z. B. größtmöglicher Betriebssicherheit.

a) Langsamläufer und Mittelläufer

sind Maschinen, die lange Lebensdauer und Störungsfreiheit besitzen sollen. Zu dieser Gruppe gehören:

α) Ortsfeste Großraummaschinen, bei denen das Gewicht und der Platzbedarf nicht im Vordergrund stehen. Die Schonung des Triebwerkes und die Meidung von Überholungsarbeiten schreiben eine verhältnismäßig niedrige mittlere Kolbengeschwindigkeit vor. Beispiel: Groß-Diesel-Maschine für Generatorantrieb.

β) Schiffsmaschinen. Bei diesen sind neben hoher Zuverlässigkeit zwar geringer Raumbedarf und kleines Gewicht wichtig; doch bestimmt in vielen Fällen der Wirkungsgrad der mittelbar angetriebenen Schraube die Drehzahl und die mittlere Kolbengeschwindigkeit.

γ) Triebwagenmotoren, die sich den Schnelläufern nähern.

δ) Motoren schwerer Lastfahrzeuge und Traktoren.

ε) Motoren für Kampfwagen, die je nach Verwendung Mittel- oder Schnelläufer sind.

b) Schnelläufer

dienen vornehmlich zum Antrieb der Leichtfahrzeuge, Schnellboote und Flugzeuge; von ihnen wird geringes Gewicht, kleiner Raumbedarf und gute Einbaufähigkeit gefordert. Bei einigen Sonderausführungen handelt es sich darum, im Bedarfsfalle das überhaupt Erreichbare aus der Maschine herauszuholen, ohne Rücksicht auf Abnützung und Kosten, z. B. bei Rennwagen und Jagdflugzeugen. Eine verhältnismäßig geringe Betriebsstundenzahl begrenzt die Lebensdauer der Maschine. Bei Schraubenantrieb arbeitet der Schnelläufer über ein Zahnradgetriebe mit Übersetzung ins Langsame; bei Fahrzeugantrieb mit einer passenden Drehzahlminderung an der Treibachse, wozu noch die „Gänge" im Wechselgetriebe treten, oder mit der Drehmomentwandlung in einem hydraulischen Getriebe.

Nachdem die raschlaufenden Otto-Fahrzeug- und Flugmotoren mit Gemischbildung im Vergaser oder mit Einspritzung des Brennstoffes bis zu den höchsten Drehzahlen gute Verbrennung aufweisen und die Diesel-Motoren die anfänglichen Schwierigkeiten der hohen Drehzahlen überwunden haben, steht der Steigerung der Schnelläufigkeit die Verbrennung nicht hindernd im Wege.

c) Hubverhältnis.

Das Verhältnis $\frac{s}{D}$ führt in den Grenzfällen auf die kurzhubigen und die langhubigen Maschinen und wirkt sich nach verschiedenen Richtungen weiter aus.

Kurzer Hub liefert bei gleicher Maschinenleistung und Einhaltung der zulässigen mittleren Kolbengeschwindigkeit größere Zylinderdurchmesser, gute Füllung, aber höhere thermische Beanspruchung des Kolbens, große Kolbenkräfte, gedrungenes Triebwerk, geringere Bauhöhe, höhere Drehzahlen und höhere Eigenschwingungszahlen der Kurbelwelle.

Langer Hub ergibt bei gleicher Leistung und Ausnützung der zulässigen Kolbengeschwindigkeit einen höheren Verbrennungsraum, geringere thermische Belastung des Kolbens, eine längere Pleuelstange, längere Kurbelarme, damit größere Bauhöhe der Maschine, eine niedrigere Drehzahl und niedrigere Eigenschwingungszahlen der Kurbelwelle.

II. Wahl der Zylinderzahl und der Bauform.

1. Zylinderzahl.

Beim Entwurf einer Maschine sind Nutzleistung und Drehzahl vorgegeben. Da meist die Gesamtleistung festliegt, ist die Zylinderzahl und -leistung wählbar; man muß sich deshalb über die auszuführende Zylinderzahl Klarheit verschaffen.

Bei der Wahl der Anzahl der Zylinder sind die grundsätzlichen Eigenschaften, die den verschiedenen Zylinderzahlen und ihren Gruppierungen sowie der Zylindergröße eigen sind, zu berücksichtigen, und zwar mit Hinblick auf wichtige Forderungen.

Es wird verlangt: Zuverlässiger und ruhiger Gang der Maschine, schnelle Betriebsbereitschaft, einfache Wartung, zweckmäßige Herstellbarkeit.

Zunächst verdient Beachtung das Verhalten verschiedener Zylindergrößen in thermischer Hinsicht und der verschiedenen Zylinderzahlen in dynamischer Richtung.

Hat die Ein- und Zweizylinderbauart den Vorteil großer Einfachheit, so besitzt die Mehrzylindermaschine eine Reihe von Vorzügen und vermag zugleich die scharfen Anforderungen an die Bauzuverlässigkeit zu erfüllen. Doch findet die Erhöhung der Zylinderzahl ihre natürliche Begrenzung aus betriebstechnischen, werkstattechnischen und kaufmännischen Gründen.

Allzu große Vielzahl der Teile, bedingt durch hohe Zylinderzahl, erschwert die Wartung und vervielfacht die Störungsmöglichkeiten. In der Herabsetzung der Abmessungen gebieten Halt die technologischen Verfahren wegen der Schwierigkeiten in der Herstellung übermäßig verkleinerter Teile, z. B. der Wandstärken, sodann die Behandlungsrücksichten, wie das Festziehen von dünnen Schraubenbolzen, schließlich die steigenden Erzeugungskosten.

Für bestimmte Verwendungszwecke der Verbrennungskraftmaschine, z. B. als Fahrzeugantriebsmaschine, ist eine Zylindergröße, die nur in engen Grenzen schwankt, die wirtschaftlichste und zuverlässigste. Bei kleiner Gesamtleistung sind dann geringere Zylinderzahlen nötig; höhere Gesamtleistung führt zu größeren Zylinderzahlen. Da bei raschlaufenden Maschinen der günstige Zylinderdurchmesser verhältnismäßig klein ist, gelangt man zu vielzylindrigen Bauformen.

Das Wertverhältnis der Mehrzylinderaggregate hinsichtlich der wichtigsten Forderungen findet eine Würdigung anschließend an eine Übersicht der gebräuchlichen Zylinderzahlen und der zugehörigen Zündfolgen.

a) Ausgeführte Zylinderzahlen.

Die üblichen Zylinderzahlen, die kennzeichnende Zylinderanordnung nebst ihrer Arbeitsweise und ihren Verwendungsgebieten finden sich in nachstehender Zahlentafel. Von Sonderformen, wie Trommelanordnung der Zylinder mit Taumelscheibe, ist hier abgesehen.

Zahlentafel 1. **Zylinderzahl, Zylinderanordnung, Arbeitsverfahren, Verwendungsgebiet.**

Zylinderzahl	Zylinderanordnung und räumliche Lage	Arbeitsverfahren	Art der Verwendung
	I. Reihenform		für:
	einfache Reihe		
2, 4, 6, 8	stehend oder hängend, einwellig	Otto	ortsfeste Anlagen; Kraftfahrzeuge, Flugzeuge
2 bis 12	stehend, einwellig	Diesel	ortsfeste Anlagen; Kraftfahrzeuge, Schiffe, Boote
2	Tandem, liegend	Otto	ortsfeste Anlagen
	zweifache Reihe V-Anordnung		
2 × 1 bis 2 × 6	stehend oder hängend, einwellig	Otto	Kraftfahrzeuge; Flugzeuge
2 × 6 und 2 × 8	stehend, einwellig	Diesel	Triebwagen, Boote
2 × 6	stehend, zweiwellig	Diesel	Triebwagen
2 × 1 bis 2 × 8	Boxer, liegend	Otto u. Diesel	Triebwagen, Kraftfahrzeuge
3 × 4	*dreifache Reihe* W-Anordnung	Otto	Flugzeuge
	vierfache Reihe		
4 × 4	X-Anordnung, einwellig	Otto	Flugzeuge
4 × 6	H-Form, zweiwellig	Otto	Flugzeuge
2, 3, 4	*Gegenkolben*-Bauart, stehend, einwellig	Diesel	Kraftfahrzeuge, Schiffe
6	*Gegenkolben*-Bauart, stehend, zweiwellig	Diesel	Flugzeuge
1, 2	U-Zylinder, stehend	Otto	Kraftfahrzeuge
	II. Sternform		
3, 5, 7, 9	*Einstern*	Otto (Diesel versuchsweise)	Flugzeuge; Fahrzeuge versuchsweise
2 × 7, 2 × 9	*Doppelstern*	Otto	Flugzeuge

Die *ungeraden* Zylinderzahlen in *einer Reihe* haben, mit Ausnahme von 3 und vereinzelt 5, in den Leichtmotorenbau keinen Eingang gefunden; dagegen sind ungerade Zahlen am verbreitetsten bei den *Sternmotoren*, die im Viertakt arbeiten. Gerade Zahlen in Sternform ergeben allein in Verbindung mit Zweitakt einzelstehende Zylinder im Kreis und gleichmäßige Zündabstände (siehe auch „Massenausgleich", S. 51).

Boxermotoren erscheinen als Sonderfall der normalen V-Motoren, wenn je zwei Zylinderachsen fluchten; sie gehören zugleich den versetztreihigen Motoren an, sobald die gegenüberliegenden Zylinder zueinander versetzt sind.

Die höchsten Zylinderzahlen haben die Flugmotoren; die praktische Grenze liegt zur Zeit bei 24 Zylindern in 4 Reihen.

b) Zylinderzahl und Zündfolge.

Der Drehkraftverlauf und die Gleichförmigkeit des Ganges werden nicht allein durch die Zylinder- und Kurbelzahl sowie durch die *Zahl der Zündungen* innerhalb zweier Wellenumdrehungen bei Viertakt oder einer Wellenumdrehung bei Zweitakt beeinflußt, sondern auch durch die *Kurbelversetzung*, die im allgemeinen der Forderung *gleicher Zeitabstände* der Zündungen entspricht. Über die verschiedenartigen Kurbelversetzungen geben die Kurbelsterne in den nachfolgenden Zahlentafeln 2, 3 und 4, außerdem die Zahlentafeln 12 bis 16 im Abschnitt „Massenausgleich" Auskunft.

Zahlentafel 2. Zündfolgen der einfachwirkenden Viertaktmaschinen.
Einreihige Maschinen.

Zylinderzahl	Kurbelstern	Zündabstand	Zündfolge bei Drehung der Welle im Uhrzeigersinn	
2		360°	1 2	
2		180°, 540°	1 2	
3		240°	1 2 3 oder 1 3 2	Von den beiden aufgeführten Zündfolgen ist die erste aus dem nebenstehenden, im Uhrzeigersinn drehenden Kurbelstern ablesbar.
4		180°	1 2 4 3 oder 1 3 4 2	
5		144°	1 3 5 4 2	
6		120°	1 5 3 6 2 4 oder 1 3 5 6 4 2 (aus Schwingungsgründen)	
7		$102^6/_7$°	1 7 3 6 4 2 5 oder 1 3 5 7 6 4 2 (aus Schwingungsgründen)	
8		90°	1 6 2 5 8 3 7 4 oder 1 3 5 7 8 6 4 2 (aus Schwingungsgründen)	
9		80°	1 7 5 3 9 6 2 8 4 oder 1 3 5 7 9 8 6 4 2 (aus Schwingungsgründen)	
10		72°	1 7 3 9 6 10 4 8 2 5 oder 1 3 5 7 9 10 4 8 2 5 (aus Schwingungsgründen)	
11		$65^5/_{11}$°	1 9 2 10 3 11 8 5 6 7 4 1 3 5 7 9 11 10 8 6 4 2 (aus Schwingungsgründen)	
12		60°	1 4 8 3 7 2 12 9 5 10 6 11 oder aus Schwingungsgründen 1 3 5 7 9 11 12 10 8 6 4 2	

Die Längsform der Kurbelwelle findet sich in Zahlentafel 12, Abschnitt „Massenausgleich".

Zylinderzahl. 13

Zahlentafel 2 (Fortsetzung).
V-Maschinen.

Zylinderzahl	Gabelwinkel und Kurbelstern	Zündabstand	Zündfolge bei Drehung der Welle im Uhrzeigersinn
2 × 1	90°, Zyl.1, Zyl.2	70°, 450°	Reihe 1: 1 Reihe 2:　 2
2 × 2	180°, Reihe 1 Zyl.1,2, Reihe 2 Zyl.3,4	180°	Reihe 1: 1 2 Reihe 2:　 4 3
2 × 2	180°, Reihe 1 Zyl.1,2, Reihe 2 Zyl.3,4	180°	Reihe 1: 1 4 Reihe 2:　 3 2
2 × 3	120°, Reihe 1 Zyl.1,2,3, Reihe 2 Zyl.4,5,6	120°	Reihe 1: 1 3　　 2 Reihe 2:　　 6 5 4 oder Reihe 1: 1 2 3 Reihe 2:　 4 5 6
2 × 4	90°, Reihe 1 Zyl.1,2,3,4, Reihe 2 Zyl.5,6,7,8	90°	Reihe 1: 1 3 4 2 Reihe 2:　 8 6 5 7 oder Reihe 1: 1 2 4 3 Reihe 2:　 8 7 5 6
2 × 4	90°, Reihe 1 Zyl.1,2,3,4, Reihe 2 Zyl.5,6,7,8	90°	Reihe 1: 1 2 4　　 3 Reihe 2:　　 8 7 5 6 oder Reihe 1: 1 3　　 4 2 Reihe 2:　　 7 8 6 5
2 × 6	60°, Reihe 1 Zyl. 1÷6, Reihe 2 Zyl. 7÷12	60°	Reihe 1: 1　 5 3　 6 2　 4 Reihe 2:　 12 8 10 7 11 9 oder Reihe 1: 1 2 4　 6 5　 3 Reihe 2:　 7 8 10 12 11 9
2 × 6	180°, Reihe 1 Zyl. 1÷6, Reihe 2 Zyl. 7÷12	60°	Reihe 1: 1　 5 3　 6 2　 4 Reihe 2:　 10 7 11 9 12 8 oder Reihe 1: 1 2 4 6 5　 3 Reihe 2:　 9 7 8 10 12 11

Die Längsform der Kurbelwelle findet sich in Zahlentafel 15, Abschnitt „Massenausgleich".

Wahl der Zylinderzahl und der Bauform.

Zahlentafel 2 (Fortsetzung).

Zylinderzahl	Gabelwinkel und Kurbelstern	Zündabstand	Zündfolge bei Drehung der Welle im Uhrzeigersinn
2×8	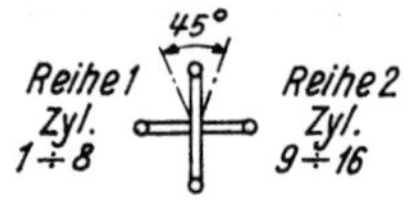 Reihe 1 Zyl. 1÷8, 45°, Reihe 2 Zyl. 9÷16	45°	Reihe 1: 1 3 5 7 8 6 4 2 Reihe 2: 16 14 13 15 9 11 12 10
2×8	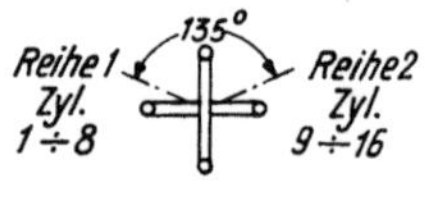 Reihe 1 Zyl. 1÷8, 135°, Reihe 2 Zyl. 9÷16	45°	Reihe 1: 1 3 5 7 8 6 4 2 Reihe 2: 15 9 11 12 10 16 11 13
2×8	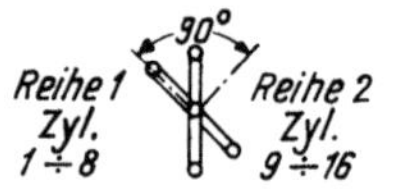 Reihe 1 Zyl. 1÷8, 90°, Reihe 2 Zyl. 9÷16	45°	Reihe 1: 1 6 2 5 8 3 7 4 Reihe 2: 9 14 10 13 16 11 15 12

Stern-Maschinen.

Zylinderzahl	Zylinderstern	Zündabstand	Zündfolge bei Drehung der Welle im Uhrzeigersinn

Einstern-Bauart.

Zylinderzahl	Zylinderstern	Zündabstand	Zündfolge
3	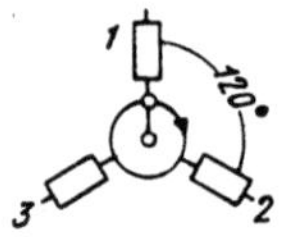 (120°)	240°	1 3 2
5	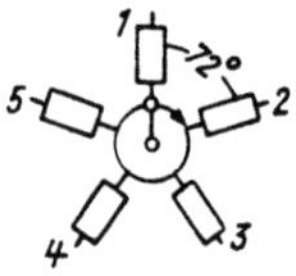 (72°)	144°	1 3 5 2 4
7	(51 3/7°)	102 6/7°	1 3 5 7 2 4 6
9	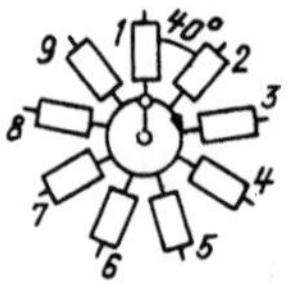 (40°)	80°	1 3 5 7 9 2 4 6 8

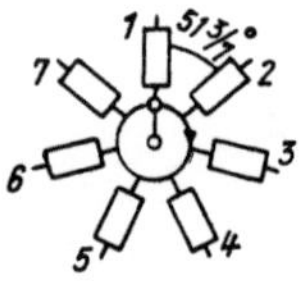

Zweistern-Bauart.

Zylinderzahl	Zylinderstern	Zündabstand	Zündfolge
2×3	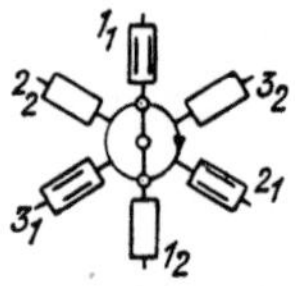	120°	Stern 1: 1_1 3_1 2_1 Stern 2: 2_2 1_2 3_2

Zahlentafel 2 (Fortsetzung).

Zylinderzahl	Zylinderstern	Zündabstand	Zündfolge bei Drehung der Welle im Uhrzeigersinn
2×5		$72°$	Stern 1: 1_1 3_1 5_1 2_1 4_1 Stern 2: 2_2 4_2 1_2 3_2 5_2
2×7		$51^3/_7°$	Stern 1: 1_1 3_1 5_1 7_1 2_1 4_1 6_1 Stern 2: 2_2 4_2 6_2 1_2 3_2 5_2 7_2
2×9		$40°$	Stern 1: 1_1 3_1 5_1 7_1 9_1 2_1 4_1 6_1 8_1 Stern 2: 2_2 4_2 6_2 8_2 1_2 3_2 5_2 7_2 9_2

Die *Zündfolgen* als Aneinanderreihung der Ziffern der nacheinander zündenden Zylinder sind in den genannten Zahlentafeln 2, 3 und 4 zusammengestellt. Sie sollen Beispiele unter den Möglichkeiten sein, die sich mit steigender Zylinderzahl erhöhen und aus denen es gilt, jene ausfindig zu machen, die einer Kurbelwelle mit gutem Massenausgleich, günstigem Drehschwingungsverhalten, geringerer Lagerbelastung zugeordnet sind und gute Zylinderspülung und Ladung bei zweckmäßiger Unterteilung der Abgasleitung ergeben. Einzelheiten über das Vorgehen bei der Auslese findet man in den Untersuchungen von SCHRÖN [12] und SCHÜTTE [13].

Was die Zylinderziffern anlangt, sind sie dadurch festgelegt, daß man bei *Reihenmotoren* am äußersten Zylinder der Reihe mit 1 beginnt und fortlaufend weiterzählt s. DIN-Blätter HNA 101, Kr 3021, 9001. Bei zwei Reihen wird nach Durchnumerierung der ersten Reihe mit der zweiten von vorne begonnen; die Kennzeichnung der Zylinder mit dem Zeiger 1 und 2 oder mit dem Zeiger r (rechts) und l (links) ist zwar recht übersichtlich, aber weniger üblich als die fortlaufende Benummerung. Die Zylinder der *Sternmotoren* werden im Kreis fortlaufend von 1 bis z bezeichnet; liegen zwei versetzte Sterne vor, so empfiehlt es sich der besseren Übersicht wegen, die Zylinder des ersten Sternes mit Zeiger 1 und jene des zweiten Sternes mit 2 zu versehen.

c) Thermisches Verhalten verschieden großer Zylinder.

Die Vergrößerung der Zylinder und Kolben ist durch die erschwerte Wärmeabführung begrenzt, wie die Ausführungen unter I, 3, gezeigt haben; Zylinder von kleinen Abmessungen sind thermisch weniger beansprucht. Die wärmetechnisch günstige *Verkleinerung* kann jedoch aus ebenfalls genannten Gründen nicht beliebig weit getrieben werden.

d) Dynamisches Verhalten verschiedener Zylinderzahlen.

α) Die *Gleichförmigkeit des Ganges* wird zusehends größer mit zunehmender Zylinderzahl, wie im Abschnitt: „Drehmoment- und Wuchtausgleich" dargelegt ist; sie ist zufriedenstellend von fünf Zylindern aufwärts ohne größere zusätzliche Schwungmasse. Dabei ist zu beachten, daß die ungeraden Zahlen 5, 7, 9 merklich anderes Verhalten zeigen als die geraden Zahlen mit der Kurbelanordnung für Viertakt. Bei Flugmotoren verbessert das Schwungmoment der Luftschraube die Gleichförmigkeit des Laufes.

Wahl der Zylinderzahl und der Bauform.

Zahlentafel 3. Zündfolgen der einfachwirkenden Zweitaktmaschinen.
Einreihige Maschinen.

Zylinderzahl	Kurbelstern	Zündabstand	Zündfolge bei Drehung der Welle im Uhrzeigersinn	
2		180°	1 2	
3		120°	1 2 3 oder 1 3 2	Von den beiden aufgeführten Zündfolgen ist die erste aus dem nebenstehenden, im Uhrzeigersinn drehenden Kurbelstern ablesbar.
4		90°	1 3 2 4 oder 1 2 3 4	
5		72°	1 4 3 2 5 oder 1 3 5 4 2 (aus Schwingungsgründen)	
6		60°	1 5 3 4 2 6 oder 1 4 5 2 3 6	
7		$51^3/_7$°	1 7 2 5 4 3 6 oder 1 3 5 7 6 4 2 (aus Schwingungsgründen)	
8		45°	1 7 3 5 4 6 2 8 oder 1 3 7 5 4 2 6 8	
9		40°	1 6 7 2 5 8 3 4 9 oder 1 8 3 6 5 4 7 2 9	
10		36°	1 8 5 7 4 6 3 10 2 9 oder 1 9 3 7 5 6 4 8 2 10	
11		$32^8/_{11}$°	1 8 9 5 2 6 10 7 3 4 11 oder 1 10 3 8 5 6 7 4 9 2 11	
12		30°	1 3 11 5 7 9 4 6 8 2 10 12 oder 1 7 5 11 3 9 4 10 2 8 6 12	

Die Längsform der Kurbelwelle findet sich in Zahlentafel 13, Abschnitt „Massenausgleich".

Zylinderzahl.

Zahlentafel 3 (Fortsetzung).
V-Maschinen.

Zylinderzahl	Gabelwinkel und Kurbelstern	Zündabstand	Zündfolge bei Drehung der Welle im Uhrzeigersinn
2 × 1	*(180°, Zyl.1, Zyl.2)*	180°	Reihe 1: 1 Reihe 2: 2
2 × 2	*(90°, Reihe 1 Zyl. 1,2; Reihe 2 Zyl. 3,4)*	90°	Reihe 1: 1 2 Reihe 2: 3 4
2 × 3	*(60°, Reihe 1 Zyl. 1,2,3; Reihe 2 Zyl. 4,5,6)*	60°	Reihe 1: 1 2 3 Reihe 2: 4 5 6
2 × 4	*(45°, Reihe 1 Zyl. 1,2,3,4; Reihe 2 Zyl. 5,6,7,8)*	45°	Reihe 1: 1 3 2 4 Reihe 2: 5 7 6 8
2 × 6	*(90°, Reihe 1 Zyl. 1÷6; Reihe 2 Zyl. 7÷12)*	30°	Reihe 1: 1 5 3 4 2 6 Reihe 2: 12 7 11 9 10 8
2 × 8	*(67½°, Reihe 1 Zyl. 1÷8; Reihe 2 Zyl. 9÷16)*	22,5°	Reihe 1: 1 7 3 5 4 6 2 8 Reihe 2: 16 9 15 11 13 12 14 10

Die Längsform der Kurbelwelle findet sich in Zahlentafel 16, Abschnitt „Massenausgleich".

β) Der *Ausgleich der Massenwirkungen* ist für die verschiedenen Zylinderzahlen von verschiedener Güte. Wie sich aus den Betrachtungen im Abschnitt B ergibt, steigt die Ordnung der ausgeglichenen Massenkräfte mit zunehmender Zylinderzahl, jedoch nicht stetig mit dieser Zahl selbst, vielmehr zeigen sich die geraden Zylinderzahlen der Viertakter mit paarweise gleichgerichteten Kurbeln in der Stirnansicht der Welle als den ungeradzahligen Wellen mit Einzelstrahlen sowie allen Zweitaktwellen unterlegen. Bezüglich der Massenmomente besitzen die längssymmetrischen Kurbelwellen der Viertakter (bisweilen auch bei doppeltwirkenden Zweitaktern verwendet) vollen Ausgleich; die übrigen Wellen ohne Längssymmetrie (sog. teilsymmetrische Wellen, siehe S. 55) werden mit steigender Kurbelzahl günstiger, die Restbeträge der Momente immer kleiner. Es sei auf die Zusammenstellung in Zahlentafel 12 bis 16, S. 60 bis 64, verwiesen.

e) Hubraumleistung.

Sie steigt mit Erhöhung der Zylinderzahl, da die einzelnen kleinen Zylinder unter Einhaltung der zulässigen Kolbengeschwindigkeit höhere Drehzahlen zulassen (siehe S. 6).

f) Hubraumgewicht.

Die Erhöhung der Zylinderzahl bei Verteilung einer gegebenen Leistung auf mehrere kleine Zylinder an Stelle von wenigen großen trägt zur *Herabsetzung des Eigengewichtes* aller Maschinengattungen bei und ist ein für ortsveränderliche Maschinen wichtiger Gesichtspunkt (siehe S. 7).

Wahl der Zylinderzahl und der Bauform.

Zahlentafel 4. Zündfolgen der einreihigen doppeltwirkenden Zweitaktmaschinen.

Zylinderzahl	Kurbelstern	Zündabstand	Zündfolge bei Drehung der Welle im Uhrzeigersinn

2		90°	$1_o\ 2_u\ 1_u\ 2_o$ o bedeutet obere Kolbenseite
			                            u „ untere „
			                            $+$ „ gleichzeitige Zündung (Paarzündung)

2		180°	$1_o + 2_u\quad 2_o + 1_u$
3		60°	$1_o\ 3_u\ 2_o\ 1_u\ 3_o\ 2_u$
4		45°	$1_o\ 2_u\ 3_o\ 4_u\ 1_u\ 2_o\ 3_u\ 4_o$
4		90°	$1_o + 2_u\quad 3_o + 4_u\quad 2_o + 1_u\quad 4_o + 3_u$
5		36°	$1_o\ 2_u\ 4_o\ 5_u\ 3_o\ 1_u\ 2_o\ 4_u\ 5_o\ 3_u$
6		30°	$1_o\ 2_u\ 4_u\ 3_o\ 5_o\ 6_u\ 1_u\ 2_o\ 4_o\ 3_u\ 5_u\ 6_o$
6		60°	$1_o + 4_u\quad 5_o + 2_u\quad 3_o + 6_u\quad 4_o + 1_u\quad 2_o + 5_u$ $6_o + 3_u$
6		60°	$1_o + 6_o\quad 3_u + 4_u\quad 2_o + 5_o\quad 1_u + 6_u\quad 3_o + 4_o$ $2_u + 5_u$
7		$25^5/_7°$	$1_o\ 4_u\ 7_o\ 3_u\ 2_o\ 6_u\ 5_o\ 1_u\ 4_o\ 7_u\ 3_o\ 2_u\ 6_o\ 5_u$
8		$22^1/_2°$	$1_o\ 4_u\ 8_o\ 5_u\ 2_o\ 3_u\ 6_o\ 7_u\ 1_u\ 4_o\ 8_u\ 5_o\ 2_u\ 3_o\ 6_u\ 7_o$
8		45°	$1_o + 4_u\quad 7_o + 6_u\quad 3_o + 2_u\quad 5_o + 8_u\quad 4_o + 1_u$ $6_o + 7_u\quad 2_o + 3_u\quad 8_o + 5_u$

Zahlentafel 4 (Fortsetzung).

Zylinderzahl	Kurbelstern	Zündabstand	Zündfolge bei Drehung der Welle im Uhrzeigersinn
9		20°	$1_o\ 8_u\ 6_o\ 3_u\ 7_o\ 4_u\ 2_o\ 9_u\ 5_o\ 1_u\ 8_o\ 6_u\ 3_o\ 7_u\ 4_o\ 2_u$ $9_o\ 5_u$
10		18°	$1_o\ 6_u\ 5_o\ 10_o\ 2_o\ 7_u\ 3_u\ 8_o\ 4_o\ 9_u\ 1_u\ 6_o\ 5_u\ 10_u\ 2_u$ $7_o\ 3_o\ 8_u\ 4_u\ 9_o$
10		36°	$1_o + 6_u\quad 9_o + 4_u\quad 3_o + 8_u\quad 7_o + 2_u\quad 5_o + 10_u$ $6_o + 1_u\quad 4_o + 9_u\quad 8_o + 3_u\quad 2_o + 7_u\quad 10_o + 5_u$
10		36°	$1_o + 10_o\quad 2_u + 9_u\quad 4_o + 7_o\quad 6_u + 5_u\quad 3_o + 8_o$ $1_u + 10_u\quad 2_o + 9_o\quad 4_u + 7_u\quad 6_o + 5_o\quad 3_u + 8_u$

g) Raumbedarf der Maschine.

Der Raumbedarf vermindert sich mit der Erhöhung der Drehzahl, was anlagetechnisch wichtig ist. Für Flugtriebwerke ist die Stirnflächengröße, deren Widerstand im Fluge einen gewissen Anteil der Motorleistung aufzehrt, von großer Bedeutung; in manchen Fällen ist die Verkleinerung der Motorstirnfläche wichtiger als die des Motorgewichtes.

h) Vielzahl der Einzelteile.

Als Nachteil vieler Zylinder erscheint die *Vermehrung der Einzelteile*, die höhere Ansprüche an die Wartung stellt und die Störungsmöglichkeiten erhöht.

i) Herstellungsrücksichten.

Bei Großraummaschinen wird man versuchen, durch Aneinanderreihung einer passenden Zahl ausgeführter und erprobter Zylindergrößen die vorgeschriebene Leistung zu erreichen, zugleich um die Erzeugungskosten zu senken. Die Wahl der Bauart für jene Motorgattungen, die eine Auswahl der Zylinderanordnung bieten, wie bei Flugmotoren, ist von gewissem Einfluß auf die Gestehungskosten; Sternform schneidet etwas günstiger ab als V-, H- und Boxer-Bauform von gleicher Leistung. Diese Kosten wachsen mit zunehmender Zylinderzahl z, jedoch nicht linear.

k) Besondere Anforderungen.

α) *Boots- und Schiffsmaschinen.* Die Zahl der Zylinder hat auf das Anlassen und Umsteuern Rücksicht zu nehmen. Sind keine mechanischen Umsteuergetriebe, wie Drehflügelschraube oder Wendegetriebe bei Bootsmotoren, vorhanden, sondern direkte Kupplung der Kurbelwelle mit der Schraubenwelle, so muß man bei Viertakt-Diesel-Maschinen mindestens sechs einfachwirkende oder drei doppeltwirkende Zylinder vorsehen und jedem Zylinder oder jeder Zylinderseite ein Anlaßventil geben, damit die Anlaßventilöffnungen einander überlappen und die Maschine in jeder Stellung anspringt. Zweitakt gewährt mit vier Zylindern ein sicheres Anspringen. Die gleichen Zylinderzahlen ergeben auch ein zuverlässiges Umsteuern. Besonders wichtig ist ausreichende Ruhe des Ganges wegen des unstarren Fundaments.

β) Großdieselmaschinen unterliegen vielfach keinen einschränkenden Vorschriften in bezug auf die Längsausdehnung und haben bis zu zwölf Zylinder in einer Reihe verwendet; gewisse Schwierigkeiten in der Erzielung ausreichender Steifigkeit des Motorgestelles an raschlaufenden Leichtbauarten sprechen gegen allzu große Längsausdehnung. Bei *Kleinraummotoren* läßt die Einschränkung der Motorlänge nicht mehr als acht Zylinder in einer Reihe zu; ist eine größere Zylinderzahl unterzubringen, so muß man auf Ausnützung des Raumes in der Querrichtung übergehen, wie anschließend unter „Bauform" gezeigt wird.

Im Dieselmaschinenbau sind *ungerade* Zylinderzahlen in *einer Reihe* neben geraden anzutreffen.

2. Bauform.

a) Stehende und liegende Bauart.

Die Maschinen mit aufrecht stehenden Zylindern in einer Reihe sind heute verbreiteter als die Maschinen mit liegenden oder hängenden Zylindern. Im Schiffsmaschinenbau hat von jeher aus räumlichen Gründen die stehende Bauart vorgeherrscht; die Grundfläche der Anlage ist wesentlich kleiner als bei liegenden Zylindern gleicher Leistung.

Der Vorzug der liegenden Bauart mit wenigen Zylindern bei ortsfesten Großausführungen besteht in der Übersichtlichkeit und leichten Zugänglichkeit des Triebwerkes, schwindet aber beim Aneinanderreihen mehrerer Zylinder. Gleichachsig hintereinander gereihte Zylinder, z. B. in doppeltwirkender Tandembauart, oder an die durchgehende Stange des treibenden Kolbens angeschlossene Kolben von Pumpen, Gebläsen und Kompressoren eignen sich wegen ihrer Längsausdehnung nur für liegende Anordnung. Wegen der großen bewegten Massen wählt man in solchen Fällen niedrige Drehzahl und hält so die freien Massenkräfte in erträglichen Grenzen; der Langsamlauf führt aber auf großes Leistungsgewicht. Der Übergang auf die raschlaufende stehende Gasmaschine ist nunmehr angebahnt.

Im Großdieselbau hat die Praxis für die stehende Bauform mit der einfachen Ausbaumöglichkeit der schweren Kolben und Deckel nach oben mittels Kranes entschieden.

b) Hängende Bauart.

Die einfache und die doppelte Reihe mit hängenden Zylindern (Hängemotor) findet man bei Flugmotoren aus den unter c) genannten Gründen.

c) Mehrstrahlige Bauarten.

Gute Einbaufähigkeit eines Motors mit einer größeren Zahl von Zylindern in einen Raum von verhältnismäßig kleinen Abmessungen oder von vorgeschriebenen Umrissen hat auf Beschränkung der Zylinderzahl in einer Reihe und durch Zulassung von mehreren Strahlen in der Stirnansicht auf die V-, W-, X- und H-Form geführt. Die Grenz- und Übergangsform gibt den *Sternmotor* mit einem Zylinder in axialer Richtung und mit radialer Unterbringung aller Zylinder. Für die verschiedenen Anordnungen soll bei Verwendung im Flugtriebwerk die Stirnfläche und damit der Stirnwiderstand möglichst klein sein; diese Forderung läßt den Sternmotor als etwas ungünstig erscheinen.

Wird jedem Strahl eine Zylinderreihe in der Längsansicht zugeordnet, so erscheinen die *zwei- und mehrreihigen Motoren* mit zueinander geneigten Reihen.

α) Stehende V-Anordnung der Zylinder hat in Flugzeugen, Kraftwagen und Triebwagen Verbreitung gefunden; sie ist für größere Zylinderabmessungen zwar versucht, aber nicht weiter entwickelt worden. Der *umgekehrte V-Motor* gibt im Falle des Luftschraubenantriebes günstige Verlegung des Schwerpunktes, dem Flugzeugführer freiere Sicht und der Propellerachse größeren Abstand vom Rollfeld; die Gefahr der Verölung hängender Zylinder ist heutzutage behoben.

β) *Boxeranordnung.* Raschlaufende, einfachwirkende Fahrzeugmotoren mit zwei gegenüberstehenden, liegenden Reihen, die auf *eine* Welle arbeiten, mögen als Sonderfall der V-Form, wenn der Gabelwinkel zu 180° wird, gelten und werden als „Boxermotoren" benannt. Bei Nutzfahrzeugen mit eigener Kraftquelle muß man anstreben, die Maschinenanlage im Fahrzeug so unterzubringen, daß möglichst wenig nutzbarer Raum verlorengeht. Weit mehr als durch Verringern der Abmessungen der Anlage läßt sich dies durch solche Bauform erreichen, die in den für Nutzlast nicht verwendbaren Raum untergebracht werden kann, also vollständig unter dem Wagenfußboden liegt. Boxermotoren eignen sich also besonders in den Fällen, in denen die normale Unterbringung des Motors ausscheidet.

γ) Das Verwendungsgebiet der W-, X- und H-Motoren beschränkt sich auf das Flugtriebwerk.

δ) *Sternanordnung* der Zylinder eignet sich besonders für Luftkühlung, bietet geringste axiale Ausdehnung des Motors, einfache Art des Einbaues und gute Übersicht über alle Teile wegen der radial im Kreis verteilten Zylinder. Der verhältnismäßig große Luftwiderstand der Sternform wird gemildert durch passende Motorverkleidungen, die zugleich die Kühlwirkung der Luft an den Zylindern erhöhen. Die Sternform hat große Verbreitung im Flugwesen gefunden und wurde auch bei Kraftfahrzeugen mit Hecktrieb oder auch zum Bootsantrieb versucht.

d) Kurbeltrieb ohne und mit Kreuzkopf.

Die Belastung des Kolbens mit der dreifachen Aufgabe der Kraftübertragung, der Abdichtung und der Geradführung ist bei einfachwirkenden Verbrennungsmotoren mit kleinen und mittleren Zylindern unbedenklich; daher ist der Tauchkolben zulässig. Wesentlich anders liegen die Verhältnisse bei großen Maschinen. Die Aufnahme des durch die Pleuelstange bedingten Seitendruckes muß einem besonderen Teil zugewiesen werden, einem getrennten Kreuzkopf und seiner Gleitbahn. Dadurch erfährt die Maschine eine Verlängerung etwa um Stangenlänge und zugleich eine Erhöhung der Herstellungskosten, doch vermindert sich die Reparaturbedürftigkeit.

Besonderes Augenmerk verdienen in diesem Zusammenhang die einfachwirkenden Viertakt- und Zweitakt-Diesel-Motoren für Schiffsantrieb. Kreuzkopflose Bauart findet man nur bis 400 PS Zylinderleistung. Für Leistungen bis 50 PS verwendet man Tauchkolben stets ohne besondere Kühlung; Motoren von 50 bis 250 PS je Zylinder mit Tauchkolben erfordern bei Viertakt keine Kolbenkühlung, darüber hinaus eine solche; Zweitaktkolben benötigen von 50 PS aufwärts eine Öl- oder Wasserkühlung. Das Gebiet über 400 PS Zylinderleistung gehört der schweren und teueren Kreuzkopfbauart an, die für große Fracht- und Tankschiffe eine zuverlässige Dauerbetriebsmaschine mit unmittelbarem Antrieb der Schraube abgibt.

Doppeltwirkende Motoren erfordern stets Kreuzkopfbauart.

e) Einfach- oder doppeltwirkende Zylinder.

Die Ausgestaltung der Großmaschinen und die Rücksicht auf ihre Verwendungsgebiete verlangen größtmögliche Zylinderleistung; diese ist wirtschaftlich zu erreichen durch Verwertung des Hubraumes auf beiden Kolbenseiten, am besten im Verein mit Zweitakt. Weiteren Gewinn bringen dank den weniger schwankenden Kurbelkräften in diesem Falle die verkleinerte Schwungradmasse und die bessere Ausnützung des Triebwerkes. Gewisse Verwicklung bedingen die Stopfbüchsen für die den Verbrennungsraum durchdringenden Kolbenstangen und die erschwerte Zugänglichkeit von Bauteilen, die in der Instandhaltung anspruchsvoll sind.

III. Ermittlung der Hauptabmessungen.

Zylinderdurchmesser D und Kolbenhub s der Maschine lassen sich aus den Leistungsformeln errechnen, in denen sie gemeinsam mit anderen Größen erscheinen. Das weitere Vorgehen hängt von der Kenntnis dieser Formeln ab; es ist deshalb eine Übersicht der Formeln für die verschiedenen Maschinengattungen und Arbeitsverfahren hier am Platze.

1. Leistungsformeln.

Es gelten die auf S. 1 angeführten Bezeichnungen.
Die von den Verbrennungsgasen an die Kolbenfläche

$$F = \frac{\pi \cdot D^2}{4} \ \text{cm}^2 \tag{22}$$

abgegebene mittlere Kraft

$$P_G = F \cdot p_i \ \text{kg} \tag{23}$$

ergibt über Hub s in Metern die während einer Arbeitsperiode verrichtete Arbeit eines Zylinders. Die Innenleistung („indizierte" Leistung) ist:

$$N_i = \frac{F \cdot p_i \cdot s \cdot n_a}{60 \cdot 75} \ \text{PS}, \tag{24}$$

wenn bedeutet:
n_a Zahl der Arbeitstakte in der Minute.

Die Nutzleistung (effektive Leistung) ist mit dem mechanischen Wirkungsgrad η_m:

$$N_e = \eta_m \cdot N_i. \tag{25}$$

Mit Einführung von

$$p_e = \eta_m \cdot p_i \tag{26}$$

wird die Nutzleistung von z Zylindern:

$$N_e = \frac{F \cdot p_e \cdot s \cdot n_a}{60 \cdot 75} \cdot z \ \text{PS}. \tag{27}$$

Nun ist:
$n_a = n/2$ bei Viertakt, einfachwirkend,
$\quad = n\ $ bei Zweitakt, einfachwirkend,
$\quad = n\ $ bei Viertakt, doppeltwirkend,
$\quad = 2\,n\ $ bei Zweitakt, doppeltwirkend,
$\quad = 2\,n\ $ bei Viertakt, doppeltwirkend,
$\qquad\qquad$ in Tandemanordnung.

Mit Einsetzung dieser Werte erhält man:
für einfachwirkenden Viertakt

$$N_e = \frac{F \cdot p_e \cdot s \cdot n \cdot z}{60 \cdot 75 \cdot 2} = \frac{F \cdot p_e \cdot s \cdot n \cdot z}{9000} \tag{28}$$

$$= \frac{F \cdot p_e \cdot c_m \cdot z}{300}, \tag{28a}$$

für einfachwirkenden Zweitakt

$$N_e = \frac{F \cdot p_e \cdot s \cdot n \cdot z}{60 \cdot 75} = \frac{F \cdot p_e \cdot s \cdot n \cdot z}{4500} \tag{29}$$

$$= \frac{F \cdot p_e \cdot c_m \cdot z}{150}, \tag{29a}$$

für doppeltwirkenden Viertakt die Endformeln (29) und (29a), insbesondere für die doppeltwirkende Viertakt-Tandem-Maschine

$$N_e = \frac{4 \cdot F \cdot p_e \cdot s \cdot n}{60 \cdot 75 \cdot 2} = \frac{F \cdot p_e \cdot s \cdot n}{2250} \tag{30}$$

mit Verdopplung dieser Leistung bei Zwillingsanordnung,

Leistungsformeln.

für doppeltwirkenden Zweitakt

$$N_e = \frac{2 \cdot F \cdot p_e \cdot s \cdot n \cdot z}{60 \cdot 75} = \frac{F \cdot p_e \cdot s \cdot n \cdot z}{2250} \tag{31}$$

$$= \frac{F \cdot p_e \cdot c_m \cdot z}{75}. \tag{31a}$$

F bedeutet in allen Fällen die wirksame Kolbenfläche. Nun ist bei *doppeltwirkenden*, stehenden Ausführungen die untere Kolbenseite mit der Kolbenstange verbunden, so daß deren Querschnitt an der Kolbenfläche verlorengeht und Gleichung (31) nicht mehr zutrifft; eine größere Gesamtfläche ist auszuführen. Der Durchmesser der Stange und damit die Verkleinerung der Kolbenfläche ist von der Höhe der Zünddrücke im Zylinder abhängig; bei Diesel-Maschinen ist der Flächenzuschlag für die Kolbenstange $a = 10 \div 12\%$. Hinzu kommt, daß die Indikatordiagramme der beiden Kolbenseiten vielfach ungleich sind in dem Sinne, daß das Diagramm der unteren Zylinderseite kleinere Fläche besitzt. Dann werden die Leistungen für beide Seiten getrennt berechnet nach der Formel (24) und die Leistungen addiert, was auf die Gesamtleistung führt:

$$N_{e_{ges}} = (N_{i_o} + N_{i_u}) \cdot \eta_m = \frac{s \cdot n}{4500} \cdot (F_o \cdot p_{i_o} + F_u \cdot p_{i_u}) \cdot \eta_m. \tag{31b}$$

Bei liegenden doppeltwirkenden Tandem-Großgasmaschinen werden die Kolben von durchgehenden Kolbenstangen getragen, so daß der Abzug gleichmäßig für alle Kolbenseiten gilt; er beträgt 7—8% von F.

Die vorstehenden Formeln lauten mit Einführung des Gesamthubraumes (Hubvolumens) $V_H = V_h \cdot z$ in Litern, ausgehend von (27):

$$N_e = V_H \cdot \frac{p_e \cdot n_a}{450}, \tag{32}$$

im einzelnen:
einfachwirkender Viertakt

$$N_e = V_H \cdot \frac{p_e \cdot n}{900}, \tag{33}$$

einfachwirkender Zweitakt

$$N_e = V_H \cdot \frac{p_e \cdot n}{450}, \tag{34}$$

doppeltwirkender Viertakt

$$N_e = V_H \cdot \frac{p_e \cdot n}{450}, \tag{35}$$

doppeltwirkender Zweitakt

$$N_e = V_H \cdot \frac{p_e \cdot n}{225}. \tag{36}$$

Schreibt man den mittleren effektiven Druck unter Heranziehung des Gemischheizwertes H_g, des Liefergrades λ_l und des effektiven Wirkungsgrades η_e in der Form:

$$p_e = \frac{427 \cdot H_g \cdot \lambda_l \cdot \eta_e}{10\,000} = \frac{H_g \cdot \lambda_l \cdot \eta_e}{23{,}42} \text{ kg/cm}^2, \tag{37}$$

so wird die Nutzleistung aus (32):

$$N_e = V_H \cdot \frac{n_a \cdot H_g \cdot \lambda_l \cdot \eta_e}{450 \cdot 23{,}42} \text{ PS}, \tag{38}$$

insbesondere für einfachwirkenden Viertakt mit $n_a = \frac{n}{2}$:

$$N_e = V_H \cdot \frac{n \cdot H_g \cdot \lambda_l \cdot \eta_e}{21\,080}. \tag{38a}$$

Angaben über Gemischheizwerte finden sich in den Heften 1 und 5; λ_l und η_e der verschiedenen Maschinengattungen sind aus den Heften 4 und 13 zu entnehmen.

Leistung und Luftzustand. Die Einwirkung des Luftzustandes auf die Leistung ist von Bedeutung nicht allein für die Umrechnung der Bremsleistung einer Verbrennungsmaschine auf Normalleistung, d. h. Leistung bezogen auf Normalzustand der Luft, sondern auch für die Einhaltung einer bestimmten Leistung an einem hoch gelegenen Betriebsort bei ortsfesten Maschinen und Fahrzeugmotoren oder in einer bestimmten Höhe bei Flugmotoren (Höhenmotoren). Die Zusammenhänge werden in Heft 4 behandelt.

2. Hauptabmessungen.

1. *Gegeben* ist in der Regel: die Nutzleistung N_e in PS und die minutliche Drehzahl n/min. Meist liegt die Arbeitsweise (Viertakt oder Zweitakt) fest.

2. *Gesucht* sind: Zylinderzahl z, Zylinderdurchmesser D cm, Kolbenhub s m, Größe des Verdichtungsraumes V_e l oder m³.

3. Verschiedene *Wege* stehen offen, um durch Auswertung einer der Leistungsformeln auf diese Hauptgrößen zu gelangen.

Berechnung von Durchmesser und Hub.

Neben den gebräuchlichen Berechnungsarten werden hier die Ansätze für Sonderermittlungen gebracht.

a) Am raschesten führt die *Einführung bestimmter Werte von p_e und c_m* zum Ergebnis. Zu diesem Zweck wird *festgelegt*:

α) die *Zylinderzahl* nach den Gesichtspunkten unter II, 1, S. 10,

β) die *Bauart* nach den Gesichtspunkten unter II, 2, S. 20.

Angenommen wird: α) der *mittlere effektive Druck* p_e für die einschlägige Maschinengattung nach den Erfahrungswerten aus Zahlentafel 11, S. 32. Er kann auch aus Gleichung (37) berechnet werden;

β) die *mittlere Kolbengeschwindigkeit* c_m für die betreffende Motorgattung aus Zahlentafel 11, S. 32, und den Gesichtspunkten unter I, 1, S. 2 und I, 5, S. 9.

Berechnet wird aus einer der Formeln (28) bis (31a) die Kolbenfläche; so ergibt eine der Formen der Leistungsgleichung:

einfachwirkender Viertakt:
$$F = \frac{300 \cdot N_e}{p_e \cdot c_m \cdot z} \text{ cm}^2, \tag{39}$$

einfachwirkender Zweitakt:
$$F = \frac{150 \cdot N_e}{p_e \cdot c_m \cdot z} \text{ cm}^2, \tag{40}$$

doppeltwirkender Viertakt:
$$F = \frac{150 \cdot N_e}{p_e \cdot c_m \cdot z} \text{ cm}^2, \tag{41}$$

doppeltwirkender Zweitakt:
$$F = \frac{75 \cdot N_e}{p_e \cdot c_m \cdot z} \text{ cm}^2. \tag{42}$$

Da nach Gleichung (22) $F = \frac{\pi \cdot D^2}{4}$ ist, so errechnet sich D in jedem dieser Fälle aus:
$$D = \sqrt{\frac{4}{\pi} \cdot F} \text{ cm}. \tag{43}$$

Für den Fall der durchgehenden Kolbenstange bestimmt sich der auszuführende Zylinderdurchmesser D nicht unmittelbar aus dem berechneten F, sondern mit Berücksichtigung des notwendigen Zuschlages von a % für die Kolbenstange aus:
$$F(1+a) = \frac{D^2 \cdot \pi}{4} \text{ cm}^2$$

zu:
$$D = \sqrt{\frac{4}{\pi} \cdot F(1+a)} \text{ cm}. \tag{44}$$

Der Hub s folgt unmittelbar aus dem angenommenen $c_m = \frac{s \cdot n}{30}$ zu:
$$s = \frac{30 \cdot c_m}{n} \text{ m}. \tag{45}$$

Nachprüfung des Hubverhältnisses $\frac{s}{D}$ erfolgt nach den Gesichtspunkten unter I, 5 c, S. 10; dabei sind D und s in gleicher Dimension, z. B. in Zentimetern, einzusetzen.

b) Ist ein *bestimmtes Hubverhältnis* $\xi = \frac{s}{D}$ einzuhalten, so rechnet sich das zugehörige D aus den Leistungsformeln wie folgt:

Mit Einführung von D in Zentimetern und von

$$s = \frac{\xi \cdot D}{100} \text{ m}$$

in Gleichung (28) der einfachwirkenden Viertaktmaschine erhält man:

$$D^3 = \frac{4 \cdot 9000 \cdot N_e \cdot 100}{\pi \cdot \xi \cdot n \cdot p_e \cdot z},$$

$$D = 104{,}5 \cdot \sqrt[3]{\frac{N_e}{\xi \cdot n \cdot p_e \cdot z}} \text{ cm.} \tag{46}$$

Ähnlich erhält man für einfachwirkenden Zweitakt aus Gleichung (29):

$$D = 83{,}2 \cdot \sqrt[3]{\frac{N_e}{\xi \cdot n \cdot p_e \cdot z}}. \tag{47}$$

c) Ist der *Gesamthubraum* V_H gegeben oder wird er aus Gleichungen (33) bis (36) abgeleitet, z. B. für einfachwirkenden Viertakt:

$$V_H = \frac{N_e \cdot 900}{p_e \cdot n} \text{ l,} \tag{48}$$

so läßt sich aus ihm die Kolbenfläche F und der Durchmesser D berechnen.

Mit s in Zentimetern wird:

$$z \frac{\pi \cdot D^2}{4} s = 1000 \cdot V_H \text{ cm}^3$$

und mit $\frac{s}{D} = \xi$ oder $s = \xi \cdot D$:

$$D = \sqrt[3]{\frac{4 \cdot V_H \cdot 1000}{\pi \cdot z \cdot \xi}} \text{ cm} \tag{49}$$

und:

$$s = D \cdot \xi \text{ cm.}$$

d) Da der *Hubraum* V_H sich durch effektive Leistung und Literleistung ausdrücken läßt, gilt auch mit D und s in Dezimetern und $s/D = \xi$:

$$\frac{N_e}{N_l} = V_H = \frac{\pi \cdot D^2}{4} \cdot s \cdot z;$$

daraus:

$$D^3 = \frac{4 \cdot N_e}{\pi \cdot N_l \cdot \xi \cdot z}. \tag{50}$$

Nach Ermittlung von D erhält man die Drehzahl n aus der Kennziffer $n \cdot D$ (siehe S. 2 und Unterabschnitt „Erfahrungswerte", Zahlentafel 11, S. 32) und s aus ξ und D.

e) Der *Gesamthubraum* ergibt sich auch aus der Formel (38), wenn die sonst darin vorkommenden Größen bekannt sind. Es ist z. B. für einfachwirkenden Viertakt:

$$V_H = \frac{21\,080 \cdot N_e}{n \cdot H_g \cdot \lambda_l \cdot \eta_e} \text{ l.} \tag{51}$$

f) Zur rascheren Ermittlung der Abmessungen werden vielfach *nomographische Tafeln*, auch Fluchtlinientafeln oder „Leitertafeln" benannt, benützt. So dienen die Zahlentafeln 5 und 6 zur Auffindung der mittleren Kolbengeschwindigkeit aus Hub und Drehzahl, die Zahlentafeln 7 und 8 zur Entnahme des Hubraums aus Zylinderdurchmesser und Hub und die Zahlentafeln 9 und 10 zum Ablesen der Zylinderleistung aus mittlerer Kolbengeschwindigkeit, Nutzdruck und Durchmesser.

g) Als *Richtlinien* für die endgültige Festsetzung von D und s gilt:

Runde Maßzahlen für D und s sind anzustreben, schon aus werkstattmäßigen Erwägungen; man halte sich an die DIN-Reihe. Es ist selbstverständlich, daß der Ent-

Zahlentafel 5. Mittlere Kolbengeschwindigkeit (2 bis 40 m/sek) aus Hub und Drehzahl.
$c_m = \dfrac{s \cdot n}{30}$ m/sek (s in m); $s = 50$ bis 250 mm; $n = 800$ bis 8000 U/min.

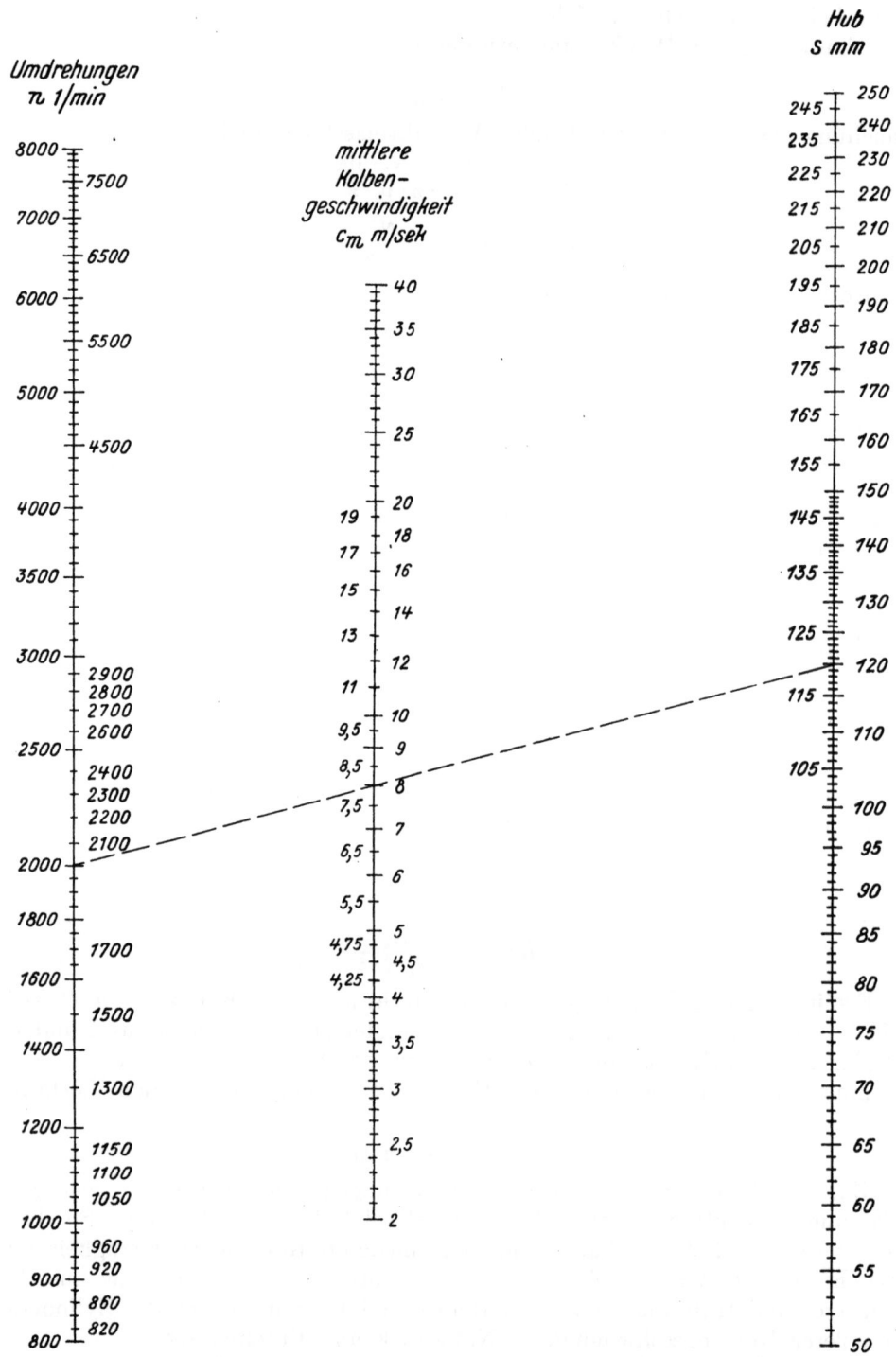

Beispiel: Hub $s = 120$ mm, minutliche Drehzahl $n = 2000$; mittlere Kolbengeschwindigkeit $c_m = 8$ m/sek.

Hauptabmessungen.

Zahlentafel 6. Mittlere Kolbengeschwindigkeit (2 bis 15 m/sek) aus Hub und Drehzahl.

$$c_m = \frac{s \cdot n}{30} \text{ m/sek } (s \text{ in m}); \quad s = 250 \text{ bis } 1200 \text{ mm}; \quad n = 100 \text{ bis } 800 \text{ U/min.}$$

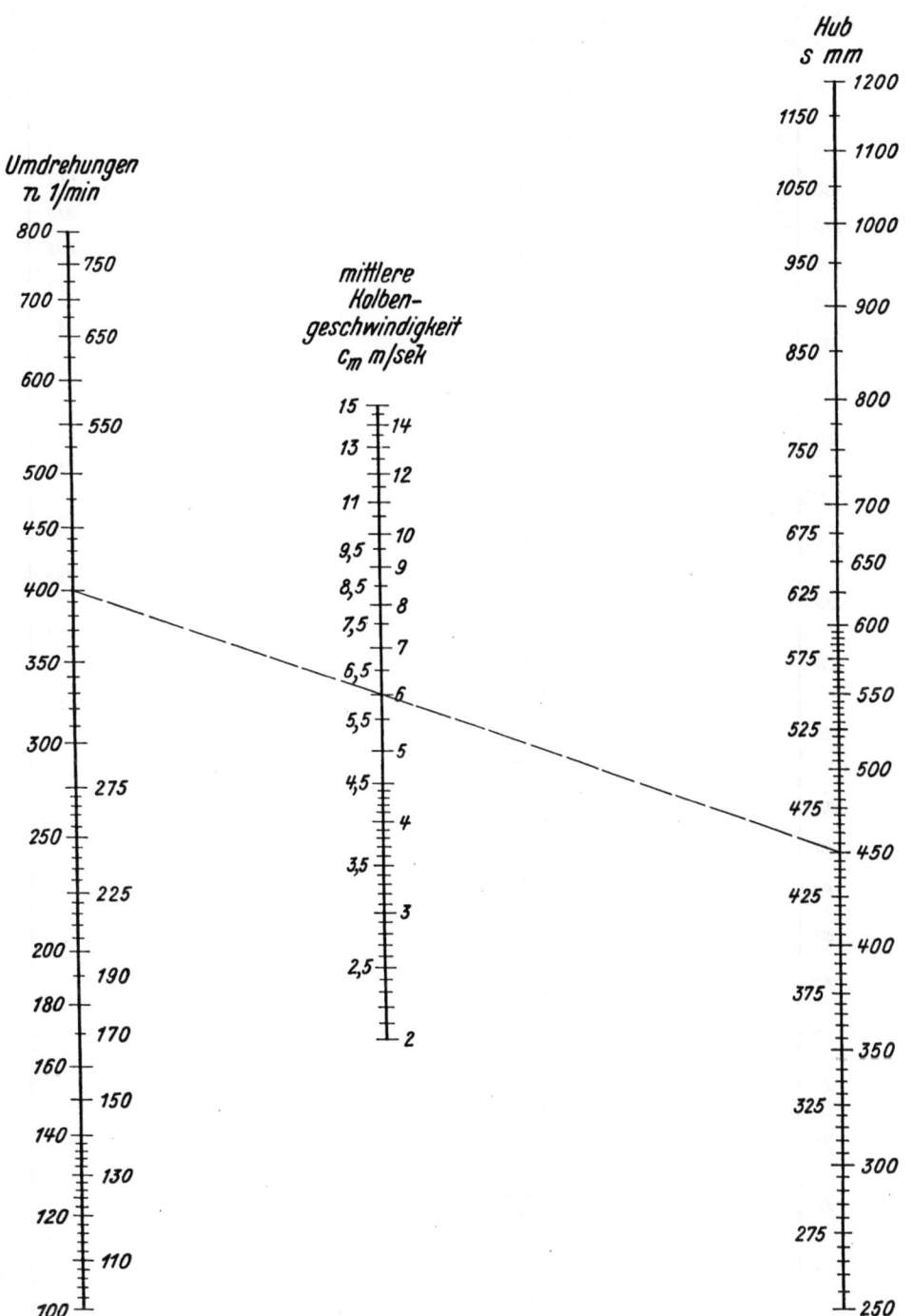

Beispiel: Hub $s = 450$ mm, minutliche Drehzahl $n = 400$; mittlere Kolbengeschwindigkeit $c_m = 6$ m/sek.

Zahlentafel 7. Hubraum (0,1 bis 12 l) aus Durchmesser und Hub.

$$V_h = \frac{\pi D^2}{4} \cdot s \quad \text{l} \quad (D \text{ und } s \text{ in dm}).$$

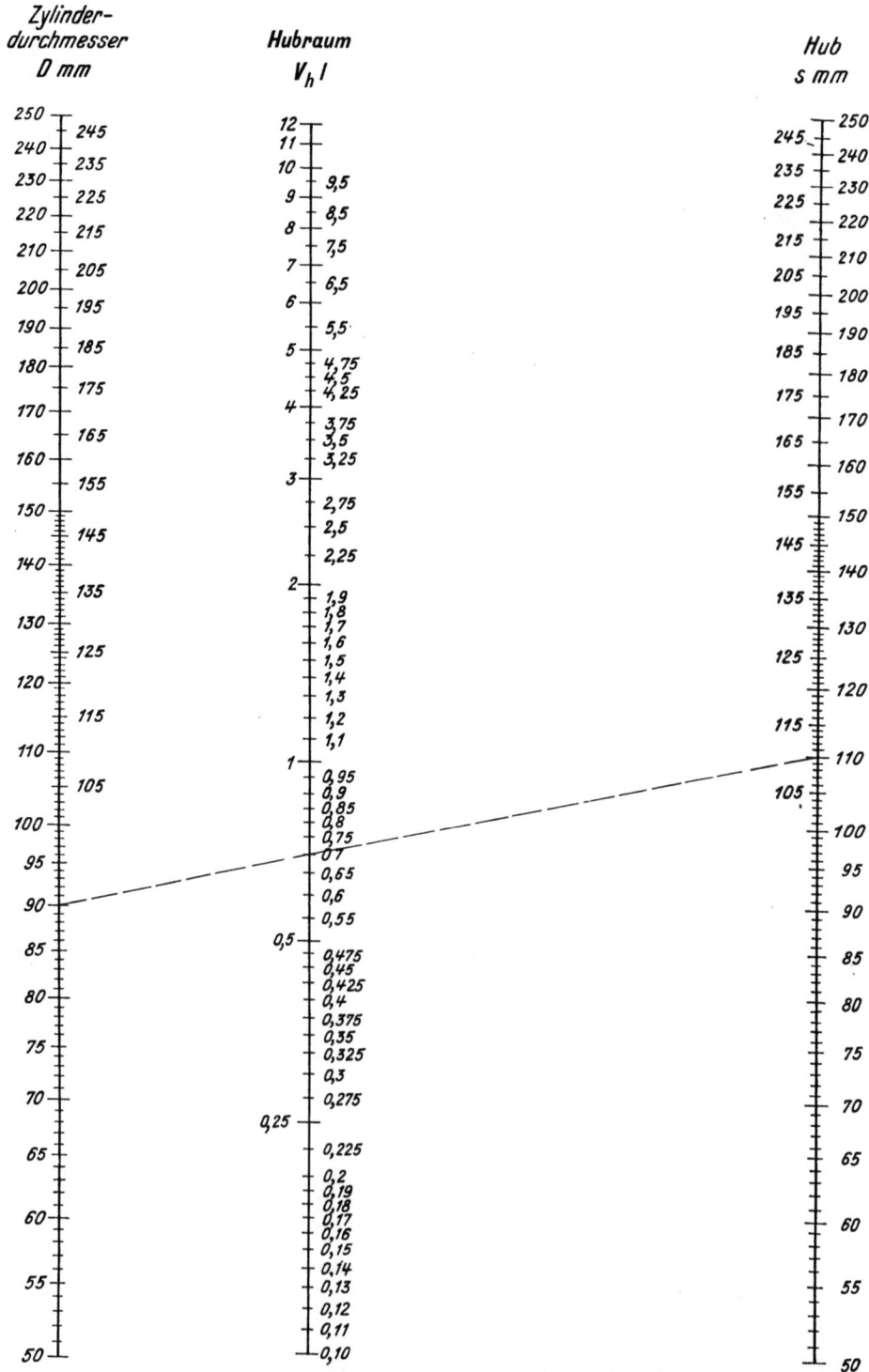

Beispiel: $D = 90$ mm, $s = 110$ mm; Hubraum $V_h = 0{,}7$ l.

Zahlentafel 8. Hubraum (12 bis 1000 l) aus Durchmesser und Hub.
$$V_h = \frac{\pi D^2}{4} \cdot s \quad \text{l} \ (D \text{ und } s \text{ in dm}).$$

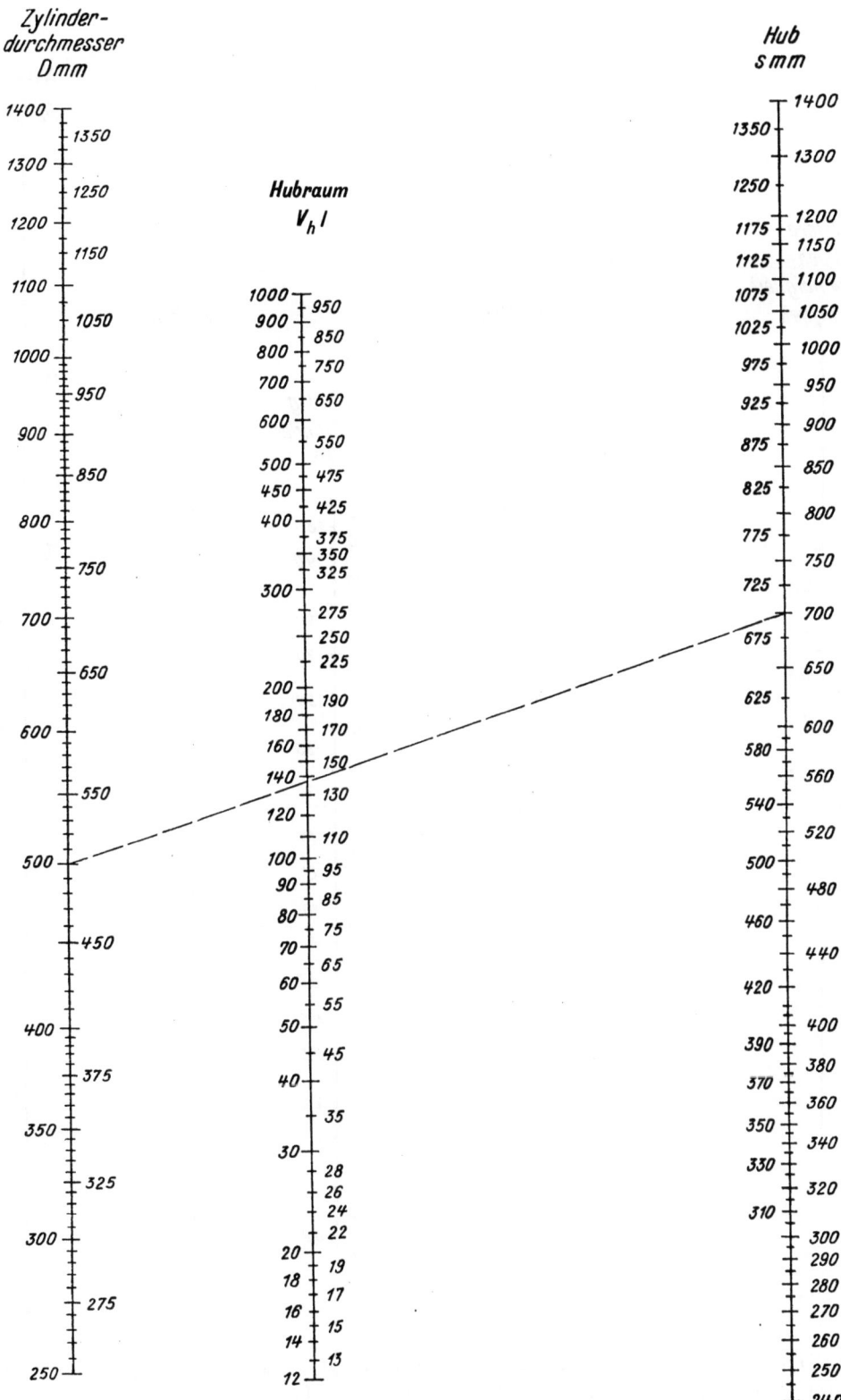

Beispiel: $D = 500$ mm, $s = 700$ mm; Hubraum $V_h = 137{,}5$ l.

Zahlentafel 9. Zylinder-Nutzleistung (0,8 bis 200 PS) aus Zylinderdurchmesser, Nutzdruck, mittlerer Kolbengeschwindigkeit für einfachwirkenden Viertakt.

$$N_e = \frac{\frac{\pi D^2}{4} \cdot p_e \cdot c_m}{300} \quad \text{PS} \ (D \text{ in cm}).$$

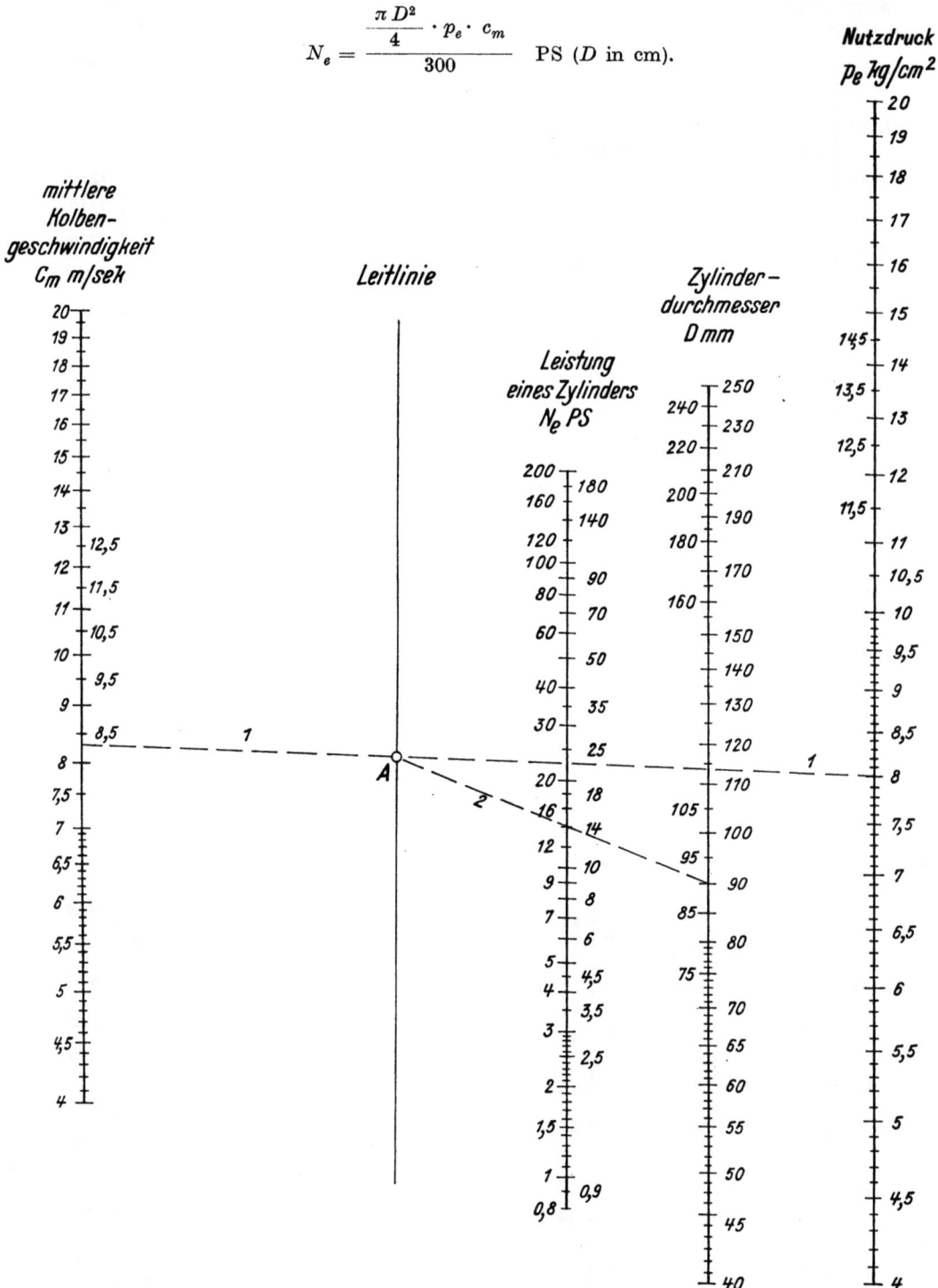

Beispiel: $D = 90$ mm; $p_e = 8{,}0$ kg/cm², $c_m = 8{,}3$ m/sek, $N_e = 14{,}1$ PS, Gerade 1 (von 8,3 bis 8,0) trifft die Leitlinie in A; Gerade 2 (von A bis 90) schneidet auf der Leistungslinie die gesuchte Leistung ab.

Zahlentafel 10. Zylinder-Nutzleistung (50 bis 2500 PS) aus Zylinderdurchmesser, Nutzdruck, mittlerer Kolbengeschwindigkeit für einfachwirkenden Viertakt.

$$N_e = \frac{\frac{\pi D^2}{4} \cdot p_e \cdot c_m}{300} \quad \text{PS} \quad (D \text{ in cm}).$$

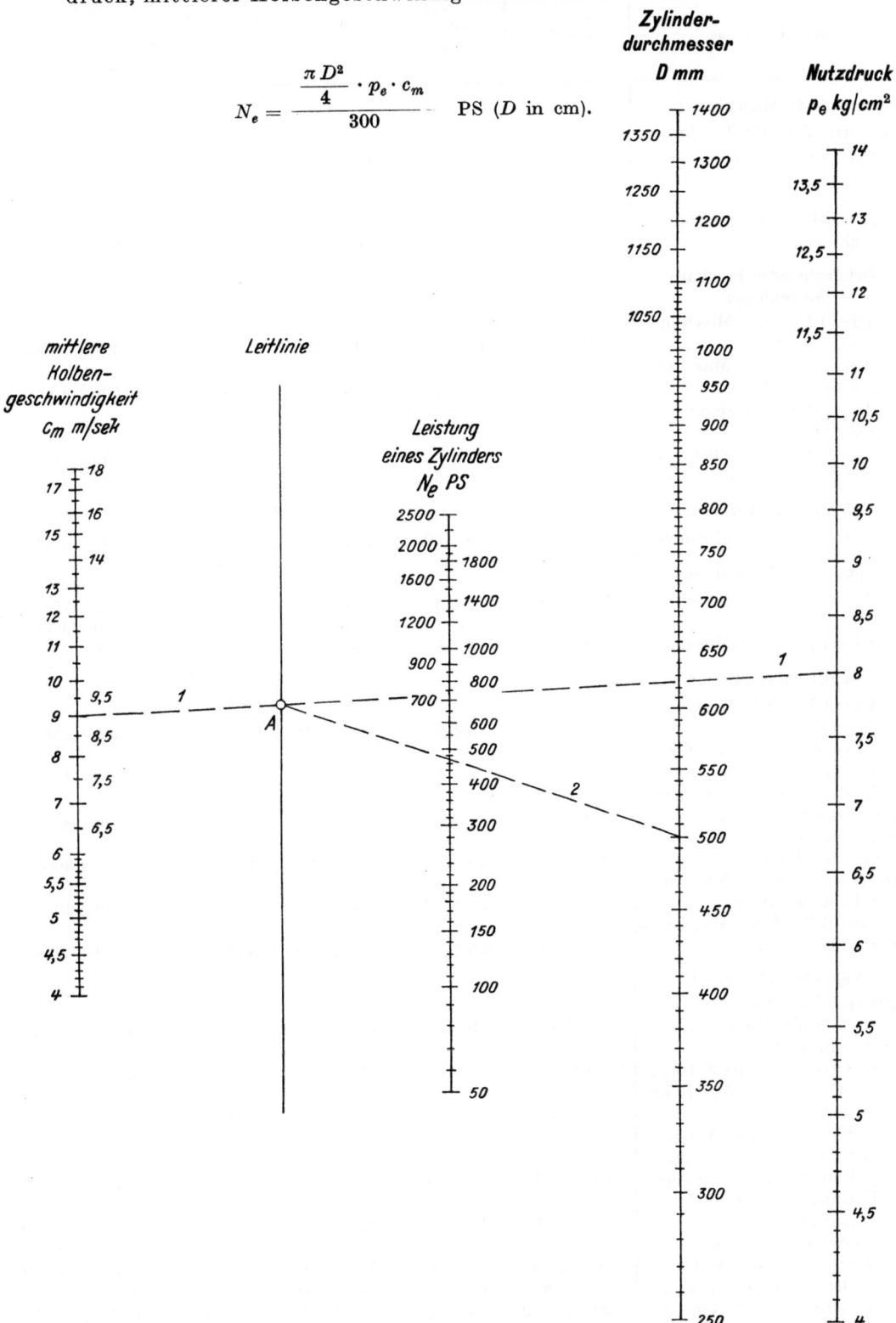

Beispiel: $D = 500$; $p_e = 8{,}0$ kg/cm², $c_m = 9{,}0$ m/sek, $N_e = 472$ PS. Gerade 1 (von 9,0 bis 8,0) trifft die Leitlinie in A; Gerade 2 (von A bis 500) schneidet auf der Leistungslinie die gesuchte Leistung ab.

Erfahrungswerte

Zahlen

Maschinengattung	Höchstdrehzahl n 1/min	Mittlere Kolbengeschwindigkeit c_m m/sek	Kennwert $n \cdot D$ m/min	Zylinderleistung N_{e_1} PS	Schnellaufzahl für den Einzelzylinder $n \cdot \sqrt{N_{e_1}}$ $PS^{1/2}$/min
Ortsfeste Maschinen:					
d. w. Otto-Viertakt-Tandem-Groß-Gasmaschinen	94÷187	4,5÷5	115÷140	400÷2000[1]	3000÷3500
d. w. Diesel-Zweitakt-Großmaschinen	94÷215	5,5÷6,5	90÷130	1000÷1700	4000÷7500
Ortsfeste oder fahrbare Maschinen:					
e. w. Diesel-Viertakt-Maschinen kleiner Leistung	800÷1500	5,5÷8	180÷220	10÷30	2500÷7000
e. w. Diesel-Viertakt-Maschinen mittlerer Leistung	215÷600	4÷7	75÷130	25÷150	1500÷4000
e. w. Diesel-Zweitakt-Kleinmaschinen					
mit Kurbelkastenpumpe	250÷750	3÷6	80÷100	10÷50	1800÷2500
mit Spülgebläse	300÷500	3,5÷5	90÷120	25÷70	2300÷2700
Triebwagen-Motoren:					
e. w. Diesel-Viertakt-Motoren	850÷1600	7,5÷10	170÷200	25÷60 bis 80	6000÷8000
Lokomotiv-Maschinen:					
e. w. Diesel-Viertakt-Maschinen	700÷900	7÷9	190÷220	40÷110	6000÷7500 7500÷9000
e. w. Diesel-Zweitakt-Maschinen	700÷800	6÷8	150÷190	42÷115	5000÷7000
Schiffs-Maschinen:					
e. w. Diesel-Viertakt-Maschinen kleinerer Leistung	800÷1600	5÷9	85÷225	15÷50	6000÷6500
e. w. Diesel-Viertakt-Leichtmaschinen	1000÷1500	8÷10	200÷230	80÷150	10000÷15000
e. w. Diesel-Zweitakt-Maschinen mit Tauchkolben	120÷250	4÷6	70÷125	250÷350	2000÷3500
e. w. Diesel-Zweitakt-Maschinen mit Kreuzkopf	90÷140	3,5÷5,5	60÷90	370÷600	1500÷3000
d. w. Diesel-Zweitakt-Maschinen für Handelsschiffe	80÷220	3,5÷5,5	55÷120	400÷1000	2000÷4000
d. w. Diesel-Zweitakt-Maschinen für Kriegsschiffe	500÷700	8,5÷10	180÷210	500÷800	12500÷14000
Fahrzeug-Motoren:					
Fahrrad-Hilfsmotoren					
e. w. Otto-Zweitakt	3300÷5000	6÷7	150÷180	1÷3	4500÷5000
Kraftrad-Motoren					
e. w. Otto-Viertakt-Motoren	3500÷5500	7÷12	170÷200	5÷20	7500÷12000
e. w. Otto-Viertakt-Rennmotoren	7000÷9000	20÷24	500÷600	40÷50	40000÷60000
e. w. Otto-Zweitakt-Motoren mit Kurbelkastenpumpe (seltener mit Ladepumpe)	3000÷4000	6,5÷10	120÷180	2,5÷8	7500÷11000
Rennmotoren mit Ladepumpe	4000÷5000	10÷12	220÷240	20÷25	20000÷25000
Personenwagen-Motoren					
e. w. Otto-Viertakt-Motoren	3200÷4000	8÷14	220÷290	6÷12	7500÷14000
e. w. Otto-Viertakt-Sportmot.	3500÷5000	14÷16	270÷400	14÷20	14000÷25000
e. w. Otto-Viertakt-Rennmot.	6000÷10000	18÷22	450÷520	30÷60	40000÷70000
e. w. Otto-Zweitakt-Motoren	2800÷3500	7÷10	100÷150	8÷10	9000÷10000

Die Grenzen von abgeleiteten Werten, z. B. von $n \cdot \sqrt{N_{e_1}}$, sind nicht als Produkte der Grenzwerte $n_{min} \cdot (\sqrt{N_{e_1}})_{min}$ oder $n_{max} \cdot (\sqrt{N_{e_1}})_{max}$, sondern als Werte, die sich unmittelbar aus den verschiedenen tafel 11.   Kennwerte.

Mittl. eff. Druck (Nutzdruck) p_e kg/cm²	Flächenleistung N_F PS/cm² Kolbenfläche	Literleistung N_l PS/l	Litergewicht G_l kg/l	Leistungsgewicht G_N kg/PS	Bemerkungen
3,5÷4[1]	0,05÷0,08[2]	0,9÷1,4[3]	85÷120	100÷95[3]	Hochofengas ohne Aufladung. [2]) Für 1 Kolbenseite. [1],[3] Mit Aufladung 25÷30% {höher / niedriger}
5,2÷6,0	0,16÷0,24[1]	2÷5	110÷140	70÷25	Ohne Aufladung. [1] Für 1 Kolbenseite.
5,8÷7	0,09÷0,14	5÷8	100÷160	25÷15	
5,5÷6	0,08÷0,13	1,5÷3,5	90÷120	60÷35	
3,2÷3,7	0,08÷0,12	2,5÷5,0	115÷180	45÷35	
3,7÷5,0	0,10÷0,15	3,5÷5,5	180÷250	50÷40	
5,5÷6,2	0,14÷0,16	4,5÷9	40÷60	10÷7	Ohne Aufladung.
7÷9,0	0,23	6÷12	50÷70	9÷6	Mit Aufladung.
5,5÷6	0,14÷0,16	4,5÷6,5	50÷70	11÷7,5	Ohne Aufladung.
7,3÷8	0,20÷0,22	6÷7,5	55÷65	9÷7,5	Mit Aufladung.
6÷7,5	0,22÷0,25	9÷10	90÷110	12÷9	
5,5÷6	0,15÷0,47	3÷7	70÷85	20÷12	Maschine mit Zubehör, ohne Wellenleitung und Schraube. Antrieb der Schraube über ein Wendegetriebe
7÷7,5	0,20÷0,30	6÷10	25÷30	4÷2,5	
4,5÷6	0,13÷0,20	1,7÷2,5	85÷100	50÷35	
4,6÷5,5	0,12÷0,18	0,9÷1,4	80÷100	100÷75	Unmittelbarer Schraubenantrieb.
4,3÷4,8	0,09÷0,15[1]	0,9÷2,2	70÷90	80÷45	[1] Für 1 Kolbenseite.
5,6÷7	0,3÷0,4[1]	5÷7,5	35÷45	8÷5,5	[1] Für 1 Kolbenseite.
2,5÷3,5	0,12÷0,20	22÷35	120÷160	7÷4	p_e und N_e bezogen auf Dauerleistung. Luftgekühlt.
6÷8	0,20÷0,30	20÷35	90÷110	5÷3	Luftgekühlt.
15÷18	1÷1,3	120÷170	80÷120	1,0÷0,5	Luftgekühlt.
3,5÷4,5	0,18÷0,25	25÷30	100÷130	5,5÷4	Luftgekühlt.
8÷9	0,6÷0,8	80÷100	60÷80	0,5÷0,8	U-Zylinder, 2 Kolben; wassergekühlt.
6÷8	0,16÷0,25	20÷35	100÷130	5,5÷4	In der Regel wassergekühlt; Gew. für Motor m. Zubehör, ohne Wasser u. Öl.
8÷12[1]	0,28÷0,36	40÷50	100÷120	3÷2,5	[1] Mit Aufladung.
14÷20[1]	0,7÷0,9	100÷140	50÷70	0,6÷0,4	[1] Mit Überladung u. Sonderbrennstoff.
3,7÷4,2	0,2÷0,23	28÷32	120÷140	5÷4	

der vorangehenden einzelnen Faktoren, z. B. n und $\sqrt{N_{e_1}}$, aufzufassen, also nicht als Produkt Hauptdaten einer Anzahl Maschinen gleicher Gattung ergeben.

List, Verbrennungskraftmaschine, H. 8/2, Schrön.

Maschinengattung	Höchst-Drehzahl n 1/min	Mittlere Kolbengeschwindigkeit c_m m/sek	Kennwert $n \cdot D$ m/min	Zylinderleistung N_{e_1} PS	Schnellaufzahl für den Einzelzylinder $n \cdot \sqrt{N_{e_1}}$ $PS^{1/2}$/min
Lastwagen-Motoren					
e. w. Otto-Viertakt-Motoren	1600÷3000	7÷10	170÷230	8÷13	6000÷9000
e. w. Diesel-Viertakt-Motoren	1800÷2600	8,5÷11	200÷250	10÷20	7500÷9000
desgleichen für Schlepper	1500÷2000	7,5÷9	175÷210	20÷30	5000÷7500
Diesel-Zweitakt-Gegen-Kolbenmotoren	1500÷1600	6,5÷7	130÷160	27÷38	8500÷10000
Flug-Motoren:					
e. w. Otto-Viertakt kleine Motoren, N_e bis 400 PS	1400÷2000	8,5÷11,5	200÷250	20÷40	10000÷17000
mittlere Motoren, $N_e = 400 \div 800$ PS	2500÷4000	10÷16	230÷350	40÷60	18000÷20000
große Motoren, $N_e = 800 \div 2500$ PS	2300÷3200	12÷15	300÷390	80÷100	20000÷27000
Rennmotoren	3200÷3600	16÷20	400÷480	130÷170	35000÷40000
Diesel-Zweitakt-Gegenkolbenmotoren	2200÷3000	10÷12	230÷380	100÷165	22000÷35000
e. w. Diesel-Viertakt-Motoren für Luftschiffe	1400÷1500	10÷12	240÷260	65÷75	10000÷13000

werfende die Hauptmaße nicht nach einer einmaligen starren Annahme der einschlägigen Größen ausrechnet, sondern daß er die *benachbarten Möglichkeiten* mitprüft und mit Bedacht unter einer durchgerechneten Anzahl von Abmessungen und vielleicht auch von Bauarten nach *praktischen Gesichtspunkten* eine Wahl trifft. Besonders wenn die Aufstellung einer *Serie* in Betracht kommt, steht die Forderung nach Übersicht und Normung im Vordergrund.

Berechnung des Verdichtungsraumes.

Der Verdichtungsraum V_c muß so bemessen werden, daß

1. bei Otto-Maschinen das für den zu verarbeitenden Brennstoff zulässige Verdichtungsverhältnis ε nicht überschritten wird,
2. bei Diesel-Maschinen das Luftvolumen so hoch verdichtet wird, daß die erforderliche Temperatur für Eigenzündung des Gemisches mit Sicherheit erzielt wird.

Da
$$\varepsilon = \frac{V_h + V_c}{V_c}, \qquad (52)$$

so ist
$$V_c = \frac{V_h}{\varepsilon - 1}. \qquad (53)$$

Über das einzuhaltende ε und über sonstige, die Verdichtung betreffende Fragen siehe Hefte 5, 6 und 7.

IV. Erfahrungswerte.

1. Kennwerte.

Die Technik macht stetige Fortschritte in der Beherrschung hoher Kurbelwellendrehzahlen und Schnellaufzahlen; die jeweilige Grenze der von ihnen abhängigen Größen hat einen zeitlichen, vom Stande der Technik abhängigen Charakter. Die wichtigsten derzeitigen Werte sind in Zahlentafel 11 zusammengestellt. Eine Fülle solcher Zahlen läßt sich z. B. aus der Vielzahl der jährlich gebauten Fahrzeugmotoren, die in den Typentafeln des Reichsverbandes der Deutschen Automobilindustrie [14] aufgeführt sind, errechnen.

Mittl. eff. Druck (Nutzdruck) p_e kg/cm²	Flächenleistung N_F PS/cm² Kolbenfläche	Literleistung N_l PS/l	Litergewicht G_l kg/l	Leistungsgewicht G_N kg/PS	Bemerkungen
6 ÷ 6,8	0,15 ÷ 0,21	13 ÷ 22	100 ÷ 130	8 ÷ 6	Bei Otto-Motoren mit Generatorgas
6 ÷ 7	0,16 ÷ 0,22	11 ÷ 17	90 ÷ 100	9 ÷ 7	(statt Benzin oder Flüssiggas) und
5,5 ÷ 6,5	0,13 ÷ 0,18	9 ÷ 12	100 ÷ 115	12 ÷ 10	erhöhter Verdichtung nehmen p_e und N_{e_l} um ~ 20% ab.
7 ÷ 8	0,25 ÷ 0,27[1]	21 ÷ 23	130 ÷ 150	7 ÷ 6	[1] Für eine Kolbenfläche.
					Angaben bezogen auf Abflugleistung und Oktanzahl 87.
7,5 ÷ 9,5	0,25 ÷ 0,30	22 ÷ 30	18 ÷ 28	1,1 ÷ 0,75[1]	[1] Luftgekühlt, ohne Getriebe.
9 ÷ 13[2]	0,35 ÷ 0,50	28 ÷ 55	15 ÷ 24	0,8 ÷ 0,5[1]	[1] Luftgekühlt, mit Lader.
10 ÷ 15[2]	0,47 ÷ 0,60	25 ÷ 40	16 ÷ 22	0,7 ÷ 0,4[1] 0,8 ÷ 0,5[2]	[1] Luftgekühlt mit Lader. [2] Flüssigkeitsgekühlt, mit Lader.
16 ÷ 20[3]	0,6 ÷ 0,75	60 ÷ 75	18 ÷ 24	0,4 ÷ 0,3	[3] Mit Oktanzahl 100 (hierzu vgl. H. 6).
6,8 ÷ 8	0,25 ÷ 0,38[1]	38 ÷ 42	28 ÷ 33	0,9 ÷ 0,7	[1] Für eine Kolbenfläche.
6,5 ÷ 7,5	0,25 ÷ 0,35	12 ÷ 14	20 ÷ 25	2,0 ÷ 1,5	

2. Ergänzende Hinweise.

Drehzahl n. Die Verwendung des Motors, ob im Kraftfahrzeug, Flugzeug oder zum Antrieb von Stromerzeugern oder von Zentrifugalpumpen, schreibt einen gewissen Drehzahlbereich vor. Die Drehzahl wird man so hoch wählen, wie es das Arbeitsgebiet und die Rücksicht auf den Verschleiß und die Wärmewirkungen zulassen.

a) *Antrieb von Schiffsschrauben.* Der Schiffbauer bestimmt, welche Drehzahl die Antriebsmaschine erhalten soll. Unmittelbare Kupplung mit der Schraubenwelle bedingt eine Einschränkung der Kurbelwellendrehzahl; unabhängiger ist man in der Wahl der Maschinendrehzahl bei Anwendung eines Zahnradvorgeleges zur Drehzahlminderung. Wird die Schnellaufzahl $n_m = n \cdot \sqrt{N_e}$ für eine Leistung N_e PS vorgeschrieben, so folgt n aus: $n = \dfrac{n_m}{\sqrt{N_e}}$; für größere Diesel-Maschinen ist $n = 450 \div 600$. Man kann n_m als eine Funktion der Fahrgeschwindigkeit v in Knoten geben, so daß mit der Schaftleistung N_e wird:

$$n = \frac{1}{\sqrt{N_e}} \cdot (22 \cdot v^2 - 350 \cdot v + 5300) \text{ U/min.}$$

Andere im Schiffsmaschinenbau übliche Formeln bringt BAUER [15].

b) *Antrieb von Stromerzeugern.* α) *Gleichstrom.* Die vorhandene Generatortype bestimmt die Umdrehungszahl.

β) *Drehstrom.* Die gebräuchliche Periodenzahl von 50 Per/sek und die Polzahl p des Generators bestimmen die Drehzahl der Verbrennungskraftmaschine zu:

$$n = \frac{50 \cdot 60}{\frac{p}{2}}.$$

Höhere Drehzahlen verbilligen die elektrische Maschine.

Genormte Drehzahlen für Wechselstrommaschinen von 50 Per/sek.

Polzahl	2	4	6	8	10	12	16	20	24
Drehzahl/min	3000	1500	1000	750	600	500	375	300	250
Polzahl	28	32	36	40	48	56	64	72	80
Drehzahl/min	214	188	167	150	125	107	94	83	75

Für 25 Per/sek betragen die Drehzahlen die Hälfte, für $16^2/_3$ Per/sek betragen sie ein Drittel der vorstehenden Werte.

c) *Ortsfeste Groß-Diesel-Maschinen* haben 94 bis 215 U/min, Hilfsmaschinen 450 ÷ ÷ 750 U/min; *Gasmaschinen* 100 bis 188 U/min.

d) *Fahrzeugmotoren.* Dauerdrehzahlen bis zu 1500 U/min sind bei Straßenfahrzeugen als niedrig zu bezeichnen; 3500 und darüber bilden für Personenwagenmotoren, 1500 bis 2500 für Lastwagenmotoren die Regel. Rennmotoren haben Drehzahlen von 6000 bis 8000 U/min. Triebwagenmotoren laufen mit 800 bis 1500 U/min.

e) *Otto-Flugmotoren* mit unmittelbarem Schraubenantrieb und n zwischen 1500 und 1800 haben heute den Raschläufern mit Untersetzungsgetriebe zur Luftschraube und mit $n = 2500$ und 3000 U/min Platz gemacht. Der *Diesel-Flugmotor* (JUNKERS) hat $n = 2400$ U/min.

Für die **mittlere Kolbengeschwindigkeit** c_m gelten die Gesichtspunkte unter I, 5.

Hubverhältnis $\xi = s/D$. Bei schnellaufenden Otto-Motoren liegen die üblichen Werte zwischen 0,9 und 1,3, Diesel-Motoren haben ein $\xi = 1,2$ bis 1,8; langsamlaufende Maschinen $\xi = 1,6$ bis 2,0.

Mittlerer effektiver Druck (Nutzdruck) p_e. Bei Einsetzung des mittleren Druckes ist auf Leistungsreserve und Überlastbarkeit der Maschine Rücksicht zu nehmen. Schiffsmaschinen erfordern eine größere Reserve als ortsfeste Ausführungen; erstere sollen 20 bis 25%, letztere 10 bis 15% Reserve bieten.

Mechanischer Wirkungsgrad η_m. Je nach Bauart, Einlauf- und Schmierzustand der Maschine ist η_m verschieden. Da bei geringer Last oder auch bei geringer Luftdichte (Höhenmotoren) der mechanische Leistungsverlust nicht wesentlich niedriger ausfällt als bei Vollast, so wird in diesen Fällen η_m bedeutend kleiner.

Bei Zweitaktmaschinen hat der mechanische Wirkungsgrad höheren Betrag als bei Viertaktmaschinen wegen der guten Ausnützung des Triebwerkes und des Fortfalles des Steuerungsantriebes, sofern der Antrieb des Spülgebläses nicht mit eingerechnet wird.

Mechanischer Wirkungsgrad bei Vollast.

Maschinengattung	Viertakt				Zweitakt	
	einfachwirkend			doppeltwirkend	einfachwirkend	doppeltwirkend
	Otto-Fahrzeug- und Flugmotoren	Diesel-Fahrzeugmotoren	Diesel-Maschinen ortsfest	Otto-Gasmaschinen	Dieselmaschinen	
					ortsfest	für Schiffsantrieb
Mechanischer Wirkungsgrad η_m	0,82 bis 0,92	0,78 bis 0,85	0,75 bis 0,90	0,82 bis 0,87	0,82 bis 0,86	0,88 bis 0,92

Mit Einschluß des Spül- oder Ladegebläses verringert sich der mechanische Wirkungsgrad um 6 bis 8%.

Auf die verschiedenen Einflüsse, die auf den mechanischen Wirkungsgrad einwirken, geht ULLMANN [16] näher ein.

Schrifttum.

1. ZEMAN, J.: Zweitakt-Dieselmaschinen kleinerer und mittlerer Leistung, S. 92. Wien: Julius Springer (1935).
2. KUTZBACH, K.: Fortschritte und Probleme der mechanischen Energieumformung. Z. VDI 65, 1301 (1921).
3. LAUDAHN, W.: Schnellaufende Dieselmotoren. Glasers Ann. 108, 163 (1931, 1).
4. LUTZ, O.: Ähnlichkeitsbetrachtungen bei Brennkraftmaschinen. Ing.-Arch. 4, 373 (1933).
5. v. SANDEN, K.: Kennzahlen für Schnelläufigkeit und Leistungsgewicht von Brennkraftmaschinen. Ing.-Arch. 3, 311 (1932), 4, 303 (1933).
6. KAMM, W., L. HUBER, P. SCHMID: Betriebsbeanspruchungen und Baugewicht von Fahrzeugmotoren in Abhängigkeit von der Zylindergröße und der Zylinderzahl. Kraftfahrtechn. Forschungsarb., H. 1, S. 1. Berlin: VDI-Verlag, 1935.

7. RIEKERT, P., A. HELD: Leistung und Wärmeabfuhr bei geometrisch ähnlichen Zylindern. Jb. dtsch. Versuchsanst. Luftf. (1938). Ausgabe Triebwerk. München: R. Oldenbourg.
8. VOHRER, E.: Neuzeitliche Flugmotoren. Bauformen und Betriebskennwerte. Automob.-techn. Z. Jg. 43, S. 157 (1940).
9. BENSINGER, W.: Einfluß der Zylindergröße auf das Baugewicht von Flugmotoren. Luftf.-Forschg. 14, 228 (1937).
10. KUTZBACH, K: Der Leichtmotor als Lehrmeister des Maschinenbaus. Sonderheft VDI-Hauptversammlung 1933, S. 83.
11. JAKLITSCH, F.: Entwicklung und Bemessung der Hochleistungsmotoren, insbesondere der Flugmotoren. Automob.-techn. Z. 42, 273 (1939). — Ferner: Der Weg zum Großflugmotor. Automob.-techn. Z. 42, 584 (1939). — Über Motorkennwerte. Motortechn. Z. 3, 116 (1941).
12. SCHRÖN, H.: Die Zündfolge der vielzylindrigen Verbrennungsmaschinen, insbesondere der Fahr- und Flugmotoren. München: R. Oldenbourg, 1938.
13. SCHÜTTE, A.: Die Spülung bei Auflademaschinen. Mitt. Forsch.-Anst. Gutehoffnungshütte 6, 65 (1938).
14. Autotypenbuch des Reichsverbands der Deutschen Automobilindustrie. Berlin: Union Deutsche Verlagsgesellschaft, 1938 und 1939.
15. BAUER, G.: Der Schiffsmaschinenbau, Bd. 1. München: R. Oldenbourg, 1923.
16. ULLMANN, K.: Die mechanischen Verluste des schnellaufenden Dieselmotors. Deutsche Kraftfahrtforschung, Heft 34. Berlin: VDI-Verlag 1939.

B. Massenausgleich.

Diese Kurzbezeichnungen für den Ausgleich der Massenwirkungen in Kurbeltriebmaschinen umfaßt die Behandlung aller Fragen, die mit dem Auftreten und mit der Bindung der Kräfte und Momente bewegter Massen zusammenhängen.

Freie Kräfte und Momente haben Schwingungen und Erschütterungen der Verbrennungsmaschine und ihres Fundaments zur Folge; je nach Verwendungsart und Aufstellung der Maschine wird die Gründung, der Schiffskörper, der Fahrzeugrahmen, die Flugzeugzelle in Mitleidenschaft gezogen.

Die Bekämpfung des unruhigen Ganges setzt die Kenntnis von Art und Größe der dynamischen Wirkungen voraus. In vielen Fällen findet ein hinreichender Ausgleich, dank der größeren Zahl von Zylindern und bewegten Massen, selbsttätig statt; zugleich stellt sich ein Ausgleich der statischen Wirkung der Massen ein.

I. Kräfteausgleich.

Bezeichnungen:

G Gewicht [kg],

g Erdbeschleunigung $= 9{,}81 \left[\dfrac{\mathrm{m}}{\mathrm{sek}^2}\right]$,

$m = \dfrac{G}{g}$ Masse $\left[\dfrac{\mathrm{kg}}{\mathrm{m}}\,\mathrm{sek}^2\right]$,

m_1 Masse eines Kurbelarmes,
m_z Masse des Kurbelzapfens,
m_2 Masse der Pleuelstange,
m_3 Masse des Gleitstücks (Kolben, Kolbenstange, Kreuzkopf),
m_r gesamte umlaufende (rotierende) Masse,
m_h gesamte hin und her gehende Masse,
r Kurbelhalbmesser [m],
r_1 Teillänge des Kurbelarmes,
l Länge der Pleuelstange [m],
λ Stangenverhältnis $\dfrac{r}{l}$,
s_1, s_2 Teillängen der Pleuelstange,
J_{S_2} Trägheitsmoment der Pleuelstangenmasse [mkg sek^2], bezogen auf Schwerpunkt S_2,
J_B Trägheitsmoment der Stange, bezogen auf Punkt B,
P_r Massenkraft der umlaufenden Teile [kg],
P_h Massenkraft der hin und her gehenden Teile [kg],
$P_I, P_{II}, P_{IV}\ldots$ Kräfte 1., 2., 4. usf. Ordnung,
$\mathfrak{P}_r, \mathfrak{P}_h, \mathfrak{P}_I, \mathfrak{P}_{II}, \mathfrak{P}_{IV}\ldots$ Vektoren der genannten Kräfte,

38 Kräfteausgleich.

$\omega = \dfrac{\pi \cdot n}{30}$ Winkelgeschwindigkeit der Kurbel $\left[\dfrac{1}{\text{sek}}\right]$,

n Umdrehungen der Kurbelwelle in der Minute,
α Drehwinkel der Kurbel,
δ_k Kurbelversetzungswinkel,
δ_z Zylinderachswinkel (Gabelwinkel),
k Kurbelzahl,
z Zylinderzahl.

1. Massenkräfte eines Kurbelgetriebes.

Das einfache, *normale Kurbelgetriebe* besteht bei einfachwirkendem Zylinder aus dem Kolben, der am Kolbenbolzen angelenkten Pleuelstange (Treibstange oder Schubstange) und der Kurbelkröpfung mit Kurbelarmen (Kurbelwangen), Kurbelzapfen und Wellenzapfen; bei Kreuzkopfmaschinen kommen die Kolbenstange und der Kreuzkopf hinzu.

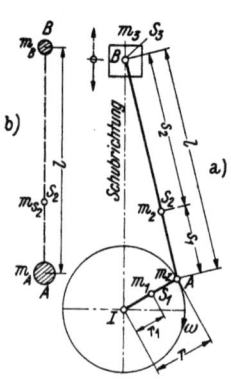

Abb. 8. Massenverteilung am Kurbelgetriebe.

Diese Teile führen folgende Bewegungen aus (Abb. 8a):

1. Die Kurbelarme und der Zapfen haben eine reine Drehbewegung,
2. die Pleuelstange schwingt, wobei der eine Endpunkt umläuft, der andere gerade geführt ist,
3. der Kolben, gegebenenfalls auch die Kolbenstange und der Kreuzkopf, schwingen geradlinig hin und her.

Bei der Drehung der Kurbelwelle ändern die Getriebeteile ihre Lage gegenüber dem ruhenden Maschinengestell und sind Massenwirkungen unterworfen, die gemäß der Bewegungsform der Teile verschieden geartet sind. Die Trägheitskräfte von geradlinig bewegten oder auch von gleichförmig umlaufenden Massen sind von der Gestalt und Massenverteilung des Körpers unabhängig. Man kann sich deshalb die Körpermasse im Schwerpunkt als Punktmasse vereinigt denken; Richtung und Größe der Massenkraft lassen sich unmittelbar angeben. Anders verhalten sich Körper, die eine zusammengesetzte Bewegung, wie die Pleuelstange, oder eine ungleichmäßige Drehung, wie die Kurbel bei veränderlicher Umfangsgeschwindigkeit, vollführen.

Im allgemeinen kann man wegen der geringen Änderung der Geschwindigkeit der *Kurbel* im Beharrungszustand, also wegen der kleinen Winkelbeschleunigung, die Momente der Trägheitskräfte vernachlässigen. Etwas näher muß man sich mit den Verhältnissen bei der *Pleuelstange* befassen. Ihre Gesamtbewegung läßt sich in zwei Einzelbewegungen zerlegen: einmal in die fortschreitende Bewegung des Stangenschwerpunktes, welche die *Massenkraft* weckt, sodann in die Schwingbewegung um die Achse durch den Schwerpunkt, senkrecht zur Bewegungsebene der Stange. Das zugehörige *Moment*, das im Unterabschnitt 3 besprochen wird, pflegt man meist zu vernachlässigen, was jedoch nur bei Vorhandensein mehrerer Kurbeltriebe und bei gegenseitigem Ausgleich der Einzeldrehmomente begründet ist.

a) Massenverteilung.

Um die Berechnung der Massenwirkungen in übersichtlicher Weise durchführen zu können, ist der Kurbeltrieb auf ein einfaches System zurückzuführen. Dieses Ersatzsystem muß im dynamischen Verhalten dem wirklichen Triebwerk gleichkommen.

Die *Masse der Kurbelarme* mit m_1 je Arm, Abb. 8a, wird auf den Radius r bezogen, an dem schon der Kurbelzapfen mit Masse m_z sitzt. Scheidet man die Masse des Wellenzapfens, weil in der Drehachse liegend, aus, so erscheint als Gesamtmasse der Kurbelkröpfung:

$$m_k = m_z + 2 \cdot m_1 \cdot \frac{r_1}{r}.$$

Die *Masse m_2 der Pleuelstange* denkt man sich auf die Endpunkte A und B so verteilt, daß der Stangenschwerpunkt S_2 erhalten bleibt. Diese Teilmassen sind mit den Bezeichnungen von Abb. 8:

$$m_A = \frac{m_2 \cdot s_2}{l} \qquad m_B = \frac{m_2 \cdot s_1}{l}.$$

Die Lage des Schwerpunktes S_2 läßt sich zeichnerisch aus den Umrissen der Stange nach den Regeln der Mechanik ermitteln. Bei ausgeführten Stangen bestimmt sich der Abstand s_2 wie folgt: Man legt den Stangenkopf A auf eine Waage auf und stützt den Punkt B leicht drehbar ab; ist G_A das gemessene Teilgewicht, G_2 das Gesamtgewicht, so gilt:

$$s_2 = \frac{G_A \cdot l}{G_2}.$$

Die so verteilte Masse m_2 liefert dieselbe Massenkraft wie die ursprüngliche Stangenmasse. Hinzu tritt das oben erwähnte Drehmoment aus der Massenträgheit.

Will man die Trägheitswirkung in vereinfachter Weise erfassen, so ist die Verteilung der Stangenmasse, wie die Mechanik lehrt, auf drei Punkte vorzunehmen: auf den Endpunkt A mit dem Betrag m_A, auf den Endpunkt B mit dem Betrag m_B und auf den Schwerpunkt S_2 mit dem Betrag m_{S_2} (Abb. 8b). Die drei Punktmassen müssen folgenden Bedingungen genügen:

$$m_A + m_B + m_{S_2} = m_2,$$
$$m_A \cdot s_1 - m_B \cdot s_2 = 0,$$
$$m_A \cdot s_1^2 + m_B \cdot s_2^2 = J_{S_2},$$

mit J_{S_2} als Massenträgheitsmoment der Stange in bezug auf ihren Schwerpunkt. Die Beträge der Massen errechnen sich hieraus zu:

$$m_A = \frac{J_{S_2}}{s_1 \cdot l}, \quad m_B = \frac{J_{S_2}}{s_2 \cdot l}, \quad m_{S_2} = m_2 - (m_A + m_B) = m_2 - \frac{J_{S_2}}{s_1 \cdot s_2}.$$

m_A hat reine Drehbewegung, m_B fällt auf den Kolben oder Kreuzkopf, m_{S_2} bewegt sich mit dem Stangenschwerpunkt, Abb. 8b. Da m_{S_2} klein ist, kann man diese Masse mit Zulassung einer kleinen Ungenauigkeit statisch auf die Stangenendpunkte verteilen:

$$m_A{'} = \frac{m_{S_2} \cdot s_2}{l}, \quad m_B{'} = \frac{m_{S_2} \cdot s_1}{l}.$$

Einfacher und für praktische Zwecke ausreichend genau ist der Ersatz der Stangenmasse durch zwei Punktmassen in den Endpunkten der Stange, so daß J_B und m_2 gleichbleiben:

$$m_A = \frac{J_B}{l^2}, \quad m_B = m_2 - m_A.$$

Die Bestimmung von J_B und J_{S_2} einer ausgeführten Stange geschieht am einfachsten durch einen Schwingungsversuch. Ist die Dauer einer Vollschwingung um den Kolbenbolzen oder Kreuzkopfzapfen B gleich T Sekunden, so ist das Trägheitsmoment in bezug auf eine Achse durch B:

$$J_B = \frac{T^2}{4\pi^2} \cdot G_2 \cdot s_2$$

und in bezug auf eine Achse durch S_2:

$$J_{S_2} = J_B - m_2 \cdot s_2^2.$$

Das zeichnerisch-rechnerische Vorgehen zur Ermittlung des Massenträgheitsmoments aus den Umrissen einer entworfenen Pleuelstange ist aus der Mechanik bekannt.

Die *Masse m_3 der geradlinig bewegten Teile* wird im Kolbenbolzen oder im Kreuzkopfzapfen vereinigt; sie schließt gegebenenfalls die Kühlwasserfüllung ein.

Angaben über Gewichte von Kolben und Pleuelstangen findet man in Heft 10, S. 29, 44, 112.

Mit den Anteilen der Treibstangenmasse hat man nunmehr: *m_r gesamte umlaufende Masse, m_h gesamte hin und her gehende Masse*; die weitere Aufgabe ist, sich mit deren Massenkräften zu beschäftigen.

b) Massenkräfte.

α) Die *Massenkraft der rotierenden Teile* bei unveränderlicher Winkelgeschwindigkeit der Welle:

$$P_r = m_r \cdot r \cdot \omega^2 \quad \text{kg} \tag{1}$$

ist als Fliehkraft in Richtung des Kurbelhalbmessers nach außen gerichtet; ihr Vektor ist $\mathfrak{P}_r$, Abb. 9. Eine Zerlegung dieser Kraft in eine waagrechte und eine lotrechte Komponente ist nicht erforderlich, weil ihre Wirkung im ganzen erfaßt und durch eine Gegenmasse ausgeglichen werden kann, ferner weil an Mehrkurbelwellen sich das Gleichgewicht der unzerlegten Kräfte unmittelbar zeigen läßt.

β) *Massenkraft der geradlinig bewegten Teile.* Der meist gebrauchte Ausdruck für die Beschleunigung der Masse m_h leitet sich aus der Weggleichung für das normale, zentrische Schubkurbelgetriebe ab. Mit α als Drehwinkel der Kurbel, β als Neigungswinkel der Stange und $\lambda = \frac{r}{l} = \frac{1}{3}$ bis $\frac{1}{4,5}$ als Stangenverhältnis, wobei für gedrängt gebaute Raschläufer λ am größten ist, wird der Schwerpunktabstand der Masse m_h vom Wellenmittel, Abb. 9:

$$s = r \cdot \cos \alpha + l \cdot \cos \beta.$$

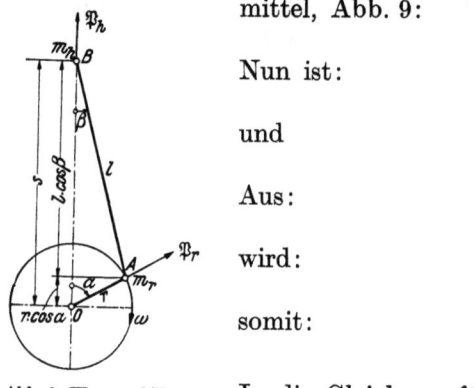

Abb. 9. Wege und Kräfte der Massen m_r und m_h.

Nun ist:
$$\cos^2 \beta = 1 - \sin^2 \beta$$

und
$$\cos \beta = (1 - \sin^2 \beta)^{\frac{1}{2}}.$$

Aus:
$$l \cdot \sin \beta = r \cdot \sin \alpha$$

wird:
$$\sin \beta = \lambda \cdot \sin \alpha,$$

somit:
$$\cos \beta = (1 - \lambda^2 \cdot \sin^2 \alpha)^{\frac{1}{2}}.$$

In die Gleichung für s eingesetzt, gibt:

$$s = r \cdot \cos \alpha + l \cdot (1 - \lambda^2 \cdot \sin^2 \alpha)^{\frac{1}{2}}$$

oder in eine Reihe entwickelt und umgeformt:

$$s \simeq l - \frac{r\lambda}{4} + r \cdot \cos \alpha + \frac{r\lambda}{4} \cdot \cos 2\alpha - \frac{r\lambda^3}{64} \cdot \cos 4\alpha + \ldots$$

Hieraus folgt durch zweimalige Differentiation des Weges nach der Zeit die Beschleunigung

$$b = -r \cdot \omega^2 \cdot (\cos \alpha + b_2 \cdot \cos 2\alpha + b_4 \cdot \cos 4\alpha + b_6 \cdot \cos 6\alpha + \ldots)$$

oder kürzer:

$$b = -r \cdot \omega^2 \cdot \left(\cos \alpha + \sum_{n=1}^{n=\infty} b_{2n} \cdot \cos 2n\alpha \right),$$

also eine Reihe mit unendlich vielen Gliedern, deren Einzelwerte rasch abnehmen. Darin sind b_2, b_4, b_6 usf. Reihen von λ, wie folgt:

$$b_2 = \lambda + \frac{1}{4} \lambda^3 + \frac{15}{128} \lambda^5 + \ldots$$

$$b_4 = \quad\quad - \frac{1}{4} \lambda^3 - \frac{3}{16} \lambda^5 - \ldots$$

$$b_6 = \quad\quad\quad\quad\quad\quad \frac{9}{128} \lambda^5 + \ldots$$

Mit Annäherung setzt man:

$$b_2 = \lambda, \quad b_4 = -\frac{\lambda^3}{4}, \quad b_6 = \frac{9}{128} \lambda^5.$$

Die genaueren Zahlenwerte für b_2, b_4, b_6 sind:

λ	$\frac{1}{2,5}$	$\frac{1}{3}$	$\frac{1}{3,5}$	$\frac{1}{4}$	$\frac{1}{4,5}$
b_2	0,4173	0,3431	0,2918	0,2540	0,2250
b_4	$-$ 0,0182	$-$ 0,0101	$-$ 0,0062	$-$ 0,0041	$-$ 0,0028
b_6	0,0009	0,0003	0,0001	0,0001	0,0000

Mit Beschränkung auf die zwei ersten Glieder, die im allgemeinen genügen, schreibt man:
$$b = -r \cdot \omega^2 \cdot (\cos \alpha + \lambda \cdot \cos 2\alpha).$$

Das Minuszeichen bedeutet, daß in Abb. 8 und 9 die Beschleunigung für $\alpha = 0$ nach unten gerichtet ist. Der Verlauf dieser veränderlichen Beschleunigung über dem Kolbenweg erscheint in Abb. 10 für die Bewegung der Masse m_h von T_1 nach T_2; für den Rückgang gilt das Spiegelbild zur Waagrechten. Der absolute Betrag von b in der äußeren Totlage des Kolbens ist: $b_{max} = r \cdot \omega^2 \cdot (1 + \lambda)$, in der inneren Totlage $b'_{max} = r \cdot \omega^2 \cdot (1 - \lambda)$; b wird Null für den Winkel α, der sich aus der Beschleunigungsgleichung bestimmt, wenn man $b = 0$ setzt. Die Kurve A—B in Abb. 10 kann man als Parabel mit Hilfe der Endtangenten $\overline{AD}$ und $\overline{BD}$ zeichnen; Punkt D liegt durch die eingetragene Abszisse und Ordinate fest.

Die Hinzunahme weiterer Glieder bei hohen Werten von ω und bei großem λ führt auf eine merkliche Abweichung des Beschleunigungsverlaufes von der einfachen Gestalt in Abb. 10. Alsdann sind für verschiedene Werte von α die Beträge von b auszurechnen und über dem Kolbenweg aufzutragen, welches Vorgehen man selbstredend schon für die abgekürzte Reihe mit nur zwei Gliedern anwenden kann.

Mit Einführung der Masse m_h je Zylinder und mit den drei ersten Gliedern der Reihe ist die Massenkraft:
$$P_h = -m_h \cdot b$$
oder:
$$P_h = m_h \cdot r \cdot \omega^2 \cdot \left(\cos \alpha + \lambda \cdot \cos 2\alpha - \frac{\lambda^3}{4} \cos 4\alpha\right) \text{ kg.} \quad (2)$$

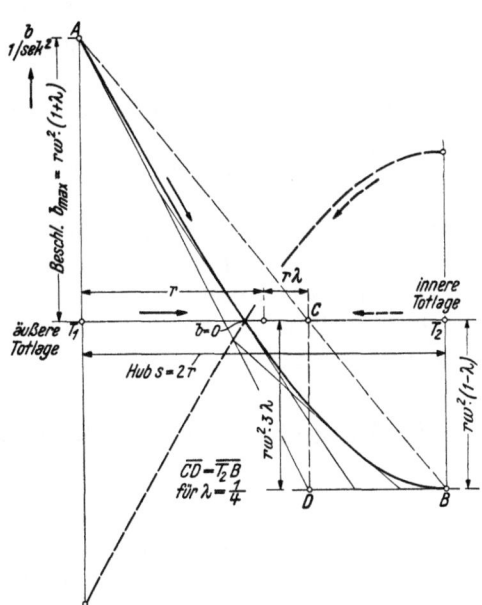

Abb. 10. Verlauf der Kolbenbeschleunigung über dem Kolbenweg mit Beschränkung auf die Glieder 1. und 2. Ordnung.

Der Vektor $\mathfrak{P}_h$, Abb. 9, liegt in der Zylinderachse; seine Richtung wechselt an einer stehenden Maschine nach oben und unten. Die Kraft wirkt in den Totlagen im Sinne der zu Ende gehenden Kolbenbewegung und bei Kolbenumkehr entgegen der beginnenden Bewegung, also fördernd oder hemmend.

Setzt man:
$$P_I = m_h \cdot r \cdot \omega^2, \qquad P_{II} = m_h \cdot r \cdot \omega^2 \cdot \lambda, \qquad P_{IV} = -m_h \cdot r \cdot \omega^2 \cdot \frac{\lambda^3}{4},$$
so geht Gleichung (2) über in:
$$P_h = P_I \cdot \cos \alpha + P_{II} \cdot \cos 2\alpha + P_{IV} \cdot \cos 4\alpha. \quad (2\text{a})$$

Bezeichnet man, wie üblich, die Teilkräfte mit einfachem Winkel α als solche 1. Ordnung, die Kräfte mit Winkel 2α als Kräfte 2. Ordnung, jene mit 4α als Kräfte 4. Ordnung, so besteht P_h aus Gliedern 1., 2., 4. usf. Ordnung. Außer der ungeradzahligen 1. Ordnung kommen allein *gerade* Ordnungen vor, was auf den Massenausgleich mehrerer Zylinder erheblichen Einfluß hat. Während in der Regel allein die Kräfte 1. und 2. Ordnung von Belang sind, treten bei Schnelläufern vornehmlich bei Leichtmotoren mit besonders hoher Drehzahl, etwa von 5000 U/min aufwärts, die Kräfte 4. Ordnung mit beachtlichen Beträgen hinzu.

Man kann auch sagen: P_h setzt sich aus harmonischen Kräften, und zwar aus der ersten, zweiten, vierten... Harmonischen $\mathfrak{P}_{hI}$, $\mathfrak{P}_{hII}$, $\mathfrak{P}_{hIV}$... zusammen.

Für manche Betrachtungen ist es zweckmäßig, unter Einführung der Masse bezogen auf 1 cm² Kolbenfläche mit dem Massendruck p_h in kg/cm² zu rechnen, z. B. für den Vergleich mit dem auf die Flächeneinheit ausgeübten Gasdruck.

Zeichnerisch erhält man die Kraft P_h durch Projektion der Kraftvektoren $\mathfrak{P}_I$, $\mathfrak{P}_{II}$, $\mathfrak{P}_{IV}$, die mit ω, 2ω, 4ω umlaufen, auf die Schubrichtung (Zylinderachse) und durch Summierung dieser cos-Komponenten.

Beim *geschränkten Getriebe*, Abb. 11, das bisweilen an Leichtmotoren verwendet wird, um den Seitendruck des Kolbens im Arbeitshub zu ermäßigen, geht die Schubrichtung nicht durch das Wellenmittel wie in Abb. 8. Der einfache Aufbau der Massenkraft macht einem verwickelteren Ausdruck Platz, der sin- und cos-Glieder enthält und mit den früheren Bezeichnungen, mit dem Schränkungsverhältnis $\frac{a}{l} = \mu$ und mit zulässiger Vereinfachung lautet:

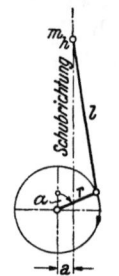

Abb. 11. Geschränktes Getriebe.

$$P_h = m_h \cdot r \cdot \omega^2 \cdot \left[\cos\alpha + \lambda \cdot \left(1 + \frac{3}{2}\mu^2\right) \cdot \cos 2\alpha - \frac{\lambda^3}{4} \cdot \cos 4\alpha + \ldots \right.$$
$$\left. + \mu \cdot \left(1 + \frac{3}{8}\lambda^2\right) \cdot \sin\alpha - \frac{9}{8}\lambda^2 \cdot \mu \cdot \sin 3\alpha + \frac{75}{128}\lambda^4 \cdot \mu \cdot \sin 5\alpha + \ldots \right]. \quad (3)$$

Die größte Abweichung von der normalen Gestalt zeigen die Glieder 1. Ordnung. Der Aufbau der Gleichung läßt erkennen, daß zu der Projektion jedes Kraftvektors des normalen Kurbeltriebs die Projektion eines kleinen senkrecht zum Hauptvektor stehenden Vektors hinzutritt. Mit $\mu = 0$ geht Gleichung (3) in die Gleichung (2) des normalen Getriebes über.

2. Maßnahmen zur Bekämpfung der Massenkräfte bei Einkurbelmaschinen.

Als Beispiele von Einkurbelmaschinen seien auf der einen Seite die doppeltwirkende Großgasmaschine liegender Bauart, auf der anderen Seite der einfachwirkende, meist stehende Einzylinder-Kraftradmotor genannt.

a) Umformung der Schwerpunktbahn der bewegten Massen und Änderung der Wirkungsrichtung der freien Kräfte.

Die rotierende Masse m_r gleicht man durch eine Gegenmasse aus. Soll nun weiter der Einfluß der verbleibenden geraden Bahn der hin und her gehenden Massen m_h und das Spiel der starken Kräfte P_h gemildert werden, so bringt man eine Masse gegenüber der Kurbel an. Diese Zusatzmasse ist $m_1 = \frac{m_h}{2}$, wenn man annähernd kreisförmige Bahn des Gesamtschwerpunkts S, Abb. 12, und Kräfte, die nach keiner Richtung merklich

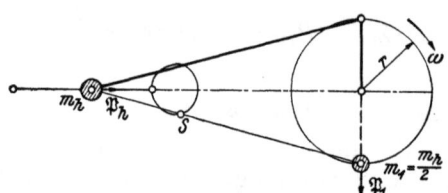

Abb. 12. Umformung der Schwerpunktsbahn mit Hilfe einer umlaufenden Masse.

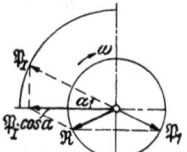

Abb. 13. Zusammensetzung der Kräfte ($\mathfrak{P}_I \cdot \cos\alpha$) und $\mathfrak{P}_1$ zur Resultierenden $\mathfrak{R}$.

überwiegen, anstrebt. Damit wird die Massenkraft P_h in den Totlagen von m_h um die Fliehkraft $P_1 = m_1 \cdot r \cdot \omega^2 = \frac{m_h}{2} \cdot r \cdot \omega^2$ ermäßigt, dafür eine freie Querkraft vom gleichen Betrag P_1 eingeführt. Wie Abb. 13 mit Vektoren zeigt, gibt die Kraft 1. Ordnung $\mathfrak{P}_I \cdot \cos\alpha$ vom Betrag $m_h \cdot r \cdot \omega^2 \cdot \cos\alpha$ mit der Kraft $\mathfrak{P}_1$ für jeden Kurbelwinkel α eine Resultierende $\mathfrak{R}$ vom Betrag $\frac{m_h}{2} \cdot r \cdot \omega^2$, mithin eine umlaufende Kraft von unveränderlicher Größe. Zu bedenken ist, daß solche drehende Massen zur teilweisen Umlenkung der freien Kräfte die Wellenlager belasten und das Maschinengewicht erhöhen.

b) Massenausgleich 1. Ordnung mit Hilfswelle und umlaufenden Massen.

Die Kurbelwelle der liegenden Maschine, Abb. 14, erhält am Kurbelarm ein Gegengewicht von der Masse $m_1 = \frac{m_h}{2}$; auf einer Hilfswelle, die durch Zahnrädertrieb von der Kurbelwelle aus entgegengesetzt und gleich schnell gedreht wird, sitzt eine zweite Gegenmasse $m_2 = \frac{m_h}{2}$ am gleichen Halbmesser r oder so, daß $m_2 \cdot r_2 = m_1 \cdot r$. In der Ausgangslage, z. B. linken Totlage der Kurbel A, liegen die Gewichte in der Schubrichtung und weisen von der Drehachse nach rechts. Die sonstigen zusammengehörigen Stellungen liegen bei der Drehung stets symmetrisch und liefern eine resultierende Kraft parallel zur Schubrichtung, die in jedem Augenblick gleich der Massenkraft 1. Ordnung der hin und her gehenden Masse m_h ist. In Abb. 14 ist die Zusammensetzung der Kräfte $\mathfrak{F}$ zur Resultierenden ($-\mathfrak{P}_{h_I}$), die entgegengesetzt zur Kraft $\mathfrak{P}_{h_I}$ der Masse m_h gerichtet ist, ersichtlich. Wegen der veränderlichen Lage der Ausgleichskraft ($-\mathfrak{P}_{h_I}$) bezüglich der Zylinderachse und der Massenkraft $\mathfrak{P}_{h_I}$ wird ein veränderliches Moment geweckt.

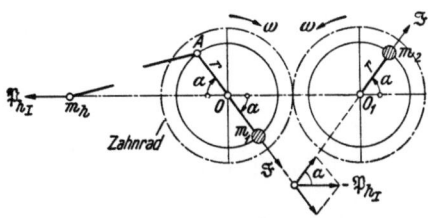

Abb. 14. Kräfteausgleich 1. Ordnung mit umlaufenden Massen.

Der von LANCHESTER durchgeführte Ausgleich 1. Ordnung, Abb. 15, gibt eine Ausgleichskraft in der Zylinderachse und ein Gleichgewicht der Kolbenseitenkräfte, zugleich aber eine unerwünschte Verwicklung des Kurbeltriebes. Will man mit einem normalen Kurbeltrieb auskommen, so benötigt man zwei Hilfswellen, die, mit Gegenmassen ver-

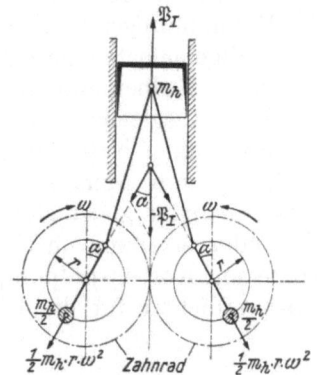

Abb. 15. Ausgleich der Kräfte 1. Ordnung von LANCHESTER.

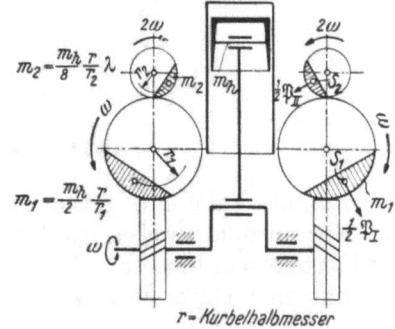

Abb. 16. Ausgleich der Kräfte 1. und 2. Ordnung mit umlaufenden Gegengewichtspaaren.

sehen, symmetrisch zur Zylinderachse angeordnet und von der Kurbelwelle angetrieben sind, so wie in Abb. 16 für eine stehende Maschine. Die Kräfte 2. Ordnung lassen sich zugleich durch Gegenmassen auf mit 2ω umlaufenden Hilfswellen binden, wie in Abb. 16 angedeutet ist. Für liegende Großmaschinen kann man die Hilfsvorrichtung zu einem anbaufähigen Aggregat ausbilden, wie dies von GERB [1] angegeben wurde.

3. Ausgleich der Massenkräfte der Mehrzylindermaschinen.

Bei der Mehrzylindermaschine sind zwei grundsätzliche Fälle zu unterscheiden:
1. Die Kolbenschubrichtungen und Zylinderachsen haben alle *dieselbe Richtung*, z. B. lotrecht; sie decken sich in der Stirnansicht und sind parallel in der Längsansicht (Abb. 17). Die Kurbeln dagegen sind im Kreis verteilt und um bestimmte Winkel gegenseitig versetzt. Man spricht von einer Reihenanordnung der Zylinder und Kurbeltriebe, von *Reihenmotoren*; sie könnten ebensogut Kurbelsternmotoren heißen.

2. Die Schubrichtungen und Zylinderachsen weisen lauter *verschiedene Richtungen* auf, sind im Kreis strahlenförmig verteilt, aber die Kurbeln fallen zu einer einzigen zusammen. Es erscheint ein Zylinderstern und eine Kurbel als Grundbild der *Sternmotoren* (Abb. 18).

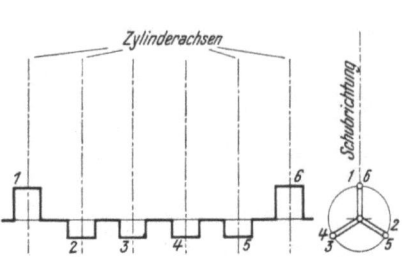

Abb. 17. Schema des Einreihen-Viertaktmotors mit 6 Zylindern.

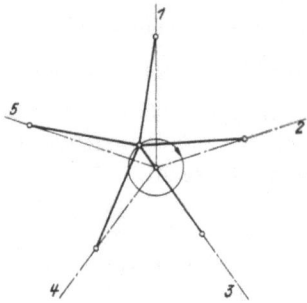

Abb. 18. Fünfzylinder-Sternmotor.

Als Übergangsformen von der einen zu der anderen Grundgestalt kann man die zwei und mehr zueinander geneigten Zylinderreihen bei den *V-, W-* und *X-Motoren* ansehen; diese werden meist zur Reihenanordnung gezählt. Abb. 19 ist das Schema eines V-Motors, Abb. 20 einer Zweiwellenbauart in H-Form.

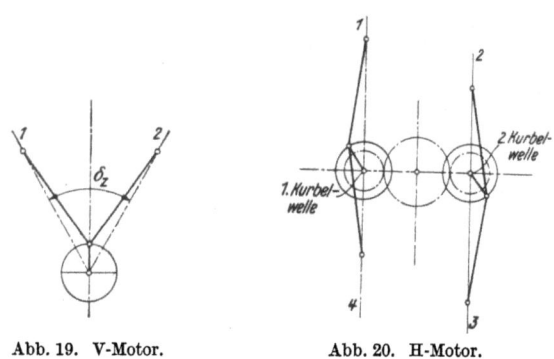

Abb. 19. V-Motor.   Abb. 20. H-Motor.

Aus diesen Grundformen heraus ergeben sich angepaßte Verfahren der Untersuchung des Massenausgleichs. Das Vorgehen wird dadurch erleichtert, daß die Verbrennungsmaschine gegenüber dem allgemeinsten Fall des Ausgleiches von Kolbenmaschinen, des SCHLICKschen Ausgleiches, eine wesentliche Vereinfachung bietet, da die Getriebeteile in ihren Abmessungen und Gewichten einander gleich sind und in der Mehrzahl der Fälle eine gleichmäßige Kurbel- oder Zylinderverteilung im Kreis hinzutritt. Nur ausnahmsweise, wie bei der Zweitaktmaschine mit Kolbenspülpumpe oder bei der Viertaktmaschine mit dem früher üblichen Kolbenverdichter für die Einblaseluft, kommt eine Unregelmäßigkeit herein.

a) Reihenbauart.

α) Einreihenanordnung der Zylinder.

Diese Bauform ist die übliche für ortsfeste Maschinen und eine der Abarten der Fahrzeug- und Flugmotoren.

Die *freie Massenkraft* einer Getriebegruppe gewinnt man dadurch, daß man alle Einzelkräfte nach dem Schwerpunkt der Maschine verlegt und hier vektoriell, d. h. nach Richtung und Größe, addiert. Man behandelt die Kräfte so, als ob sie in einer einzigen Ebene lägen, ein ebenes System bildeten. Da die Kräfte in Wirklichkeit längs der Maschine verteilt sind, treten zugleich *Momente* auf, die getrennt behandelt werden.

Es ist demnach hinsichtlich der Kräfte berechtigt, die Formeln (1) und (2a) auf sämtliche Kurbeltriebe auszudehnen. Für die *umlaufenden Teile* erhält man die Gesamtkraft aus der Summe der verschieden gerichteten Kraftvektoren der z Zylinder zu:

$$\mathfrak{R}_r = \sum_1^z \mathfrak{P}_r \, . \tag{4}$$

Für die *hin und her gehenden Teile* haben alle Kräfte gleiche Wirkungslinie und fallen in die Zylinderachse; sie sind unter sich teils gleich, teils entgegengesetzt gerichtet. Man kann daher für das zentrische Kurbelgetriebe die algebraische Summe der Kräfte 1. und 2. Ordnung anschreiben:

$$R_h = \sum_1^z (P_I \cdot \cos\alpha) + \sum_1^z (P_{II} \cdot \cos 2\alpha). \tag{5}$$

α) *Gegenseitiger Ausgleich der verschiedenen Kurbeltriebe.* Der Winkelabstand der k Kurbeln in der Stirnansicht der Welle, d. i. der Kurbelversetzungswinkel δ_k (Abb. 21), wird fast immer mit Rücksicht auf geringe Schwankungen der Drehkraftlinie (siehe Abschnitt Drehmoment- und Wuchtausgleich) so festgelegt, daß die Zündungen in gleichen Zeitabständen aufeinander folgen. Der Kurbelstern ist regelmäßig, d. h. die Kurbelstrahlen sind mit gleichen Winkelabständen im Kreis verteilt, zumindest in der überwiegenden Zahl der Fälle; hinsichtlich gewisser Ausnahmen, die von dem Arbeitsverfahren, Zweitakt oder Viertakt, abhängen, ist unter δ) einiges gesagt.

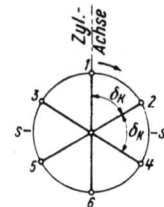

Abb. 21. Kurbelstern der Sechskurbelwelle, zugleich Stern 1. Ordnung.

Dank den vorgeschriebenen Versetzungswinkeln und der Gleichheit aller Massen ist der Kräfteausgleich eine der jeweiligen Welle „innewohnende" Festgröße. Man hat zunächst Höhe und Güte des Ausgleiches rechnerisch oder zeichnerisch als eine der jeweiligen Zylinder- und Kurbelzahl anhaftende Eigenschaft zu prüfen.

Die Gesamtkräfte der hin und her gehenden Massen sind weniger einfach zu überblicken als jene der umlaufenden Massen. Da die Reihe für P_h unendlich viele Glieder besitzt, läßt sich vorweg aussprechen, daß ein mathematisch vollständiger Ausgleich einreihiger Maschinen unmöglich ist; für technische Zwecke pflegt man trotzdem von einem „vollständigen", will heißen: ausreichend guten Ausgleich zu reden, wenn die Kräfte erster und zweiter Ordnung sich aufheben. Mehrreihenmaschinen haben im Sonderfall vollkommenen Ausgleich (siehe S. 49).

Die Untersuchung ist für die einzelnen Zylinderzahlen schon eingehend durchgeführt worden und findet sich im einschlägigen Schrifttum. Es sei hier an einem Beispiel das anschauliche zeichnerische Vorgehen mit vektorieller Behandlung der Kräfte gezeigt.

Beispiel: Sechszylinder-Zweitaktmaschine. Der Kurbelstern der ausgeführten Welle in Abb. 21 mit $k = 6$ Kurbeln hat einen Kurbelversetzungswinkel $\delta_k = \dfrac{360°}{6} = 60°$. *Umlaufende Massen:* Man zeichnet in O beginnend das Kräftevieleck aus $\mathfrak{P}_{1r}$ bis $\mathfrak{P}_{6r}$ vom Betrag $m_r \cdot r \cdot \omega^2$ so, daß jede Seite der zugehörigen Kurbel parallel ist. Wegen des regelmäßigen Kurbelsternes kann nur ein geschlossenes Vieleck erscheinen, in Abb. 22 ein Sechseck, mit der Schlußlinie $\mathfrak{R}_r = 0$, was besagt: Die Fliehkräfte sind im Gleichgewicht.

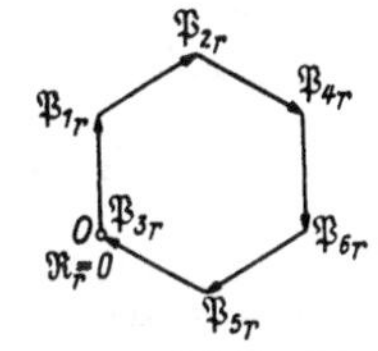

Abb. 22. Kräftevieleck für die umlaufenden Massen der Sechskurbelwelle.

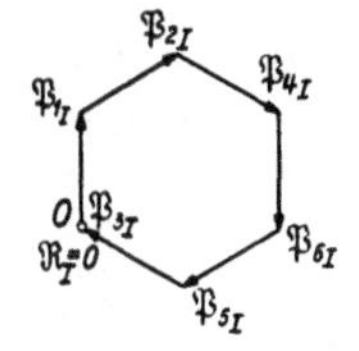

Abb. 23. Kräftevieleck 1. Ordnung der Sechskurbelwelle.

Allgemein läßt sich aus dem Kurbelbild schließen: *Umlaufende Massen sind ausgeglichen, wenn ihr Gesamtschwerpunkt in das Wellenmittel fällt,* also von zwei Kurbeln aufwärts mit zyklisch-symmetrischer Verteilung der gleich großen Massen.

Geradlinig bewegte Massen. α) *Kräfte 1. Ordnung.* Man zeichnet, ähnlich wie in Abb. 22 für die rotierenden Massen, das Kräftevieleck aus $\mathfrak{P}_{1I}$ bis $\mathfrak{P}_{6I}$, wobei jede Seite gleichgerichtet mit der gleichnamigen Kurbel im Stern ist (Abb. 23); das Vieleck schließt sich. *Freie Kräfte 1. Ordnung sind nicht vorhanden allgemein für 2 bis k im Kreis gleichmäßig verteilte Kurbeln.* Sollte für eine abweichende Kurbelversetzung eine Restkraft bleiben, so gibt sie den Höchstbetrag der freien Kräfte an; der wirksame Betrag für einen beliebigen Drehwinkel der Welle bestimmt sich gemäß Gleichung (5) aus der cos-Komponente, mithin aus der Projektion der Resultierenden auf die Zylinderachsrichtung.

β) Kräfte 2. Ordnung. Beim zeichnerischen Vorgehen ist zunächst aus dem gegebenen Kurbelstern der Welle durch Verdopplung der Versetzungswinkel ein Stern abzuleiten, der die neuen Richtungen für die einzelnen Kräfte 2. Ordnung gibt. Diesen Stern kann man als abgeleiteten „Kurbelstern 2. Ordnung" bezeichnen. Im gewählten Beispiel entsteht aus dem Stern Abb. 21 der Stern von Abb. 24. Sodann zieht man,

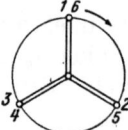
Abb. 24. Kurbelstern 2. Ordnung der Sechskurbelwelle.

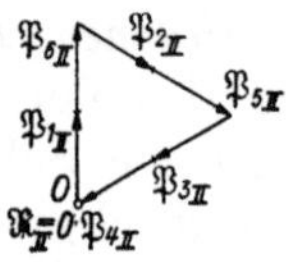

Abb. 25. Kräftevieleck für die Massenkräfte 2. Ordnung.

Abb. 26. Kurbelbild 6. Ordnung der Sechskurbelwelle.

von einem Punkt O ausgehend, Abb. 25, die Parallelen zu den Strahlen des Sternes 2. Ordnung von der Länge P_{II}. Das Vieleck mit den Seiten $\mathfrak{P}_{1II}$ bis $\mathfrak{P}_{6II}$ schließt sich, eine freie Kraft 2. Ordnung ist nicht vorhanden. Erst für die Kräfte 6. Ordnung erhielte man eine Gesamtkraft $\mathfrak{P}_{VI}$ vom Betrag $P_{VI} = 6 \cdot m_h \cdot r \cdot \omega^2 \cdot b_6$, da die Strahlen im Sternbild 6. Ordnung, Abb. 26, gleichgerichtet sind.

Kräfte n-ter Ordnung. Allgemein gilt: *Freie Kräfte liefert diejenige Ordnung, für welche der abgeleitete Kurbelstern in ein Bild mit lauter gleichgerichteten Strahlen übergeht.*

Verschiedenerlei Ordnungen ausgeglichener und unausgeglichener Kräfte treten bei Prüfung einer ausreichend großen Zahl harmonischer Glieder der Reihe für P_h auf. Eine gute Übersicht erhält man durch Auftragen der niedrigsten Ziffern der ausgeglichenen

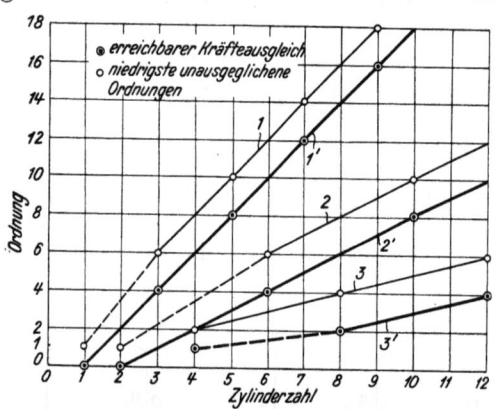
Abb. 27. Ausgleich der Massenkräfte bei Viertakt-Einreihenmaschinen mit gleichmäßiger Kurbelversetzung.
1 und 1' — ungeradzahlige Kurbelwellen 1, 3, 5, 7, 9, ...
2 und 2' — geradzahlige Kurbelwellen 2, 6, 10, ...
3 und 3' — geradzahlige Kurbelwellen 4, 8, 12, ...

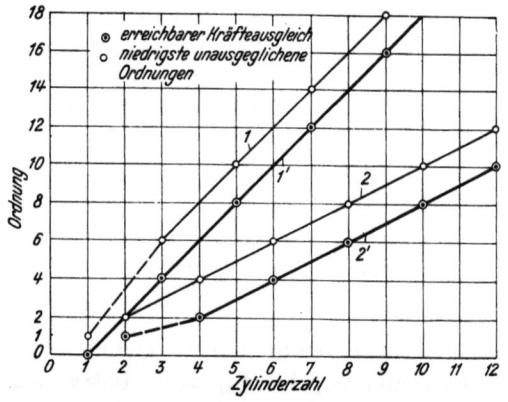
Abb. 28. Ausgleich der Massenkräfte bei Zweitakt-Einreihenmaschinen mit gleichmäßiger Kurbelversetzung.
1 und 1' — ungeradzahlige Kurbelwellen 1, 3, 5, 7, 9 ...
2 und 2' — geradzahlige Kurbelwellen 2, 4, 6, 8, 10, ...

sowie der unausgeglichenen Ordnungen abhängig von der Zylinderzahl, für Viertakt und Zweitakt, wie in Abb. 27 und 28; die jeweilige Kurbelversetzung geht aus den Zahlentafeln 12 und 13 auf S. 60, 61 hervor.

Da ungeradzahlige Zylinderzahlen für Viertakt und Zweitakt die gleiche Versetzung der Kurbeln besitzen, stehen beide Arbeitsverfahren hinsichtlich des Ausgleiches auf gleicher Stufe (vgl. die beiden Linienzüge 1 und 1' in Abb. 27 und 28) die größte freie Massenkraft ist von der Ordnung $2z$. Anders bei geraden Zylinderzahlen; für sie wird der Ausgleich beim Viertakt bedeutend schlechter; denn infolge der paarweisen Deckung der Kurbeln in der Stirnansicht ist die Zahl der Strahlen halb so groß wie die Zahl der Kurbeln. Es ist z. B. für den Viertakt-Achtzylinder ausgeglichen die zweite, unausgeglichen die vierte Ordnung, während für den Zweitakt-Achtzylinder die Ziffer zuerst 6, sodann 8 lautet. Jede ungerade Kurbelzahl ist besser ausgeglichen als die jeweils nächsthöhere gerade Kurbelzahl, was im Aufbau von P_h begründet ist. Die geradzahligen Viertaktwellen unter sich verhalten sich verschieden, je nachdem die Zahl das Zweifache einer ungeraden Zahl ist, wie 2×3, 2×5 siehe Linienzug 2 und 2' in Abb. 27), oder das Zweifache einer geraden Zahl, wie 2×2, 2×4 (siehe Linienzug 3 und 3' in Abb. 27). Im ersten Fall ist das Ergebnis verhältnismäßig besser; denn die ersten nicht verschwindenden Kräfte sind von der Ordnung z, während im zweiten Fall Kräfte von der Ordnung $z/2$ verbleiben.

Sofern man sich auf die Glieder 1. und 2. Ordnung beschränkt, ergeben sich für die verschiedenen Kurbelwellen die freien Massenkräfte, die in den Zahlentafeln 12 und 13 am Ende des Abschnittes gemeinsam mit den verbleibenden Massenmomenten zusammengestellt sind. Die skizzierten Kurbelanordnungen sind Beispiele unter den Möglichkeiten, die mit zunehmender Zylinderzahl steigen und von denen manche unter sich gleichwertig sind. Weiterhin ist festzuhalten: Eine Kurbelwelle mit bestimmtem Kurbelstern kann einer einfachwirkenden oder einer doppeltwirkenden Bauart zugehören. Der Massenausgleich ist also von gleicher Ordnung für beide Maschinengattungen.

β) Ausgleich freier Kräfte durch Sondermaßnahmen. Es kommt hier hauptsächlich der *Ausgleich 2. Ordnung* mit Gegengewichten in Betracht nach ähnlichen Gesichtspunkten wie für den Einzylindermotor. Mit Anpassung an die Vierkurbelwelle von Viertakt-Leichtmotoren, Abb. 29, besteht die Vorrichtung aus einem Paar von Zahnrädern, die auf getrennten Wellen sitzen und von der Kurbelwelle aus mit doppelter Winkelgeschwindigkeit angetrieben werden. Mit den Zahnrädern verbunden sind Gegenmassen, die eine Gegenkraft in der Motorschwerpunktsebene gleich der freien Kraft liefern. Aus

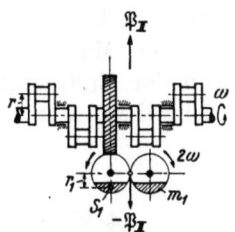

Abb. 29. Ausgleich der Kräfte 2. Ordnung beim Vierzylinder.

$$2 m_1 \cdot r_1 \cdot (2 \omega)^2 \cdot \cos 2\alpha = 4 m_h \cdot r \cdot \omega^2 \cdot \lambda \cdot \cos 2\alpha$$

bestimmt sich die Einzelmasse zu:

$$m_1 = \frac{m_h}{2} \cdot \frac{r}{r_1} \cdot \lambda.$$

γ) Änderung des Massenausgleiches durch angehängte Kurbeltriebe. Zum Aufladen der Viertaktmaschinen oder zum Spülen und Laden der Zweitaktmaschinen verwendet man meist Turbo- oder Kapselverdichter, seltener Kolbenverdichter. Letztere bedingen in vielen Fällen eine Störung des Ausgleiches, den die Gesamtheit der Arbeitszylinder besitzen würde. Die Hinzufügung eines Spülpumpentriebwerkes erzeugt freie Kräfte der umlaufenden Teile und Kräfte 1. und 2. Ordnung der hin und her gehenden Massen. Die Aufteilung in zwei Triebwerke, die um 180° versetzt sind, liefert keine Kräfte 1. Ordnung, wohl aber solche 2. Ordnung.

In anderen Fällen, wie bei Fahrzeugzweitaktern mit wenig Zylindern, vermag die Kolbenladepumpe den Massenausgleich zu verbessern; verschiedene Anordnungen hat VENEDIGER [2] geschildert.

δ) Abweichende Gestalt des Kurbelsternes. Statt des regelmäßigen Kurbelsternes bietet sich in manchen Fällen eine Sterngestalt, die nicht lauter gleiche Winkel besitzt, doch einer gewissen Symmetrie nicht entbehrt. Als Beispiel diene die Sechskurbelwelle des Zweitakters, Abb. 30, die an Stelle der Form von Abb. 21 tritt, wenn bei doppeltwirkenden Ausführungen, an Stelle der paarweisen Zündungen in je zwei Zylindern, Einzelzündungen stattfinden sollen (siehe auch Abschnitt A, S. 18) oder sonst andere Gesichtspunkte in den Vordergrund gerückt werden. Es fragt sich dann, wie der Ausgleich der Massenkräfte ausfällt. Man zeichnet die Kräftevielecke 2., 4. und höherer Ordnung und erkennt, daß im Beispiel erst die Kräfte 12. Ordnung eine Resultierende liefern.

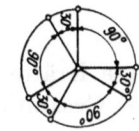

Abb. 30. Zweite Form der Sechskurbelwelle des Zweitakters.

In Zahlentafel 14 auf S. 62 sind die Verhältnisse für zwei Sonderwellen mit Beschränkung auf die 1. und 2. Ordnung ersichtlich.

Kurbelwellen mit Winkeln, die von den normalen abweichen und trotzdem regelmäßige Zündabstände gewähren, lassen sich ferner bei V-Motoren ausfindig machen.

ε) Bei einreihigen Maschinen mit *geschränktem Kurbelbetrieb* kann die Ordnung des Massenausgleichs von jener für normalen Kurbeltrieb abweichen, wie aus dem Aufbau der Gleichung (3) hervorgeht. So bleiben bei den einreihigen Anordnungen mit 3 und 5 Zylindern Kräfte 3. bzw. 5. Ordnung übrig; praktisch sind aber wegen der üblichen Beträge von λ und μ bestenfalls die Kräfte 3. Ordnung von Belang.

β) Zweireihenanordnung der Zylinder.

Sie ist meist einwellig.

V-Motoren.

Der Zylinderachswinkel oder Gabelwinkel δ_z, Abb. 19, bestimmt sich in der Regel aus der Forderung gleichmäßiger Zündabstände. Eine der Winkelgrößen errechnet sich aus:

$$\delta_z = \frac{720°}{z} \text{ für Viertakt}, \qquad \delta_z = \frac{360°}{z} \text{ für Zweitakt}.$$

Einen allgemeineren Weg zur Auffindung weiterer Lösungen weist SCHRÖN [3].

Jede der zueinander geneigten Reihen besitzt den Kräfteausgleich, der vom Einreihenmotor her bekannt ist. Durch den Gabelwinkel werden Richtung und Größe der resultierenden Massenkraft beeinflußt. Sofern die einfache Reihe eine freie Kraft besitzt, kann der Endpunkt des Kraftvektors eine gerade Linie, einen Kreis oder eine Ellipse beschreiben. Man prüft zweckmäßigerweise die Kräfte 1., 2. und höherer Ordnung einzeln.

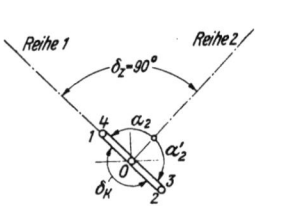

Abb. 31. Reihen- und Kurbelanordnung beim 2 × 4-Zylinder-V-Motor.

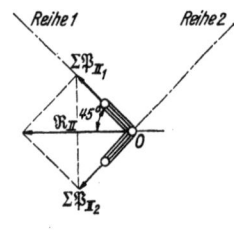

Abb. 32. Ableitung der freien Kräfte 2. Ordnung für den 2 × 4-Zylinder-V-Motor.

Gegeben ist die Ordnung der freien Kraft an jeder Reihe; sie heiße n-te Ordnung. Um auf die resultierende Kraft zu gelangen, zeichnet man für jede Reihe den Kurbelstern n-ter Ordnung, in diesen hinein die Kräfte n-ter Ordnung und aus ihnen die Gesamtkraft.

Beispiel. 2 × 4 Zylinder, Viertakt, Zylinderachswinkel $\delta_z = 90°$, Kurbeln 1 und 4, 2 und 3 paarweise gleichgerichtet, Abb. 31; die freie Kraft je Reihe ist von der zweiten Ordnung. Die Welle liege mit den Kurbeln 1, 4 in Richtung der Reihe 1. Die Verdopplung der Kurbeldrehwinkel α_1 in bezug auf Reihe 1, die sich hier mit den Versetzungswinkeln δ_k decken, gibt vier gleichgerichtete Strahlen in Richtung der Reihe 1, Abb. 32; die Verdopplung in bezug auf Reihe 2 gibt vier gleichgerichtete Strahlen in der rückwärts verlängerten Richtung 2. Die zugehörigen Kräfte sind $\Sigma \mathfrak{P}_{II_1}$ und $\Sigma \mathfrak{P}_{II_2}$ vom Betrag:

$$\sum P_{II_1} = 4\, m_h \cdot r \cdot \omega^2 \cdot \lambda, \qquad \sum P_{II_2} = 4\, m_h \cdot r \cdot \omega^2 \cdot \lambda.$$

Diese Kräfte kommen in der gezeichneten Kurbelstellung voll zur Wirkung und liefern eine Gesamtkraft $\mathfrak{R}_{II}$ in waagrechter Richtung vom Betrag:

$$R_{II} = 2 \cdot (4\, m_h \cdot r \cdot \omega^2 \cdot \lambda \cdot \cos 45°)$$
$$= 5{,}656 \cdot m_h \cdot r \cdot \omega^2 \cdot \lambda$$

als Höchstwert der freien Kraft des V-Motors. Dieser Wert ändert sich mit dem Kurbeldrehwinkel, doch bleibt im vorliegenden Beispiel die Kraftrichtung stets waagrecht.

Man könnte auch vom zweizylindrigen Element des Gabelmotors ausgehen, die freie Kraft dieses Elements und sodann die Gesamtkraft aller Elemente bestimmen.

Das Element mit zwei Zylinderachsen in einer Ebene gewährt keine regelmäßige Zündfolge, sondern gibt bei Viertakt Zündabstände von 450° und 270°. Mit dem Achswinkel von 90° zeigt es als Eigenheit, daß der Schwerpunkt der zwei hin und her gehenden Massen m_h eine Kreisbahn beschreibt, die Kräfte 1. Ordnung also einen unveränderlichen Betrag $P_I = m_h \cdot r \cdot \omega^2$ haben und sich durch eine umlaufende Gegenmasse an der Kurbelwelle von der Größe m_h binden lassen. Diese Möglichkeit kann man für jene Zylinderzahlen, die unter Einhaltung gleicher Zündabstände der Zylinder einen Winkel von 90° aufweisen, nutzbringend verwerten, z. B. beim 2 × 4-Viertaktmotor mit Kreuzwelle (siehe unter „II. Momentenausgleich").

Stellt man die Güte des Kräfteausgleiches in Abhängigkeit von der Zylinderzahl für die verschiedenen möglichen Wellenformen und für Viertakt und Zweitakt dar, so entstehen die Linienzüge in Abb. 33 und 34. Die ungeradzahligen Kurbelwellen haben sich bei V-Motoren nicht eingebürgert; die geradzahligen Viertaktwellen mit 4, 6, 8, ...

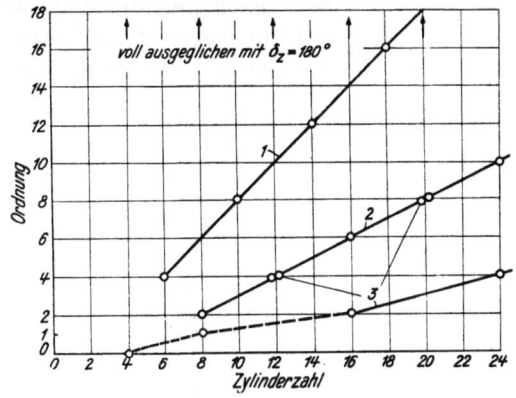 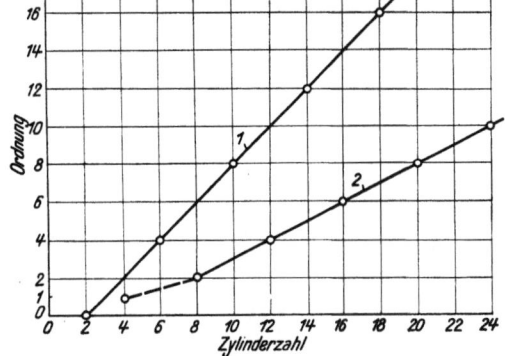

Abb. 33. Ausgleich der Massenkräfte bei Viertakt-V-Maschinen mit gleichmäßiger Kurbelversetzung und Zündfolge.
Erreichbarer Kräfteausgleich für:
1 — ungeradzahlige Kurbelwellen 3, 5, 7 ... mit Einzelkurbeln.
2 — geradzahlige Kurbelwellen 4, 6, 8 ... mit Einzelkurbeln.
3 — geradzahlige Kurbelwellen 2, 4, 6, 8 ... mit Kurbelpaaren.

Abb. 34. Ausgleich der Massenkräfte bei Zweitakt-V-Maschinen mit gleichmäßiger Kurbelversetzung und Zündfolge.
Erreichbarer Kräfteausgleich für:
1 — ungeradzahlige Kurbelwellen.
2 — geradzahlige Kurbelwellen.

Kröpfungen können in der Stirnansicht einzelstehende Kurbeln aufweisen oder „normale", vollsymmetrische Wellen mit paarweise gleichgerichteten Kurbeln sein. Wie man aus Abb. 33 ersieht, lassen letztere Wellen teilweise zu wünschen übrig.

Abb. 33 enthält zugleich die Ausgleichsverhältnisse für *gegenreihige Anordnungen*, die man auch mit der Bezeichnung „Boxermotoren" belegt hat; diese erscheinen als Sonderfall der V-Form mit Zylinderachswinkel $\delta_z = 180°$. Dieser gestreckte Winkel ändert die Höhe des Ausgleiches wesentlich; denn es sind alle Harmonischen im Gleichgewicht. Die Wellen haben gerade Kurbelzahl, bei 2 × 2 Zylindern 2 Einzelkurbeln.

Die Zahlentafeln 15 und 16 auf S. 63 und 64 bringen die Beträge der freien Massenkräfte der verschiedenen Zylinderzahlen. Die darin enthaltenen Gabelwinkel geben im Verein mit der passenden Kurbelversetzung gleiche Zündabstände. Jede Änderung der Winkel aus konstruktiven Gründen oder mit Rücksicht auf Drehschwingungen (siehe Abschnitt „Kurbelwellenschwingungen", S. 176) bringt eine Verschlechterung des Gleichganges mit sich; der Massenausgleich wird in der Regel nicht beeinträchtigt.

In den bisherigen Darlegungen war angenommen, daß die beiden Pleuelstangen eines Gabelelements *gleichmittig am Kurbelzapfen angreifen*, eine Lösung, die konstruktiv möglich ist und für hoch beanspruchte Motoren der anderen Bauart mit Haupt- und Nebenstange vorzuziehen ist, s. auch Heft 10. Diese *Anlenkung einer Stange* an die andere bedingt für die Nebenstange und den Nebenkolben ein verändertes Bewegungsgesetz. Der Anlenkungsbolzen A', Abb. 35, beschreibt eine ellipsenähnliche Kurve; die Totlagen O. T. und U. T. des Nebenkolbens werden auf der Zylinderachse verschoben und der Kolbenhub vergrößert, was sich auf die Kolbengeschwindigkeit und -beschleunigung sowie auf die Massenkraft auswirkt. Sonderuntersuchungen geben Auskunft über die verschiedenartigen Einflüsse, so die Arbeiten von BERNHARTH [4], SCHLAEFKE [5].

Gegenkolbenmaschine. Eine Sonderstellung nimmt die Zweitaktmaschine mit gegenläufigen Kolben in jedem Zylinder, Bauart JUNKERS, ein. Am einfachsten gestaltet sich der Massenausgleich bei der Zweiwellenbauart des Flugmotors; jede Welle ist selbständig und hat die Höhe des Ausgleiches, die dem regelmäßigen Kurbelstern entspricht. Abweichend hiervon sind die Verhältnisse beim einwelligen Fahrzeugmotor, Abb. 36, mit verschieden langen Pleuelstangen l und l'. Wären die Gestängemassen für den unteren und den oberen Kolben gleich und die Kurbeln um 180° versetzt, so läge der Ausgleich 1. Ordnung vor;

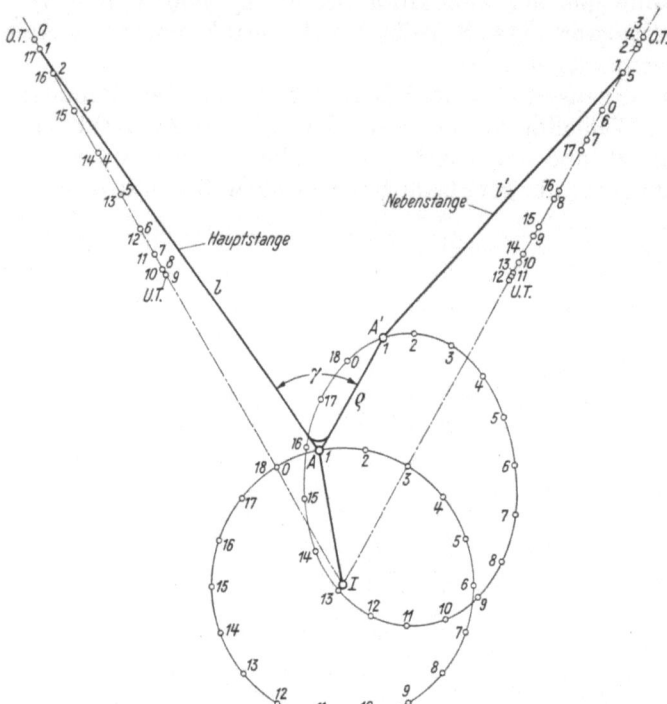
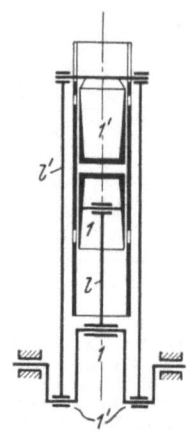

Abb. 35. Kurbeltrieb mit Haupt- und Nebenstange beim V-Motor. Abb. 36. Gegenkolbenmaschine.

die Kräfte 2. Ordnung der beiden Getriebe wirken aber im gleichen Sinn, sind demnach frei. Infolge der ungleichen Massen und der Notwendigkeit einer Voreilung des die Auslaßschlitze steuernden Kolbens, also einer Abweichung von 180°, ist der Ausgleich 1. Ordnung gestört. Die größeren Massen der seitlichen Stangen l' am oberen Kolben $1'$ werden durch einen etwas größeren Hub des unteren Kolbens $1'$ wettgemacht.

Der JUNKERS-Freikolben-Diesel-Verdichter mit gestängelosen, gegenläufigen Kolben hat vollkommenen Ausgleich der Massenwirkungen; seine Arbeitsweise hat NEUMANN [6] untersucht.

γ) Dreireihenanordnung der Zylinder.

Durch Neigung von drei Reihen gegeneinander entstehen die *W-Motoren*. Das Element mit 3 Zylindern in einer Ebene und $\delta_z = 60°$ hat ungleiche Zündabstände von 300°, 120°, 300° bei Viertakt und läßt einen Ausgleich der hin und her gehenden Massen durch eine Gegenmasse $\frac{3}{2} m_h$ an der Kurbel zu, da die Gesamtkraft 1. Ordnung einen unveränderlichen Betrag hat. Diese Besonderheit mag Verwertung finden beim 3×4-Zweitaktmotor mit Kreuzwelle, ähnlich wie beim 2×4-V-Motor mit Kreuzwelle.

Im übrigen ist die Ordnung des Ausgleiches der Kräfte durch die Einzelreihe vorgegeben.

δ) Vierreihenanordnung der Zylinder.

Die Gruppierung von vier Reihen um eine gemeinsame Welle oder die Vereinigung von zwei V-Motoren führt auf die *X-Motoren*. Das vierstrahlige Element mit 4 Zylindern unter gleichen Winkeln $\delta_z = 45°$ hat als selbständiger Motor keine gleichen Zündabstände, doch gestattet es den Ausgleich der hin und her gehenden Massen mit einer umlaufenden Gegenmasse. Diese ist gleich $2\,m_h$ am Halbmesser r.

Da die Vermehrung der radial angeordneten Zylinder im Element und ihre Verteilung im Kreis schließlich zur Sternbauart führt, werden manchmal die Gabelmotoren als Übergangsform zu den Sternmotoren angesehen. Es lassen sich auch die Betrachtungen über die Anlenkung der Stangen von Gabel- und Sternmotoren gemeinsam behandeln (siehe BERNHARTH [4], RIEKERT [7]).

b) Sternbauart.

Die meist verbreiteten Sternmotoren arbeiten im *Viertakt* und weisen *ungerade* Zylinderzahlen auf (Abb. 37). Sollen für unbehinderte Luftkühlung die Zylinder einander nicht decken, die Zündabstände gleich und einfache Steuerung der Ventile durch Nockenscheiben möglich sein, so ist *ungerade* Zylinderzahl 3, 5, 7, 9 im einfachen Stern erforderlich. Will man gerade Anzahl 2, 4, 6, 8 nehmen, so tritt eine Deckung der Zylinder in radialer Richtung ein, ähnlich wie dies bei den Kurbelstrahlen der geradzahligen Wellen der Reihenmotoren der Fall ist. Die Deckung der Zylinder macht zwei hintereinander liegende Teilsterne, daher besondere Maßnahmen der Luftzuführung zu den Zylindern des verdeckten Sternes und eine zweifach gekröpfte Welle nötig. Im *Zweitaktverfahren* liefert jede *gerade* oder *ungerade* Zylinderzahl freistehende Zylinder im Stern bei regelmäßigen Zündabständen.

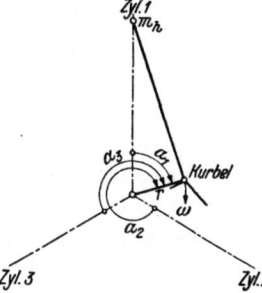

Abb. 37. Dreizylinder-Stern- und Kurbeldrehwinkel für die drei Zylinder.

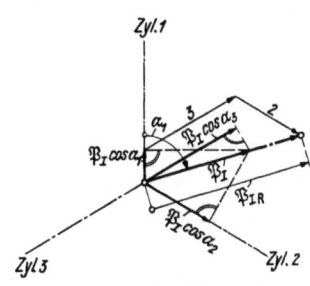

Abb. 38. Ermittlung der resultierenden Kraft 1. Ordnung beim Dreizylinder-Motor.

Die Betrachtungen sollen sich auf die Bauart mit *feststehenden* Zylindern beschränken, da die Umlaufmotoren mit sich drehendem Zylinderstern heute ohne praktische Bedeutung sind.

Es seien fürs erste *gleichmittiger Angriff aller Pleuelstangen* am Kurbelzapfen und gleiche Stangenmassen vorausgesetzt.

Die Überlegungen hinsichtlich der Kräfte können dem rechnerischen oder dem zeichnerischen Weg folgen. Unter Beachtung der Drehwinkel α der Kurbel in bezug auf die verschiedenen Zylinderachsen, z. B. für den Dreizylinder in Abb. 37, werden beim übersichtlichen zeichnerischen Vorgehen die Kräfte 1. Ordnung $\mathfrak{P}_I \cdot \cos \alpha$, Abb. 38, als Projektionen des Vektors $\mathfrak{P}_I$ vom Betrag $m_h \cdot r \cdot \omega^2$ auf die einzelnen Zylinderachsen bestimmt und sodann zu einer Gesamtkraft $\mathfrak{P}_{I_R}$ zusammengefaßt. Ähnlich verfährt man nach Verdopplung der Drehwinkel α mit den Kräften 2. Ordnung usf. Die Angabe, welche Harmonischen für ungerade Zylinderzahlen bestehen bleiben, findet man in nachstehender Übersicht.

Verbleibende Ordnungen der Massenkräfte bei Sternmotoren.

Zylinderzahl	3	5	7	9
Ordnung ...	1, 2, 4, ...	1, 4, 6, ...	1, 6, 8, ...	1, 8, 10, ...

Die Kräfte 1. Ordnung setzen sich bei allen Zylinderzahlen z zu einer umlaufenden Kraft von unveränderlicher Größe $P_{I_R} = z \cdot \dfrac{m_h}{2} \cdot r \cdot \omega^2$ zusammen, die sich durch eine Gegenmasse $m_G = z \cdot \dfrac{m_h}{2}$ am Halbmesser r ausgleichen läßt. Da außerdem die Fliehkraft $P_r = m_r \cdot r \cdot \omega^2$ der umlaufenden Masse (Kröpfung und Anteile von z Pleuelstangen) zu binden ist, hat die am Halbmesser r anzubringende Gegenmasse die Größe:

$$M_G = \frac{z}{2} \cdot m_h + m_r. \tag{6}$$

Bei 3 Zylindern verbleibt eine entgegen dem Wellendrehsinn laufende Kraft 2. Ordnung

$$P_{II_R} = \frac{3}{2} \cdot m_h \cdot r \cdot \omega^2 \cdot \lambda.$$

Bei 5, 7 und 9 Zylindern verschwindet die Summe der P_{II} ohne weiteres; bringt man eine Gegenmasse zur Bindung der Kräfte 1. Ordnung an, so haben die genannten Motoren insgesamt einen Ausgleich 1. und 2. Ordnung. Die vorhandenen höheren Harmonischen sind belanglos. Eine zeichnerische Darstellung der Güte des Ausgleiches bringt Abb. 39.

Gerade Zylinderzahlen 4, 6, 8,... in einer Ebene ergeben bei der Summierung der Kräfte das Verschwinden der Glieder höherer Ordnung; ein Gegengewicht bewirkt den Ausgleich erster Ordnung und zugleich den vollständigen Ausgleich.

Getriebe mit einer Hauptstange und $(z-1)$ Nebenstangen. Die Anlenkung der Nebenstangen an den Kurbelkopf der Hauptstange ist die übliche Lösung der Vereinigung mehrerer Getriebe an einer Kurbel für Sternmotoren (Abb. 40). Es hat auch andere Lösungen mit gleichartigen Stangen gegeben; sie sind wegen ihrer Verwickeltheit und Gewichtsvermehrung aufgegeben worden. An den Nebengetrieben treten Totpunktverschiebungen und Hubänderungen wesentlich stärker in Erscheinung als beim V-Motor; Einzelheiten sind aus den Arbeiten von RIEKERT [8], BERNHARTH [4], COPPENS [9], WILMANNS [10] zu entnehmen.

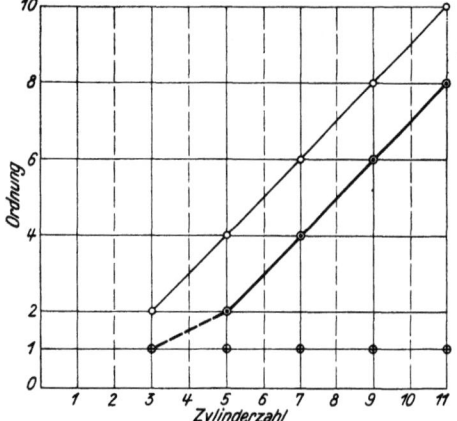

Abb. 39. Ausgleich der Massenkräfte bei Sternmotoren mit ungerader Zylinderzahl und gleichmittigen Pleuelstangen.
⊕ Kräfte 1. Ordnung, ausgleichbar durch Gegengewicht.
⊙ Erreichbarer Ausgleich mit einem Gegengewicht an der Kurbel.
○ Niedrigste unausgeglichene Ordnungen.

Die freien Kräfte 1. Ordnung werden durch ein Gegengewicht gebunden. Es sei nun die Frage erörtert, wie groß das Gegengewicht für eine solche Getriebegruppe wird.

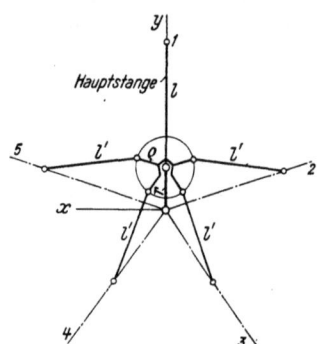 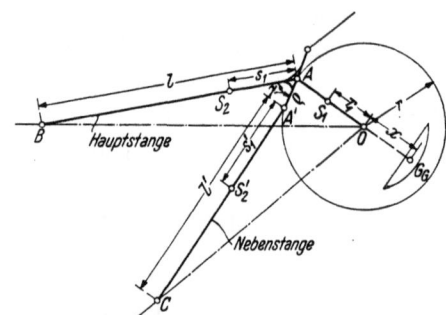

Abb. 40. Fünfzylinder-Sternmotor. Pleuelstangensystem mit einer Hauptstange und vier Nebenstangen.

Abb. 41. Bezeichnungen am Hauptgetriebe und an einem Nebengetriebe eines Sternmotors.

Neben den aus Abb. 41 ersichtlichen Bezeichnungen bedeute:

G_3 Gewicht des Hauptkolbens [kg],
G_3' Gewicht eines Nebenkolbens [kg],

G_2 Gewicht der Hauptpleuelstange [kg],
G_2' Gewicht einer Nebenpleuelstange [kg],
G_k Gewicht der Kröpfung (Arme + Zapfen) [kg],
z Zylinderzahl.

Mit der üblichen Verteilung des Stangengewichtes auf Kolben und Kurbelzapfen entfällt:

auf den Nebenkolben der Anteil $G_2' \frac{s_1'}{l'}$ einer Nebenstange,

auf den Kopf der Hauptstange der Anteil $G_2' \left(1 - \frac{s_1'}{l'}\right)$ jeder Nebenstange, insgesamt bei $(z-1)$ gleichen Nebenstangen:

$$(z-1) \cdot G_2' \left(1 - \frac{s_1'}{l'}\right).$$

Mit diesem Zusatzgewicht wird das Gewicht der Hauptstange:

$$G_2'' = G_2 + (z-1) \cdot G_2' \left(1 - \frac{s_1'}{l'}\right),$$

das auf Kolben und Kurbelzapfen zu verteilen ist. Somit erscheint folgende Gewichtsgruppierung:

G_3 und $G_2'' \frac{s_1}{l}$ am Hauptkolben,

G_3' und $G_2' \frac{s_1'}{l'}$ an jedem Nebenkolben,

$G_2'' \left(1 - \frac{s_1}{l}\right)$ am Kurbelzapfen,

G_k an der Kurbel.

Der Ausgleich erfolgt durch ein Gegengewicht G_G an der Kurbel in Anlehnung an Gleichung (6). Ist x der Abstand des Gegenmassenschwerpunkts und r_1 der Abstand des Kröpfungsschwerpunkts vom Wellenmittel, so bestimmt sich die Größe von G_G aus:

$$G_G \cdot x = \frac{r}{2} \left[G_3 + G_2'' \frac{s_1}{l} + (z-1) \cdot G_3' + (z-1) \cdot G_2' \frac{s_1'}{l'} \right] + r \cdot G_2'' \left(1 - \frac{s_1}{l}\right) + G_k \cdot r_1$$

oder:

$$G_G \cdot x = \frac{r}{2} \cdot G_3 + r \frac{z-1}{2} \cdot G_3' + r \cdot G_2'' \cdot \left(1 - \frac{s_1}{2l}\right) + r \frac{z-1}{2} \cdot G_2' \cdot \frac{s_1'}{l'} + G_k \cdot r_1. \quad (7)$$

Sind die Längen der verschiedenen Kolben und der Nebenstangen nicht genau gleich, um die oben angedeuteten Phasenverschiebungen etwas abzuändern, so wird wegen der zugleich verschiedenen Gewichte:

$$G_2'' = G_2 + \sum G_2' \left(1 - \frac{s_1'}{l'}\right)$$

und:

$$G_G \cdot x = \frac{r}{2} \cdot G_3 + \frac{r}{2} \cdot \sum G_3' + r \cdot G_2'' \left(1 - \frac{s_1}{2l}\right) + \frac{r}{2} \cdot \sum G_2' \cdot \frac{s_1'}{l'} + G_k \cdot r_1. \quad (7\,\text{a})$$

Sind die Nebenkolben und der Hauptkolben gleich schwer und die Nebenstangen einander gleich und wird ferner das Gegengewicht auf den Halbmesser r bezogen, so lautet die vereinfachte Gleichung (7):

$$G_G = \frac{z}{2} \cdot G_3 + G_2'' \left(1 - \frac{s_1}{2l}\right) + \frac{z-1}{2} \cdot G_2' \cdot \frac{s_1'}{l'} + G_k \cdot \frac{r_1}{r}. \quad (7\,\text{b})$$

Gegenüber den Motoren mit gleichmittig am Kurbelzapfen angreifenden Stangen verbleiben bei angelenkten Nebenstangen für alle Zylinderzahlen gewisse *Massenkräfte zweiter und höherer Ordnung*, die dem Einfluß der Zylinderzahl und der Anlenkungsverhältnisse unterstehen. Mit den Bezeichnungen aus Abb. 41 und mit:

$\lambda = \frac{r}{l}$ Stangenverhältnis der Hauptstange,

$\lambda' = \frac{r}{l'}$ Stangenverhältnis der Nebenstangen,

$$\varepsilon = \frac{\varrho}{r} \text{ Anlenkungsverhältnis,}$$

werden die Komponenten der Massenkräfte 2. Ordnung, wenn die x-Achse waagrecht ist:

$$P_x = -z \cdot \frac{r\,\omega^2}{g} \left(\frac{s_1'}{l'} \cdot G_2' + G_k\right) \cdot \varepsilon \cdot \lambda \cdot \lambda' \cdot \sin 2\alpha,$$

$$P_y = \frac{r\,\omega^2}{g} \left(\frac{s_1'}{l'} \cdot G_2' + G_k\right) \cdot [\lambda - \lambda' - \varepsilon \cdot \lambda^2 - (z-2) \cdot \varepsilon \cdot \lambda \cdot \lambda'] \cdot \cos 2\alpha.$$

Diese erheblichen Kräfte sind nicht ausgleichbar. Weitere Einzelheiten bringen BIEZENO-GRAMMEL [11], außerdem weist KIMMEL [12] nach, daß die Kräfte höherer Ordnungen von sehr geringem Betrag sind.

Mehrsternmotor mit versetzten Zylindersternen. Versetzt man i Zylindersterne und Kurbeln je um den Winkel $\frac{2\pi}{i}$ gegeneinander, so gewährt diese zyklische Symmetrie vollständigen Kraftausgleich aller Ordnungen, selbst dann, wenn die Nebenpleuelstangen exzentrisch angelenkt sind.

II. Momentenausgleich.

1. Verschiedene Arten von Momenten.

a) Wirkung der Massenkräfte bei Mehrzylindermaschinen.

Die Untersuchung der Massenkräfte hatte ein ebenes Kräftesystem vorausgesetzt. Da nun diese *Kräfte bei Reihenmaschinen*, ebenso wie die Kurbeln, in verschiedenen Ebenen längs der Welle wirken, bilden sie Kräftepaare und rufen Momente in der Maschinenlängsebene um eine Querachse wach, die senkrecht zur Kurbelwellenachse steht; man bezeichnet sie als *Längskippmomente*, wenn man die Wirkungsebene der Momente hervorheben will, oder als Querdrehmomente, wenn man die Drehachse als kennzeichnend ansieht. Die Wahl der Drehebene jeder Kurbel, die unter einem bestimmten Winkel zu den übrigen Kurbeln steht, macht sich in der Größe der Momente geltend; anzustreben ist, daß sie sich größtenteils aufheben, damit die Schwingungen die Ruhe der Maschine und ihrer Auflage nicht stören.

Die Massenkräfte erzeugen weiterhin am Geradführungskörper (Kolben oder Kreuzkopf) *Seiten- oder Normalkräfte*, die über die Gleitbahn die Maschine um die Wellenachse zu drehen suchen. Dieses Rückdrehmoment oder Trägheitsdrehmoment, das zusammen mit dem Rückdrehmoment aus den Gaskräften auftritt, soll hier nicht eigens geprüft werden; sein Bestehenbleiben oder Verschwinden ergibt sich (siehe „Drehmoment- und Wuchtausgleich") aus dem Vorhandensein oder Fehlen einer Gesamtdrehkraft aus den hin und her gehenden Massen für die verschiedenen Zylinderzahlen.

b) Wirkung der Drehmomente aus der Pleuelstangenschwingung.

Die bei der Querschwingung der Pleuelstange auftretenden Drehmomente aus der Massenträgheit, die hier *Quermomente* benannt seien, sind für ein Getriebe oder eine Gruppe von Getrieben nachzuprüfen. Sie können ein freies Rückdrehmoment der Maschine bedingen.

2. Einreihenbauart.

a) Kippmomente.

α) *Kurbelbezifferung.* Die Zuordnung von Längsriß und Stirnansicht (Kurbelstern) der Welle, Abb. 42, entscheidet über den Betrag des freien Moments. Diese Zuordnung geschieht durch Übertragung der Ziffern der in der Längsansicht von 1 bis z bezifferten Kröpfungen in den Kurbelstern.

β) *Kurbelbezifferung, Momente und Zündfolge.* Die Zündfolge der Maschine, d. h. die Reihenfolge der nacheinander zündenden Zylinder, geht aus dem Kurbelstern hervor;

denn sie ist an den im Winkelabstand der Zündungen stehenden Kurbelstrahlen durch Umfahren entgegen dem Wellendrehsinn ablesbar, s. S. 12 und 16. Wegen dieses Zusammenhanges gehört zu jeder Zündfolge ein bestimmtes Gesamtkippmoment. Sofern die Welle dank ihrer Gestalt kein Überschußmoment aufweist und eine Änderungsmöglichkeit der Zündfolge bietet, entfällt diese Abhängigkeit (siehe δ) 1).

γ) *Momente der rotierenden Massen.* Die Kräfte haben ständig wechselnde Richtung im Kreis und ergeben, wenn ein Ausgleich der Einzelmomente nicht zustande kommt, ein Gesamtmoment mit sich drehender Wirkungsebene. Der Ausgleich dieses Moments kann durch umlaufende Gegenmassen an der Kurbelwelle, die jede einzelne erregende Kraft in ihrer Wirkungsebene binden, erreicht werden.

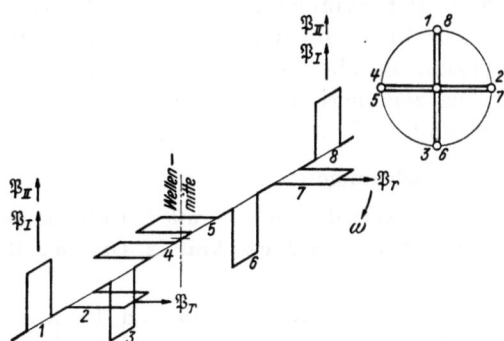

Abb. 42. Längsriß und Kurbelstern der Achtkurbelwelle. Vollsymmetrische Gestalt.

Die Momente der drehenden Massen können gemeinsam mit den Momenten 1. Ordnung der hin und her gehenden Massen zur Behandlung kommen.

δ) *Momente der geradlinig bewegten Massen.* Die Massen einer stehenden, einreihigen Maschine erzeugen Momente in der Motorlängsebene um eine zur Wellenachse senkrechte Horizontalachse; nach der Ordnung der wirkenden Momente unterscheidet man Momente 1. Ordnung, 2. Ordnung usf. Um verschieden gestaltete Wellen in bezug auf ihre Momente zu prüfen, ist die Einteilung in zwei Gruppen zweckmäßig.

1. Die zu ihrer Mitte spiegelbildlich-symmetrisch gebauten Wellen mit paarweise beiderseits der Mitte gleichgerichteten Kurbeln, Abb. 42, kurz die *längssymmetrischen Wellen* sind keinen freien Momenten unterworfen; denn die paarweise gleichen Kräfte $\mathfrak{P}_r$, $\mathfrak{P}_I$, $\mathfrak{P}_{II}$, deren Größe im Unterabschnitt I bestimmt wurde, haben gleiche Hebelarme in bezug auf die Wellenmitte. Solche Wellen haben zugleich symmetrischen Kurbelstern und können deshalb *vollsymmetrisch* heißen; sie sind nur möglich bei Viertakt und gerader Anzahl der Kurbeln und Zylinder. Werden solche Wellen den Zweitaktern zugeteilt, so erfolgt die Zündung in zwei Zylindern gleichzeitig. Nun können bei k Kurbeln und $\frac{k}{2}$ Paaren die $\frac{k-2}{2}$ Paare gegenseitig vertauscht werden, ohne Beeinflussung des Momentenausgleiches; dadurch ändert sich aber die Zündfolge.

2. *Teilsymmetrische Wellen* sind solche, die allein in der Stirnansicht der Welle, im Kurbelstern, eine Symmetrie aufweisen, nicht aber in der Längsausdehnung. Dazu gehören ungerade Kurbelzahl bei Viertakt, gerade und ungerade Kurbelzahl bei Zweitakt. Beispiel: Welle Abb. 43, 44 für Viertakt und Zweitakt, Welle Abb. 21 für Zweitakt. Ungerade Kurbelzahlen haben sich vielfach im Groß-Diesel-Maschinenbau eingebürgert, im Gegensatz zum Fahrzeugmotorenbau, in dem die geraden Zahlen vorherrschen.

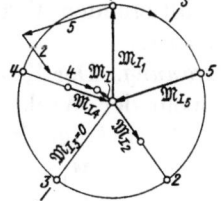 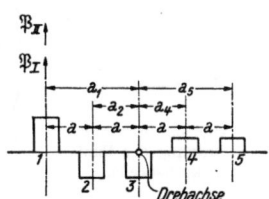

Abb. 43. Kurbelstern, Momentenvektoren, Momentenpolygon 1. Ordnung der Fünfkurbelwelle.

Abb. 44. Längsanordnung der Kurbeln des Fünfzylinders.

Teilsymmetrische Wellen lassen zunächst die Wahl der Bewegungsebene jeder Kurbel von bestimmtem Versetzungswinkel zur Kurbel 1 frei; durch richtige Wahl dieser Bewegungsebene und damit der Bezifferung der Kurbeln im Stern kann das freie Massenmoment 1. Ordnung zu einem Kleinstwert gemacht, ja zum Verschwinden gebracht werden. Auf die Einzelheiten dieses Vorgehens, das auf alle möglichen Zylinderzahlen auszudehnen ist, braucht hier nicht eingegangen werden; denn das Ergebnis liegt schon vor (siehe SCHRÖN [13]). Als Richtlinie gilt, daß der Kurbelstern „progressiv-symmetrisch" zu beziffern ist, d. h. die Kurbeln 1 und k, 2 und $(k—1)$, 3 und $(k—2)$ usf. sind paarweise in bezug auf eine Symmetrielinie zu verteilen. Beispiel: Fünfzylinder, Abb. 43; Kurbel 3 liegt in der Symmetrielinie $s—s$, die Kurbelpaare sind 1 und 5, 2 und 4. Bei gerader Kurbelzahl ist die Winkelhalbierende zwischen Kurbel 1 und k die Symmetrielinie; die Sechskurbelwelle in Abb. 21 hat ungünstige, jene in Abb. 46a günstige Bezifferung.

Die zeichnerische *Ermittlung des resultierenden Momentenvektors* sei an Hand einer bestimmten Zylinderzahl vorgeführt.

Bezeichnungen:

P_I Größtwert der Massenkraft 1. Ordnung [kg],
P_{II} Größtwert der Massenkraft 2. Ordnung [kg],
usf.

a_1 Abstand der Zylinderachse und der Kurbel 1 von Mitte Welle [m],
a_2 Abstand der Zylinderachse und der Kurbel 2 von Mitte Welle [m],
usf.

M_{1I} Größtbetrag des Moments 1. Ordnung $\mathfrak{M}_{1I}$ von Kurbel 1 [mkg],
M_{2I} Größtbetrag des Moments 1. Ordnung $\mathfrak{M}_{2I}$ von Kurbel 2 [mkg],
usf.

M_{1II} Größtbetrag des Moments 2. Ordnung $\mathfrak{M}_{1II}$ von Kurbel 1 [mkg],
M_{2II} Größtbetrag des Moments 2. Ordnung $\mathfrak{M}_{2II}$ von Kurbel 2 [mkg],
usf.

M_I Größtbetrag des resultierenden Moments 1. Ordnung $\mathfrak{M}_I$ [mkg],
M_{II} Größtbetrag des resultierenden Moments 2. Ordnung $\mathfrak{M}_{II}$ [mkg].
usf.

Für den Fünfzylinder (Abb. 43, 44) mit gleichen Abständen a gilt:

1. Ordnung. Die Höchstbeträge der Momente sind: $M_{1I} = P_I \cdot a_1 = P_I \cdot 2a = —M_{5I}$, $M_{2I} = P_I \cdot a_2 = P_I \cdot a = —M_{4I}$, $M_{3I} = 0$. Man zeichnet den Momentenvektorenstern am besten in den Kurbelstern hinein (Abb. 43). Da die Momente diesseits der Wellenmitte anderen Drehsinn als die Momente jenseits der Mitte haben, sind die Vektoren 4 und 5 im Stern von außen nach innen gerichtet. Das Momentenpolygon in Abb. 43 ergibt ein $\mathfrak{M}_I$ von unmittelbar ablesbarem Betrag M_I; bei der Drehung mit der Welle wird seine im Augenblick der Betrachtung wirksame Größe durch die Projektion auf die Schubrichtung erhalten, weil die Kraft jeweils ($P_I \cdot \cos \alpha$) ist [siehe Gleichung (2a), S. 41].

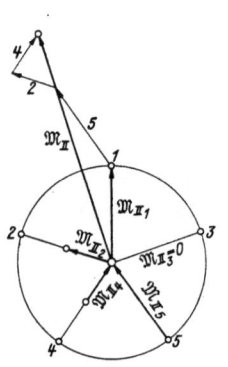

Abb. 45. Momente 2. Ordnung der Fünfkurbelwelle.

In gleicher Weise gelangt man mit Einsetzung von $\mathfrak{P}_r$ statt $\mathfrak{P}_I$ zum resultierenden Vektor $\mathfrak{M}_r$, der mit der Welle umläuft und voll wirksam ist.

2. Ordnung. Der Kurbelstern 2. Ordnung, Abb. 45, entsteht durch Verdoppeln der Winkel des Sternes 1. Ordnung. Auf den Strahlen werden die Beträge der Vektoren abgetragen:

$$M_{1II} = P_{II} \cdot a_1 = P_{II} \cdot 2a = —M_{5II},$$
$$M_{2II} = P_{II} \cdot a_2 = P_{II} \cdot a \quad = —M_{4II}.$$

Das Momentenpolygon in Abb. 45 führt auf ein $\mathfrak{M}_{II}$, das sich mit doppelter Wellengeschwindigkeit dreht und dessen wirksamer Betrag durch seine Projektion auf die Schubrichtung gegeben ist, weil die Kraft jeweils ($P_{II} \cdot \cos 2\alpha$) ist [siehe Gleichung (2a)].

Sind die Zylinderabstände von verschiedener Größe, so kommt dieser Umstand in der Länge der einzelnen Momentenvektoren zum Ausdruck. Die Ungleichheit der Abstände kann man zur Herbeiführung des Momentenausgleiches, z. B. 1. Ordnung, benutzen, wobei der resultierende Vektor zu Null wird.

Die vorangehende Ermittlung der *Größe* des Gesamtmomentes genügt im allgemeinen; nur in Sonderfällen ist die Kenntnis des augenblicklichen *Drehsinnes* des Moments erwünscht. Dieser Drehsinn geht aus dem Vergleich der Richtung des Gesamtvektors mit der Richtung des Momentenvektors einer Kurbel hervor, dessen Drehsinn für die vorliegende Kurbellage bekannt ist. Befindet sich z. B. Kurbel 1 einer stehenden Maschine in der Lotrechten und wird das im Uhrzeigersinn drehende Moment $\mathfrak{M}_{1\,I}$ mit dem Pfeil nach oben eingetragen, so dreht das Moment M_I im Uhrzeigersinn, solange Vektor $\mathfrak{M}_I$ sich über der Waagrechten befindet.

Die Zusammenstellung der verbleibenden Momentengrößen 1. und 2. Ordnung der verschiedenen Kurbelwellen findet man in den Zahlentafeln 12, 13 und 14 am Ende des Abschnittes.

Ausgleich von Massenmomenten durch umlaufende Hilfsmassen. Im Bedarfsfalle kann man Massenmomente durch paarweise umlaufende Massen ausgleichen. Beispiel: Eine Sechszylinder-Zweitaktmaschine, die einen Ausgleich der Kräfte 1. und 2. Ordnung und

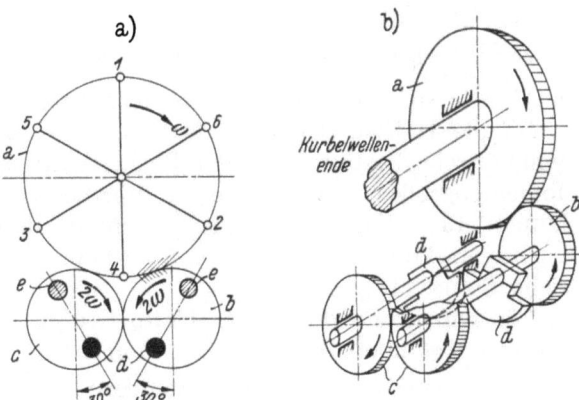

Abb. 46. Ausgleich der Massenmomente 2. Ordnung an der Sechszylinder-Zweitaktmaschine. a) Getriebeschema mit Massen *d* auf Seite von Zylinder *1* und Massen *e* auf Seite von Zylinder *6*; b) Getriebe mit Gegengewichten an einem Wellenende.

der Momente 1. Ordnung besitzt, läßt sich durch den Ausgleich der Momente 2. Ordnung verbessern. Zu diesem Zweck werden an den Enden der Kurbelwelle, Abb. 46, von einem großen Zahnrad *a* über ein Ritzel *b* und ein Ritzelpaar *c* zwei Massen *d* bzw. *e* mit doppelter Winkelgeschwindigkeit gegenläufig angetrieben. Die Massen sind so zu bemessen, daß das entstehende Moment 2. Ordnung dem freien Moment $\mathfrak{M}_{II}$ vom Höchstbetrag $3{,}464 \cdot \lambda \cdot m_h \cdot r \cdot \omega^2 \cdot a$ entgegenwirkt. Da der Momentenvektor $30°$ von Kurbel 1 $e \cdot d \cdot U.$ absteht, sind die Hilfsmassen wie in Abb. 46a anzuordnen. Auf die praktische Nutzanwendung solchen Ausgleiches hat MAYR [14] hingewiesen.

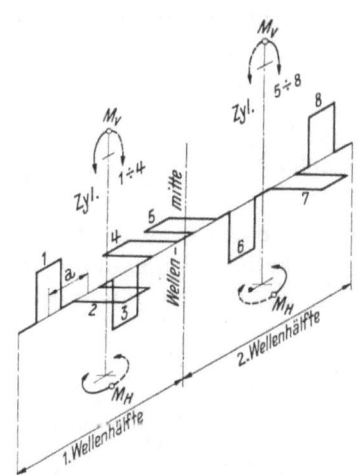

Abb. 47. Innere Massenmomente und ihre Komponenten in der Vertikal- und Horizontalebene bei der Achtkurbelwelle einer stehenden Viertaktmaschine.

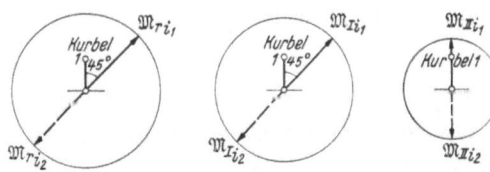

Abb. 48. Momentenvektoren der zwei Wellenhälften der Viertakt-Achtkurbelwelle von Abb. 47 für rotierende und hin und her gehende Massen. Nicht maßstäblich gezeichnet.

Innere Momente und ihre Auswirkung. Lange Kurbelwellen, die unter Annahme völliger Starrheit in sich ausgeglichen erscheinen, suchen in Wirklichkeit mit ihren „inneren Momenten", d. h. mit den Momenten der Wellenstücke, das Maschinengestell (den Kurbelkasten) über die Lagerstellen zu verbiegen und bedingen nicht unbeträchtliche Belastung dieses Hauptteiles.

Es sind z. B. an der Kurbelwelle einer Achtzylinder-Viertaktmaschine, Abb. 47, die Massenmomente der Wellenhälften, bestehend aus den Kröpfungen 1, 2, 3, 4 und 5, 6,

7, 8, zwar im Gleichgewicht, wie Abb. 48 mit den Momentenvektoren zeigt, doch können die Momente der genannten Wellenteile beachtliche Werte besitzen. Diese Beträge sind:

für die umlaufenden Massen $M_{r_i} = 2{,}83 \cdot m_r \cdot r \cdot \omega^2 \cdot a$,

stets voll wirksam,

für die hin und her gehenden Massen

vom Höchstbetrag 1. Ordnung $\quad M_{I_i} = 2{,}83 \cdot m_h \cdot r \cdot \omega^2 \cdot a$,

vom Höchstbetrag 2. Ordnung $\quad M_{II_i} = 2 \cdot m_h \cdot r \cdot \omega^2 \cdot \lambda \cdot a$.

In Abb. 48 sind die Zeiger der Wellenhälften 1 und 2 hinzugefügt.

Da die Hälften der Kurbelwellen, selbst der vollsymmetrischen Wellen, eine teilsymmetrische Gestalt (nach der Begriffsbestimmung von S. 55) besitzen, kann man die Momentengrößen solcher Wellen übernehmen, denn sie liegen bereits vor (siehe SCHRÖN [13]). Man wird darnach trachten, wenn die Gesamtwelle mehrere gleichwertige Kurbelversetzungen bietet, eine Anordnung mit kleinen inneren Momenten zu erzielen (siehe SCHRÖN [3]).

Für schnellaufende, leichtgebaute Großmaschinen ist die Beherrschung der inneren Momente besonders wichtig. Das Moment M_V in der Vertikalebene, Abb. 47, aus M_{I_i} und M_{II_i} wird bei stehenden Zylindern im allgemeinen durch die Steifigkeit des verhältnismäßig hohen Gestells mit Unterstützung durch den Unterbau (das Fundament) unschwer aufgenommen; dagegen liegt das waagrechte Moment M_H aus M_{r_i} in einer Ebene von geringem Trägheitsmoment und kann deshalb kräftige seitliche Durchbiegungen des Gestells und der Grundplatte hervorrufen. Solche elastische Verformung stört fühlbar den Massenausgleich; denn dieser setzt ein unnachgiebiges Gestell voraus.

Es sind einmal die Kräfte, welche Momente wachrufen, mit einfachen Mitteln zu binden, so die Fliehkräfte der umlaufenden Massen durch *Gegenmassen* an den Kurbeln, sodann durch konstruktive Maßnahmen die Steifigkeit des Rahmens (Kurbelgehäuses) besonders in waagrechter Richtung zu erhöhen. Maßnahmen der letzten Art bespricht SCHMIDT [15].

b) Quermomente.

Bei unveränderlichem ω der Welle entstehen keine Momente um die Wellenachse aus der Massenträgheit der Kurbel, dagegen beachtliche Wirkungen aus der Pleuelstangenmasse.

Die bei der Drehung der Pleuelstange um eine Achse senkrecht zu ihrer Bewegungsebene und parallel zur Kurbelwellenachse auftretende Winkelbeschleunigung ε_2 im Verein mit dem früher verwendeten Massenträgheitsmoment J_{S_2} liefert ein veränderliches Drehmoment vom Betrag:

$$M_{st} = J_{S_2} \cdot \varepsilon_2 \quad \text{mkg}. \tag{8}$$

Dieses Drehmoment sucht den Maschinenaufbau um die Längsachse zu schwenken.

Die Beschleunigung ε_2 bestimmt sich wie folgt:

Aus Abb. 9 liest man ab:

$$\sin \beta = \lambda \cdot \sin \alpha,$$

woraus:

$$\beta = \arcsin (\lambda \cdot \sin \alpha)$$

und mit der bekannten Reihe für die Arcus-Funktion:

$$\beta = \lambda \cdot \sin \alpha + \frac{1}{6} \lambda^3 \cdot \sin 3\alpha + \frac{3}{40} \lambda^5 \cdot \sin 5\alpha + \frac{5}{112} \lambda^7 \cdot \sin 7\alpha + \ldots$$

Mit Auflösung der Potenzen der sin-Funktionen wird:

$$\beta = A_1 \cdot \sin \alpha + A_3 \cdot \sin 3\alpha + A_5 \cdot \sin 5\alpha + \ldots,$$

worin:

$$A_1 = \lambda + \frac{1}{8}\lambda^3 + \frac{3}{64}\lambda^5 + \ldots,$$

$$A_3 = -\frac{1}{24}\lambda^3 - \frac{3}{128}\lambda^5 - \ldots,$$

$$A_5 = \frac{3}{640}\lambda^5 + \ldots.$$

A_7 ist vernachlässigbar klein. Nimmt man weiter für A_1, A_3, A_5 das erste Glied jeder Reihe, so erhält man den Näherungswert:

$$\beta = \lambda \cdot \sin\alpha - \frac{1}{24}\lambda^3 \cdot \sin 3\alpha + \frac{3}{640}\lambda^5 \cdot \sin 5\alpha - \ldots.$$

Die Winkelgeschwindigkeit ω_2 der Pleuelstange ist die Ableitung des Winkels β nach der Zeit; mit ω als Winkelgeschwindigkeit der Welle wird:

$$\omega_2 = \omega \cdot (A_1 \cdot \cos\alpha + 3 A_3 \cdot \cos 3\alpha + 5 A_5 \cdot \cos 5\alpha + \ldots).$$

Die Winkelbeschleunigung ε_2 ist die Ableitung von ω_2 nach der Zeit:

$$\varepsilon_2 = -\omega^2 \cdot (C_1 \cdot \sin\alpha + C_3 \cdot \sin 3\alpha + C_5 \cdot \sin 5\alpha + \ldots).$$

worin:

$$C_1 = A_1 = \lambda + \frac{1}{8}\lambda^3 + \frac{3}{64}\lambda^5 + \ldots,$$

$$C_3 = 9 A_3 = -\frac{3}{8}\lambda^3 - \frac{27}{128}\lambda^5 - \ldots,$$

$$C_5 = 25 A_5 = \frac{15}{128}\lambda^5 + \ldots.$$

Für verschiedene Werte von λ errechnen sich die nachstehenden Beträge von C_1, C_3, C_5.

λ	$\frac{1}{2,5}$	$\frac{1}{3}$	$\frac{1}{3,5}$	$\frac{1}{4}$	$\frac{1}{4,5}$
C_1	0,408	0,338	0,289	0,252	0,234
C_3	−0,026	−0,015	−0,009	−0,006	−0,004
C_5	0,0016	0,0067	0,0002	0,0001	0,0001

α) Momente eines Kurbeltriebes.

Mit Einsetzung von ε_2 in Gleichung (8) lautet der Ausdruck für das Moment:

$$M_{st} = -J_{S_2} \cdot \omega^2 \cdot (C_1 \cdot \sin\alpha + C_3 \cdot \sin 3\alpha + C_5 \cdot \sin 5\alpha + \ldots) \qquad (9)$$

und besteht aus Gliedern 1., 3. und 5. Ordnung, also aus ungeradzahligen Ordnungen. Schon das Glied 5. Ordnung braucht nur bei großem Betrag $(J_{S_2} \cdot \omega^2)$ berücksichtigt zu werden.

Die Höchstbeträge sind
für das Moment 1. Ordnung: $M_I = J_{S_2} \cdot \omega^2 \cdot C_1,$
für das Moment 3. Ordnung: $M_{III} = J_{S_2} \cdot \omega^2 \cdot C_3,$
oder angenähert:
$$M_I = J_{S_2} \cdot \omega^2 \cdot \lambda,$$
$$M_{III} = J_{S_2} \cdot \omega^2 \cdot \frac{3}{8}\lambda^3.$$

Die wirksame Größe beim Kurbeldrehwinkel α stellt die Projektion eines umlaufenden Vektors $\mathfrak{M}_I$ mit ω bzw. $\mathfrak{M}_{III}$ mit 3ω auf eine Linie, die senkrecht auf der Schubrichtung steht.

β) Resultierende Momente mehrerer Kurbeltriebe.

Momente 1. Ordnung. Man zeichnet ein Vieleck mit Seiten, die parallel zu den einzelnen Kurbeln und von der Länge $(J_{S_2} \cdot \omega^2 \cdot C_1)$ sind. Die Resultierende ist Null bei zwei Zylindern mit Kurbeln unter 180° und ebenso für die regelmäßigen Kurbelsterne von 3 Zylindern aufwärts.

Momente höherer Ordnung. Nach Zeichnen der Kurbelsterne mit den dreifachen, fünffachen usf. Versetzungswinkeln der Kurbelstrahlen sowie der Vielecke mit den Seiten parallel zu den Sternstrahlen und mit den obigen Seitenlängen M_{III}, M_V usf. erhält man das resultierende Moment als Schlußlinie. Man erkennt sogleich, daß eine *gerade Anzahl* von Kurbeln unter gleichen Winkeln eine Resultierende gleich *Null* liefert, d. h. die Momente sind stets im Gleichgewicht. *Ungerade Anzahl* der Kurbeln oder auch ungerade Zahl von paarweise zusammenfallenden Kurbeln, wie beim Viertakt-Sechszylinder, ergibt für jene Ordnung, die gleich der Kurbelzahl ist, zusammenfallende Richtung der

Zahlentafel 12. Massenkräfte und -momente der Kurbelwellen für einreihige Viertaktmaschinen.

Zylinderzahl	Kurbelanordnung	Betrag der freien Kräfte P_r der umlaufenden Massen	Höchstbetrag der freien Kräfte P_h der hin und her gehenden Massen	Betrag des freien Kippmoments M_r der umlaufenden Massen	Höchstbetrag des freien Kippmoments 1. Ordnung M_I der hin und her gehenden Massen	Höchstbetrag des freien Kippmoments 2. Ordnung M_{II} der hin und her gehenden Massen
1		$m_r \cdot r \cdot \omega^2$*	$m_h \cdot r \cdot \omega^2 \cdot (1+\lambda)$	0	0	0
2		$2 m_r \cdot r \cdot \omega^2$*	$2 m_h \cdot r \cdot \omega^2 \cdot (1+\lambda)$	0	0	0
3		0	0	$1{,}732 \cdot m_r \cdot r \cdot \omega^2 \cdot a$*	$1{,}732 \cdot m_h \cdot r \cdot \omega^2 \cdot a$	$1{,}732 \cdot m_h \cdot r \cdot \omega^2 \cdot \lambda \cdot a$
4		0	$4 m_h \cdot r \cdot \omega^2 \cdot \lambda$	0	0	0
5		0	0	$0{,}449 \cdot m_r \cdot r \cdot \omega^2 \cdot a$*	$0{,}449 \cdot m_h \cdot r \cdot \omega^2 \cdot a$	$4{,}980 \cdot m_h \cdot r \cdot \omega^2 \cdot \lambda \cdot a$
6		0	0	0	0	0
7		0	0	$0{,}267 \cdot m_r \cdot r \cdot \omega^2 \cdot a$*	$0{,}267 \cdot m_h \cdot r \cdot \omega^2 \cdot a$	$1{,}006 \cdot m_h \cdot r \cdot \omega^2 \cdot \lambda \cdot a$
8		0	0	0	0	0
9		0	0	$0{,}194 \cdot m_r \cdot r \cdot \omega^2 \cdot a$*	$0{,}194 \cdot m_h \cdot r \cdot \omega^2 \cdot a$	$0{,}548 \cdot m_h \cdot r \cdot \omega^2 \cdot \lambda \cdot a$
10		0	0	0	0	0
11		0	0	$0{,}153 \cdot m_r \cdot r \cdot \omega^2 \cdot a$*	$0{,}153 \cdot m_h \cdot r \cdot \omega^2 \cdot a$	$0{,}382 \cdot m_h \cdot r \cdot \omega^2 \cdot \lambda \cdot a$
12		0	0	0	0	0

* Unveränderlich und ausgleichbar durch Gegenmassen an der Welle.

Einreihenbauart. 61

Zahlentafel 13. **Massenkräfte und -momente der Kurbelwellen für einreihige Zweitaktmaschinen.**

Zylinderzahl	Kurbelanordnung	Betrag der freien Kräfte P_r der umlaufenden Massen	Höchstbetrag der freien Kräfte P_h der hin und her gehenden Massen	Betrag M_r der umlaufenden Massen	Höchstbetrag des freien Kippmoments 1. Ordnung M_I der hin und her gehenden Massen	2. Ordnung M_{II} der hin und her gehenden Massen
1		$m_r \cdot r \cdot \omega^2 *$	$m_h \cdot r \cdot \omega^2 \cdot (1+\lambda)$	0	0	0
2		0	$2 m_h \cdot r \cdot \omega^2 \cdot \lambda$	$m_r \cdot r \cdot \omega^2 \cdot a *$	$m_h \cdot r \cdot \omega^2 \cdot a$	0
3		0	0	$1{,}732 \cdot m_r \cdot r \cdot \omega^2 \cdot a *$	$1{,}732 \cdot m_h \cdot r \cdot \omega^2 \cdot a$	$1{,}732 \cdot m_h \cdot r \cdot \omega^2 \cdot \lambda \cdot a$
4		0	0	$1{,}414 \cdot m_r \cdot r \cdot \omega^2 \cdot a *$	$1{,}414 \cdot m_h \cdot r \cdot \omega^2 \cdot a$	$4 \cdot m_h \cdot r \cdot \omega^2 \cdot \lambda \cdot a$
5		0	0	$0{,}449 \cdot m_r \cdot r \cdot \omega^2 \cdot a *$	$0{,}449 \cdot m_h \cdot r \cdot \omega^2 \cdot a$	$4{,}980 \cdot m_h \cdot r \cdot \omega^2 \cdot \lambda \cdot a$
6		0	0	0	0	$3{,}464 \cdot m_h \cdot r \cdot \omega^2 \cdot \lambda \cdot a$
7		0	0	$0{,}267 \cdot m_r \cdot r \cdot \omega^2 \cdot a *$	$0{,}267 \cdot m_h \cdot r \cdot \omega^2 \cdot a$	$1{,}006 \cdot m_h \cdot r \cdot \omega^2 \cdot \lambda \cdot a$
8		0	0	$0{,}448 \cdot m_r \cdot r \cdot \omega^2 \cdot a *$	$0{,}448 \cdot m_h \cdot r \cdot \omega^2 \cdot a$	0
9		0	0	$0{,}194 \cdot m_r \cdot r \cdot \omega^2 \cdot a *$	$0{,}194 \cdot m_h \cdot r \cdot \omega^2 \cdot a$	$0{,}548 \cdot m_h \cdot r \cdot \omega^2 \cdot \lambda \cdot a$
10		0	0	0	0	$0{,}898 \cdot m_h \cdot r \cdot \omega^2 \cdot \lambda \cdot a$
11		0	0	$0{,}153 \cdot m_r \cdot r \cdot \omega^2 \cdot a *$	$0{,}153 \cdot m_h \cdot r \cdot \omega^2 \cdot a$	$0{,}382 \cdot m_h \cdot r \cdot \omega^2 \cdot \lambda \cdot a$
12		0	0	0	0	0

* Unveränderlich und ausgleichbar durch Gegenmassen an der Welle.

Strahlen im abgeleiteten Kurbelstern und deshalb eine Resultierende gleich der Summe der Einzelmomente. So hat der Dreizylinder ein Gesamtmoment vom Höchstbetrag $(3 \cdot J_{S_2} \cdot \omega^2 \cdot C_3)$, der Viertakt-Sechszylinder vom Höchstbetrag $(6 \cdot J_{S_2} \cdot \omega^2 \cdot C_3)$.

Als Ergebnis kann man festhalten: Mit Ausnahme der Einzylindermaschine, der Zweizylinder-Viertaktmaschine mit gleichgerichteten Kurbeln, der Dreizylindermaschine und der Sechszylinder-Viertaktmaschine haben alle anderen Zylinderzahlen einen natürlichen Ausgleich der Quermomente der Pleuelstangen.

Zahlentafel 14. Sonderkurbelwellen für doppeltwirkende einreihige Zweitaktmaschinen.

Zylinderzahl	Kurbelanordnung	Betrag der freien Kräfte P_r der umlaufenden Massen	Höchstbetrag der freien Kräfte P_h der hin und her gehenden Massen	Betrag des freien Kippmoments M_r der umlaufenden Massen	Höchstbetrag des freien Kippmoments 1. Ordnung M_I der hin und her gehenden Massen	Höchstbetrag des freien Kippmoments 2. Ordnung M_{II} der hin und her gehenden Massen
4	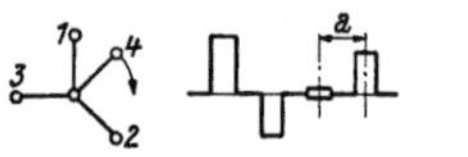	$1{,}082 \cdot m_r \cdot r \cdot \omega^2$*	$1{,}082 \cdot m_h \cdot r \cdot \omega^2$	$0{,}224 \cdot m_r \cdot r \cdot \omega^2 \cdot a$*	$0{,}224 \cdot m_h \cdot r \cdot \omega^2 \cdot a$	$2{,}828 \cdot m_h \cdot r \cdot \omega^2 \cdot \lambda \cdot a$
6	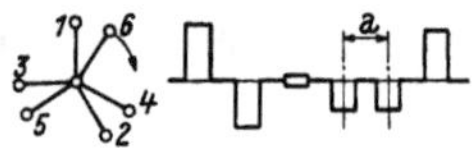	0	0	$0{,}139 \cdot m_r \cdot r \cdot \omega^2 \cdot a$*	$0{,}139 \cdot m_h \cdot r \cdot \omega^2 \cdot a$	$5\, m_h \cdot r \cdot \omega^2 \cdot \lambda \cdot a$

* Unveränderlich und ausgleichbar durch Gegenmassen an der Welle.

3. Mehrreihenbauart.

Die Kurbelanordnungen und Bezifferungen der Einzelreihe mit günstigen Restmomentengrößen ergeben ebenfalls brauchbare Gesamtmomente für zwei und mehr Reihen. Die vollsymmetrischen Wellen zeichnen sich durch ihre ausgeglichenen Momente aus.

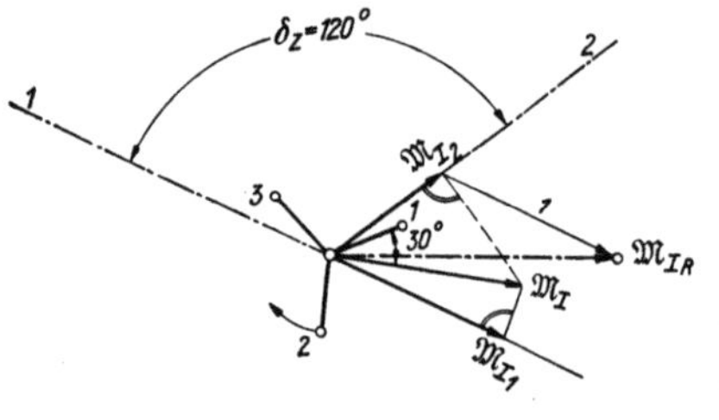

Abb. 49. Ermittlung des resultierenden Massenmoments des Sechszylinder-V-Motors.

Das Vorgehen bei einer mit freien Momenten behafteten Welle sei mit Anwendung auf die

V-Motoren

erläutert.

Kippmomente. Das voll wirksame *Gesamtmoment der umlaufenden* Massen bestimmt sich aus der Form der Kurbelwelle mit der vereinigten Masse m_r aus zwei Getrieben an jeder Kurbel: es ist ausgleichbar durch Gegenmassen an den Kurbeln. Bei Vorhandensein eines Restmoments an jeder Reihe erhält man das *Gesamtmoment 1. Ordnung* der hin und her gehenden Massen mit m_h je Zylinder durch Zusammensetzung der Momente der zwei Reihen. Bekannt ist z. B. in Abb. 49 das Moment $\mathfrak{M}_I$ der dreifach gekröpften Welle vom Betrag $M_I = 1{,}732 \cdot m_h \cdot r \cdot \omega^2 \cdot a$; seine Lage ist durch den Winkel δ_I bezüglich Kurbel 1, im Beispiel 30° im Wellendrehsinn, bestimmt. Der wirksame Anteil für Zylinderreihe 1 erscheint in der senkrechten Projektion von $\mathfrak{M}_I$ auf Richtung 1, ebenso ist das Moment für Reihe 2 durch $\mathfrak{M}_{I_2}$ bestimmt. Das resultierende veränderliche Moment $\mathfrak{M}_{I_R}$ folgt aus der Summe von $\mathfrak{M}_{I_1}$ und $\mathfrak{M}_{I_2}$ unter dem Gabelwinkel δ_z oder dem Supplementwinkel; sein Höchstbetrag ist im Beispiel: $M_{IR} = 2{,}598 \cdot m_h \cdot r \cdot \omega^2 \cdot a$.

Sinngemäß verfährt man mit den *Momenten 2. Ordnung*, ausgehend vom Momentenvektor $\mathfrak{M}_{II}$ einer Reihe.

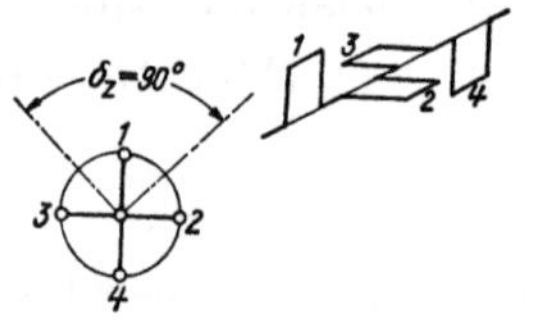

Abb. 50. Kreuzwelle des Achtzylinder-V-Motors.

In einem Sonderfall lassen sich die Momente 1. Ordnung durch Gegengewichte binden, nämlich wenn mit dem Gabelwinkel $\delta_z = 90°$ die resultierende Kraft 1. Ordnung des Gabelelements mit unveränderlicher Größe rotiert, wie auf S. 49 erwähnt wurde.

Beispiel. Der *Achtzylinder-V-Motor* mit $\delta_z = 90°$ mit der Kreuzwelle von Abb. 50, statt mit der Welle von Abb. 31, besitzt einen guten Kräfteausgleich einschließlich der Glieder 2. Ordnung und einen Momentenausgleich 2. Ordnung, aber keinen Momentenausgleich 1. Ordnung. Bindet man die Momente dadurch, daß man die erregenden Massen jedes Elements

Mehrreihenbauart.

durch eine Gegenmasse m_h am Halbmesser r ausgleicht, so erhält man einen Motor mit ruhigem Gang.

Eine Übersicht der freien Momentengrößen 1. und 2. Ordnung der V-Motoren findet man in den Zahlentafeln 15 und 16.

Quermomente. Die Momente der Pleuelstangen beider Reihen ließen sich in Anlehnung an die Ausführungen über die Kippmomente behandeln, sie sollen hier aber nicht abgeleitet werden.

Zahlentafel 15. Massenkräfte und -momente der Kurbelwellen für Viertakt-V-Maschinen.

Zylinderzahl	Gabelwinkel und Kurbelanordnung	Betrag der freien Kräfte P_r der umlaufenden Massen	Höchstbetrag der freien Kräfte P_h der hin und her gehenden Massen	Betrag M_r der umlaufenden Massen	Höchstbetrag des freien Kippmoments 1. Ordnung M_I der hin und her gehenden Massen	2. Ordnung M_{II} der hin und her gehenden Massen
2×1		$m_r \cdot r \cdot \omega^2$*	$m_h \cdot r \cdot \omega^2$* und $1{,}414 \cdot m_h \cdot r \cdot \omega^2 \cdot \lambda$	0	0	0
2×2		$2\,m_r \cdot r \cdot \omega^2$*	$4\,m_h \cdot r \cdot \omega^2$	0	0	0
2×2		0	0	$2\,m_r \cdot r \cdot \omega^2 \cdot a$*	$2\,m_h \cdot r \cdot \omega^2 \cdot a$	0
2×3		0	0	$1{,}732 \cdot m_r \cdot r \cdot \omega^2 \cdot a$*	$2{,}598 \cdot m_h \cdot r \cdot \omega^2 \cdot a$	$2{,}598 \cdot m_h \cdot r \cdot \omega^2 \cdot \lambda \cdot a$
2×4		0	$5{,}656 \cdot m_h \cdot r \cdot \omega^2 \cdot \lambda$	0	0	0
2×4		0	0	$3{,}162 \cdot m_r \cdot r \cdot \omega^2 \cdot a$*	$3{,}162 \cdot m_h \cdot r \cdot \omega^2 \cdot a$*	0
2×6		0	0	0	0	0
2×6		0	0	0	0	0
2×8		0	0	0	0	0
2×8		0	0	0	0	0
2×8		0	$8\,m_h \cdot r \cdot \omega^2 \cdot \lambda$	0	0	0

* Unveränderlich und ausgleichbar durch Gegenmassen an der Welle.

Zahlentafel 16. **Massenkräfte und -momente der Kurbelwellen für Zweitakt-V-Maschinen.**

Zylinderzahl	Gabelwinkel und Kurbelanordnung	Betrag der freien Kräfte P_r der umlaufenden Massen	Höchstbetrag der freien Kräfte P_h der hin und her gehenden Massen	Betrag des freien Kippmoments M_r der umlaufenden Massen	Höchstbetrag des freien Kippmoments 1. Ordnung M_I der hin und her gehenden Massen	Höchstbetrag des freien Kippmoments 2. Ordnung M_{II} der hin und her gehenden Massen
2×1	180°	$m_r \cdot r \cdot \omega^2{}^*$	$2\, m_h \cdot r \cdot \omega^2$	0	0	0
2×2	90°	0	$2{,}828 \cdot m_h \cdot r \cdot \omega^2 \cdot \lambda$	$m_r \cdot r \cdot \omega^2 \cdot a{}^*$	$m_h \cdot r \cdot \omega^2 \cdot a{}^*$	0
2×3	60°	0	0	$1{,}732 \cdot m_r \cdot r \cdot \omega^2 \cdot a{}^*$	$2{,}598 \cdot m_h \cdot r \cdot \omega^2 \cdot a$	$1{,}500 \cdot m_h \cdot r \cdot \omega^2 \cdot \lambda \cdot a$
2×4	45°	0	0	$1{,}414 \cdot m_r \cdot r \cdot \omega^2 \cdot a{}^*$	$2{,}414 \cdot m_h \cdot r \cdot \omega^2 \cdot a$	$5{,}225 \cdot m_h \cdot r \cdot \omega^2 \cdot \lambda \cdot a$
2×6	90°	0	0	0	0	$4{,}898 \cdot m_h \cdot r \cdot \omega^2 \cdot \lambda \cdot a$
2×8	67½°	0	0	$0{,}448 \cdot m_r \cdot r \cdot \omega^2 \cdot a{}^*$	$0{,}620 \cdot m_h \cdot r \cdot \omega^2 \cdot a$	0

Zahlentafel 17. **Viertakt-Sternmaschinen.**

Zylinderzahl	Zylinderanordnung und Kurbelwelle (einfacher Zylinderstern)	Betrag der freien Kräfte P_r der umlaufenden Massen	Betrag der freien Kräfte P_h der hin und her gehenden Massen bei gleichmittigem Stangenangriff	Betrag der freien Kräfte P_h der hin und her gehenden Massen bei angelenkten Nebenstangen
3		$m_r \cdot r \cdot \omega^2{}^*$	$\dfrac{3}{2} \cdot m_h \cdot r \cdot \omega^2{}^*$ und $-\dfrac{3}{2} \cdot m_h \cdot r \cdot \omega^2 \cdot \lambda$	2. Ordnung von veränderlicher Größe
5		$m_r \cdot r \cdot \omega^2{}^*$	$\dfrac{5}{2} \cdot m_h \cdot r \cdot \omega^2{}^*$	2. Ordnung von veränderlicher Größe
7		$m_r \cdot r \cdot \omega^2{}^*$	$\dfrac{7}{2} \cdot m_h \cdot r \cdot \omega^2{}^*$	2. Ordnung von veränderlicher Größe
9		$m_r \cdot r \cdot \omega^2{}^*$	$\dfrac{9}{2} \cdot m_h \cdot r \cdot \omega^2{}^*$	2. Ordnung von veränderlicher Größe

4. Sternbauart.

Hat der Zylinderstern freie Kräfte, so treten sie in der Ebene auf, die alle Zylinderachsen enthält; *Kippmomente* sind demnach nicht vorhanden, so daß einsternige Motoren momentenfrei sind. Zweisternige Bauformen können ein Moment 2. Ordnung besitzen, wenn die Kröpfungen um 180° versetzt sind.

---

* Unveränderlich und ausgleichbar durch Gegenmassen an der Welle.

Zahlentafel 17 mit der Übersicht des Massenausgleiches der Sternmotoren gestaltet sich wegen des Wegfalls der Kippmomente einfacher als die übrigen Zahlentafeln.

Das Gesamtmoment aus den *Quermomenten* der schwingenden Pleuelstangen läßt sich zeichnerisch ähnlich wie die Zusammensetzung der Kräfte, S. 45, behandeln. Wegen der Sinus-Funktionen in Gleichung (9) ist jetzt für jedes Kurbelgetriebe die Projektion des Momentenvektors, z. B. 1. Ordnung, auf jede im rechten Winkel zur jeweiligen Zylinderachse stehenden Geraden zu zeichnen, sodann sind die Projektionen geometrisch zu summieren. Als Ergebnis bleibt bei ungerader Zylinderzahl das Moment der Ordnung z bestehen, bei gerader Zylinderzahl sind die Momente völlig ausgeglichen.

III. Folgeerscheinungen der freien Massenwirkungen und ihre Milderung.

Aus den vorangehenden Darlegungen über den Kräfte- und Momentenausgleich der Verbrennungskraftmaschine geht hervor, daß in manchen Fällen die Abschwächung der dynamischen Gesamtwirkung der bewegten Teile an der Entstehungsstelle nicht gelingt. Es fragt sich, welche Folgen sich im Zusammenhang mit der Maschinenauflage einstellen und welche Gegenmittel anwendbar sind.

Denkt man sich die Maschine als nach jeder Seite hin beweglich, so wird der Schwerpunkt der ursprünglich unbeweglichen Teile der Maschine, d. h. des Aufbaues, eine Bewegung ausführen, sobald der Schwerpunkt aller bewegten Teile nicht in Ruhe bleibt. Da die geweckte Gegenbewegung nach außen übertragen wird, arbeitet die Maschine nicht erschütterungsfrei. Der Betrag der Schiebung ergibt sich aus dem Verhältnis der bewegten Massen zur übrigen Motormasse, so daß der Gesamtschwerpunkt in Ruhe bleibt. Ähnlich wecken die freien Momente eine Gegendrehung. Man kann auch sagen: Die freien Kräfte und Momente treten als Erregende auf.

Wird nun bei ortsfesten Anlagen die unausgeglichene Maschine auf einen starren Fundamentblock gesetzt, so soll er die von den freien Kräften und Momenten erregte Bewegung des Maschinenaufbaues auf ein Mindestmaß bringen. Die große Fundamentmasse kann in vielen Fällen eine Beruhigung mit sich bringen; sie kann aber auch, wenn das Fundament auf formänderungsfähigem Erdboden lagert, durch die periodisch wechselnden Einflüsse in Schwingungen geraten, die sich weiter durch die Erde als fühlbare Erschütterung (Bodenschall) fortpflanzen. Im Falle der Übereinstimmung der Eigenschwingungszahl des Fundaments und der Periodenzahl der freien Massenkräfte oder -momente, d. h. bei Resonanz, kann der Betrieb der Maschine sich als unmöglich erweisen, weil die in die Umgebung ausstrahlenden Schwingungen als störend empfunden werden. Die schwächeren Kräfte 2. Ordnung wirken bisweilen durch ihre höhere Frequenz unangenehmer als jene 1. Ordnung.

Ähnlich vermögen Teile des Schiffskörpers oder des Kraftfahrzeugs beim Arbeiten des Motors in lästige Schwingungen zu geraten.

In vielen Fällen schafft die Einschaltung von federnden oder von federnden und zugleich dämpfenden Elementen zwischen Motor und Fundament oder schließlich die federnde Aufstellung des Fundamentblockes Abhilfe. Windungsfedern aus Stahl haben praktisch keinerlei Eigendämpfung; bei Verwendung von Gummi kommt eine energieverzehrende Wirkung der inneren Reibung hinzu. Diese Mittel gestatten den abgefederten Teilen, selbst eine Schwingung auszuführen; dadurch wird ein Großteil der erregenden Schwingungsenergie abgefangen und nur der Rest weitergeleitet.

Für die einschlägigen Sonderfragen bei ortsfesten Maschinen sei auf die Untersuchungen von MADUSCHKA [16], LEHR [17] und RAUSCH [18] verwiesen. RIEDIGER [19] befaßt sich mit der federnden Lagerung des Antriebsmotors in Kraft- und Flugzeugen, WAAS [20] mit der elastischen Aufstellung und mit der Abschirmung von Erschütterungen und von Körperschall der Schiffs-Diesel-Maschinen.

Schrifttum.

1. GERB, W.: Beseitigung von Fundamentschwingungen durch Massenausgleich. Z. VDI 74, 1652 (1930).
2. VENEDIGER, J.: Planung und Aufbau schnellaufender Zweitaktmotoren. Automob.-techn. Z. 37, 495 (1934).
3. SCHRÖN, H.: Die Zündfolge der vielzylindrigen Verbrennungsmaschinen. München-Berlin: R. Oldenbourg, 1938.
4. BERNHARTH, A.: Untersuchungen über die Anlenkungsverhältnisse der Nebenpleuelstangen bei Gabel- und Sternmotoren. Dissertation, München, 1931.
5. SCHLAEFKE, K.: Bewegungsverhältnisse von Kurbelgetrieben mit Nebenpleuelstangen. Z. VDI 78, 831, (1934).
6. NEUMANN, K.: Junkers-Freikolbenverdichter. Z. VDI 79, 155 (1935).
7. RIEKERT, P.: Beitrag zur Theorie des Massenausgleichs von Sternformmotoren mit nichtzyklisch-symmetrischen Gleitbahnen. Ing.-Arch. 1, 245 (1930).
8. — Beitrag zur Theorie des Massenausgleichs von Sternmotoren. Ing.-Arch. 1, 16 (1929/30).
9. COPPENS, A.: Improved formula for computing counterweights of single-row and double-row radial engines. J. Soc. automot. Engr. 34, 101 (1934).
10. WILMANNS, F.: Totpunktverschiebungen und Hubänderungen beim Sternmotor. Z. VDI 80, 1321 (1936).
11. BIEZENO, B. u. GRAMMEL R.: Technische Dynamik, S. 895. Berlin: Julius Springer, 1939.
12. KIMMEL, A.: Die freien Massenkräfte des Sternmotors. Ing.-Arch. 11, 424 (1940).
13. SCHRÖN, H.: Kurbelwellen mit kleinsten Massenmomenten für Reihenmotoren. Berlin: Julius Springer, 1932.
14. MAYR, F.: Sonderanforderungen an den Schiffs-Diesel-Motor. Z. VDI 81, 1219 (1937).
15. BOBEK, K., W. METZGER und FR. SCHMIDT: Stahlleichtbau von Maschinen. Bd. 1 der „Konstruktionsbücher", S. 78. Berlin: Julius Springer, 1939.
16. MADUSCHKA, L.: Beitrag zur Berechnung der Schwingungen von Blockfundamenten. Dissertation, München, 1934.
17. LEHR, E.: Schwingungstechnik, Bd. 2, S. 233. Berlin: Julius Springer, 1934.
18. RAUSCH, F.: Federnde Lagerung von Maschinen. Z. VDI 82, 495 (1938).
19. RIEDIGER, B.: Federnde Lagerung des Antriebsmotors in Kraftwagen und Flugzeugen. Z. VDI 81, 713 (1937). — Federnde Lagerung von V- und Sternmotoren Z. VDI 82, 315 (1938).
20. WAAS, H.: Federnde Lagerung von Kolbenmaschinen. Z. VDI 81, 763 (1937).

C. Drehmoment- und Wuchtausgleich. Schwungradberechnung.

Bei der Übertragung der Energie von den Verbrennungsgasen bis zum arbeitsabgebenden Kurbelwellenende ist es von Wichtigkeit zu wissen, welche Kräfte wirksam sind, welches Drehmoment an der Welle zur Verfügung steht und welcher Energiespeicher in Form eines Schwungrades nötig ist, um eine ausreichende Gleichförmigkeit zu erreichen.

Die treibenden und hemmenden Kräfte von wechselndem Betrag am Kolben der Verbrennungskraftmaschine rufen an der Kurbel im Beharrungszustand Kräfte und Momente von schwankender Größe hervor. Das damit verbundene Auf und Ab der Winkelgeschwindigkeit ist recht unerwünscht; denn der angetriebene Teil der Anlage, wie Generator, Treibräder am Fahrzeug, Propeller am Flugzeug oder Schiff, erfordert gleichmäßigen Lauf. Um den Über- und Unterschuß des Drehmoments gegenüber dem mittleren Wert, den man auch als „Blinddrehmoment" bezeichnet hat, zu verringern, wendet man mehrere Zylinder an Stelle eines einzigen an und erhält das Gesamtdrehmoment durch Überlagerung der Einzeldrehmomente gemäß der Arbeitsfolge und Zahl der Zylinder. Vom „Drehmomentausgleich" oder vom „Drehkraftausgleich" spricht man seltener als vom „Gleichgang" der Maschine, obwohl dieser Ausgleich ein wirksames Mittel zur Verbesserung des ungleichförmigen Ganges ohne zusätzliche „Schwungmasse" ist.

I. Verschiedene Untersuchungsverfahren.

Es ist folgende Aufgabe der Dynamik mit Anwendung auf das Schubkurbelgetriebe zu lösen: Die in das Getriebe eingeleiteten *Kräfte* und die *Widerstände* sind *bekannt*, außerdem noch der Anfangszustand der Bewegung; der *Verlauf der Bewegung* des Getriebes ist *zu ermitteln*.

Die Beziehung zwischen den Kräften und dem Bewegungsverlauf wird durch die *Wuchtgleichung* hergestellt, die besagt, daß die Änderung der Wucht der Massen (der Bewegungsenergie, des Arbeitsvermögens) gleich ist der Summe der vollbrachten Arbeiten, d. h. der Arbeiten der treibenden Kräfte und der hemmenden Widerstände. Die Wucht der geradlinig bewegten Teile (Kolben, Kreuzkopf) ist eine Fortschreitungswucht, die der drehenden Teile (Kurbelwelle mit Drehmassen) eine Drehwucht, die der schwingenden Teile (Pleuelstange) eine zusammengesetzte Wucht.

Die Verschiedenheit der Durchführung der Untersuchung folgt aus Art und Maß der Vereinfachung bei der Anwendung der Wuchtgleichung.

1. Vorgehen mit vereinfachter Wuchtgleichung.

Bezeichnungen:

m_h hin und her gehende Masse $\left[\dfrac{\text{kg}}{\text{m}} \text{sek}^2\right]$,

m_r umlaufende Masse $\left[\dfrac{\text{kg}}{\text{m}} \text{sek}^2\right]$,

M auf den Kurbelzapfen bezogene Gesamtdrehmasse $\left[\dfrac{\text{kg}}{\text{m}} \text{sek}^2\right]$,

E Bewegungsenergie, Wucht [m kg],
A Arbeit [m kg],
r Kurbelhalbmesser [m],

v Geschwindigkeit im Kurbelkreis $\left[\dfrac{\text{m}}{\text{sek}}\right]$,

α Kurbeldrehwinkel in Bogenmaß,
T Tangentialkraft (Drehkraft) am Kurbelhalbmesser [kg],
W Widerstandskraft am Kurbelhalbmesser [kg],
R Reibungskraft am Kurbelhalbmesser [kg],
S Schwerkraft am Kurbelhalbmesser [kg].

Nach Verteilung der Pleuelstangenmasse auf Kolben oder Kreuzkopf und Kurbelzapfen, wie schon im Abschnitt B geschah, verbleiben nur hin und her gehende Massen m_h und drehende Massen m_r; letztere werden mit den größeren Schwungmassen vereinigt und auf einen Bezugshalbmesser, z. B. Kurbelhalbmesser r, reduziert; diese Masse sei M.

Die Wirkung der Masse m_h berücksichtigt man dadurch, daß man ihre Massenkräfte P_h berechnet, mit den treibenden Gaskräften P_G zusammenfaßt und daraus die Drehkraft T am Kurbelzapfen ermittelt. Ferner bezieht man den Nutzwiderstand W, die Reibung R und die Schwerkraft S auf den Kurbelzapfen (Abb. 51). Die Überschußarbeit dieser Kräfte mit gleicher Wirkungslinie gibt die Änderung der Wucht der Masse M, und zwar beim Drehwinkel $d\alpha$ der Kurbel auf dem Bogenweg ($r \cdot d\alpha$):

$$dE = dA$$

oder:

$$d\left(M \cdot \frac{v^2}{2}\right) = T \cdot r \cdot d\alpha - W \cdot r \cdot d\alpha - R \cdot r \cdot d\alpha \pm S \cdot r \cdot d\alpha. \quad (1)$$

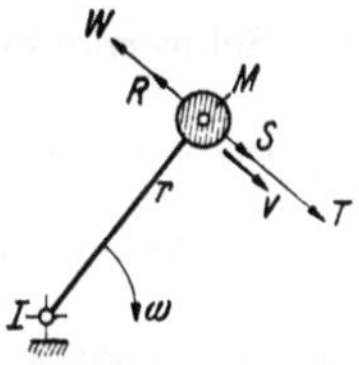

Abb. 51. Reduzierte Masse und Kräfte am Kurbelzapfen.

Schlägt man die Reibungsarbeit zu der Widerstandsarbeit zu und vernachlässigt die Arbeit der Schwerkraft, weil das Gewicht der bewegten Teile im Vergleich zu den Triebkräften gering ist und bei mehreren Getrieben die Schwerewirkungen sich insgesamt aufheben, so wird:

$$d\left(M \cdot \frac{v^2}{2}\right) = T \cdot r \cdot d\alpha - W \cdot r \cdot d\alpha. \quad (1\text{a})$$

Schreibt man:
$$T \cdot r \cdot d\alpha = d\left(M \cdot \frac{v^2}{2}\right) + W \cdot r \cdot d\alpha, \tag{2}$$

so heißt dies: Die Arbeit der Triebkräfte zerfällt in die Arbeit des Widerstandes und in die Änderung der Wucht. Die Kraft T kann man deuten als diejenige zum Kurbelkreis tangential gerichtete Kraft, welche die gleiche Leistung vollbringt wie die Kolbenkraft; sie ist nicht die tatsächliche Umfangskraft, mit der sie nur bei einem reibungslosen Getriebe übereinstimmen würde.

Nach dem Vorgehen von RADINGER [1] ermittelt man die Schwungradgröße mit Hilfe des Drehkraftdiagramms, das als Kurvenzug der Tangentialkräfte über dem Kurbelweg erscheint und mit seiner Fläche die am Kurbelzapfen verfügbare Arbeit angibt, wie noch eingehend gezeigt wird. Zeichnet man darin das Widerstandsdiagramm für die Arbeitsabgabe, das bei unveränderlichem Nutzwiderstand ein Rechteck mit der Höhe gleich der mittleren Drehkraft ist, so zeigen die nun erscheinenden über- und unterschießenden Flächen die vom Schwungrad aufzunehmende oder von ihm abzugebende Arbeit an. Wird ein bestimmter Ungleichförmigkeitsgrad der Maschine gefordert, ausgedrückt durch das Verhältnis größter Geschwindigkeitsschwankung zur mittleren Geschwindigkeit, so läßt sich eine Schwungradmasse errechnen, die diese Forderung erfüllt. Mit steigender Zylinderzahl werden die Gesamtdrehkräfte und -momente gleichmäßiger, die Arbeitsflächen kleiner; ein Schwungrad wird schließlich entbehrlich, weil die „natürliche" Gleichförmigkeit ausreicht. Andere Gründe, z. B. Erleichterung des Anlassens der Maschine, machen trotzdem verschiedentlich eine Schwungmasse erforderlich.

Die Beschleunigungskräfte der hin und her gehenden Massen werden bei diesem Verfahren unter Annahme gleichbleibender Kurbelgeschwindigkeit bestimmt, was der Wirklichkeit nicht entspricht, da doch die Welle ungleichförmig umläuft. Diese Vereinfachung soll die Ermittlung der Schwungradgröße rascher, wenn auch nur angenähert, ermöglichen und erscheint durchaus zulässig bei großer Schwungmasse.

2. Vorgehen mit vollständiger Wuchtgleichung.

Die oben aufgezählten Kräfte kommen wegen ihrer verschiedenen Wirkungslinien nunmehr durch Fraktur zum Ausdruck, so $\mathfrak{T}, \mathfrak{W}, \mathfrak{R}, \mathfrak{S}$, ebenso die zugehörigen Wegelemente. Außerdem treten an Bezeichnungen hinzu:

E Wucht im betrachteten Zeitpunkt [m kg],
E_0 Wucht für den Anfangszustand,
$\mathfrak{P}_G$ Gaskraft [kg],
$\mathfrak{p}$ Weg des Angriffspunktes der Kraft $\mathfrak{P}_G$ [m],
$\mathfrak{w}$ Weg des Angriffspunktes der Kraft $\mathfrak{W}$,
$\mathfrak{r}$ Weg des Angriffspunktes der Kraft $\mathfrak{R}$,
$\mathfrak{s}$ Weg des Angriffspunktes der Kraft $\mathfrak{S}$,
v_S Schwerpunktgeschwindigkeit der Glieder im betrachteten Zeitpunkt $\left[\frac{\text{m}}{\text{sek}}\right]$,
v_{S_0} Schwerpunktgeschwindigkeit für den Anfangszustand $\left[\frac{\text{m}}{\text{sek}}\right]$,
ω Winkelgeschwindigkeit der Glieder im betrachteten Zeitpunkt $\left[\frac{1}{\text{sek}}\right]$,
ω_0 Winkelgeschwindigkeit für den Anfangszustand $\left[\frac{\text{m}}{\text{sek}}\right]$,
m Masse der Glieder $\left[\frac{\text{kg}}{\text{m}}\text{sek}^2\right]$,
J_S Trägheitsmoment der Glieder in bezug auf den Schwerpunkt [m kg sek²].

Das Unzureichende des RADINGER-Verfahrens macht sich bei Schnelläufern bemerkbar; dann greift man zu dem auf der vollständigen Wuchtgleichung aufbauenden Verfahren. Mit Anwendung auf das Kurbelgetriebe lautet die Wuchtgleichung:

$$\sum (E-E_0) = \sum \left(m \frac{v_S^2 - v_{S_0}^2}{2}\right) + \sum \left(J_S \frac{\omega^2 - \omega_0^2}{2}\right)$$
$$= \sum \int \mathfrak{P}_G \cdot d\mathfrak{p} + \sum \int \mathfrak{W} \cdot d\mathfrak{w} + \sum \int \mathfrak{R} \cdot d\mathfrak{r} + \sum \int \mathfrak{S} \cdot d\mathfrak{s}, \qquad (3)$$

worin mit dem Summenzeichen die Wirkungen der Einzelglieder erfaßt werden. Die letzte Zeile der Gleichung ist die Summe der Gesamtarbeiten der verschieden gerichteten und vektoriell angeschriebenen Kräfte. Dabei wird man die Reibungskraft $\mathfrak{R}$ zum Widerstand $\mathfrak{W}$ zuzählen und die Arbeit der Schwerkraft aus den oben angeführten Gründen ausscheiden, was die Gleichung vereinfacht.

Die Kräfte sind als Funktion des Weges bekannt, sämtliche v_S lassen sich beim Kurbeltrieb in einfacher Weise abhängig von dem ω der Kurbel darstellen, wie noch im einzelnen gezeigt wird. Die bewegten Massen werden durch Massen am Kurbelzapfen von gleicher Wucht ersetzt und auf zeichnerischem Weg zu den Arbeiten der Gaskräfte in Beziehung gebracht; dies führt auf das Massen-Wucht-Diagramm oder Trägheits-Energie-Schaubild, dessen Einführung man WITTENBAUER [2] verdankt.

Starke Schwankungen der Wucht sind dabei im allgemeinen ungünstig: der Wuchtausgleich, d. h. die Erreichung geringer Energieänderung z. B. durch Erhöhung der Zahl der Kurbeltriebe, ist anzustreben. Bei kleiner Zylinderzahl und größeren Schwankungen der Wucht wird schließlich unter Zugrundelegung eines bestimmten Ungleichförmigkeitsgrades die Überschußwucht und aus ihr die Schwungmasse erhalten.

II. Drehmomentausgleich.
Berechnung von Schwungradgewicht und Ungleichförmigkeitsgrad aus dem Drehkraftdiagramm.

1. Drehkraftdiagramm eines Zylinders.

Bezeichnungen:

P Kolbenkraft [kg],
S Stangenkraft [kg],
T Tangential- (Dreh-) Kraft [kg],
R Radialkraft [kg],
$\mathfrak{P}, \mathfrak{S}, \mathfrak{T}, \mathfrak{R}$ Vektoren der genannten Kräfte,
M_d Drehmoment [m kg],
P_h Massenkraft der hin und her gehenden Teile [kg],
P_G Gaskolbenkraft [kg],
T_M Massendrehkraft,
T_G Gasdrehkraft [kg],
p_h, p_G, t_M, t_G Kräfte, bezogen auf 1 cm² Kolbenfläche [kg/cm²],
F Kolbenfläche [cm²],
m_h hin und her gehende Masse $\left[\frac{\text{kg}}{\text{m}} \text{sek}^2\right]$,
r Kurbelhalbmesser [m],
ω Winkelgeschwindigkeit der Kurbelwelle $\left[\frac{1}{\text{sek}}\right]$,
λ Stangenverhältnis $\frac{r}{l}$,
α Drehwinkel der Kurbel,
z Zylinderzahl,
δ_k Kurbelversetzungswinkel,
δ Zündabstand im Winkelmaß.

Die vorerst als starr, also unelastisch, vorausgesetzte Kurbelwelle ist den Drehmomenten der von den einzelnen Kolben ausgehenden Kräften unterworfen. An Stelle der Momente $M_d = (S \cdot h)$ der Stangenkraft $\mathfrak{S}$ am veränderlichen Hebelarm h, Abb. 52, pflegt man die

Momente mit unveränderlichem Kurbelhalbmesser r und weiterhin die Drehkräfte oder Tangentialkräfte am Kurbelkreis einzuführen und mit ihnen zu rechnen oder zu zeichnen.

Die Kolbenkräfte sind, soweit sie von den bewegten Massen m_h herrühren, vom Massenausgleich her bekannt, soweit sie von Gaskräften P_G stammen, durch das Druck-Volumen-Diagramm gegeben.

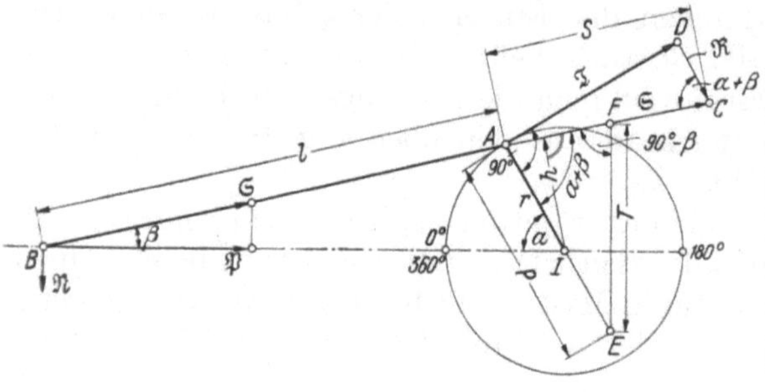

Jede Kolbenkraft $\mathfrak{P}$, Abb. 52, liefert neben der Normalkraft $\mathfrak{N}$ eine Stangenkraft $\mathfrak{S}$ vom Betrag $S = \dfrac{P}{\cos \beta}$; diese zerlegt sich in eine Drehkraft $\mathfrak{T}$ und eine Radialkraft $\mathfrak{R}$. Die Größe der Kraft $\mathfrak{T}$ errechnet sich aus $\triangle ACD$ zu:

$$T = S \cdot \sin(\alpha + \beta)$$

und mit Einsetzung von S:

$$T = P \cdot \frac{\sin(\alpha + \beta)}{\cos \beta}. \tag{4}$$

Abb. 52. Ableitung der Tangentialkraft aus der Kolbenkraft.

Die Radialkraft $\mathfrak{R}$, welche die Wellenlager belastet, hat den Betrag:

$$R = P \cdot \frac{\cos(\alpha + \beta)}{\cos \beta}. \tag{5}$$

Die Drehkraft T bestimmt sich zeichnerisch in einfacher Weise dadurch, daß man im gewählten Maßstab den Betrag P vom Kurbelzapfen A auf dem Kurbelradius r bis E abträgt; die senkrechte Entfernung von E bis F auf der Verlängerung der Pleuelstange ist die gesuchte Kraft T; denn die Strecke EF hat denselben Betrag von Gleichung (4), wie aus $\triangle AEF$ ablesbar ist.

Die zu den verschiedenen Kurbellagen gehörigen Drehkräfte werden über dem ausgestreckten Kurbelkreis bei Zweitakt und über dem zweifachen Kreis bei Viertakt aufgetragen.

a) Massendrehkräfte.

Die Massenkraft P_h am Kolben oder Kreuzkopf erhält man aus Masse und Beschleunigung; der Verlauf der letzteren geht aus Abb. 10, Abschnitt „Massenausgleich", hervor. Statt die Kraft der ganzen hin und her gehenden Masse aufzutragen, empfiehlt es sich oft, die auf 1 cm² Kolbenfläche entfallende Masse und die zugehörige Massenkraft p_h zugrunde zu legen; dieser spezifische Betrag wird auch bei Untersuchung der Drehschwingungen benötigt.

In Abb. 53 ist die Kraft P_h über dem Kolbenweg gezeichnet. Die Ordinaten zu den Kolben- oder Kreuzkopfstellungen, die einer Anzahl gleichmäßig im Kreis verteilter Kurbelstellungen, z. B. 24, zugehören, erhält man, indem man von den Punkten am Kurbelkreis mit der Stangenlänge in die Kolbenweglinie einschneidet. Die zeichnerische Zerlegung gibt die Drehkraft t_M in kg/cm² und mit Änderung des Maßstabes zugleich $T_M = t_M \cdot F$ in kg, wenn F die Kolbenfläche in cm² bedeutet. Abb. 54 zeigt den Verlauf dieser Kraft. Der Kurvenzug wiederholt sich antisymmetrisch nach jeder halben Wellenumdrehung;

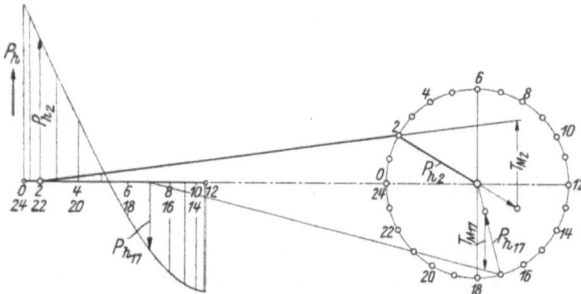

Abb. 53. Zeichnerische Ermittlung der Massendrehkräfte (Tangentialkräfte).

die positive Drehkraft fördert die Bewegung, die negative hemmt sie.

Die Massenkräfte der umlaufenden Teile ergeben als Fliehkräfte kein Drehmoment; sie sind bei der Bemessung der Wellenlager in Rechnung zu setzen.

Es ist für die Betrachtung der Gesamtdrehkräfte mehrzylindriger Maschinen von

Nutzen, diese Massendrehkraft in ihre harmonischen Komponenten zu zerlegen, und zwar mit Hilfe von Gleichung (4) durch Einsetzen von $\operatorname{tg} \beta \cong \sin \beta$ und

$$P = P_h = -m_h \cdot r \cdot \omega^2 \cdot \left(\cos \alpha + \lambda \cdot \cos 2\alpha - \frac{\lambda^3}{4} \cdot \cos 4\alpha \right).$$

Das vorangesetzte Minuszeichen ist durch den Wirkungssinn der Massenkräfte an der Kurbel bedingt.

Der Ausdruck lautet:

$$T_M = m_h \cdot r \cdot \omega^2 \cdot \left(\frac{\lambda}{4} \cdot \sin \alpha - \frac{1}{2} \cdot \sin 2\alpha - \frac{3}{4} \cdot \lambda \cdot \sin 3\alpha - \frac{\lambda^2}{4} \cdot \sin 4\alpha \right.$$
$$\left. + \frac{5}{32} \cdot \lambda^3 \cdot \sin 5\alpha + \frac{3}{32} \cdot \lambda^4 \cdot \sin 6\alpha + \ldots \right) \text{ kg.} \tag{6}$$

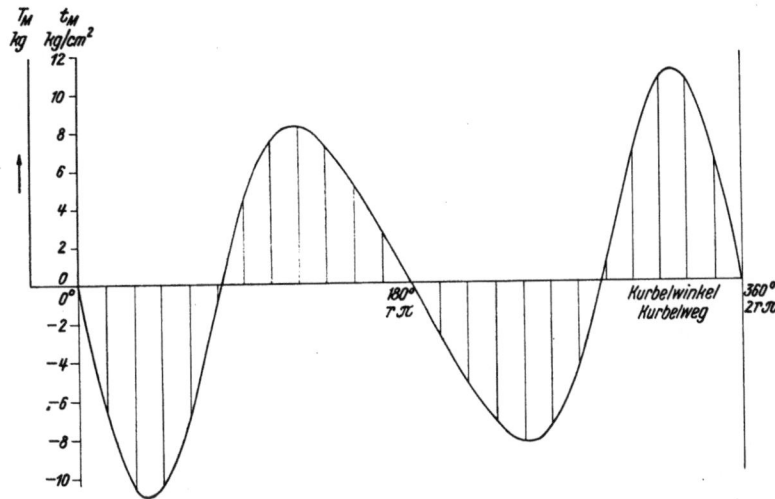

Abb. 54. Drehkraftkurve aus Massenkraft für 1 Zylinder eines Vergasermotors bei $n = 3500$.

Im Gegensatz zu den Massenkräften am Kolben weist die Gleichung Sinus-Funktionen, und zwar von gerader und ungerader Ordnung auf. Die Amplituden der einzelnen Harmonischen sind:

$$D_1 = \frac{\lambda}{4} \cdot m_h \cdot r \cdot \omega^2, \quad D_2 = -\frac{1}{2} \cdot m_h \cdot r \cdot \omega^2, \quad D_3 = -\frac{3}{4} \cdot \lambda \cdot m_h \cdot r \cdot \omega^2,$$
$$D_4 = -\frac{\lambda^2}{4} \cdot m_h \cdot r \cdot \omega^2, \quad D_5 = \frac{5}{32} \cdot \lambda^3 \cdot m_h \cdot r \cdot \omega^2, \quad D_6 = \frac{3}{32} \cdot \lambda^4 \cdot m_h \cdot r \cdot \omega^2.$$

Die Gleichung (6) wird auch gelegentlich der Betrachtung der Erregenden bei Drehschwingungen von Bedeutung sein.

b) Gasdrehkräfte.

Die Kolbenkraft P_G ändert sich mit jeder Kolben- und Kurbelstellung, sie ergibt sich aus dem Unterschied der Drücke auf beiden Kolbenseiten. Bei einfachwirkenden Maschinen ist der Gegendruck auf der offenen Kolbenseite gleich dem Atmosphärendruck; bei doppeltwirkenden Maschinen ist der Überdruck der Unterschied der Drücke auf den zwei arbeitenden Kolbenseiten.

Bekannt ist aus dem Indikatordiagramm, z. B. einer Maschine mit Ansaugung, der Verlauf der Drücke p_G abhängig vom Kolbenweg, sei es unmittelbar durch das Druck-Volumen-Diagramm, sei es mittelbar durch das Druck-Zeit-Schaubild. Zunächst ist der Kolbenüberdruck $p_ü$ zu ermitteln, was an Hand der Verhältnisse bei einer doppeltwirkenden Zweitaktmaschine in Abb. 55 gezeigt sei. Das Diagramm einer solchen Maschine stehender Bauart hat auf der Kolbenunterseite geringeren Höchstdruck und kleinere Fläche als auf der Zylinderoberseite infolge der für die Brennstoffeinspritzung

72   Drehmomentausgleich.

und Verbrennung ungünstigeren Raumgestaltung bei einseitig durchgehender Kolbenstange. Der Überdruckverlauf für die Kolbenbewegung von T_1 nach T_2 sowie von T_2 nach T_1 ist in der Abbildung aufgetragen; $p_ü$ ist zugleich die Kolbenkraft für 1 cm² Kolbenfläche. Dieser spezifische Betrag soll zur Ableitung der spezifischen Gasdrehkraft benützt werden.

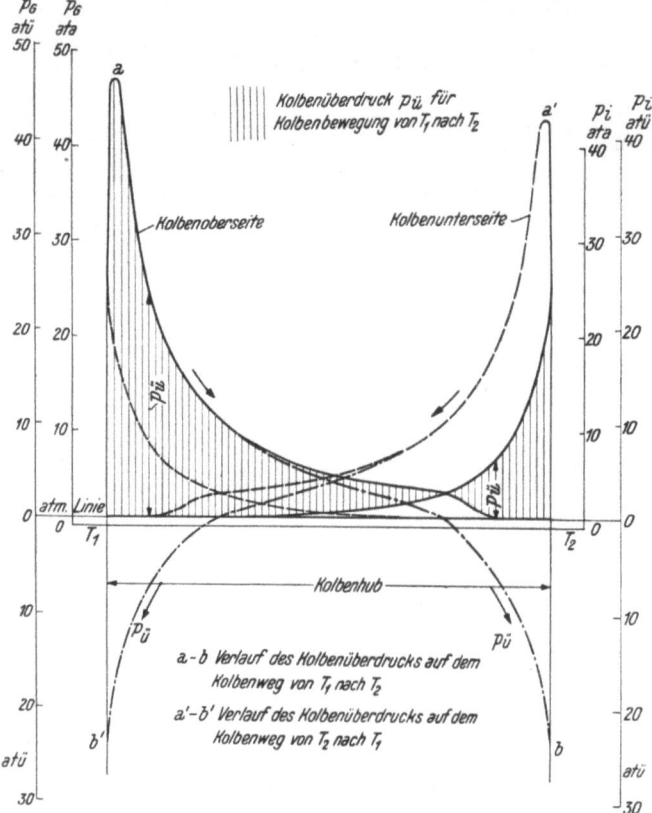

Abb. 55. Verlauf der Kolbenüberdrücke einer stehenden doppeltwirkenden Zweitakt-Diesel-Maschine.

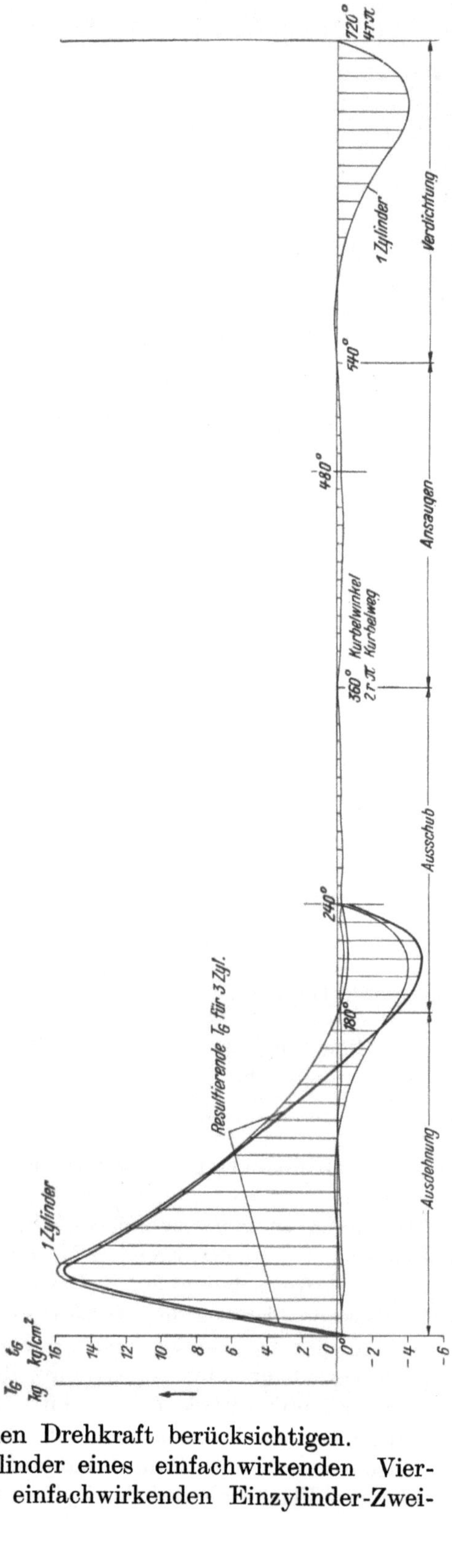

Abb. 56. Drehkraftkurve aus Gaskraft für 1 und 3 Zylinder. Viertakt, Vollast. Der Kurvenzug für 3 Zylinder erscheint dreimal innerhalb 720° Kurbeldrehung.

Besonders einfach ist der Überdruck aus dem Diagramm der einfachwirkenden Maschinen nach Eintragung der Linie für 1 ata abzulesen; er ist der Gasdruck p_G in atü für die einzelnen Arbeitstakte.

Nach der Anleitung in Abb. 52 werden aus den einzelnen Drücken $p_ü$ bzw. p_G die spezifischen Drehkräfte t_G abgeleitet und wie bei den Massendrehkräften über dem Kurbelweg aufgetragen. Diese Kräfte, die zunächst unabhängig von der Kolben- und Zylindergröße sind, haben für jede Maschinengattung allgemeineren Verwendungsbereich. Die Vervielfachung der Drücke mit der Kolbenfläche F ergibt die jeweilige Drehkraft T_G in Kilogramm; man kann dies durch Eintragung eines neuen Maßstabes in das Bild der spezifischen Drehkraft berücksichtigen.

Der Kurvenzug der Drehkraft T_G für einen Zylinder eines einfachwirkenden Viertakt-Vergasermotors ist in Abb. 56, jener einer einfachwirkenden Einzylinder-Zweitakt-Diesel-Maschine in Abb. 57 und jener einer doppeltwirkenden Einzylinder-Zweitakt-Diesel-Maschine in Abb. 58 für 36 Kurbelstellungen dargestellt.

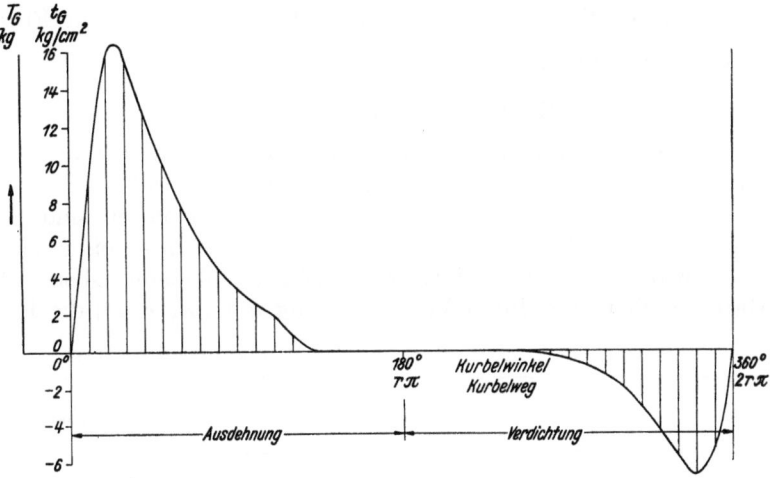

Abb. 57. Drehkraftkurve aus Gaskraft für 1 Zylinder. Zweitakt-Diesel. Vollast.

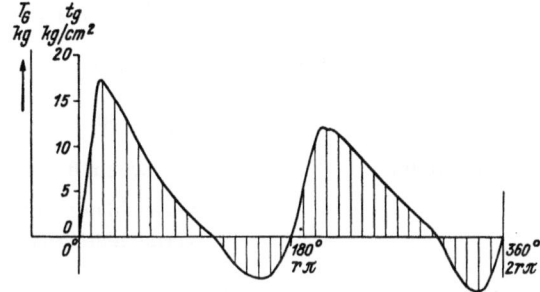

Abb. 58. Drehkraftkurve aus Gaskraft für einen doppeltwirkenden Zylinder. Zweitakt-Diesel. Vollast.

2. Drehkraftdiagramm der Mehrzylindermaschine.

a) Kurbelversetzung oder Zylinderversetzung.

Durch die Versetzung der Kurbeln bei Reihenanordnung und der Zylinder bei Sternanordnung und damit durch die zeitliche Versetzung der Kolbenkräfte findet ein Ausgleich der Drehkräfte statt. Für regelmäßige Zündabstände gelten folgende Versetzungswinkel und Zündabstände:

Zahlentafel 18. Kurbel- (Zylinder-) Versetzungswinkel und Zündabstände.

Arbeitsverfahren	Zylinderzahl z	Kurbel- oder Zylinderversetzungswinkel δ_k oder δ_z	Zündabstand δ
Viertakt einfachwirkend	gerade	$\dfrac{720°}{z}$	$\dfrac{720°}{z}$
	ungerade	$\dfrac{360°}{z}$	$\dfrac{720°}{z}$
Zweitakt einfachwirkend	gerade oder ungerade	$\dfrac{360°}{z}$	$\dfrac{360°}{z}$

Es ist also für Zweitakt stets $\delta = \delta_k$, für Viertakt $\delta = \delta_k$ nur bei geraden Zylinderzahlen, vgl. die Kurbelsterne in Zahlentafel 2 und 3, S. 12 und 16.

Die Kurbelversetzung der doppeltwirkenden geradzahligen Zweitaktbauarten stimmt mit jener der einfachwirkenden überein, wenn gleichzeitige Zündungen in zwei verschiedenen Zylindern (Doppelzündung) zugelassen werden; eine andere Wellengestalt mit Einzelzündungen im Abstand $\delta = \dfrac{360°}{2z}$ ist möglich. Ungeradzahlige doppeltwirkende Bauarten haben gleiche Welle wie die einfachwirkenden und lassen Einzelzündungen mit $\delta = \dfrac{360°}{2z}$ zu, s. Zahlentafel 4, S. 18.

b) Resultierende Massendrehkräfte.

Für die verschiedenen Zylinderzahlen und gleichmäßigen Kurbelversetzungen lassen sich allgemeine Schlüsse auf die Drehkräfte, die als Überschuß der im Uhrzeigersinn drehenden und der entgegen drehenden Kräfte verbleiben, ziehen. Es sind in Gleichung (6) die Summen der Sinus-Funktionen der Winkel α aller Kurbeln zu bilden, ähnlich wie die Kosinus-Summen beim Massenausgleich. Es erscheint folgende Übersicht der unausgeglichenen Harmonischen, die durch Vervielfachung mit $(m_h \cdot r \cdot \omega^2)$ die Kräfte ergeben.

Zahlentafel 19. Harmonische der Massendrehkräfte.

Zylinderzahl z	Viertakt	Zweitakt
2	$\dfrac{\lambda}{2} \cdot \sin \alpha - \sin 2\alpha - \dfrac{3}{2} \cdot \lambda \cdot \sin 3\alpha - \ldots$	$- \sin 2\alpha - \dfrac{\lambda^2}{2} \cdot \sin 4\alpha + \ldots$
3	$- \dfrac{9}{4} \cdot \lambda \cdot \sin 3\alpha + \dfrac{9}{32} \cdot \lambda^4 \cdot \sin 6\alpha \ldots$	$- \dfrac{9}{4} \cdot \lambda \cdot \sin 3\alpha + \dfrac{9}{32} \cdot \lambda^4 \cdot \sin 6\alpha$
4	$- 2 \sin 2\alpha - \lambda^2 \cdot \sin 4\alpha + \dfrac{3}{4} \cdot \lambda^4 \cdot \sin 6\alpha$	$- \lambda^2 \cdot \sin 4\alpha - \ldots$
5	$\dfrac{25}{32} \cdot \lambda^3 \cdot \sin 5\alpha$ (vernachlässigbar)	$\dfrac{25}{32} \cdot \lambda^3 \cdot \sin 5\alpha$ (vernachlässigbar)
6	$- \dfrac{9}{2} \cdot \lambda \cdot \sin 3\alpha + \dfrac{9}{16} \cdot \lambda^4 \cdot \sin 6\alpha$	$\dfrac{9}{16} \cdot \lambda^4 \cdot \sin 6\alpha$ (vernachlässigbar)
7	vernachlässigbar	vernachlässigbar
8	$- 2 \cdot \lambda^2 \cdot \sin 4\alpha$	vernachlässigbar

Schon das Glied mit λ^3 ist bei Maschinen, die nicht mit besonders hoher Drehzahl arbeiten, vernachlässigbar. Daher kann man sagen, daß für die ungeraden Zylinderzahlen von 5 aufwärts die Massendrehkräfte einflußlos sind; für solche Zahlen tragen die Massen nicht zur Veränderung des Drehmoments der Welle bei; sein Verlauf ist demnach unabhängig von der Drehzahl. Gerade Zylinderzahlen haben bei *Viertakt* erst von 10 aufwärts diese Eigenschaft; bei *Zweitakt* von 6 aufwärts. Zeichnerische Darstellung des Ausgleiches erübrigt sich.

Hat man das Verhalten solcher Zylinderzahlen zu prüfen, so kann man von vornherein die Massen ausschalten und sich auf die *Gaskräfte allein* beschränken; für die anderen Zylinderzahlen geht man zeichnerisch vor und bildet die Summe der um den Winkel δ_k versetzten Massenkräfte, z. B. bei Viertakt und vier Zylindern durch Teilung der Strecke $2r\pi$ in Abb. 54 in zwei Teile und Verschiebung der Teilpunkte in den Punkt 0°, worauf die Summierung und Verdopplung der Ordinaten erfolgt. Abb. 59, 60, 61 geben diese Summen für den Vier-, Sechs- und Achtzylinder und Viertakt-Kurbelversetzung wieder; sie gelten mit halben Ordinaten für den Zwei-, Drei- und Vierzylinder und für Zweitakt, wenn die Kräfte auf 1 cm² Kolbenfläche gleich sind und sonst gleiche Verhältnisse vorliegen. Man erkennt die ungünstige Folge der gestreckten Kurbeln des Viertakt-Vierzylinders, insbesondere bei Schnelläufern, da die Kräfte mit ω^2 wachsen. Die Abbildungen gehören zu einer Serie von Fahrzeugmotoren mit gleichem Gesamthubraum und gleichem Hubverhältnis; der Halbmesser r ist veränderlich, daher auch der spezifische Massendruck $m_h \cdot r \cdot \omega^2 / F$.

c) Resultierende Gasdrehkräfte.

Wäre ein Normaldiagramm für alle Motoren derselben Gattung, wie Diesel- oder Gas- oder Vergasermaschinen, vorhanden, so ließe sich die Zerlegung der zugehörigen Dreh-

Drehkraftdiagramm der Mehrzylindermaschine.

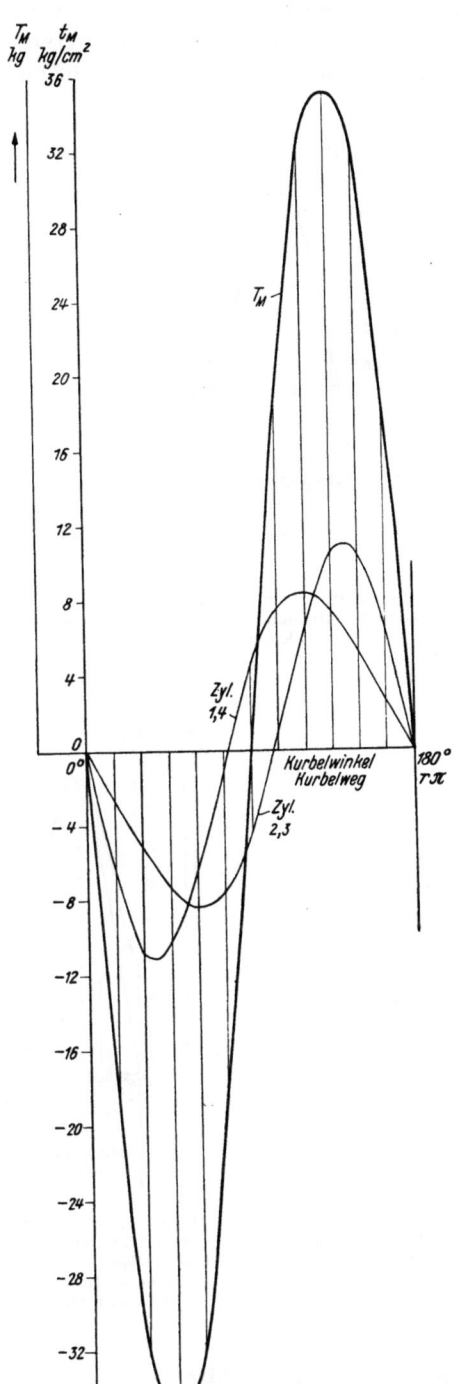

Abb. 59. Drehkraftkurve aus Massenkraft für 4 Zylinder bei $n = 3500$. Die Teilzüge von je 2 Zylindern fallen zusammen. Der Hauptzug erscheint viermal innerhalb 720° Kurbeldrehung.

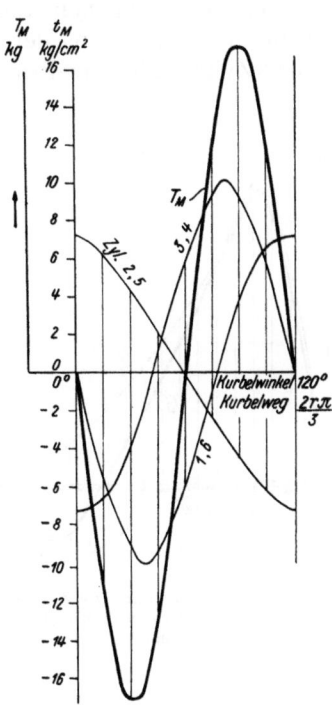

Abb. 60. Drehkraftkurve aus Massenkraft für 6 Zylinder bei $n = 3500$. Der Hauptzug erscheint sechsmal innerhalb 720° Kurbeldrehung.

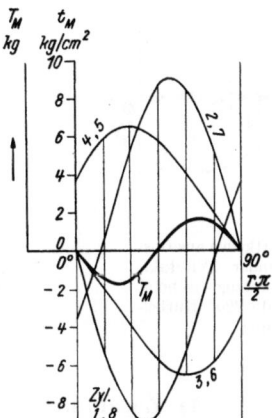

Abb. 61. Drehkraftkurve aus Massenkraft für 8 Zylinder bei $n = 3500$. Der Hauptzug erscheint achtmal innerhalb 720° Kurbeldrehung.

kraft in harmonische Komponenten vornehmen und die Amplituden angeben, wie dies für die Ermittlung der erregenden Kräfte bei Drehschwingungen üblich ist. Dann wäre das Vorgehen zur Erlangung der resultierenden Drehkraft T_G ähnlich wie bei den Massenkräften. In Anbetracht des abweichenden Verlaufes der Indikatordiagramme zieht man es vor, zeichnerisch vorzugehen; aus der Drehkraft des Viertakt-Einzylinders, Abb. 56, erhält man durch Verschiebung der Teilkurvenzüge und Summierung der Ordinaten den Linienzug für 3 Zylinder in derselben Abb. 56, die Züge für 4 bis 8 Zylinder in Abb. 62 bis 66.

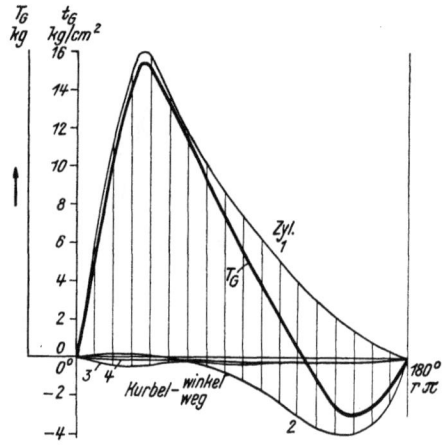

Abb. 62. Drehkraftkurve aus Gaskraft für 4 Zylinder. Viertakt. Vollast. Der Hauptzug erscheint viermal innerhalb 720° Kurbeldrehung.

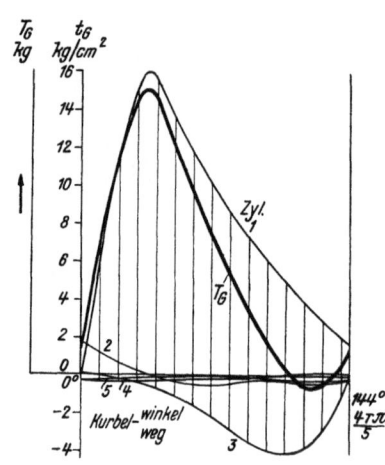

Abb. 63. Drehkraftkurve aus Gaskraft für 5 Zylinder. Viertakt. Vollast. Der Hauptzug erscheint fünfmal innerhalb 720° Kurbeldrehung.

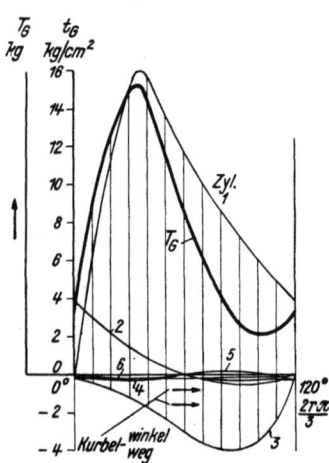

Abb. 64. Drehkraftkurve aus Gaskraft für 6 Zylinder. Viertakt. Vollast. Der Hauptzug erscheint sechsmal innerhalb 720° Kurbeldrehung.

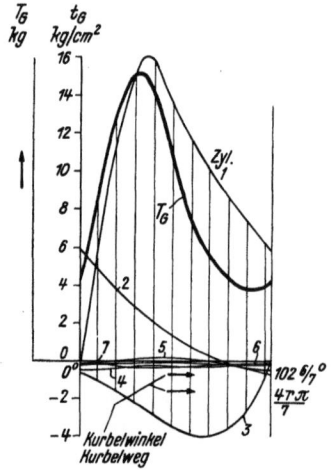

Abb. 65. Drehkraftkurve aus Gaskraft für 7 Zylinder. Viertakt. Vollast. Der Hauptzug erscheint siebenmal innerhalb 720° Kurbeldrehung.

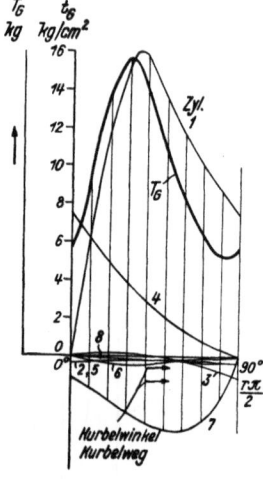

Abb. 66. Drehkraftkurve aus Gaskraft für 8 Zylinder. Viertakt. Vollast. Der Hauptzug erscheint achtmal innerhalb 720° Kurbeldrehung.

d) Zusammensetzung der Massen- und Gasdrehkräfte.

Diese Vereinigung ist nach Vorstehendem nur nötig bei gewissen Zylinderzahlen. Das Ergebnis findet sich bereits vor in Abb. 63 und 65 für 5 und 7 Zylinder und ist gesondert ermittelt in Abb. 67 bis 71 für 1, 3, 4, 6 und 8 Zylinder. Die größte Ausgeglichenheit des Drehmoments der Mehrzylindermaschinen, vornehmlich der Zweitakter, ist augenscheinlich. Die ungünstigen Eigenschaften des Viertakt-Vierzylinders als Raschläufer bleiben bestehen; wesentlich anders verhält sich der Zweitakt-Vierzylinder (Abb. 72).

Bei ähnlich gebauten Maschinen von gleicher Gattung und von gleicher Zylinderzahl sind auch die Drehkraftlinien ähnlich.

Drehkraftdiagramm der Mehrzylindermaschinen.

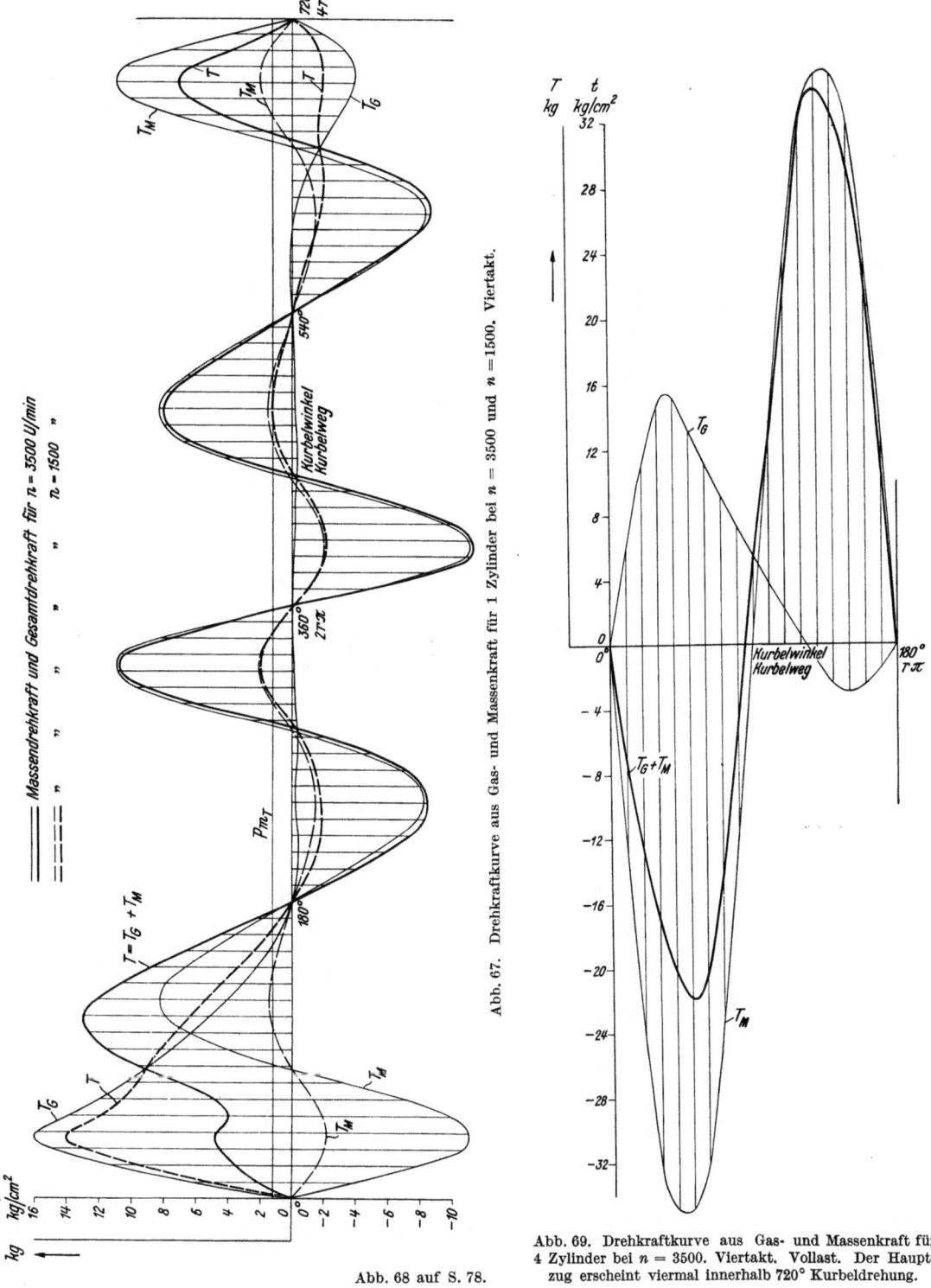

Abb. 67. Drehkraftkurve aus Gas- und Massenkraft für 1 Zylinder bei $n = 3500$ und $n = 1500$. Viertakt.

Abb. 68 auf S. 78.

Abb. 69. Drehkraftkurve aus Gas- und Massenkraft für 4 Zylinder bei $n = 3500$. Viertakt. Vollast. Der Hauptzug erscheint viermal innerhalb 720° Kurbeldrehung.

Die vorstehenden Drehkraftzüge gelten für Vollast, insbesondere bei einem Vergasermotor für offene Vergaserdrossel und hohe Drehzahl; andere Verhältnisse, z. B. offene Drossel und niedrige Drehzahl, ergeben wesentlich anderen Verlauf der Drehkräfte, etwa wie in Abb. 73. Mit dem Verlauf der Drehmomente der einzylindrigen einfachwirkenden

78   Drehmomentausgleich.

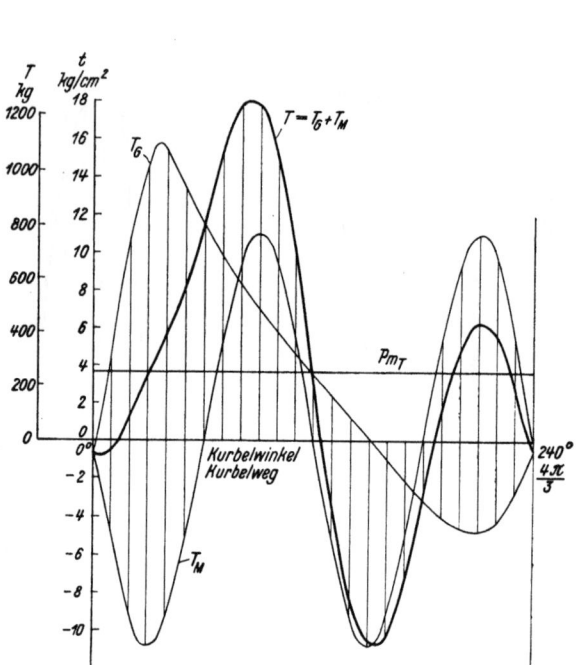
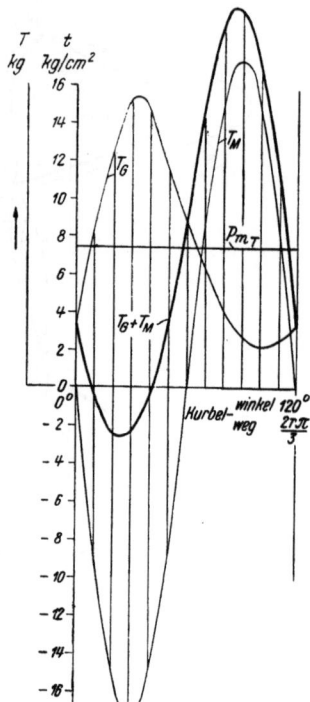

Abb. 68. Drehkraftkurve aus Gas- und Massenkraft für 3 Zylinder bei $n = 3500$. Viertakt. Vollast. Der Hauptzug erscheint dreimal innerhalb 720° Kurbeldrehung.

Abb. 70. Drehkraftkurve aus Gas- und Massenkraft für 6 Zylinder bei $n = 3500$. Viertakt. Vollast. Der Hauptzug erscheint sechsmal innerhalb 720° Kurbeldrehung.

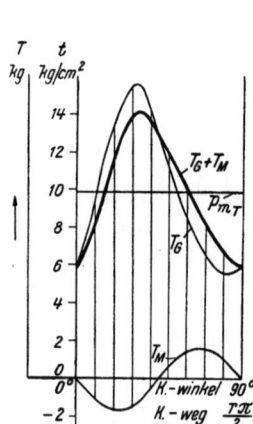
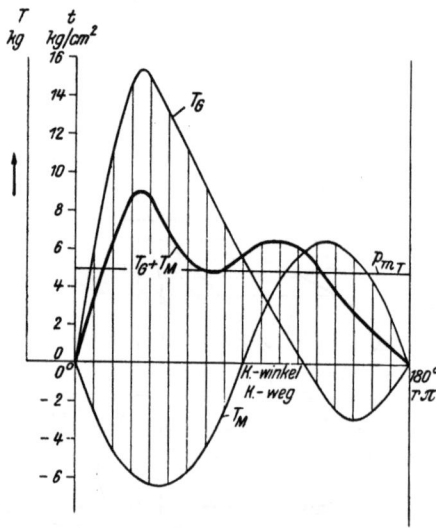

Abb. 71. Drehkraftkurve aus Gas- und Massenkraft für 8 Zylinder bei $n = 3500$. Viertakt. Vollast. Der Hauptzug erscheint achtmal innerhalb 720° Kurbeldrehung.

Abb. 73. Drehkraftkurve aus Gas- und Massenkraft für 4 Zylinder bei $n = 1500$. Viertakt. Vergaserdrossel voll geöffnet. Der Hauptzug erscheint viermal innerhalb 720° Kurbeldrehung.

Viertaktmaschine und der doppeltwirkenden Viertakt-Tandem-Gasmaschine unter verschiedenen Belastungen hat sich PIELMANN [3] bei der Ableitung eines Sondervorgehens für die Nachprüfung der Ungleichförmigkeit dieser Gattungen befaßt.

Beim *geschränkten Kurbelgetriebe* vermag der übliche Betrag der Schränkung die Gestalt der Tangentialkraftkurve fast gar nicht zu ändern.

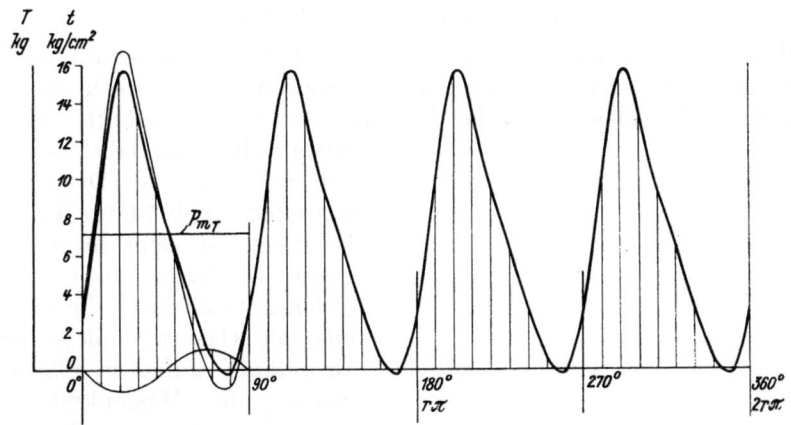

Abb. 72. Drehkraftkurve aus Gas- und Massenkraft für 4 Zylinder bei $n = 3500$. Zweitakt. Vollast.

Die *exzentrische Anlenkung der Nebenstangen* an die Hauptstange bei Gabel- und Sternmotoren beeinflußt das Drehkraftdiagramm; es sei auf die Untersuchungen von GRAMMEL [4] verwiesen.

3. Schwungräder als Energiespeicher.

Bezeichnungen:

p_i mittlerer indizierter Druck $\left[\dfrac{\text{kg}}{\text{cm}^2}\right]$,

p_{mT} mittlere Drehkraft, bezogen auf 1 cm² Kolbenfläche $\left[\dfrac{\text{kg}}{\text{cm}^2}\right]$,

T_m mittlere Drehkraft [kg],
W Nutzwiderstand an der Kurbelwelle [kg],
A Überschußarbeit [m kg],

n minutliche Drehzahl der Kurbelwelle $\left[\dfrac{1}{\text{min}}\right]$,

M_s Schwungmasse, insbesondere des Schwungrades $\left[\dfrac{\text{kg}}{\text{m}} \text{sek}^2\right]$,

G Gewicht des Schwungrades [kg],
J polares Trägheitsmoment der Schwungmasse [m kg sek²],
D Trägheitsdurchmesser der Schwungmasse, im Sonderfall mittlerer Schwungringdurchmesser [m],
GD^2 Schwungmoment [kg m²],

v Geschwindigkeit des Schwungringschwerpunktes $\left[\dfrac{\text{m}}{\text{sek}}\right]$,

ω Winkelgeschwindigkeit der Welle $\left[\dfrac{1}{\text{sek}}\right]$,

δ_s Ungleichförmigkeitsgrad,
ψ Überschußgrad der Arbeit,
ϑ Winkelabweichung,
F Kolbenfläche [cm²],
s Kolbenhub [m],
N_i indizierte Leistung [PS],
N_e effektive Leistung [PS],
η_m mechanischer Wirkungsgrad,
k Beiwert des Schwungmoments für N_i,
c Beiwert des Schwungmoments für N_e.

Während das erste Mittel, die Schwankungen des Drehmoments der Welle zu ermäßigen, in der Versetzung der treibenden Kräfte der verschiedenen Zylinder bestand und bei vielen Zylindern an sich schon eine ausreichende Gleichförmigkeit der Wellendrehung ergibt, ist das zweite Mittel der Verbesserung bei geringen Zylinderzahlen die Anwendung von Energiespeichern in Form von Schwungrädern, die den Arbeitsüberschuß zu gewissen Zeiten aufnehmen und zu anderen Zeiten abgeben.

a) Aufzuspeichernde Arbeit.

Ist der Widerstand W an der Kurbelwelle im Beharrungszustand unveränderlich, wie in vielen Fällen, so wird das Widerstandsdiagramm ein Rechteck über der Grundlinie des Arbeitsspieles, gleich $4\pi r$ bei Viertakt, $2\pi r$ bei Zweitakt, bei z Zylindern mit gleichen Zündabständen genügt es, den z-ten Teil des Diagramms herauszugreifen (Abb. 74 für 3 Zylinder). Das Rechteck ist dem resultierenden Diagramm an Fläche gleich, ebenso flächengleich mit der durch die Drehkraftkurve aus der Gaskraft allein und dieselbe Grundlinie umfaßten Fläche; denn die Summe der Massenkraftarbeiten verschwindet. Diese mit Planimeter vorgenommene Umwandlung liefert den mittleren Widerstand W am Kurbelhalbmesser gleich der mittleren Drehkraft T_m und zugleich die Mehrarbeiten an gewissen Stellen oberhalb T_m sowie die fehlenden Arbeiten als negative Flächen an anderen Stellen; man spricht von Überschuß- und Unterschußflächen, welche die der Schwungmasse zugeführte und ihr entzogene Arbeit darstellen. Die so gefundene Drehkraft T_m muß mit derjenigen Kraft übereinstimmen, die man mit Hilfe der Leistung aus dem Indikatordiagramm erhält. Bezeichnet p_{m_T} die auf 1 cm² Kolbenfläche bezogene mittlere Drehkraft, so gilt z. B. für einen Zylinder und einfachwirkenden Viertakt gemäß den Leistungsformeln S. 22 und mit Abb. 67:

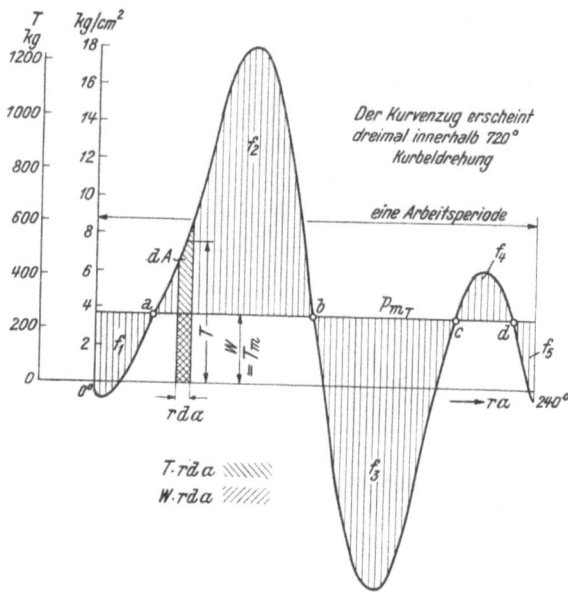

Abb. 74. Ermittlung der Überschuß- und Unterschußflächen bei einem Viertakt-Dreizylindermotor; $n = 3500$.

$$\frac{F \cdot p_i \cdot s \cdot n}{60 \cdot 75 \cdot 2} = \frac{F \cdot p_{m_T} \cdot 4 \cdot r \cdot \pi \cdot n}{60 \cdot 75 \cdot 2},$$

woraus:

$$p_{m_T} = \frac{p_i}{2\pi}.$$

Ähnlich ist die Berechnung von p_{m_T} für die anderen Arbeitsverfahren. Allgemein erhält man bei z Zylindern:

für einfachwirkenden Viertakt $p_{m_T} = \dfrac{p_i}{2\pi} \cdot z \; \dfrac{\text{kg}}{\text{cm}^2}$,

für einfachwirkenden Zweitakt $p_{m_T} = \dfrac{p_i}{\pi} \cdot z$,

für doppeltwirkenden Zweitakt $p_{m_T} = \dfrac{2 \cdot p_i}{\pi} \cdot z$;

in der letzten Formel ist gesetzt: p_i als Mittelwert der Drücke auf Kolbenober- und -unterseite:

$$p_i = \frac{p_{i_o} + p_{i_u}}{2}.$$

Auf die Kolbenfläche F bezogen, wird: $T_m = p_{m_T} \cdot F$ kg.

Die Anwendung der Gleichung (1a), S. 67, auf Abb. 74 zeigt, daß der Inhalt der Einzelflächen ist:

$$A = \int T \cdot r \cdot d\alpha - \int W \cdot r \cdot d\alpha$$

oder
$$A = \int (T - W) \cdot r \cdot d\alpha.$$

Diese Flächen sind mittels Planimeters erhältlich, zunächst in cm² und umgerechnet in m kg. Mit Hilfe der Einzelflächen $f_1, f_2, f_3 \ldots$ gelangt man zu der aufzuspeichernden Arbeit A_s innerhalb des Arbeitsspieles in folgender Weise: Man bildet mit der Fläche f_1 anfangend progressive Summen, allgemein $\Sigma \left[\int (T-W) \cdot r \cdot d\alpha\right]$; der dabei entstehende größte positive Betrag B und größte negative Betrag C werden mit ihrem absoluten Betrag zusammengenommen und geben das gesuchte A_s. Die letzte Summe enthält alle Flächen und muß Null liefern. Wiederholt sich der Kurvenzug bei z Zylindern

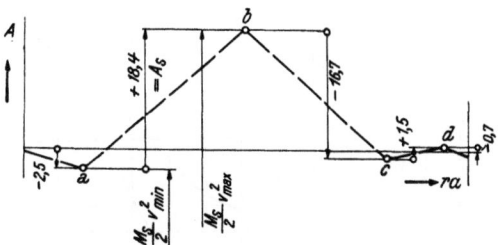

Abb. 75. Ermittlung des Arbeitsüberschusses einer Periode.

z-mal, so genügt es, einen Teilzug zu betrachten; die größte Fläche hierin liefert A_s.

In Abb. 74 ist für den Dreizylinder:

$$\begin{aligned}
f_1 &= -2{,}5 &&= -2{,}5 = B, \\
f_1 + f_2 &= -2{,}5 + 18{,}4 &&= +15{,}9 = C, \\
f_1 + f_2 + f_3 &= 15{,}9 - 16{,}7 &&= -0{,}8, \\
f_1 + f_2 + f_3 + f_4 &= -0{,}8 + 1{,}5 &&= +0{,}7, \\
f_1 + f_2 + f_3 + f_4 + f_5 &= 0{,}7 - 0{,}7 &&= 0.
\end{aligned}$$

Damit wird:
$$A_s = |B| + |C| = 2{,}5 + 15{,}9 = 18{,}4 \text{ cm}^2.$$

Zeichnerisch erfolgt die Ermittlung des Arbeitsüberschusses, wie in Abb. 75 dargestellt ist.

Maßstab: 1 cm Höhe im Drehkraftdiagramm = a kg,
        1 cm Länge = b m,
        1 cm² Fläche = $a \cdot b$ m kg;

demnach:
$$A_s = 18{,}4 \cdot a \cdot b \text{ m kg}.$$

Ist das Drehkraftdiagramm für 1 cm² Kolbenfläche gezeichnet, so hat a die Dimension kg/cm² und A_s mkg/cm² und ist noch mit der Kolbenfläche zu vervielfachen.

Verläuft die *Widerstandslinie nach einem* von der Geraden *abweichenden Gesetz*, so wird diese Widerstandskurve in das Drehkraftdiagramm eingetragen und die Einzelflächen wie oben ermittelt. Gleichen sich die Kräfte und Widerstände vor dem Kurbeltrieb aus, wie bei Pumpen und Gebläsen mit Kraft- und Arbeitskolben auf der gleichen Kolbenstange, so erhält man den Arbeitsüberschuß unmittelbar aus dem Kolbenkraftdiagramm der beiden Maschinen über demselben Kolbenweg als Grundlinie, nachdem man die Ordinaten des Widerstandsdiagrammes durch Vervielfachung mit dem Kolbenflächenverhältnis und durch Zuschlag der Reibungsarbeit auf die gleiche Fläche wie das Arbeitsdiagramm gebracht hat.

Um die Einwirkung der Massendrehkräfte auf die *Arbeitsüberschüsse* bei den verschiedenen Zylinderzahlen und steigenden Laufgeschwindigkeiten vor Augen zu führen, hat MAGG [5] für einen Diesel-Motor mit einem Zündungsdruck von 35 atü, einem $p_i = 7{,}0$ kg/cm² und einem Massendruck in der äußeren Totlage von

$$p_h = \frac{m_h}{F} \cdot r \cdot \omega^2 \cdot (1 + \lambda) \; \frac{\text{kg}}{\text{cm}^2}$$

($\lambda = 1 : 4{,}5 = 0{,}22$) zwischen den Grenzen 6 und 22 at die Arbeitswerte A_s ermittelt und über p_h aufgetragen, Abb. 76 für Viertakt und Abb. 77 für Zweitakt; dabei ist der Überschuß A_s einer Einzylindermaschine ohne Beschleunigungskräfte gleich 100% gesetzt.

Während der Verlauf der Arbeitsüberschüsse bei 5, 7 und 9 Zylindern eine waagrechte Gerade ist, was vorangehend mit dem Unwirksamwerden der Massendrehmomente begründet wurde, ersieht man, daß sich bei Viertakt auch für den Einzylinder und Dreizylinder eine fast unveränderliche Größe einstellt. Dies erklärt sich dadurch, daß das Auf und Ab der Gas- und Massendrehkräfte eine fast unveränderliche Summe der Werte B und C liefert, obwohl die von der Drehzahl abhängigen Massendrehkräfte mit hohen

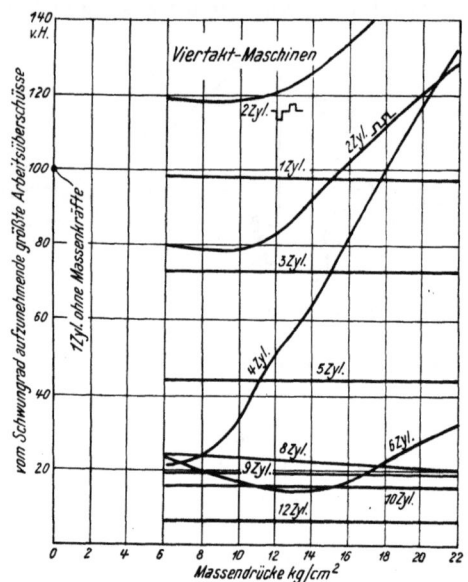

Abb. 76. Abhängigkeit der Arbeitsüberschüsse von den Massendrücken für verschiedene Zylinderzahlen bei Viertakt-Diesel-Maschinen nach MAGG.

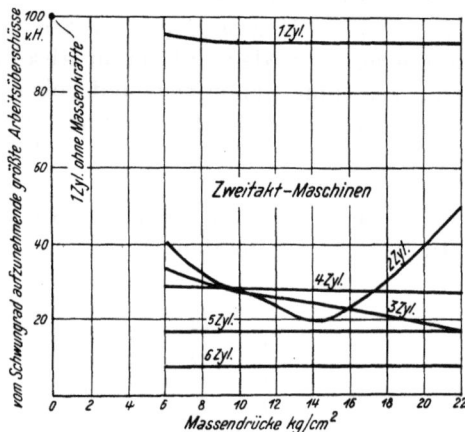

Abb. 77. Abhängigkeit der Arbeitsüberschüsse von den Massendrücken für verschiedene Zylinderzahlen bei Zweitakt-Diesel-Maschinen nach MAGG.

positiven und negativen Beträgen beteiligt sind. Bei Zweitakt und einem Zylinder trifft dies weniger gut zu und gar nicht mehr bei drei Zylindern. Die geraden Zylinderzahlen 2, 4, 6 sind den Massendrehkräften stark unterworfen und ungünstig bei hohen Drehzahlen. Die Zweizylinder-Viertaktmaschine mit 180° Kurbelversetzung und ungleichen Zündabständen erweist sich hinsichtlich der Arbeitsaufnahme durch das Schwungrad der Zweizylindermaschine mit 360° Kurbelversetzung, die schlechten Massenausgleich hat, als unterlegen, wie auch KÖLSCH [6] mit Anwendung des Massenwuchtdiagramms schon früher gezeigt hat. Am auffallendsten verhält sich der Vierzylinder; er verschlechtert sich mit wachsender Drehzahl zusehends und erreicht den Zweizylinder. Zweitaktmaschinen sind weniger von der Drehzahl abhängig.

b) Ungleichförmigkeitsgrad.

Mit der Maschinenwelle laufen die Drehmassen M; sie bestehen aus den rotierenden Triebwerksmassen und der zusätzlichen Schwungradmasse M_s, die stark überwiegt.

Die zugeführte Arbeit A_s erhöht die Umfangsgeschwindigkeit der Schwungmasse M_s von v_{min} auf v_{max} und ist gleich dem Zuwachse an Wucht, wie Abb. 75 zeigt, in der mit den Arbeitsüberschußwerten zugleich die ausgezeichneten Punkte des Wuchtverlaufes erscheinen:

$$A_s = \frac{M_s}{2} \cdot (v^2_{max} - v^2_{min}).$$

Es gelingt ohne Kenntnis von v_{max} und v_{min} diese Gleichung auszuwerten. Führt man den Ungleichförmigkeitsgrad ein und setzt wie üblich:

$$\delta_s = \frac{v_{max} - v_{min}}{v_m}, \qquad (7)$$

als das Verhältnis des Geschwindigkeitsunterschiedes zur mittleren Geschwindigkeit v_m, so folgt:

$$A_s = \frac{M_s}{2} \cdot (v_{\max} + v_{\min}) \cdot v_m \cdot \delta_s$$

oder mit $v_m = \dfrac{v_{\max} + v_{\min}}{2}$, weil δ_s klein ist:

$$A_s = M_s \cdot v_m^2 \cdot \delta_s. \tag{8}$$

Mit Einführung von $v = r \cdot \omega$ wird:

$$\delta_s = \frac{\omega_{\max} - \omega_{\min}}{\omega_m} \tag{7a}$$

und mit dem polaren Trägheitsmoment J_s der Schwungmasse lautet der Ausdruck für die Überschußarbeit:

$$A_s = J_s \cdot \omega_m^2 \cdot \delta_s. \tag{8a}$$

Während die mittlere Winkelgeschwindigkeit bei der Maschinendrehzahl n festgelegt ist durch:

$$\omega_m = \frac{\pi \cdot n}{30},$$

bedarf es der Angabe, auf welchen Halbmesser v_m bezogen ist. Ist die Masse M_s auf den Kurbelhalbmesser r reduziert, so ist die mittlere Geschwindigkeit:

$$v_m = \frac{2\,r \cdot \pi \cdot n}{60}.$$

Versteht man unter M_s die auf den Schwerpunktsdurchmesser D des Kranzes bezogene Masse, so ist in (8) einzusetzen: $v_m = \dfrac{D \cdot \pi \cdot n}{60}$.

Ist M_s bekannt, so wird aus (8) der Ungleichförmigkeitsgrad:

$$\delta_s = \frac{A_s}{M_s \cdot v_m^2} \tag{9}$$

und aus (8a):

$$\delta_s = \frac{A_s}{J_s \cdot \omega_m^2}. \tag{9a}$$

Der Kehrwert von δ_s ist der Gleichförmigkeitsgrad $\dfrac{1}{\delta_s}$.

Der auf diese Weise gefundene Ungleichförmigkeitsgrad weicht von dem an der laufenden Maschine gemessenen Wert ab, weil das Ermittlungsverfahren mit Hilfe der Tangentialkraft von vereinfachten Annahmen ausgeht, zudem führt die Welle, die als starr vorausgesetzt wurde, infolge ihrer Elastizität mehr oder weniger starke Verdrehungsschwingungen aus (siehe Abschnitt D), die den Gleichlauf beeinträchtigen.

Festsetzung von δ_s. Der einzuhaltende Gleichförmigkeitsgrad hängt von dem Zweck ab, dem die Maschine dient. Es werden folgende Werte als zweckmäßig erachtet:

$$\delta_s =$$

1/20 ÷ 1/30   für Pumpen und Gebläse,
1/40   für Werkstattmaschinen, Webstühle, Papiermaschinen,
1/50   für Mahlmühlen,
1/60   für Spinnereimaschinen (niedrige Garnnummer),
1/100   für Spinnereimaschinen (höhere Garnnummer),
1/70 ÷ 1/100   für Dynamomaschinen (Krafterzeugung),
1/150 ÷ 1/200   für Dynamomaschinen zum Lichtbetrieb (Gleichstrom),
1/300   für Drehstromgeneratoren,
1/180 ÷ 1/300   für Fahrzeugmotoren,
bis zu 1/1000   für Flugmotoren.

Bei den Flugmotoren stellt sich dieser Betrag von δ_s infolge der hohen Zylinderzahl und des Luftschraubenträgheitsmoments ein.

Was den Gleichgang der Antriebsmaschine zur Vermeidung des Lichtflimmerns bei Beleuchtungsdynamos betrifft, so nimmt man an, daß die Schwankungen der Spannung, die vom Ungleichförmigkeitsgrad der Maschine herrühren, recht klein sein müssen, damit sie kein Zucken des Lichtes verursachen, wobei die Ermittlungen von SIMONS [7] und anderen Forschern als Grundlage dienen. Darnach ist die zulässige Spannungsschwankung abhängig von der Periodenzahl ν der Antriebsschwankung in der Sekunde; sie hat einen Mindestwert bei $\nu = 6 \div 7$ wegen der Empfindlichkeit des Auges bei dieser Periodenzahl. Da bei unveränderlichem Feld die Spannung des Generators proportional der Umfangsgeschwindigkeit ist, gilt: $\delta = \frac{\Delta E}{E}$. Ein Spannungsunterschied von 1 V erfordert bei einer 220-V-Lampe einen Ungleichförmigkeitsgrad der Schwungmassen (Schwungrad + Läufer) $\delta = \frac{1}{220} = 0{,}45\%$ bei $\nu = 7$; für andere Schwankungen darf δ größer sein, z. B. $\frac{1}{150}$ bis $\frac{1}{200}$. Doch sind auch andere Gesichtspunkte als wesentlich vorgebracht worden (siehe unter e). BENZ [8] fand, daß die Berechnung der Schwungradgröße über den Ungleichförmigkeitsgrad δ, gestützt auf die Werte von SIMONS, häufig zu schwere Schwungräder ergibt, vornehmlich bei Ein- und Zweizylinder-Viertaktmotoren.

c) Schwungmasse und Schwungmoment.

Von Gleichung (8a) ausgehend, berechnet man das Trägheitsmoment der Schwungmasse zu:

$$J_s = \frac{A_s}{\delta_s \cdot \omega_m^2}; \qquad (10)$$

zugleich ist:

$$J_s = M_s \cdot R^2, \qquad (11)$$

wenn R den Trägheitshalbmesser bedeutet, in dessen Endpunkt man sich die ganze Masse vereinigt denkt. Somit wird die Masse des Schwungrades:

$$M_s = \frac{J_s}{R^2} = \frac{A_s}{\delta_s \cdot \omega_m^2 \cdot R^2}$$

und das Gewicht:

$$G = \frac{A_s}{\delta_s \cdot \omega_m^2 \cdot R^2} \cdot g. \qquad (12)$$

Die Einführung des Trägheitsdurchmessers D in (11) gibt:

$$J_s = M_s \cdot \left(\frac{D}{2}\right)^2$$
$$= \frac{G}{g} \cdot \frac{D^2}{4},$$

woraus das „Schwungmoment":

$$G \cdot D^2 = 4\,g \cdot J_s$$

oder

$$G \cdot D^2 = 39{,}24 \cdot J_s \qquad (13)$$

und mit (10):

$$G \cdot D^2 = 39{,}24 \cdot \frac{A_s}{\delta_s \cdot \omega_m^2}.$$

Die Einsetzung von $\omega_m = \frac{\pi \cdot n}{30}$ führt auf:

$$G \cdot D^2 = A_s \cdot \frac{3580}{\delta_s \cdot n^2} \qquad (14)$$

und hieraus:

$$G = A_s \cdot \frac{3580}{\delta_s \cdot n^2 \cdot D^2}. \qquad (15)$$

Wenn bei überschlägigen Rechnungen der Trägheitsdurchmesser durch den Außendurchmesser des Schwungrades oder den Schwerpunktsdurchmesser des Radkranzes ersetzt wird, so ist das Ergebnis bestenfalls bei Speichenschwungrädern als eine erste Annäherung zu werten.

Liegt ein ausgeführtes Schwungrad vor, so läßt sich sein Massenträgheitsmoment durch einen Pendelversuch ermitteln, wie unter III für die Kurbelwelle angegeben ist, und daraus das $(G \cdot D^2)$ nach Gleichung (13) berechnen. Um bei einem Entwurf das Trägheitsmoment und das Schwungmoment nachzuprüfen, zerlegt man das meist verwendete Scheibenschwungrad in mehrere einfache Ringkörper 1, 2, 3 (Abb. 78) und berechnet deren einzelne Trägheitsmomente nach der Gleichung:

$$J_1 = \frac{G_1}{g} \cdot \frac{R_1^2 + r_1^2}{2}$$

oder ihre einzelnen GD^2 aus:

$$G_1 D_{1_s}^2 = 2 \cdot G_1 \cdot (R_1^2 + r_1^2),$$

wobei G_1 das Gewicht eines Ringkörpers, z. B. des Kranzes, D_{1_s} der Trägheitsdurchmesser des Hohlzylinders, R_1 sein Außendurchmesser, r_1 sein Innendurchmesser ist. Die Summe der einzelnen $G_1 D_{1_s}^2$ ergibt das Schwungmoment des Schwungrades.

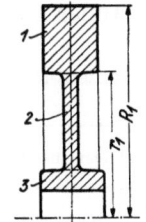

Abb. 78. Zur Berechnung des Trägheitsmomentes des Scheibenschwungrades.

d) Schwungradberechnung ohne Aufzeichnung der Drehkraftkurve.

Die Gleichung für das Schwungmoment kann nach einiger Umformung und Einführung gewisser Festwerte zur überschlägigen Ermittlung der Schwungradgröße dienen. Für eine genaue Durchrechnung ist stets auf das Drehkraftdiagramm oder noch besser auf das später folgende Massen-Wucht-Diagramm zurückzugreifen.

Bezeichnet ψ den Überschußgrad der Arbeit als das Verhältnis der Überschußarbeit A_s zu der mittleren Arbeit A_m während einer Umdrehung, so ist:

$$A_s = \psi \cdot A_m.$$

Nun ist A_m gleich der Arbeit des Widerstandes W am Kurbelradius r:

$$A_m = W \cdot 2\pi \cdot r,$$

oder am Halbmesser R:

$$A_m = W' \cdot 2\pi \cdot R.$$

Damit wird:

$$A_s = \psi \cdot W' \cdot 2\pi \cdot R.$$

Mit diesem Wert gibt Gleichung (14):

$$GD^2 = \psi \cdot W' \cdot 2\pi \cdot R \cdot \frac{3580}{\delta_s \cdot n^2}. \tag{a}$$

Nun ist weiter die indizierte Leistung in PS:

$$N_i = \frac{W' \cdot 2\pi \cdot R \cdot n}{60 \cdot 75},$$

woraus:

$$W' \cdot 2\pi \cdot R = N_i \cdot \frac{4500}{n}.$$

In Gleichung (a) eingesetzt, gibt:

$$GD^2 = \psi \cdot \frac{N_i \cdot 4500}{n} \cdot \frac{3580}{\delta_s \cdot n^2}$$

$$= k \cdot \frac{N_i \cdot 10^6}{\delta_s \cdot n^3}$$

und mit

$$N_i = \frac{N_e}{\eta_m} \quad \text{und} \quad \frac{k}{\eta_m} = c:$$

$$GD^2 = c \cdot \frac{N_e \cdot 10^6}{\delta_s \cdot n^3} \text{ kg m}^2;$$

anders geschrieben:

$$GD^2 = c \cdot N_e \cdot \left(\frac{100}{n}\right)^3 \cdot \frac{1}{\delta_s}. \tag{16}$$

Ist GD^2 berechnet, so bestimmt die Annahme von D das Gewicht G. Bei steigendem n nimmt G mit n^3 ab.

Anhaltswerte für c. Die Festwerte c für die verschiedenen Maschinengattungen finden sich mannigfach im Schrifttum vor. Sie weichen zum Teil nicht unbeträchtlich voneinander ab, was auf die Verschiedenheit des Indikatordiagrammes und auf den mit dem Quadrat der Drehzahl wachsenden Einfluß der Massenkräfte zurückzuführen ist. Will man sich die zeichnerische Arbeit sparen, so geben sie immerhin in manchen Fällen einen Anhalt.

Für doppeltwirkende Viertakt-Tandem-Großgasmaschinen ist $c = 2,8$, für solche Maschinen in Zwillingsbauart mit 90° Kurbelversetzung $c = 1,8$.

Sass [9] gibt für Diesel-Maschinen, und zwar für Großraumausführungen mit mittleren Drehzahlen Werte an, die, auf die Größe c der Formel (16) zurückgeführt, wie in Zahlentafel 20 lauten.

Zahlentafel 20. Werte von c für größere Diesel-Maschinen.

Zylinderzahl	Einfachwirkender Viertakt	Einfachwirkender Zweitakt	Doppeltwirkender Zweitakt
1	51	21	6,0
2	21	9,6	—
3	12,5	4,0	1,1
4	2,7	1,8	1,0
5	4,8	0,7	0,23
6	1,6	0,41	0,28
7	2,14	—	0,065
8	1,45	—	0,11

Das ungünstige Abschneiden des Fünfzylinders gegenüber dem Vierzylinder deutet darauf hin, daß mäßige Drehzahlen zugrunde gelegt sind. Bei hohen Drehzahlen ist es umgekehrt; die Unzulänglichkeit des Vierzylinders, der sehr hohen Massendrehkräften unterworfen ist und hohe Unter- und Überschüsse im Drehkraftdiagramm zeigt, siehe Abb. 69, tritt deutlich hervor. Ähnliches gilt vom Sechs- und Achtzylinder, wenn auch im schwächeren Maße.

Zeman [10] empfiehlt für kleinere und mittlere, einfachwirkende Diesel-Zweitaktmaschinen die Werte von Zahlentafel 21.

Zahlentafel 21. c-Werte für einfachwirkende Zweitakt-Diesel-Maschinen.

Zylinderzahl	c
1	32
2	7
3	4,2
4	2,5
5	2
6	1,8

Zahlentafel 22. c-Werte für Otto-Motoren.

Zylinderzahl	Viertakt	Zweitakt
1	17,6	14,4
2	7,2	2,1—4,0
3	3,5—4,5	1,44
4	1,12—1,76	0,72
6	0,72	—
8	0,35	—

Kutzbach [11] hat eine Anzahl von ψ-Werten für Otto-Zündermotoren zusammengestellt; umgerechnet ergeben sich die Größen von c der Zahlentafel 22 insbesondere für raschlaufende Zündermotoren mit geringen Massen.

e) Berücksichtigung weiterer Gesichtspunkte.

α) Winkelabweichung.

Der Ungleichförmigkeitsgrad, wie er durch Gleichung (7) festgelegt ist, und die weiteren darauf beruhenden Ermittlungen nehmen keine Rücksicht auf die zurückgelegten Drehwinkel, auf die Zahl der Schwankungen der Geschwindigkeit innerhalb einer Wellenumdrehung und auf die Beträge der Geschwindigkeitsänderung. Die auftretende Pendelung der Welle ist manchmal von größerer Bedeutung als der Ungleichförmigkeitsgrad.

Geschwindigkeitsverlauf. Die Berechnung der Geschwindigkeit an einer beliebigen Stelle des Kurbelkreises beim Drehwinkel α der Kurbel geht aus von der Gleichung:

$$\frac{M}{2} s \, (v_a^2 - v_0^2) = A_\alpha$$

hervor, wobei A_α die Arbeit auf dem Weg von 0 bis $r\alpha$ ist; daraus:

$$v_a^2 = v_0^2 + \frac{2}{M_s} \cdot A_\alpha. \tag{17}$$

A_α wird mit Hilfe der planimetrisch ausgemessenen Flächen der Arbeitsüberschüsse erhalten, z. B. aus Abb. 74. Trägt man von der Waagrechten, die v_0^2 darstellt, die Werte v^2 für eine Anzahl Punkte der Periode auf, Abb. 79, so erscheint der Verlauf der v^2-Kurve, deren mittlere Höhe v_m^2 ist. Die Kurve der v^2 ist die Integralkurve der Drehkraftkurve und ihre Wurzelwerte geben den Verlauf von v. Die Lage von v_{max} ist an der Stelle, an der die T-Kurve die W-Linie schneidet (Abb. 74), und zwar von der Überschußseite her. Wenn die Drehkraft im Verhältnis zu W zunimmt, so steigt auch die Geschwindigkeit, bis beide Kräfte gleich sind. Umgekehrt sinkt die Geschwindigkeit, wenn die T-Kurve unterhalb der W-Kurve verläuft, so lange, bis $T = W$ ist. Die Wendepunkte der v-Kurve liegen dort, wo der Betrag $(T - W)$ ein positives oder negatives Maximum hat.

Beschleunigungsverlauf. Die Winkelbeschleunigung ε als Änderung der Winkelgeschwindigkeit ω errechnet sich aus dem Drehmoment der Überschußkräfte am Kurbelradius und dem Drehmoment aus Massenträgheit und Winkelbeschleunigung; es gilt:

$$M_d = (T - W) \, r = J_s \cdot \varepsilon.$$

Hieraus wird:

$$\varepsilon = \frac{(T - W) \cdot r}{J_s}$$

und mit $J_s = M_s \cdot r^2$:

$$\varepsilon = \frac{T - W}{M_s \cdot r}. \tag{18}$$

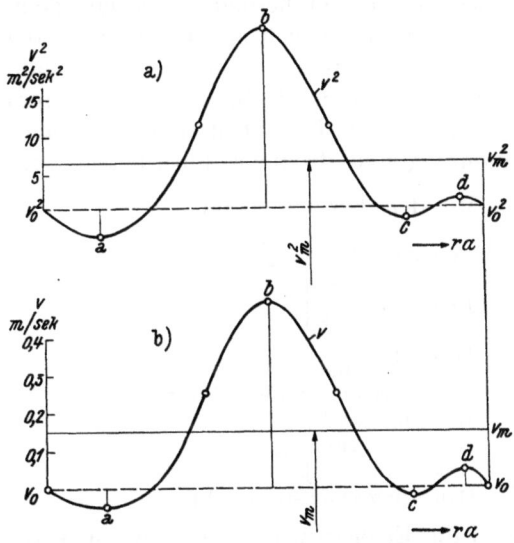

Abb. 79. Verlauf von v^2 und v des Dreizylindermotors mit dem Drehkraftverlauf von Abb. 74.

Die ε-Kurve zeigt denselben Verlauf wie die $(T - W)$-Kurve mit verändertem Maßstab.

Pendelwinkel. Während eine mit ω_m gleichförmig umlaufende Kurbel, Abb. 80, in der Zeit von $t = 0$ bis $t = t$ um den Winkel α_m fortschreitet, ist die ungleichförmig drehende Kurbel um $(\alpha_m \pm \vartheta)$ vorgerückt; sie eilt vor oder nach. Die Bogenwege sind für $v > v_m$:

$$\int_0^t v \cdot dt = \int_0^t ds \qquad \int_0^t v \cdot dt = r \cdot \alpha, \tag{19}$$

$$\int_0^t v_m \cdot dt = v_m \cdot t = r \cdot \alpha_m. \qquad r \cdot \alpha - r \cdot \alpha_m = r \cdot \vartheta. \tag{19a}$$

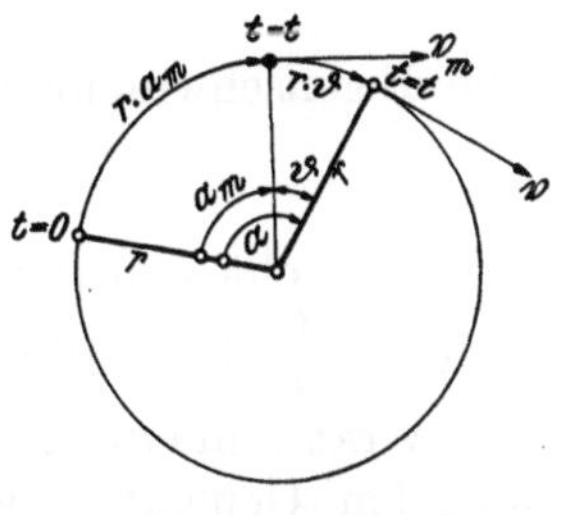

ϑ ist der Pendelwinkel, der die Winkelabweichung der wirklichen Kurbel gegenüber der mit der mittleren Winkelgeschwindigkeit bewegten Kurbel angibt; diese Abweichung soll möglichst klein sein.

Abb. 80. Darstellung der Winkelabweichung.

Die Winkelabweichung läßt sich mit Hilfe der Geschwindigkeitskurve bestimmen; da diese aber in Abhängigkeit des Weges vorliegt, muß sie für die Zeit t als Abszisse umgezeichnet werden. Die in bezug auf v_m über- und unterschießenden Flächen geben die jeweiligen Beträge $(r \cdot \vartheta)$ wieder; ihre Auftragung über der Zeit und die Verbindung der einzelnen Punkte liefern den Verlauf der Voreilungen und Nacheilungen. Die Ordinatensumme $(r \cdot \vartheta)_{max}$ und $(r \cdot \vartheta)_{max}'$ der stärksten Voreilung und Nacheilung führt auf die größte innerhalb einer Periode durchlaufene Winkelabweichung.

β) **Bedeutung der Winkelabweichung für den Generatorantrieb.**

Periodische Spannungsschwankungen in Lichtnetzen. Speist ein Generator *allein* ein Netz und erfolgt der Antrieb des Generators durch eine Verbrennungsmaschine, so bedeutet der Ungleichförmigkeitsgrad δ_s die auf den Mittelwert bezogene größte Spannungsschwankung und der größte Pendelwinkel ϑ_{max} ein Maß für die während einer Periode geleistete elektrische Überschuß- und Unterschußarbeit sowie für die Glühdrahttemperatur und Helligkeitsschwankung der Lampen. Dieser Pendelwinkel erweist sich daher, wie NIDETZKY [12] dargetan hat, als ein geeigneteres Merkmal für die Ruhe des Lichtes als der Ungleichförmigkeitsgrad.

Parallelbetrieb von Synchronmaschinen. Die Winkelabweichung der Verbrennungsmaschine ist von besonderer Wichtigkeit beim Antrieb von Wechselstrommaschinen; denn sie tritt zugleich mit der Eigenpendelung des Generatorläufers auf.

Eine Synchronmaschine im Parallellauf mit einem Netz oder mit einer anderen Synchronmaschine wird durch die synchronisierende Kraft im Synchronismus gehalten. Es sei der Fall des Arbeitens eines Generators auf das Netz mit gleichbleibender Netzspannung und -frequenz kurz betrachtet.

Mit den Bezeichnungen:

p Polpaarzahl $= f \cdot \dfrac{60}{n}$,

f Frequenz $\left[\dfrac{1}{\text{sek}}\right]$,

n Drehzahl $\left[\dfrac{1}{\text{min}}\right]$,

GD^2 Schwungmoment des Läufers [kg m²],

N Leistung [kVA],

U Klemmenspannung [V],

I Ankerstrom [A],

I_k Dauerkurzschlußstrom [A],

wird die Eigenschwingungsdauer, siehe REINISCH [13],
bei Synchronmaschinen

$$T_e = \frac{0{,}25}{p} \sqrt{\frac{GD^2 \cdot f}{\frac{I_k}{I} \cdot N}} \text{ sek,} \tag{20}$$

bei Drehstromsynchronmaschinen

$$T_e = \frac{6}{p} \sqrt{\frac{GD^2 \cdot f}{I_k \cdot U}} \text{ sek.} \tag{21}$$

Die Eigenschwingungszahl ist:

$$n_e = \frac{1}{T_e} \text{ Schw./sek;} \tag{22}$$

sie ist nicht konstant, sondern abhängig von den Belastungsverhältnissen. Das Verhältnis $\dfrac{I_k}{I}$ ist 2,5 bis 3 bei Vollast.

Wirkt nun eine ungleichmäßige Antriebskraft mit ihren eigenen Winkelabweichungen auf den Generator mit gegebener Eigenschwingungszahl und gewissen Pendelwegen, so kann zwischen der erzwungenen Schwingung und der Eigenschwingung Übereinstimmung eintreten, so daß der Generator durch die Verstärkung der Schwingung außer Tritt fällt, oder es entstehen Schwebungen, die den geregelten Betrieb unmöglich machen.

Statt den Einfluß des Pendelwinkels ϑ der Kurbelwelle der Verbrennungsmaschine auf den Generator zu prüfen, ist es übersichtlicher, sich mit der Frage der Resonanz zwischen der Frequenz der treibenden Kraft und der Frequenz der Eigenschwingung des elektrischen Teiles zu befassen.

Zu diesem Zweck prüft man das oft verwickelte Tangentialkraftdiagramm nicht unmittelbar in seiner Wirkung, was Schwierigkeiten bereitet, sondern die Einzelwirkung der den Drehkraftzug bildenden einfachen gesetzmäßigen Schwingungen, wie Grundschwingung und Oberschwingungen, mit ihrer Schwingungszahl n_a und Schwingungszeit t_a. Es wird das Tangentialkraftdiagramm durch harmonische Analyse in seine Sinus-Schwingungen oder in die 1., 2., 3.,... Harmonische zerlegt. Es ist eine ähnliche Zerlegung, die für die Drehkraft zur Bestimmung der Erregenden der Wellendrehschwingungen vorgenommen wird (siehe Abschnitt „Kurbelwellenschwingungen").

Die Schwingungszahl n_a bestimmt sich mit k als Ziffer der Harmonischen, n als Wellendrehzahl und z als Zylinderzahl aus:

$$n_a = n \cdot \frac{k}{2} \cdot z \text{ bei Viertakt,}$$

$$n_a = n \cdot k \cdot z \text{ bei Zweitakt.}$$

Die Maschinendrehzahl n, bei der $n_a = n_e$ wird, ist, weil kritisch, unzulässig; andernfalls müßte das Schwungmoment (GD^2), das für die gegebene Drehzahl bedenklich ist, und damit n_e geändert werden. Es hat z. B. eine sechszylindrige Zweitaktmaschine mit $n = 350$ U/min die Schwingungszahl für die 1. Harmonische (Grundschwingung) $n_a = 6 \cdot 350 = 2100$ in der Minute oder 35 Hertz.

GAZE [14] empfiehlt die Ermittlung des zu verwirklichenden Schwungmoments aus:

$$GD^2 = 12 \cdot 10^8 \cdot f \cdot N \cdot a^2 \cdot \frac{1}{n^4} \text{ kg m}^2, \tag{23}$$

worin neben den vorangehenden Bezeichnungen bedeutet:

a Zahl der Umdrehungen zwischen zwei Kraftstößen *einer* Zylinderseite ($a = 1$ für Zweitakt, $a = 2$ für Viertakt),

n Drehzahl $\left[\dfrac{1}{\min}\right]$.

Weitere Zusammenhänge zwischen den Pendelmomenten von Kolbenmaschinen und dem Antrieb von Synchronmaschinen bringt das Werk von BÖDEFELD-SEQUENZ [15].

γ) Schwungmoment und Regelung bei Diesel-Maschinen.

Das Schwungmoment soll für einwandfreies Regeln des Maschinensatzes ausreichen. Der Ungleichförmigkeitsgrad ist bei Vielzylindermaschinen schon ohne Schwungrad recht klein; doch genügt dies nicht, um die strengen Regelbedingungen bei großen Stromerzeugern zu befriedigen, die mit einem Drehstromnetz parallel arbeiten. Von besonderer Bedeutung ist das Verhalten der Brennstoffpumpen unter dem Einfluß des Reglers. SCHMIDT [16] hat die Verhältnisse einer Prüfung unterworfen und gefunden, daß das kleinste zulässige Schwungmoment ist:

$$(GD^2)_{\min} = \frac{10,5 \cdot 10^6 \cdot N_e}{\delta \cdot n_e \cdot n^2}, \tag{24}$$

wenn δ den Ungleichförmigkeitsgrad des Reglers, n_e seine Eigenschwingungszahl bedeutet und die Förderung des Brennstoffes gemäß der Kurbelversetzung erfolgt.

Über die Beziehungen zwischen Ungleichförmigkeitsgrad der Maschine δ_s und Ungleichförmigkeitsgrad des Reglers δ vgl. Heft 9.

δ) Schwungmoment bei Belastungsstößen und beim Anlassen.

Bei manchen Anlagen hat das Schwungrad die Aufgabe eines Puffers für kurzzeitige Belastungsstöße zu übernehmen.

Im Falle des Fahrzeugmotors dient die Speicherenergie der Schwungmasse zur Überwindung mancher Hindernisse und Unausgeglichenheiten der Fahrbahn.

Zum Durchdrehen der Kurbelwelle beim Anlassen der Maschine mit Druckluft bis zum Einsetzen der ersten Zündungen genügt bei Schiffsmaschinen ein $\delta_s = \frac{1}{20}$ bis $\frac{1}{30}$.

ε) Schwungmoment und Drehschwingungen.

Eine Nachprüfung des Ungleichförmigkeitsgrades und der Winkelabweichung, die für starre Welle ermittelt wurden, unter der Wirkung der Drehschwingungen ist in manchen Fällen unerläßlich. Allgemeinen Aufschluß über das drehelastische Verhalten der Welle gibt der Abschnitt „Kurbelwellenschwingungen". Den Sonderfall schädlicher schwingender Massen beim Generatorantrieb hat VOGT [17] anschaulich behandelt, während SIMONS [7] schon auf den Einfluß der Schwingungen auf das Lichtflimmern aufmerksam gemacht hat.

III. Wuchtausgleich.
Bestimmung des Schwungradgewichtes mit Hilfe des Trägheits-Energie-Diagramms.

Zuzüglich einzelner der bisherigen Bezeichnungen sei:

m_2 — Masse der Pleuelstange $\left[\frac{\text{kg}}{\text{m}}\,\text{sek}^2\right]$,

m_3 — Masse der hin und her gehenden Teile $\left[\frac{\text{kg}}{\text{m}}\,\text{sek}^2\right]$ (Kolben, Kreuzkopf),

J_1 — Trägheitsmoment der Kurbelwelle [m kg sek²],

J_k — Trägheitsmoment der Kröpfung [m kg sek²],

J_2 — Trägheitsmoment der Pleuelstange [m kg sek²],

$\left.\begin{array}{l}J_{2r}\\J_{2r'}\end{array}\right\}$ reduzierte Trägheitsmomente der Pleuelstange [m kg sek²],

J_{3r} — reduziertes Trägheitsmoment des Kolbens usf. [m kg sek²],

J_{rs} — reduziertes Trägheitsmoment des Schwungrades [m kg sek²],

J_r — reduziertes Trägheitsmoment des Triebwerks samt Schwungrad,

J_{rm} — Mittelwert von J_r,

M_{rs} — auf Kurbelhalbmesser bezogene Schwungradmasse $\left[\frac{\text{kg}}{\text{m}}\,\text{sek}^2\right]$,

$\mathfrak{v}_1$ — Umfangsgeschwindigkeit der Kurbel r vom Betrag v_1 $\left[\frac{\text{m}}{\text{sek}}\right]$,

ω_1 — Winkelgeschwindigkeit der Kurbel $\left[\frac{1}{\text{sek}}\right]$,

ω_2 — Winkelgeschwindigkeit der Pleuelstange $\left[\frac{1}{\text{sek}}\right]$,

$\mathfrak{v}_2$ — Geschwindigkeit des Stangenschwerpunktes vom Betrag v_2 $\left[\frac{\text{m}}{\text{sek}}\right]$,

$\mathfrak{v}_3$ — Geschwindigkeit des Kolbens vom Betrag v_3 $\left[\frac{\text{m}}{\text{sek}}\right]$,

A_P — Arbeit der treibenden Kraft P [m kg],

A_W — Arbeit des Nutzwiderstandes W [m kg],

A — Überschußarbeit [m kg],

$\alpha_{\max}$ — größter Winkel der Tangente an die Trägheits-Energie-Kurve,

$\alpha_{\min}$ — kleinster Winkel der Tangente an die Trägheits-Energie-Kurve,

δ_s — Ungleichförmigkeitsgrad,

$\delta' = \dfrac{1}{\delta_s}$ Gleichförmigkeitsgrad.

1. Allgemeines Trägheits-Energie-Diagramm.

Als Gegenstück zum Ausgleich der Drehmomente der Welle soll nun der Wuchtausgleich und anschließend daran das Trägheits-Energie-Diagramm nebst dem daraus abgeleiteten Ungleichförmigkeitsgrad zur Behandlung kommen. Dieses Vorgehen ist für

Allgemeines Trägheits-Energie-Diagramm.

die Untersuchung der Gleichförmigkeit der raschlaufenden Leichtmotoren besonders wichtig.

Man geht von dem in der Einleitung angeführten Wuchtsatz aus, und zwar mit Anwendung der vollständigen Energiegleichung, die unter I, 2 angesetzt wurde.

a) Wucht eines Kurbeltriebes.

Man kann die Massen auf den Kurbelzapfen beziehen und die Wucht der reduzierten Massen ermitteln, wie WITTENBAUER [2] in seinem Arbeits-Massen-Diagramm, auch Massen-Wucht-Diagramm benannt, gezeigt hat, oder die Trägheitsmomente auf die Kurbel beziehen nach PROEGER [18] und das Trägheits-Energie-Diagramm zeichnen, siehe MARX [19]. Letztere Art des Vorgehens soll nun erläutert werden.

Die Gesamtwucht E setzt sich zusammen aus der Drehwucht der Welle, der Fortschreitungs- und Drehwucht der Pleuelstange und der Fortschreitungswucht des Kolbens (nebst Kolbenstange und Kreuzkopf). Mit den oben bezeichneten Massen, Massenträgheitsmomenten, Linear- und Winkelgeschwindigkeiten, die in Abb. 81 eingetragen sind, erscheint:

$$E = J_1 \frac{\omega_1^2}{2} + m_2 \frac{v_2^2}{2} + J_2 \frac{\omega_2^2}{2} + m_3 \frac{v_3^2}{2}. \qquad (25)$$

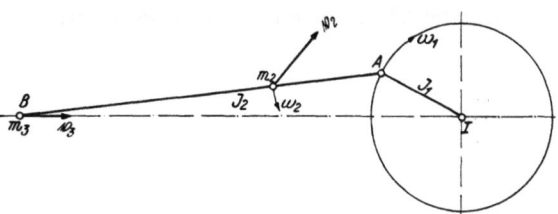

Abb. 81. Kurbeltrieb mit Massen, Trägheitsmomenten und Geschwindigkeiten.

Das *Trägheitsmoment der Kurbelwelle* (ohne Schwungrad) in bezug auf ihre Achse wird z. B. aus der Dauer ihrer Vollschwingung bei bifilarer Aufhängung bestimmt. Ist a die Länge der Drähte in Metern, $2e$ ihr gegenseitiger Abstand in Metern, T die Dauer einer Schwingung in Sekunden, G_1 das Gewicht der Welle in Kilogramm, so ist:

$$J_1 = \frac{T^2}{4\pi^2} \cdot G_1 \cdot \frac{e^2}{a} \quad \text{m kg sek}^2.$$

Da die Wellenachse gemeinsame Bezugsachse für alle Trägheitsmomente und für die Abstände der reduzierten Massen ist, bedeutet J_1 der Welle zugleich das reduzierte Trägheitsmoment J_{1r}.

Die Berechnung des *Trägheitsmoments der Kröpfung* als Teilstück der Welle ist nötig, wenn von der Welle nur ein Entwurf vorliegt. Die Kröpfung wird in ihre Bestandteile zerlegt. Das Massenträgheitsmoment jedes Kröpfungsteiles in bezug auf die Wellenachse setzt sich zusammen aus dem Trägheitsmoment bezüglich der zur Wellenachse parallelen Schwerpunktsachse und dem Produkt aus seiner Masse und dem Quadrat der Entfernung seines Schwerpunkts von der Wellenachse. Die Masse ist: $m = \frac{G}{g}$, mit G als Gewicht und g als Erdbeschleunigung. Das Gewicht bestimmt sich aus Rauminhalt und spezifischem Gewicht; letzteres ist für Wellenstahl im Mittel $\gamma = 7{,}85$ kg/dm³.

Die Kröpfung in Abb. 82 besteht aus dem Kurbelzapfen, den zwei Kurbelarmen oder Wangen und zwei halben Lagerzapfen; das Gesamtträgheitsmoment ist:

$$J_k = J_z + J_A + J_W$$

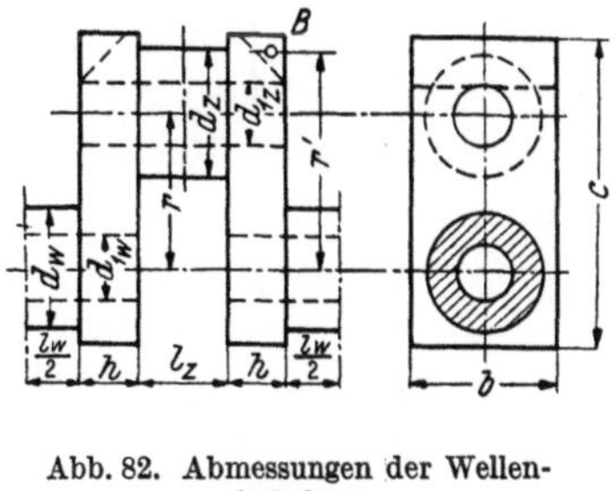

Abb. 82. Abmessungen der Wellenkröpfung.

und die auf den Kurbelradius reduzierte Masse, deren Kenntnis bisweilen, wie bei Untersuchung über Drehschwingungen der Welle, wichtig ist:

$$m_k = \frac{J_k}{r^2}.$$

Während die geometrische Außenform des Kurbel- und des Wellenzapfens für alle Wellen gleich ist, wechseln die Umrisse der Arme und der Hohlräume (einfache Bohrungen oder anders gestaltete Ausnehmungen). Die Massenträgheitsmomente von Zapfen und Armen in bezug auf die Wellenachse findet man in nachstehender Zahlentafel 23. Sonderformen von Kurbelarmen, z. B. bei wegfallendem Lager zwischen zwei Kröpfungen, sind eigens zu rechnen.

Zu diesen Tafelwerten kommt hinzu das Trägheitsmoment der hohlen Wellenzapfenhälften mit der Gesamtmasse m_w insgesamt:

$$J_w = m_w \cdot \frac{r_w^2 + r_{1w}^2}{2}.$$

Besonderheiten. Eine *Abschrägung* bei B, Abb. 82, wäre mit $m_B \cdot r'^2$ unter Vernachlässigung des Trägheitsmoments in bezug auf die eigene Schwerpunktsachse abzuziehen. *Gegengewichte.* Sind die im Abschnitt B genannten Gegengewichte zur Entlastung der

Zahlentafel 23. Massenträgheitsmomente von Kurbelzapfen und Kurbelwangen, bezogen auf Kurbelwellenachse.

Zahl und Benennung der Kröpfungsteile	Gestalt und Abmessungen	Massenträgheitsmoment (m kg sek² oder cm kg sek²)
1 Kurbelzapfen		Vollzapfen $[r_{1z} = 0]$ $$J_z = m_z \cdot \left(r^2 + \frac{r_z^2}{2} \right)$$ Hohlzapfen $$J_z = m_z' \left(r^2 + \frac{r_z^2 + r_{1z}^2}{2} \right)$$
		Zapfen mit tonnenförmiger Ausnehmung $$J_z = \pi \cdot \frac{\gamma}{g} \left[\frac{r_z^4 l_z}{2} - \frac{l_z}{2} \left(R^4 + a^4 - \frac{l_z^2}{6} (R^2 + 3a^2) + \frac{l_z^4}{80} \right) \right.$$ $$+ 2 a l_z (a + r_a) \left(\frac{11}{8} R^2 - \frac{l_z^2}{4} + \frac{a^2}{2} \right)$$ $$\left. + 2 a R^2 \cdot \left(\frac{3}{4} R^2 + a^2 \right) \arcsin \frac{l_z}{2R} \right]$$ $$+ \pi \frac{\gamma}{g} r^2 \left[l_z (r_z^2 - R^2 - a^2) + \frac{l_z^3}{12} - \frac{a l_z}{2} (a + r_a) \right.$$ $$\left. - a R^2 \arcsin \frac{l_z}{2R} \right]$$ Zapfen mit elliptischer Ausnehmung (auch als Ersatz für vorige Formel) $$J_z = r_z^2 l_z \pi \cdot \frac{\gamma}{g} \left(\frac{r_z^2}{2} + r^2 \right) - l_z \pi \frac{\gamma}{g}$$ $$\cdot \left[\frac{b^4}{10} \left(\frac{r_a^4}{b^4} + \frac{4}{3} \frac{r_a^2}{b^2} + \frac{8}{3} \right) + \frac{r^2}{3} (l_a^2 + 2 b^2) \right]$$
		Zapfen mit exzentrischer Bohrung $$J_z = l_z \pi \cdot \frac{\gamma}{g} \left[\frac{r_z^4 - r_{1z}^4}{2} + r_z^2 r_{1z}^2 - r_{1z}^2 (r+e)^2 \right]$$ oder: $$J_z = \frac{m}{2} (r_z^2 + r_{1z}^2) + \pi \frac{\gamma}{g} \cdot l_z r_z^2 \left[r^2 - \left(\frac{r_{1z}}{r_z} \right)^2 \cdot (r+e)^2 \right]$$

Allgemeines Trägheits-Energie-Diagramm.

Zahl und Benennung der Kröpfungsteile	Gestalt und Abmessungen	Massenträgheitsmoment (m kg sek² oder cm kg sek²)
2 Kurbelarme (-wangen)		2 Arme (Rechtkante) ohne Bohrungen $$J_A = 2\,m_A\left[\left(\frac{r}{2}\right)^2 + \frac{b^2+c^2}{12}\right] \;(m_A \text{ Masse eines Armes})$$ 2 Arme mit Bohrungen $$J_A = 2\,c\cdot b\cdot h\cdot\frac{\gamma}{g}\cdot\left[\left(\frac{r}{2}\right)^2 + \frac{b^2+c^2}{12}\right] - h\,\pi\,\frac{\gamma}{g}$$ $$\cdot\left[(r_{1w}{}^2 - r_{1z}{}^2)^2 + 2\,r_{1z}{}^2\left[(r+e)^2 + r_{1w}{}^2\right]\right]$$ e wird Null, wenn Bohrung und Zapfen gleichmittig sind.
		2 Arme (Ellipsenform) ohne Bohrungen $$J_A = 2\cdot m_A\left[\left(\frac{r}{2}\right)^2 + \frac{a^2+b^2}{4}\right]$$ 2 Arme mit Bohrungen $$J_A = 2\cdot h\cdot \pi\cdot\frac{\gamma}{g}\Big\{a\,b\left[\left(\frac{r}{2}\right)^2 + \frac{a^2+b^2}{4}\right] - \frac{1}{2}(r_{1w}{}^2 - r_{1z}{}^2)^2$$ $$- r_{1z}{}^2\left[(r+e)^2 + r_{1w}{}^2\right]\Big\}$$
		2 Arme (Kreisscheiben) ohne Bohrungen $$J_A = m_A\left(R^2 + \frac{r^2}{2}\right)$$ 2 Arme mit Löchern nach II (da Form I rechnerisch nicht einfach zu erfassen ist) $$J_A = h\cdot\pi\cdot\frac{\gamma}{g}$$ $$\cdot\left[\left(R^2 + \frac{r^2}{2}\right)R^2 - \frac{6\,(r_2{}^5 - r_1{}^5) + 5\,r^2\,(r_2{}^3 - r_1{}^3)}{15\,(r_2 - r_1)}\right]$$

Wellenlager von den Fliehkräften umlaufender Massen an den Kurbelarmen vorhanden, dann bestimmt sich die reduzierte Masse und ihr Trägheitsmoment in ähnlicher Weise wie bei der Wellenkröpfung. Die Einzelheiten sind verschieden, je nach den Umrissen der Gegengewichte, wie sie in Heft 10 für schnellaufende Motoren gegeben sind. Teilung der Masse in Teilmassen von einfacher Gestalt, Bestimmung der Trägheitsmomente dieser Einzelmassen in bezug auf Wellenachse, Summierung der Einzelträgheitsmomente gibt J_{G_r} und Teilung durch r^2 die reduzierte Gegengewichtsmasse m_{G_r}.

Die Ermittlung des Trägheitsmoments J_2 der *Pleuelstange* wurde bereits im Abschnitt „Massenausgleich", S. 39, angegeben.

Bezieht man alle Massen und Trägheitsmomente auf die Kurbel derart, daß die Wucht nach der Reduktion unverändert bleibt, so lautet die umgeformte Gleichung (25) für die Gesamtwucht:
$$E = \frac{\omega_1{}^2}{2}\cdot\left(J_1 + m_2\cdot\frac{v_2{}^2}{\omega_1{}^2} + J_2\cdot\frac{\omega_2{}^2}{\omega_1{}^2} + m_3\cdot\frac{v_3{}^2}{\omega_1{}^2}\right)$$
und mit $\omega_1 = \dfrac{v_1}{r}$:
$$E = \frac{\omega_1{}^2}{2}\cdot\left[J_1 + m_2\cdot r^2\cdot\left(\frac{v_2}{v_1}\right)^2 + J_2\cdot\left(\frac{\omega_2}{\omega_1}\right)^2 + m_3\cdot r^2\cdot\left(\frac{v_3}{v_1}\right)^2\right]$$
oder einfacher
$$E = \frac{\omega_1{}^2}{2}\cdot(J_1 + J_{2_r} + J_{2_r}' + J_{3_r}) \tag{25a}$$

oder kürzer:

$$E = \frac{\omega_1^2}{2} \cdot J_r'; \qquad (25\,\text{b})$$

hierin ist ω_1 veränderlich. Es gelingt ω_1 zu ermitteln, wenn in dieser Gleichung E und J_r' bekannt sind, denn es wird:

$$\frac{\omega_1^2}{2} = \frac{E}{J_r'}. \qquad (26)$$

In den Verhältniswerten $\frac{v_2}{v_1}$, $\frac{\omega_2}{\omega_1}$ und $\frac{v_3}{v_1}$ wird $\omega_1 = 1$, also $v_1 = r$ gesetzt.

Die nächste Aufgabe ist, für das Kurbelgetriebe die reduzierten Trägheitsmomente zu bestimmen, deren Beträge mit den Geschwindigkeiten veränderlich sind.

Das reduzierte Trägheitsmoment des Kolbens und der mit ihm wandernden Massen ist:

$$J_{3_r} = m_3 \cdot r^2 \cdot \left(\frac{v_3}{v_1}\right)^2. \qquad (27)$$

Geht man zeichnerisch vor, Abb. 83, so erhält man v_3 für $\omega_1 = 1$ durch Antragen von v_1 in B und Fällen der Senkrechten auf $\overline{BC}$; mit lotrechten Geschwindigkeiten ist das Vorgehen wie folgt: Die verlängerte Pleuelstange $\overline{BA}$ schneidet die Senkrechte zur Schubrichtung durch I in D. Setzt man die Länge $\overline{IA} = v_1$, so ist $\overline{ID} = v_3$ und $\overline{AD} = v_{B\,umA}$. Für eine Anzahl Stellungen der Kurbel, z. B. 24, im Kurbelkreis läßt sich v_3 ermitteln, sodann J_{3_r} errechnen und auftragen; dieses ist in Abb. 84 stark ausgezogen. Für manche Zwecke ist es, wie noch gezeigt wird, vorteilhafter, Geschwindigkeit und Trägheitsmoment in ihre harmonischen Komponenten zu zerlegen.

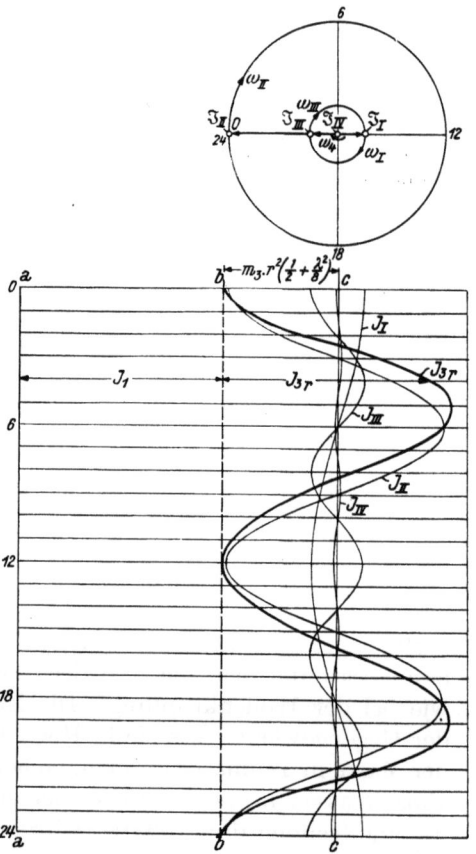

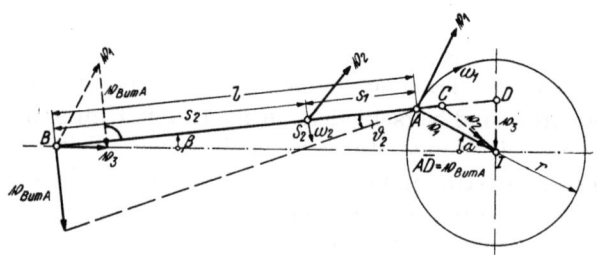

Abb. 83. Zeichnerische Bestimmung der Kolbengeschwindigkeit v_3 und der Geschwindigkeit v_2 des Pleuelschwerpunkts S_2.

Abb. 84. Trägheitsmoment der umlaufenden Masse und reduzierte Trägheitsmomente der Kolbenmasse für einen Kurbeltrieb, abhängig von den Kurbelstellungen.

Es ist für die Geschwindigkeit v_3 vom Betrag v_3:

$$v_3 = v_1 \cdot (\sin\alpha + a_2 \cdot \sin 2\alpha + a_4 \cdot \sin 4\alpha + a_6 \cdot \sin 6\alpha + a_8 \cdot \sin 8\alpha + \ldots),$$

worin a_2, a_4, a_6, ... Reihen mit ungeraden steigenden Potenzen von λ sind. Aus den Reihen dieser Beiwerte wird jeweils nur das erste Glied genommen; damit entsteht der bekannte Ausdruck für die Kolben- oder Kreuzkopfgeschwindigkeit:

$$v_3 = v_1 \cdot \left(\sin\alpha + \frac{\lambda}{2} \cdot \sin 2\alpha - \frac{\lambda^3}{16} \cdot \sin 4\alpha + \frac{3}{256}\lambda^5 \cdot \sin 6\alpha - \ldots\right).$$

Das Quadrat dieser Geschwindigkeit wird:

$$v_3{}^2 = v_1{}^2 \cdot \left(\sin^2\alpha + \frac{\lambda^2}{4}\cdot\sin^2 2\alpha + \frac{\lambda^6}{256}\cdot\sin^2 4\alpha + \ldots + \lambda\cdot\sin\alpha\cdot\sin 2\alpha - \frac{\lambda^3}{8}\cdot\sin\alpha\cdot\right.$$
$$\left.\cdot\sin 4\alpha + \ldots - \frac{\lambda^4}{16}\cdot\sin 2\alpha\cdot\sin 4\alpha + \ldots\right)$$

oder nach Auflösung der Sinus-Potenzen:

$$v_3{}^2 = v_1{}^2\cdot(C_0 + C_1\cdot\cos\alpha + C_2\cdot\cos 2\alpha + C_3\cdot\cos 3\alpha + C_4\cdot\cos 4\alpha + C_5\cdot\cos 5\alpha + \ldots), \quad (28)$$

worin $C_0, C_1, C_2, C_3, \ldots$ Reihen mit geraden und ungeraden Potenzen von λ sind. Scheidet man die Glieder mit λ^4, weil zu klein, aus und bricht mit $\cos 5\alpha$ ab, so erscheint:

$$v_3{}^2 = v_1{}^2\cdot\left(\frac{1}{2} + \frac{\lambda^2}{8} + \frac{\lambda}{2}\cos\alpha - \frac{1}{2}\cos 2\alpha - \frac{\lambda}{2}\cos 3\alpha - \frac{\lambda^2}{8}\cos 4\alpha + \frac{1}{16}\lambda^3\cos 5\alpha\right). \quad (28\text{a})$$

Mit diesem Ausdruck (28) wird das reduzierte Trägheitsmoment in Gleichung (27):

$$J_{3_r} = m_3\cdot r^2\cdot(C_0 + C_1\cdot\cos\alpha + C_2\cdot\cos 2\alpha + C_3\cdot\cos 3\alpha + C_4\cdot\cos 4\alpha + \ldots) \quad (29)$$

oder angenähert:

$$J_{3_r} = m_3\cdot r^2\cdot\left(\frac{1}{2} + \frac{\lambda^2}{8} + \frac{\lambda}{2}\cos\alpha - \frac{1}{2}\cos 2\alpha - \frac{\lambda}{2}\cos 3\alpha - \frac{\lambda^2}{8}\cos 4\alpha\right). \quad (29\text{a})$$

Demnach setzt sich die Kurve des reduzierten Trägheitsmoments zusammen aus einem konstanten Wert $m_3\cdot r^2\cdot\left(\frac{1}{2} + \frac{\lambda^2}{8}\right)$, in Abb. 84 von Achse $b-b$ bis Achse $c-c$, und aus den vier übereinandergelagerten cos-Schwingungen erster, zweiter, dritter und vierter Ordnung:

$$m_3\cdot r^2\cdot\frac{\lambda}{2}\cdot\cos\alpha, \quad -m_3\cdot r^2\cdot\frac{1}{2}\cdot\cos 2\alpha, \quad -m_3\cdot r^2\cdot\frac{\lambda}{2}\cdot\cos 3\alpha, \quad -m_3\cdot r^2\cdot\frac{\lambda^2}{8}\cdot\cos 4\alpha.$$

Diese Schwingungen stellt man mit Hilfe der Vektoren $\mathfrak{J}_I$, $\mathfrak{J}_{II}$, $\mathfrak{J}_{III}$ und $\mathfrak{J}_{IV}$ dar. Der Vektor $\mathfrak{J}_{II}$ dreht sich mit der doppelten, der Vektor $\mathfrak{J}_{III}$ mit der dreifachen, der Vektor $\mathfrak{J}_{IV}$ mit der vierfachen Winkelgeschwindigkeit von $\mathfrak{J}_I$; die Ausgangsstellung ist mit Berücksichtigung des Vorzeichens in Abb. 84 angegeben. Der Verlauf der Teilträgheitsmomente für 24 Punkte des Kurbelkreises und der Gesamtbetrag J_{3_r} sind aus Abb. 84 ersichtlich; derselbe Kurvenzug hätte sich mit unmittelbarer Verwertung der zeichnerisch erhaltenen Geschwindigkeit $\mathfrak{v}_3$ (siehe oben) ergeben. In die gleiche Abbildung ist noch das unveränderliche Trägheitsmoment J_1 der Kurbelwelle von der Achse $b-b$ als Begrenzungslinie von J_{3_r} bis zur Achse $a-a$ zugefügt. Die Trägheitsmomente sind von lotrechten Bezugsachsen waagrecht aufgetragen, weil diese Lage für die spätere Verwendung von J_{3_r} benötigt wird (siehe Abb. 88).

Das reduzierte Trägheitsmoment der Pleuelstange für die *Fortschreitungswucht* der Stange ist:

$$J_{2_r} = m_2\cdot r^2\cdot\left(\frac{v_2}{v_1}\right)^2. \quad (30)$$

Bekannt ist die Lage des Stangenschwerpunktes S_2 (siehe „Massenausgleich" S. 39). Der Vektor der Geschwindigkeit $\mathfrak{v}_2$ von S_2 läßt sich am raschesten zeichnerisch bestimmen und zwar mit Hilfe der lotrechten Geschwindigkeiten. In Abb. 85 ist schon die Linie $\overline{AD}$ eingezeichnet; teilt nun der Punkt C die Strecke $\overline{AD}$ so, daß $\overline{AC} = \overline{AD}\cdot\frac{s_1}{l}$, so ist $\overline{IC} = \mathfrak{v}_2$ und $\overline{AD} = \mathfrak{v}_{B\,um\,A}$. Für eine Anzahl Teile, z. B. 24 gleiche Teile des Kurbelkreises, wird $\mathfrak{v}_2$ ermittelt, sodann J_2 errechnet und aufgetragen; so erhält man den in Abb. 85 gestrichelten Zug, den man auch auf anderem Wege ableiten kann.

Will man nämlich für J_{2_r} eine Reihe mit Funktionen des Winkels α, so zerlegt man $\mathfrak{v}_2$ in die Komponenten $\mathfrak{v}_y$ und $\mathfrak{v}_x$ in Richtung der Zylinderachse und senkrecht dazu: $\mathfrak{v}_y$ und $\mathfrak{v}_x$ lassen sich durch Funktionen des Winkels α ausdrücken. Werden diese Reihen quadriert und summiert, so erscheint die Reihe für v_2^2; mit ihr entsteht die Gleichung für J_{2_r}, nämlich:

$$J_{2_r} = m_2 \cdot r^2 (D_0 + D_1 \cdot \cos \alpha + D_2 \cdot \cos 2\alpha + D_3 \cdot \cos 3\alpha + D_4 \cdot \cos 4\alpha + \ldots) \quad (31)$$
$$= m_2 \cdot r^2 \cdot D_0 + J_1 \cdot \cos \alpha + J_2 \cdot \cos \cdot 2\alpha + J_3 \cdot \cos 3\alpha + \ldots,$$

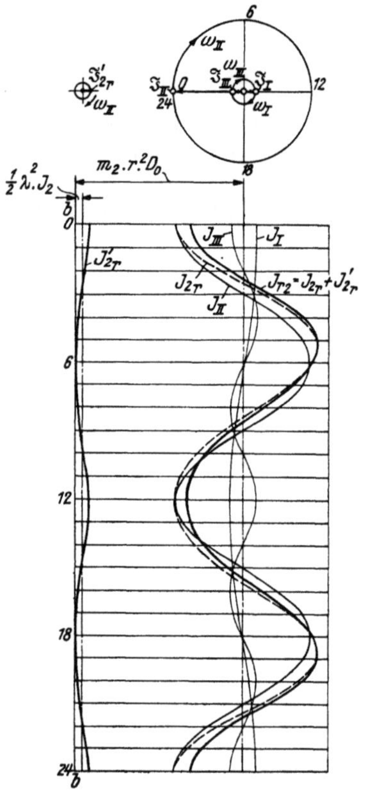

also ähnlich gebaut wie das reduzierte Trägheitsmoment des Kolbens.

Die Werte D_0, D_1, D_2 usf. sind, wenn $a = \frac{s_2}{l}$ und $b = \frac{s_1}{l}$ und die Werte C_0, C_1, C_2 usf. in Gleichung (29a) als bekannt vorausgesetzt werden:

$$D_0 = \frac{1}{2}(a^2 + 1 - b^2) + b^2 \cdot C_0, \quad D_1 = b \cdot C_1,$$
$$D_2 = -a \cdot b + b^2 \cdot C_2,$$
$$D_3 = b \cdot C_3, \quad D_4 = b^2 \cdot C_4, \quad D_5 = b \cdot C_5, \quad D_6 = b^2 \cdot C_6.$$

In Abb. 85 ist die Veränderlichkeit der drei ersten Glieder mit Hilfe der umlaufenden Vektoren $\mathfrak{J}_I$, $\mathfrak{J}_{II}$ und $\mathfrak{J}_{III}$ dargestellt.

Die zeichnerische Zusammensetzung von J_I, J_{II} und J_{III} liefert J_{2_r} (siehe Abb. 85).

Zur Angabe des **reduzierten Trägheitsmoments** für die *Drehwucht der Stange*

$$J_{2_r}' = J_2 \cdot \left(\frac{\omega_2}{\omega_1}\right)^2$$

ist die Winkelgeschwindigkeit maßgebend, die sich für die verschiedenen Kurbelstellungen mit Hilfe der aus Abb. 83 erhaltenen Werte $v_{B\,um\,A}$ oder der Winkel ϑ_2 errechnet zu

$$\omega_2 = \frac{v_{B\,um\,A}}{l}.$$

Abb. 85. Reduzierte Trägheitsmomente aus Fortschreitungs- und Drehwucht der Pleuelstange, abhängig von den Kurbelstellungen.

Bildet man $\left(\frac{\omega_2}{\omega_1}\right)^2$, vervielfacht mit ε_2 und trägt die Werte auf, so erhält man den Verlauf J_{2_r} (Abb. 85). Der zweite Weg ist folgender:

Die Reihenentwicklung für J_{2_r}' geht wie folgt vor sich: Man stellt J_{2_r}' aus seinen Komponenten dar; dazu benötigt man die Reihenentwicklung für ω_2, das durch Ableitung des Stangenausschlagwinkels β nach der Zeit gewonnen wird. Der Winkel β in Abhängigkeit von α ist schon aus dem Abschnitt B, „Massenausgleich", S. 59, bekannt; daraus folgt:

$$\omega_2 = \omega_1 \cdot (A_1 \cdot \cos \alpha + 3 A_3 \cdot \cos 3\alpha + 5 A_5 \cdot \cos 5\alpha + \ldots),$$

worin $A_1, A_3, A_5, \ldots$ Summenreihen ungeradzahliger Potenzen von λ sind. Nach Quadrieren der Gleichung, Zusammenfassen der Glieder gleicher Ordnung und Einsetzen in vorangehende Gleichung für J_{2_r}' erscheint die aus geradzahligen Harmonischen bestehende Reihe:

$$J'_{2_r} = J_2 \cdot (E_0 + E_2 \cdot \cos 2\alpha + E_4 \cdot \cos 4\alpha + \ldots). \quad (32)$$

E_0, E_2, E_4 sind Reihen von λ; abgekürzt setzt man:

$$E_0 = \frac{1}{2}\lambda^2, \quad E_2 = \frac{1}{2}\lambda^2, \quad E_4 = -\frac{1}{8}\lambda^4.$$

Die Veränderlichkeit von J_{2_r}' ist in Abb. 85 mit Hilfe des Vektors $\mathfrak{J}'_{2_r}$ dargestellt. Schließlich gelangt man zum gesamten reduzierten Trägheitsmoment J_{r_2} der Stange durch Summieren von J_{2_r} und J_{2_r}', wie Abb. 85 zeigt.

Die Darstellung der wechselnden kinetischen Energie in Reihen hat schon SHARP [20] durchgeführt, ohne daß dieses vorteilhafte Verfahren bei uns Eingang gefunden hätte. Erst KOSNEY [21] hat die harmonische Zerlegung zu einer umfassenden Gegenüberstellung der raschlaufenden Verbrennungsmaschinen verwertet.

b) Wucht bei Mehrzylindermaschinen.

Die vorangehend vorgenommene Zerlegung in Teilschwingungen leistet gute Dienste bei der Betrachtung der Wucht mehrerer Kurbeltriebe, die bei Verbrennungsmaschinen in der Regel gleiche Abmessungen und Gewichte haben. Durch das Zusammenwirken der z Massen, deren Kurbeln oder Zylinder in der Regel gleichmäßig versetzt sind, werden die starken Schwankungen der Wucht ausgeglichen, wobei einzelne Ordnungen verschwinden; sie brauchen also bei der Aufzeichnung des Gesamtwuchtdiagramms nicht berücksichtigt zu werden. Für Reihenmaschinen treten an Stelle der Winkel α die Summen der Versetzungswinkel δ_k, wenn man von der Totlage der Kurbel 1 ($\alpha_1 = 0$) ausgeht, ähnlich wie bei dem Massenausgleich, s. Abb. 21.

α) Kolben.

Für *Viertakt* ergibt sich als Summe der reduzierten Trägheitsmomente der hin und her gehenden Teile aus Gleichung (29):

$$\begin{aligned}
\text{Zweizylinder:} \quad J_{3r} &= 2 \cdot m_3 \cdot r^2 \, (C_0 + C_1 \cdot \cos \delta_k + C_2 \cdot \cos 2\delta_k + C_3 \cdot \cos 3\delta_k + \\
&\quad + C_4 \cdot \cos 4\delta_k + \ldots) \\
\text{Dreizylinder:} \quad &= 3 \cdot m_3 \cdot r^2 \, (C_0 + C_3 \cdot \cos 3\delta_k + C_6 \cdot \cos 6\delta_k + \ldots) \\
\text{Vierzylinder:} \quad &= 4 \cdot m_3 \cdot r^2 \, (C_0 + C_2 \cdot \cos 2\delta_k + C_4 \cdot \cos 4\delta_k + \ldots) \\
\text{Fünfzylinder:} \quad &= 5 \cdot m_3 \cdot r^2 \, (C_0 + C_5 \cdot \cos 5\delta_k + C_{10} \cdot \cos 10\delta_k + \ldots) \\
\text{Sechszylinder:} \quad &= 6 \cdot m_3 \cdot r^2 \, (C_0 + C_3 \cdot \cos 3\delta_k + C_6 \cdot \cos 6\delta_k + \ldots) \\
\text{Siebenzylinder:} \quad &= 7 \cdot m_3 \cdot r^2 \, (C_0 + C_7 \cdot \cos 7\delta_k + C_{14} \cdot \cos 14\delta_k + \ldots) \\
\text{Achtzylinder:} \quad &= 8 \cdot m_3 \cdot r^2 \, (C_0 + C_4 \cdot \cos 4\delta_k + C_8 \cdot \cos 8\delta_k + \ldots)
\end{aligned} \quad (33)$$

Mit zunehmender Zylinderzahl nähert man sich einer unveränderlichen Wucht, d. h. die Massen wirken „wie ein Schwungrad".

Zweitakt. Gemäß der größeren Zahl der Kurbelstrahlen im Kreis bei geradzahligen Wellen ist der Ausgleich von höherer Ordnung gegenüber Viertakt; die ungeradzahligen Wellen dagegen liefern dasselbe Ergebnis.

Mit den Beiwerten aus Gleichung (28a) erhält man die Summenwerte der veränderlichen Glieder, die noch mit $(m_3 \cdot r^2)$ zu vervielfachen sind:

Zahlentafel 24. Harmonische der reduzierten Trägheitsmomente der hin und her gehenden Massen.

Zylinderzahl z	Viertakt	Zweitakt
2	$\lambda \cos \alpha - \cos 2\alpha - \lambda \cos 3\alpha - \ldots$	$-\cos 2\alpha - \dfrac{\lambda^2}{4} \cos 4\alpha$
3	$-\dfrac{3}{2} \lambda \cos 3\alpha$	$-\dfrac{3}{2} \lambda \cos 3\alpha$
4	$-2 \cos 2\alpha - \dfrac{\lambda^2}{2} \cos 4\alpha$	$-\dfrac{\lambda^2}{2} \cos 4\alpha$
5	$\dfrac{5}{16} \lambda^3 \cos 5\alpha$ (vernachlässigbar)	$\dfrac{5}{16} \lambda^3 \cos 5\alpha$ (vernachlässigbar)
6	$-3 \lambda \cos 3\alpha$	vernachlässigbar
7	vernachlässigbar	vernachlässigbar
8	$-\lambda^2 \cos 4\alpha$	vernachlässigbar

β) Pleuelstange.

Für die *Fortschreitungswucht* der Stange bleibt die Ordnung des Ausgleiches die gleiche wie für die Kolbenwucht.

Die reduzierten Trägheitsmomente für die *Drehwucht* der Stange werden bei Viertakt für die verschiedenen Zylinderzahlen aus Gl. (32):

$$\left.\begin{aligned}
\text{Zweizylinder:} \quad & J'_{2_r} = 2 \cdot J_2 (E_0 + E_2 \cdot \cos 2\,\delta_k + E_4 \cdot \cos 4\,\delta_k + \ldots) \\
\text{Dreizylinder:} \quad & = 3 \cdot J_2 (E_0 + E_6 \cdot \cos 6\,\delta_k + E_{12} \cdot \cos 12\,\delta_k + \ldots) \\
\text{Vierzylinder:} \quad & = 4 \cdot J_2 (E_0 + E_2 \cdot \cos 2\,\delta_k + E_4 \cdot \cos 4\,\delta_k + \ldots) \\
\text{Fünfzylinder:} \quad & = 5 \cdot J_2 (E_0 + E_{10} \cdot \cos 10\,\delta_k + E_{20} \cdot \cos 20\,\delta_k + \ldots) \\
\text{Sechszylinder:} \quad & = 6 \cdot J_2 (E_0 + E_6 \cdot \cos 6\,\delta_k + E_{12} \cdot \cos 12\,\delta_k + \ldots) \\
\text{Siebenzylinder:} \quad & = 7 \cdot J_2 (E_0 + E_{14} \cdot \cos 14\,\delta_k + E_{28} \cdot \cos 28\,\delta_k + \ldots) \\
\text{Achtzylinder:} \quad & = 8 \cdot J_2 (E_0 + E_4 \cdot \cos 4\,\delta_k + E_8 \cdot \cos 8\,\delta_k + \ldots)
\end{aligned}\right\} \quad (34)$$

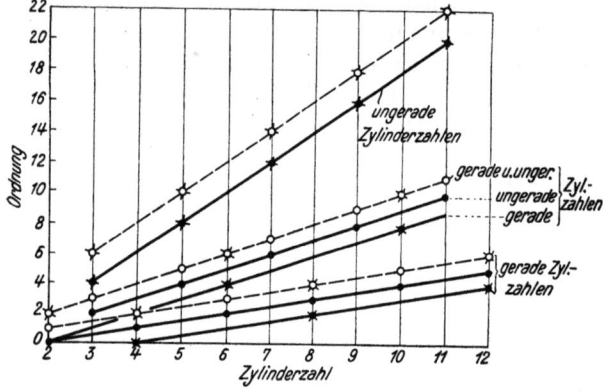

Abb. 86. Wuchtausgleich der Viertaktmaschinen.
- • Ausgeglichene Fortschreitungswucht von Kolben nebst Kreuzkopf und Pleuelstange.
- ○ Unausgeglichene Fortschreitungswucht von Kolben nebst Kreuzkopf und Pleuelstange.
- ∎ Ausgeglichene Drehwucht der Pleuelstange.
- ▫ Unausgeglichene Drehwucht der Pleuelstange.

Schon die Glieder mit E_4 sind bei dem üblichen Zeichnungsmaßstab kaum erkennbar.

Bei Zweitaktmaschinen erscheinen für den Zweizylinder die Klammerwerte wie für den Viertakt-Vierzylinder, für den Vierzylinder die Werte wie für den Viertakt-Achtzylinder usf.; der Wuchtausgleich ist besser. Ungerade Zahlen bleiben unverändert.

Die durch die vorstehenden Reihen gegebene Güte des Ausgleiches ist in Abb. 86 und Abb. 87 dargestellt.

Die Gleichungen gelten auch grundsätzlich für *Sternmaschinen*. Bei ihnen ist das Trägheitsmoment J_1 der einfach gekröpften Welle etwas kleiner als bei der mehrfach gekröpften Welle; hinzu kommen die verschiedenen Trägheitsmomente der Haupt- und Nebenstangen.

c) Arbeitsdiagramm.

Die vom Kolben ausgehende treibende Kraft P ändert sich nach einem bestimmten Gesetz. Ist in einem Augenblick die Kraft P größer als der Widerstand W, dann wird durch den Unterschied $(P-W)$ die Wucht E vergrößert; beim Überwiegen des Widerstandes geben die reduzierten Massen Arbeit nach außen ab, wobei E verkleinert wird. Es tritt ein ständiges Wechselspiel ein, das nun klarzulegen ist; dazu benötigt man:

1. für jede Kurbelstellung den Unterschied der bis dahin von den Kräften P und W verrichteten Arbeit, also die Überschußarbeit

$$A = A_P - A_W; \qquad (35)$$

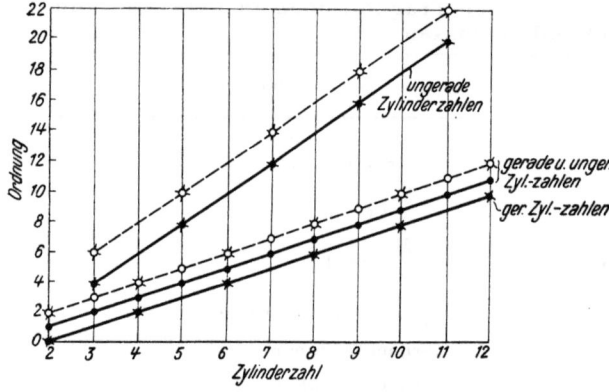

Abb. 87. Wuchtausgleich der Zweitaktmaschinen.
- • Ausgeglichene Fortschreitungswucht von Kolben nebst Kreuzkopf und Pleuelstange.
- ○ Unausgeglichene Fortschreitungswucht von Kolben nebst Kreuzkopf und Pleuelstange.
- ∎ Ausgeglichene Drehwucht der Pleuelstange.
- ▫ Unausgeglichene Drehwucht der Pleuelstange.

2. die in jeder Kurbelstellung vorhandene Gesamtwucht E. Sie setzt sich zusammen aus der in der

Nullstellung der Kurbel vorhandenen Wucht E_0 und dem von dieser Stellung ab wirksamen Arbeitsüberschuß A:

$$E = E_0 + A \text{ m kg}. \tag{36}$$

Den Verlauf der A_P ermittelt man an Hand des Indikatordiagramms der Maschine, in dem die Kraft P zeichnerisch als Funktion des Kolbenweges s gegeben ist (Abb. 88a). Die zugehörige Arbeit ist:

$$A_P = \int P \cdot ds.$$

Die Integration wird graphisch ausgeführt (Abb. 88a). Konstruiert man rechtwinklige Dreiecke mit der einen konstanten Kathete „1" und der zweiten veränderlichen Kathete „P", wobei mit genügender Annäherung $P = \dfrac{P' + P''}{2}$ ist, so ergibt sich der jeweilige Winkel β, der die Neigung des betreffenden Kurvenstückes im A_P-Diagramm bestimmt; denn es ist die Gleichung erfüllt:

$$P = \frac{dA_P}{ds}$$

oder

$$\frac{P}{\text{„1"}} = \frac{dA_P}{ds} = \text{tg}\,\beta.$$

Maßstäbe: Im Indikatordiagramm ist 1 cm = a kg/cm²; soll dasselbe Diagramm für Kolbenüberdrücke mit der Kolbenfläche F cm² gelten, so ist 1 cm = $a \cdot F$ kg, daraus

$$1 \text{ kg} = \frac{1}{a \cdot F} \text{ cm} = k_1.$$

Ferner: Kolbenhub b cm = s m, $1 \text{ m} = \dfrac{b}{s}$ cm = k_2; Einheitsstrecke „1" = d cm. Damit wird der Maßstab der A_P:

$$1 \text{ m kg} = \frac{k_1 \cdot k_2}{\text{„1"}} \text{ cm} = k_3.$$

Teilt man nun das Indikatorschaubild durch Lotrechte in eine genügend große Anzahl von Elementen, z. B. so, daß zu 24 gleichen Teilen im Kurbelkreis 0 bis 24 Ordinaten P gehören, so erhält man die A-Kurve aus lauter kleinen Tangentenstückchen zusammengesetzt.

Beginnt man beim Viertaktmotor mit dem Ausdehnungshub (Arbeitshub), so steigt die A_P-Linie ständig bis zum Ende des ersten Hubes und sinkt dann ab bis zum Ende der Periode, wie man aus Abb. 88a ersieht. Die Arbeit eines Zylinders am Ende einer Periode bestimmt sich aus:

$$A_P = F \cdot s \cdot p_i \text{ m kg} \tag{37}$$

mit p_i als mittleren Innendruck; in Abb. 88a muß die Endordinate der A_P-Linie diesen Arbeitsbetrag ergeben.

Nun werden über zwei Wellenumdrehungen die Ordinaten aus Abb. 88a entnommen und über den Teilpunkten aufgetragen (Abb. 88b). Wird die Arbeit der Maschine gleichmäßig aufgebraucht, so ergibt die A_W-Linie eine stetig ansteigende Gerade, deren Endordinate mit jener der A_P-Linie übereinstimmt.

Zieht man von den Ordinaten der A_P-Linie jene der A_W-Linie ab, so erhält man für einen Zylinder die Ordinaten der gesuchten A-Linie, d. h. der Überschußarbeit. Die bewegten Massen der Maschine speichern diesen Überschuß auf und geben ihn dann ab.

Hat die Maschine z Zylinder, so sind die A_P-Arbeiten der einzelnen Zylinder sowie die A_W-Arbeiten zu summieren, wie es in Abb. 88b für den Vierzylinder kenntlich gemacht ist. Von der Waagrechten aus aufgetragen, ergeben die A-Ordinaten den Verlauf von Abb. 88c., der sich für jede halbe Kurbeldrehung wiederholt.

d) Trägheits-Energie-Diagramm.

In einem beliebigen Augenblick ist die Wucht der reduzierten Massen aller Kurbeltriebe und ihrer Trägheitsmomente, ohne Schwungradmasse:

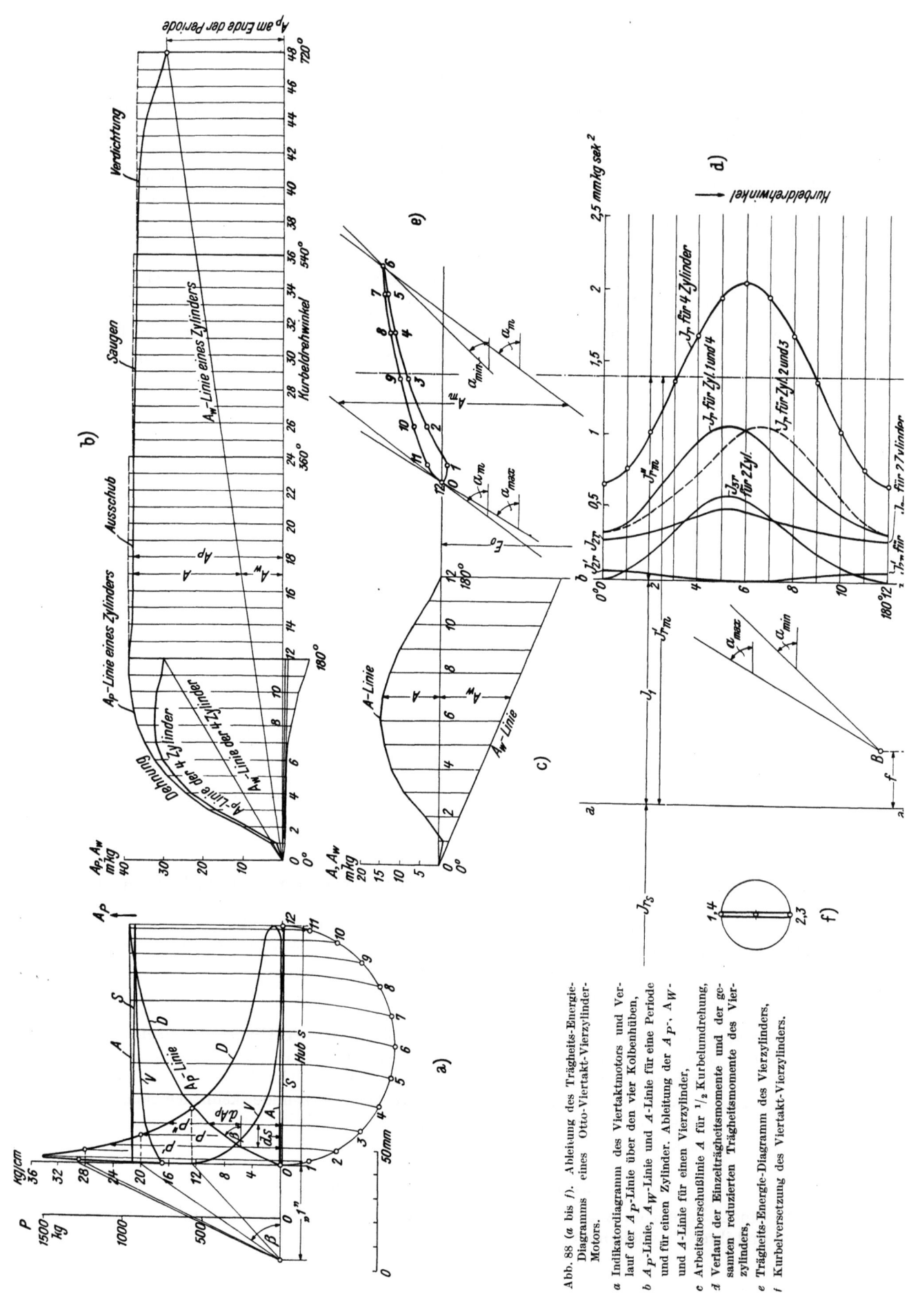

Abb. 88 (a bis f). Ableitung des Trägheits-Energie-Diagramms eines Otto-Viertakt-Vierzylinder-Motors.

a Indikatordiagramm des Viertaktmotors und Verlauf der A_P-Linie über den vier Kolbenhüben,
b A_P-Linie, A_W-Linie und A-Linie für eine Periode und für einen Zylinder. Ableitung der A_P-, A_W- und A-Linie für einen Vierzylinder,
c Arbeitsüberschußlinie A für $^1/_2$ Kurbelumdrehung,
d Verlauf der Einzelträgheitsmomente und der gesamten reduzierten Trägheitsmomente des Vierzylinders,
e Trägheits-Energie-Diagramm des Vierzylinders,
f Kurbelversetzung des Viertakt-Vierzylinders.

Allgemeines Trägheits-Energie-Diagramm.

$$E = m_r' \cdot r^2 \cdot \frac{\omega_1^2}{2}$$

$$= J_r' \cdot \frac{\omega_1^2}{2} \text{ mkg},$$

wie schon in Gleichung (25b) für einen Kurbeltrieb zum Ausdruck kam.

Es werden nun die einzelnen Punkte der reduzierten Trägheitsmomente von Abb. 88d, den gleichnamigen Punkten der Arbeitsüberschußkurve von Abb. 88c zugeordnet, wobei

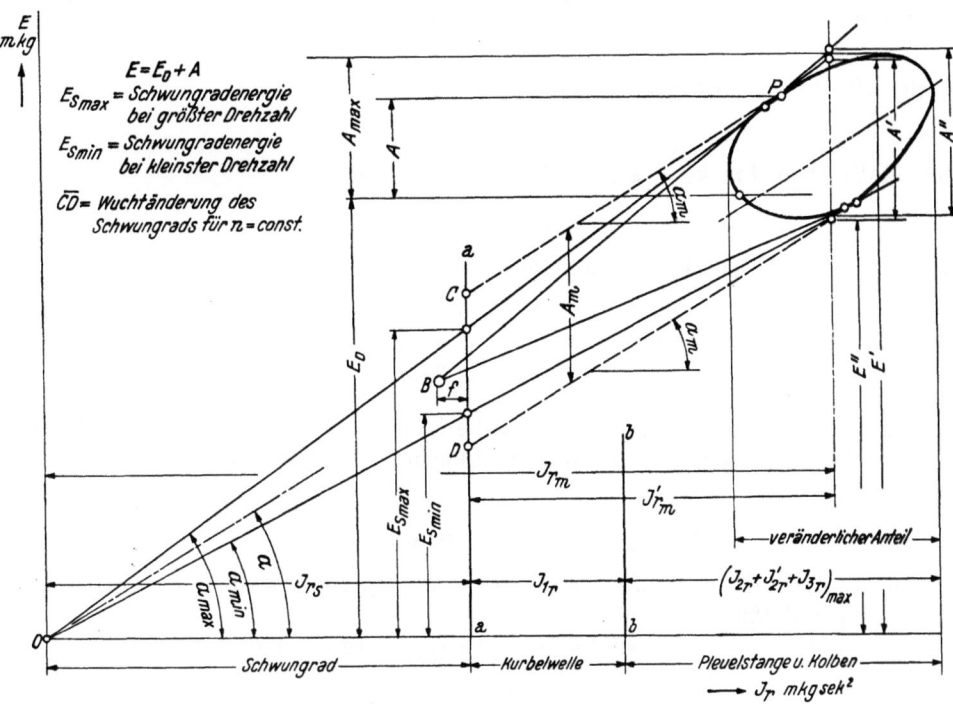

Abb. 89. Allgemeine Darstellung zur Auswertung des Trägheits-Energie-Diagramms.

im Falle des Vierzylinders die gleichgerichteten Kurbeln 1 und 4, 2 und 3 (Abb. 88f) eine Vereinfachung der Zeichnung ermöglichen. So entsteht z. B. für diese Maschine die geschlossene Kurve Abb. 88e. Der Maßstab für die Trägheitsmomente ist: $1 \text{ m kg sek}^2 =$
$= e \text{ cm} = k_4$; kleine Beträge von J_r' werden im mm kg sek² ausgedrückt.

Angaben zu Abb. 88 $a \div f$.

4 Zylinder, $d = 75$ mm, $s = 100$ mm, $n = 3000$ U/min,
$\qquad r = 50$ mm,
$J_1 = 1{,}55$ mm kg sek², $\qquad F = 44{,}2$ cm²
$J_2 = 0{,}467$ mm kg sek², $\qquad p_i = 6{,}9$ kg/cm²
$m_2 = 0{,}0000944 \frac{\text{kg} \cdot \text{sek}^2}{\text{mm}}$, $\qquad A_P = 30{,}5$ mkg,
$m_3 = 0{,}0001105$,
k_1: 1 kg = 0,683 mm,
k_2: 1 m = $\frac{100}{0{,}1}$ = 1000 mm, da in der Zeichnung der Hub
$\qquad$ 0,1 m gleich 100 mm gesetzt ist,
k_3: 1 m kg = $\frac{0{,}0683 \cdot 1000}{40}$ = 1,71, da in der Zeichnung die
$\qquad$ Einheitsstrecke „1" = 40 mm genommen ist,
k_4: 1 m kg sek² = 60 000 mm,
$\qquad$ 1 mm kg sek² = 60 mm.

Die zeichnerische Ermittlung von v_2 und v_3 nach Abb. 83 ist nicht eingetragen. Die reduzierten Massenträgheitsmomente sind:

Welle: $J_{1_r} = J_1 = 1{,}55$ mm kg sek², unveränderlich,

Pleuelstange: $J_{2_r} = m_2 \cdot r^2 \cdot \left(\frac{v_2}{v_1}\right)^2$, $J'_{2_r} = J_2 \cdot \left(\frac{\omega_2}{\omega_1}\right)^2$, veränderlich,

Kolben: $J_{3_r} = m_3 \cdot r^2 \cdot \left(\frac{v_3}{v_1}\right)^2$, veränderlich,

$J_{r_m}'' = 1{,}41$ (aus Zeichnung),
$J_{r_m}' = J_1 + J_{r_m}'' = 1{,}55 + 1{,}41 = 2{,}96$,
$\omega_{1_m} = 314{,}16$. $\quad \text{tg}\, \alpha_m = \frac{314{,}16^2}{2} \cdot \frac{1{,}71}{60\,000} = 1{,}4064$,
$\qquad \alpha_m = 54° 35'$,
$A_m = 97$ mm = $\frac{97}{1{,}71}$ = 66,7 m kg = 66,7 · 1000 mm kg,
$\delta_s = \frac{A_m}{J_{r_m}' \cdot \omega_{1_m}^2} = \frac{66{,}7 \cdot 1000}{2{,}96 \cdot 314{,}16^2} = 0{,}228 = \frac{1}{4{,}38}$,
$\text{tg}\, \alpha_{\max} = \text{tg}\, \alpha_m \left(1 + \frac{\delta}{2}\right)^2 = 1{,}4064 \cdot 1{,}14^2 = 1{,}74534$,
$\qquad \alpha_{\max} = 60° 11'$.
$\text{tg}\, \alpha_{\min} = \text{tg}\, \alpha_m \left(1 - \frac{\delta}{2}\right)^2 = 1{,}4064 \cdot 0{,}886^2 = 1{,}10402$,
$\qquad \alpha_{\min} = 47° 50'$.

Für $\delta_s = \frac{1}{50}$ ist ein Schwungrad mit $J_{r_s} = 26{,}5$ mm kg sek² anzufügen.

Um Richtlinien für die Auswertung des Diagramms zu geben, sei nun für das Triebwerk nebst Schwungrad ein vereinfachtes Bild mit den wichtigsten Größen zugrunde gelegt (Abb. 89). Für einen beliebigen Punkt der Kurve gilt Gl. (36). Der Neigungswinkel α eines vom Koordinatenursprung O nach einem Punkt der Kurve gezogenen Strahles ist ein Maß für die Geschwindigkeit des Kurbelzapfens in der dem Punkt entsprechenden Stellung. Schneidet ein Strahl die Kurve zweimal, so sind die Geschwindigkeiten in den Kurbellagen, die den Schnittpunkten zugehören, gleich. Es gilt allgemein:

$$\operatorname{tg}\alpha = \frac{E}{J_r} \tag{38}$$

und wegen des obigen Ausdruckes für E:

$$\operatorname{tg}\alpha = \frac{\omega_1{}^2}{2}. \tag{39}$$

Mit den Maßstäben $1\,\mathrm{m\,kg} = k_3$, $1\,\mathrm{m\,kg\,sek^2} = k_4$ wird:

$$\operatorname{tg}\alpha = \frac{\omega_1{}^2}{2} \cdot \frac{k_3}{k_4} \tag{39a}$$

und daraus die Winkelgeschwindigkeit der Kurbel:

$$\omega_1 = c \cdot \sqrt{\operatorname{tg}\alpha} \tag{40}$$

für die minutliche Wellendrehzahl:

$$n = \frac{30 \cdot \omega_1}{\pi}. \tag{41}$$

Zieht man von O aus die Tangenten an die Kurve, so ergeben sich unter Weglassung der Maßstabsbeiwerte die größte und die kleinste Geschwindigkeit mit dem größten und kleinsten Winkel α aus:

$$\operatorname{tg}\alpha_{\max} = \frac{\omega_{1\max}{}^2}{2}, \quad \operatorname{tg}\alpha_{\min} = \frac{\omega_{1\min}{}^2}{2}.$$

Liest man E' und E'' auf der Lotrechten für J_{r_m} ab, so ist mit Anwendung von Gleichung (38) und (39):

$$E' - E'' = J_{r_m} \cdot (\operatorname{tg}\alpha_{\max} - \operatorname{tg}\alpha_{\min})$$
$$= \frac{J_{r_m}}{2}(\omega_{1\max}{}^2 - \omega_{1\min}{}^2),$$

was mit Gleichung (7a), S. 83, übergeht in:

$$E' - E'' = J_{r_m} \cdot \omega_{1_m}{}^2 \cdot \delta_s. \tag{42}$$

Da bei Aufzeichnung des Diagramms E_0 nicht bekannt ist, schreibt man zweckmäßiger:

$$A' = J_{r_m} \cdot \omega_{1_m}{}^2 \cdot \delta_s. \tag{43}$$

Die Aufzeichnung der Trägheits-Energie-Kurve hat zum Ziel die Ermittlung des Ungleichförmigkeitsgrades oder der Schwungradmasse.

e) Ungleichförmigkeitsgrad.

α) Alle Massen sind gegeben.

Sind die Massen, also Triebwerksmassen und Schwungradmasse, bekannt und der Ursprung O zugänglich, so errechnet sich δ_s aus:

$$\delta_s = \frac{A'}{J_{r_m} \cdot \omega_{1_m}{}^2}; \tag{44}$$

hierin ist J_{r_m} wegen der schwankenden Größe der reduzierten Trägheitsmomente von Kolben und Pleuelstange als Mittelwert von J_r zu nehmen (vgl. hierzu die Ausführungen im Abschnitt „Drehschwingungen", S. 135).

Sonst begnügt man sich mit einer Annäherung, die besonders bei großem Trägheitsmoment der Schwungmasse zulässig erscheint. Aus der gegebenen Drehzahl n der Maschine rechnet man die mittlere Winkelgeschwindigkeit

$$\omega_{1_m} = \frac{\pi \cdot n}{30},$$

ferner:
$$\operatorname{tg}\alpha_m = \frac{\omega_{1m}^2}{2}\cdot\frac{k_3}{k_4} \qquad (45)$$

und daraus α_m. Man zieht sodann unter dem Winkel α_m zur Waagrechten die Tangenten an den geschlossenen Kurvenzug und erhält zwischen ihnen die von den Massen aufzunehmende Arbeit A_m; damit wird:
$$\delta_s = \frac{A_m}{J_{r_m}\cdot\omega_{1m}^2}. \qquad (44\,\text{a})$$

β) Ohne zusätzliche Schwungmasse.

Es sei die Frage beantwortet, wie groß δ_s wird, wenn allein die *Kurbeltriebmassen* vorhanden sind, was bei raschlaufenden Leichtmotoren wissenswert ist.

Da die waagrechte Ausdehnung der Trägheits-Energie-Kurve in vielen Fällen klein ist im Verhältnis zu ihrem Abstand von der Linie $a-a$ als Grenzlinie für die Getriebemassen, genügt ein Näherungsverfahren. Unter Verwendung des in Gleichung (45) abgeleiteten α_m legt man unter diesem Winkel zwei Tangenten an die Trägheits-Energie-Kurve an, liest den Betrag A_m ab und rechnet mit ihm, mit dem Mittelwert J'_{r_m} der Triebwerksmassen und mit ω_{1m}^2 den Ungleichförmigkeitsgrad:
$$\delta_s = \frac{A_m}{J'_{r_m}\cdot\omega_{1m}^2}. \qquad (44\,\text{b})$$

Hat die Kurve größere Ausdehnung, so bedarf das so ermittelte δ_s einer Korrektur. Mit δ_s und mit
$$\omega_{\max} = \omega_{1m}\cdot\left(1+\frac{\delta_s}{2}\right) \quad\text{und}\quad \omega_{\min} = \omega_{1m}\cdot\left(1-\frac{\delta_s}{2}\right)$$
erhält man:
$$\begin{aligned}\operatorname{tg}\alpha_{\max} &= \operatorname{tg}\alpha_m\cdot\left(1+\frac{\delta_s}{2}\right)^2 \\ \operatorname{tg}\alpha_{\min} &= \operatorname{tg}\alpha_m\cdot\left(1-\frac{\delta_s}{2}\right)^2\end{aligned} \qquad (46)$$

und hieraus die Winkel $\alpha_{\max}$ und $\alpha_{\min}$. Die Einzeichnung der Tangenten an die Kurve unter diesen Winkeln liefert ihren Schnittpunkt B, Abb. 88d und 89, der auf der Linie $a-a$ liegen sollte. Eine merkliche Abweichung f, wie sie z. B. eintritt bei der Vierzylindermaschine mit beträchtlicher Längsausdehnung der Kurve, erfordert eine weitere Richtigstellung in folgender Weise. Man liest, ähnlich wie A' in Abb. 89 für die Gesamtträgheitsmomente, den Betrag A'' zwischen den Tangenten auf der Achse für J_{r_m} ab und rechnet mit ihm und J'_{r_m}:
$$\delta_s' = \frac{A''}{J'_{r_m}\cdot\omega_{1m}^2}. \qquad (44\,\text{c})$$

Mit diesem δ_s' werden nun neue Winkel $\alpha'_{\max}$ und $\alpha'_{\min}$ gerechnet, sodann die Tangenten unter diesen Winkeln an die Kurve gelegt und ihr Schnittpunkt geprüft. Eine geringe Abweichung von der richtigen Lage ist belanglos.

f) Zusatz-Schwungmasse (Schwungrad).

Es liege die Aufgabe vor, die Schwungmasse für ein vorgeschriebenes δ_s zu bestimmen. Nach Errechnen von $\operatorname{tg}\alpha_{\max}$ und $\operatorname{tg}\alpha_{\min}$ aus Gleichung (46) und der zugehörigen Winkel legt man an die Energiekurve die Tangenten unter diesen Winkeln an, wodurch man den Ursprung O, das gesamte reduzierte Trägheitsmoment J_{r_m} und die Anfangswucht E_0 erlangt. Von J_{r_m} zieht man die Trägheitsmomente der Triebwerksmassen ab, und es bleibt das reduzierte Trägheitsmoment der Schwungmasse, Abb. 89:
$$J_{r_s} = J_{r_m} - J'_{r_m}. \qquad (47)$$

Handelt es sich um ein Schwungrad auf der Kurbelwelle als Normalfall, so tritt J_s an Stelle von J_{r_s}. Die zugehörige, auf den Kurbelhalbmesser bezogene Schwungmasse ist:
$$M_{r_s} = \frac{J_s}{r^2}. \qquad (48)$$

Fällt der Schnittpunkt der Tangenten außerhalb des Zeichenblattes, so greift man zum vorstehend beschriebenen Näherungsverfahren mit α_m und A_m. Es wird dann

$$J_{r_m} = \frac{A_m}{\delta_s \cdot \omega_{1m}{}^2} \qquad (49)$$

und daraus J_{r_s} nach Abzug von $J_{r_m}{}'$. Das hierbei eingesetzte A_m ist gleich der Überschußarbeit bei unveränderlicher Kurbelwellendrehzahl; es nähert sich um so mehr dem tatsächlichen Wert A', je mehr J_{r_s} über die Triebwerksmassen überwiegt. Das Schwungradgewicht wird etwas größer als bei genauer Ermittlung der Größe A' und deckt sich annähernd mit dem Gewicht, das mit Hilfe des Tangentialkraftdiagramms erhalten wird.

g) Vergleich der verschiedenen Zylinderzahlen.

Es liegt nahe, einen allgemeinen Vergleich der verschiedenen Motorgattungen mit den zugehörigen Arbeitsdiagrammen unter Einbeziehung der Glieder höherer Ordnung der Trägheitsmomente hinsichtlich des Wuchtausgleiches und des Gleichförmigkeitsgrades zu ziehen.

Diese umfangreiche Arbeit hat Kosney durchgeführt. Er hat die Trägheits-Energie-Kurven für verschiedene Zylinderzahlen abgeleitet, wovon Abb. 90 einige Beispiele bringt.

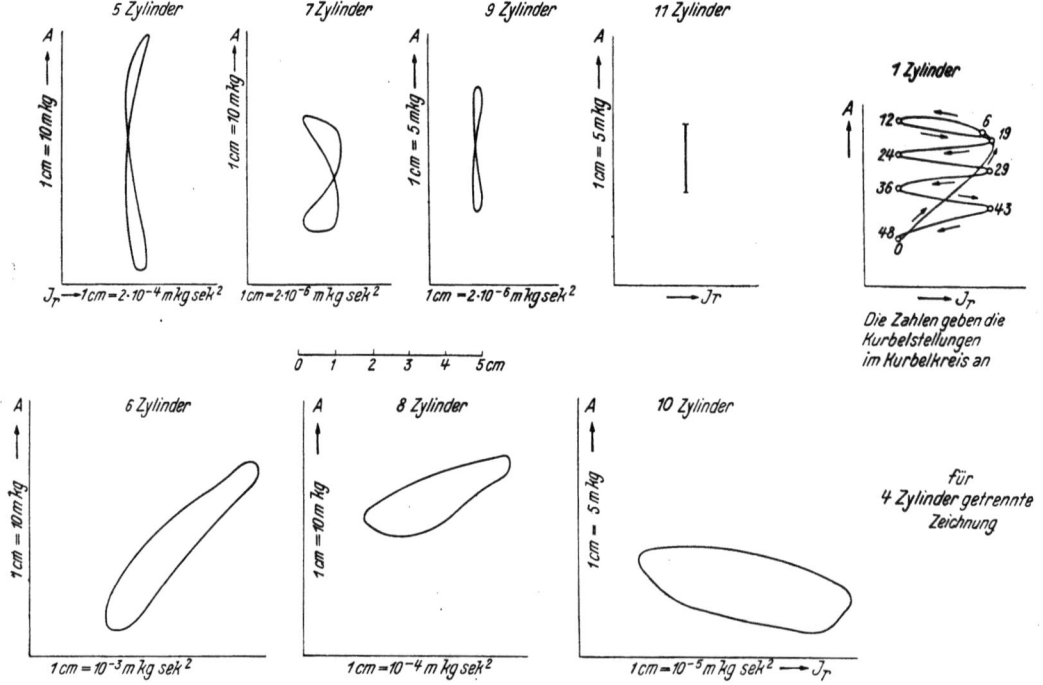

Abb. 90. Verlauf der Trägheits-Energie-Kurven für verschiedene Zylinderzahlen des Viertakt-Leichtmotors.

Darin ist der Maßstab für die einzelnen Zylinderzahlen um so größer gewählt, je höher die Ordnung der verbleibenden harmonischen Glieder der reduzierten Trägheitsmomente ist. Verzichtet man auf die Glieder höherer Ordnung von kleinem Betrag, so erscheint die Kurve des Fünf-, Sieben- und Neunzylinders als lotrechte Gerade. Des Vergleiches halber ist der Kurvenzug für die Einzylindermaschine beigefügt. Der Kurvenzug wiederholt sich bei Viertakt nach einem Drehwinkel der Kurbel $\alpha = \frac{720°}{z}$ bei z Zylindern, mithin beim Einzylinder alle 720°, beim Fünfzylinder alle 144° usf.

Kosney hat ferner die „natürliche" Gleichförmigkeit der gesetzmäßig aufgebauten Leichtmotorenreihen bei Vorhandensein der Triebwerksmassen allein durch Auswertung der Gleichungen (33) und (34) festgestellt. Die Gleichförmigkeitsgrade $\delta' = \frac{1}{\delta_s}$ ergeben, über den Drehzahlen aufgetragen, Kurven von gleichem Grundcharakter. Mit zunehmender Drehzahl steigt δ' auf einen Höchstwert, fällt dann ab und nähert sich asymptotisch der Geraden, welche die Gleichförmigkeit der Massen allein, also ohne Wirken der Gaskräfte, angibt. Nur bei einem Wuchtausgleich 2. bis 4. Ordnung, der den Zylinderzahlen 4, 6, 8 zugeordnet ist, fällt das Maximum in das Gebiet zwischen 500 und

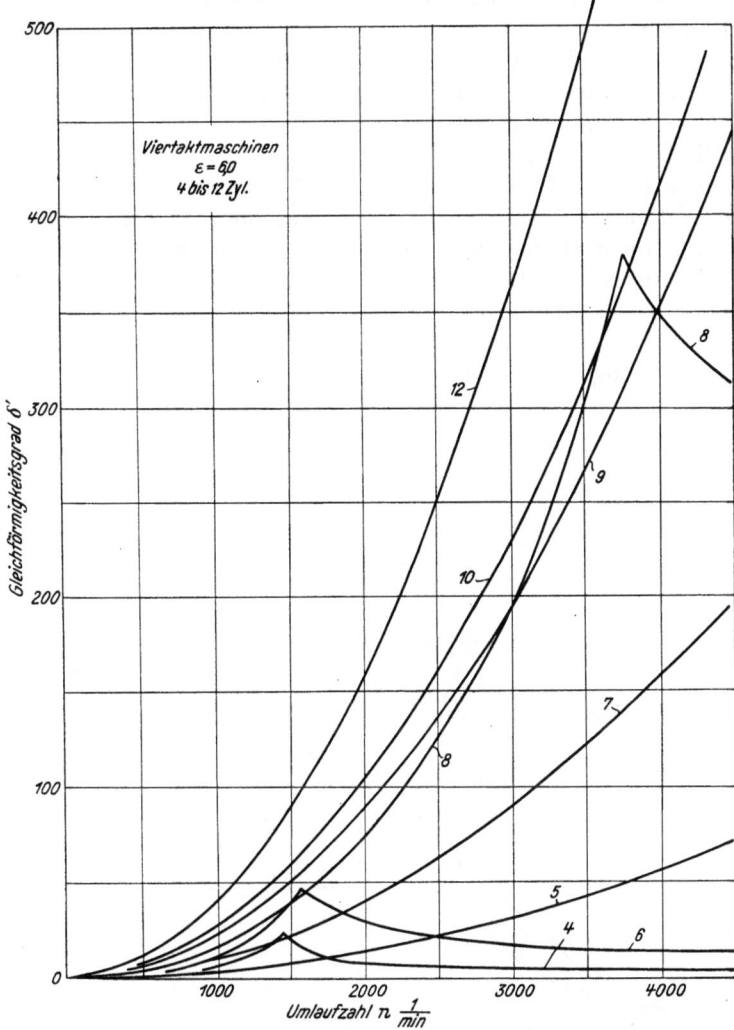

Abb. 91. Gleichförmigkeitsgrad δ' für verschiedene Zylinderzahlen von Otto-Motoren in Abhängigkeit von der Drehzahl nach KOSNEY. $J_1 = 1{,}54$, $m_2 r^2 = 0{,}18$, $J_2 = 0{,}35$, $m_3 r^2 = 0{,}20$ cm kg sek^2, $p_i = 8$ kg/cm^2.

5000 U/min, in dem die heutigen Ausführungen arbeiten. Weiter ab liegt das Maximum für die ungeraden Zahlen 5, 7, 9 und Viertakt und gerade sowie ungerade Zylinderzahlen und Zweitakt.

Abb. 91 gibt eine Übersicht über die Verhältnisse bei *Vergasermotoren* mit gleichem Verdichtungsverhältnis. Man ersieht daraus, daß der Vierzylinder-Viertaktmotor um 1500 U/min das beste δ' liefert, der Fünfzylinder hier ungleichförmiger arbeitet, daß jedoch von 2500 U/min aufwärts der Fünfzylinder günstiger ist; denn hier liegt der Vierzylinder auf dem absteigenden Ast von δ' und verhält sich unbefriedigend. Der Sechszylinder gibt den Bestwert zwischen 1500 und 2000 Umdrehungen je nach Verdichtung und verschlechtert sich von da ab zusehends; die Gleichförmigkeit des Sechszylinders wird vom Fünfzylinder im Gebiet von 3500 bis 4000 U/min übertroffen. Verfasser hat schon früher diese Verhältnisse, insbesondere die Eigenschaften des Fünfzylinders klargelegt [22]. Der Achtzylinder läuft am gleichmäßigsten zwischen 3500 bis 4000 U/min.

Manche Zylinderzahlen besitzen einen so guten Gleichförmigkeitsgrad, daß ein Schwungrad entbehrlich erscheint; indessen können andere Rücksichten (S. 68, 89) für Anwendung einer Schwungmasse sprechen.

Abfallende Drehzahl bei Vollgas, wie z. B. bei erhöhtem Widerstand am Fahrzeug in der Steigung, zeitigt eine Verschlechterung der Gleichförmigkeit, beim Vierzylinder stärker als beim Fünfzylinder.

Die Erhöhung des Verdichtungsverhältnisses und des Zünddruckes verschiebt den Bestwert von δ' in das Gebiet etwas höherer Drehzahlen; will man also ein bestimmtes δ' für die Normaldrehzahl einhalten, so ist diese Drehzahl hinauf zu verlegen, wie Abb. 92 für den Sechszylinder entnehmen läßt.

Die Verhältnisse liegen ähnlich bei den *Diesel-Motoren*. Bei Zweitakt steigt für je gleiche Zylinderzahl der Gleichförmigkeitsgrad rascher als bei Viertakt, so daß mit verhältnismäßig niedrigen Drehzahlen und recht gutem δ' gearbeitet werden kann.

Aus diesen Ergebnissen ist festzuhalten, daß einer bestimmten Zylinderzahl eine passende Drehzahl zuzuordnen ist, um die größte Gleichförmigkeit des Ganges zu erreichen.

Das wirkliche Verhalten der Welle wird zusätzlich von ihren elastischen Eigenschaften und ihren Drehschwingungen beeinflußt, worauf schon unter II, S. 90, hingewiesen wurde.

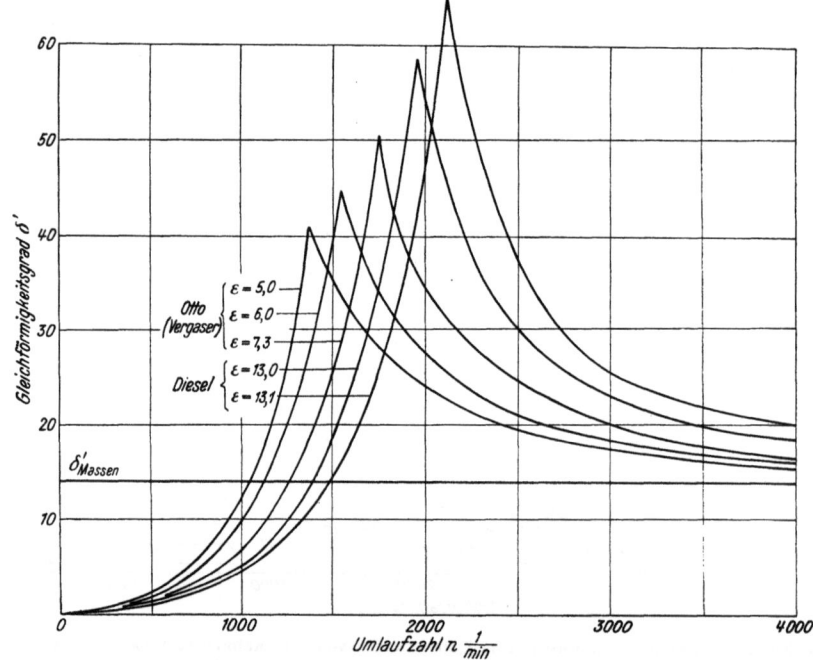

Abb. 92. Einfluß des Verdichtungsverhältnisses ε auf den Gleichförmigkeitsgrad des Sechszylindermotors. $\varepsilon = 13,0$ mit Einspritzung, $\varepsilon = 13,1$ mit Einblasung.

Abb. 92 bietet eine nützliche Möglichkeit der Abwandlung. Zeichnet man die Kurven so um, daß δ' in Abhängigkeit von $(J_r \cdot \omega_1^2)$ aufgetragen wird, Abb. 93, so gehen manche der Kurven in gerade Linien über, wie bei 5, 7, 9, 10 und 12 Zylindern, da hierfür der Wert A' für wechselndes ω_1 der Kurbelwelle so gut wie unveränderlich ist, dank dem fast konstanten J_r. Da die Kurven sich auf die Kurbeltriebmassen beziehen, tritt an Stelle von J_r das Trägheitsmoment J_r' der Getriebeteile und bei veränderlichem J_r' der Mittelwert J'_{r_m}.

Verbindet man in Abb. 93 den Ursprung O mit einem beliebigen Punkt C einer Kurve für gerade Zylinderzahl, z. B. für sechs Zylinder, so schließt die Gerade $\overline{CO}$ mit der Abszissenachse den Winkel φ ein. Dieser stellt eine Beziehung zum Arbeitsüberschuß her; denn es ist:

$$\operatorname{ctg} \varphi = \frac{J'_{r_m} \cdot \omega_{1m}^2}{\delta_I'} \tag{50}$$

oder mit (44c) und mit $\delta_I' = \frac{1}{\delta_{s_I}}$:

$$\operatorname{ctg} \varphi = A''. \tag{51}$$

Dem Punkt C gehört ein bestimmtes δ_I' bei der Drehzahl n_I und der Winkelgeschwindigkeit ω_{1_I} zu. Will man ein höheres $\delta' = \delta_{II}'$ erreichen, so kann man aus Abb. 93 ablesen, welches $(J_{r_s} \cdot \omega_{1_I}^2)$ und damit welche Schwungmasse bei gleichem ω_{1_I} zuzufügen ist.

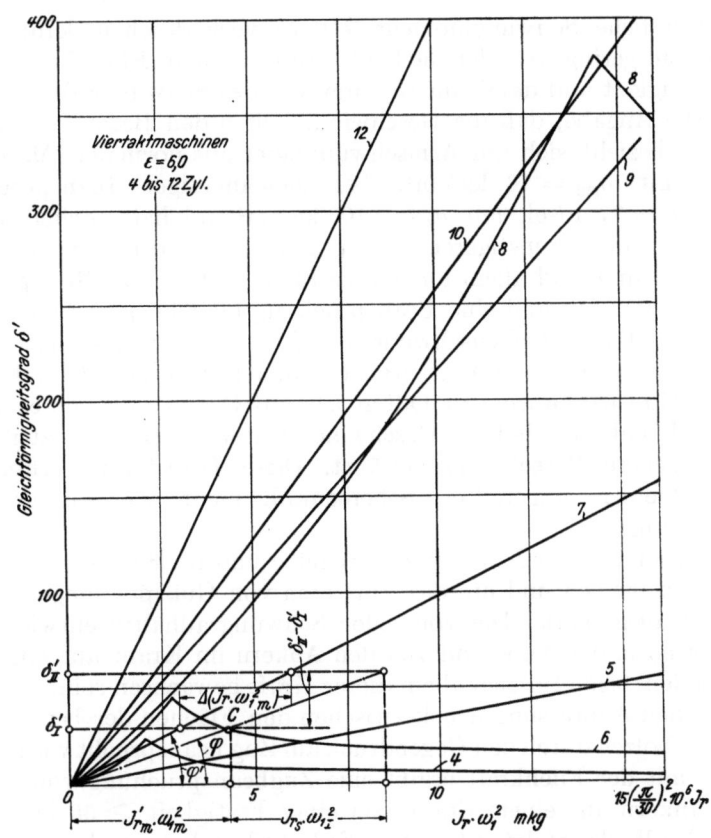

Abb. 93. Gleichförmigkeitsgrad δ' für verschiedene Zylinderzahlen von Otto-Motoren in Abhängigkeit von $J_r \cdot \omega_1^2$.

Für die Zylinderzahlen 5, 7, 9, 10 und 12 ist wegen des geraden Verlaufes der Linie der Winkel φ unveränderlich und schon durch die Neigung der Geraden für die jeweilige Zylinderzahl gegeben. Soll z. B. für den Siebenzylinder der Wert δ_I' auf δ_{II}' steigen, so entnimmt man aus Abb. 93, um wieviel das $(J_r \cdot \omega_1^2)$ zunehmen muß; dabei gilt:

$$\triangle (J_r \cdot \omega_{1_m}^2) = (J_r \cdot \omega_{1_m}^2)_{II} - (J_r \cdot \omega_{1_m}^2)_I$$
$$= (\delta_{II}' - \delta_I') \cdot \operatorname{ctg} \varphi'$$
$$= (\delta_{II}' - \delta_I') \cdot A$$

und $A = A' = A''$.

Es kann ω_1^2, mithin die Drehzahl n, bei gleichem J_r oder J_r bei gleichem n oder auch J_r und n zugleich geändert werden.

2. Vereinfachtes Vorgehen mit zwei reduzierten Massen.

Das Aufzeichnen des Trägheits-Energie-Diagramms läßt sich vereinfachen, wenn man die Masse der Pleuelstange unter gewissen kleinen Vernachlässigungen auf Kolben und Kurbel aufteilt, was schon beim Massenausgleich (S. 38) geschah. Man hat dann allein die Wucht der hin und her gehenden Masse auf den Kurbelzapfen zu beziehen. Während Abb. 85 entfällt, verbleiben die Kurven in Abb. 84 mit etwas veränderten Beträgen und mit vergrößertem konstanten Anteil J_1 der umlaufenden Massen. Dieses einfachere Verfahren mit nur zwei Massen hat KÖLSCH [6] zur Bestimmung der Ungleichförmigkeit der verschiedenen Zylinderzahlen der Viertakt-Leichtmotoren erstmals benützt und findet sich wieder in der Darstellung der Kräfte in Triebwerken von NEUGEBAUER [23].

IV. Festigkeitsrechnung der Schwungräder.

Um das erforderliche Schwungmoment GD^2 zu verwirklichen, kann man entweder ein großes D und ein geringes G oder die Umkehrung wählen. Eine Einschränkung in der Umfangsgeschwindigkeit und damit im Durchmesser des Schwungrades bringt der Werkstoff mit sich. Die Angabe, daß die Geschwindigkeit v den Betrag von 30 m/sek nicht überschreiten soll, bezieht sich auf Armschwungräder aus normalem Maschinengußeisen

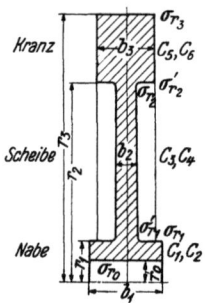

Abb. 94. Zerlegung des Scheibenquerschnitts.

mit $\sigma_{zul} = 70$ kg/cm²; bei gleichmäßiger Inanspruchnahme wäre $v = 37$ m/sek mit $\sigma_{zul} = 100$ kg/cm² statthaft. Scheibenschwungräder mit ihrer günstigeren Beanspruchung lassen höhere Geschwindigkeiten zu und sind allein am Platze für $v > 40$ m/sek; Stahlguß läßt v bis zu 120 m/sek und eine Beanspruchung bis 600 kg/cm² zu.

Das Scheibenschwungrad, Abb. 94, hat das Speichenschwungrad fast völlig verdrängt, weil es einfacher herzustellen, leichter frei von Gußspannungen zu halten ist, auf Grund günstigerer Aufnahme der Fliehkräfte höhere Geschwindigkeiten zuläßt und zugleich übersichtlichere Berechnung gewährt. Diese Berechnung erübrigt sich beim kleinen, ungeteilten Scheibenrad, nicht aber bei größeren Abmessungen.

Schwere Räder sind in der Nabe, in der Scheibe und im Kranz zweiteilig, um ein zu großes Gußstück zu meiden und um das Auftreten von Gußspannungen zu vermindern; lange Naben sind ausgespart. Die von jeder Schwungradhälfte entwickelte Fliehkraft wird von den Bolzen in der Nabe und von den Ankern im Kranz aufgenommen. Wegen der Sicherheit sollen beide für sich allein dieser Kraft gewachsen sein. Die Querkeile im Anker erzeugen einen Anpressungsdruck zwischen den Flächen der beiden Kranzhälften, während der Ankerbolzen durch den Gegendruck auf Zug beansprucht wird. Diese Vorspannung zusammen mit der Fliehkraft ergibt eine Zugbeanspruchung von durchschnittlich 600 kg/cm² bei Ankern aus einem Stahl von einer Festigkeit ≥ 55 bis 60 kg/mm². Die Befestigung auf der Welle erfolgt mit einem Federkeil und einem Anzugkeil; dieser liegt in der Nabenfuge, um die Zugbeanspruchung in den Halteschrauben nicht zu vermehren.

Zur Berechnung des Schwungradkörpers auf Festigkeit kann man je nach Bauart den unter 1 oder 2 beschriebenen Weg einschlagen.

1. Festigkeit des Scheibenschwungrades.

Während der plattenförmige Teil als Ringscheibe gleicher Dicke einen einfachen Fall der Festigkeitslehre darstellt, bringt das Hinzutreten von Nabe und Kranz eine gewisse Verwicklung mit sich, selbst wenn man diese Teile als Sonderfälle umlaufender Scheiben auffaßt und für die Spannungszustände an den Übergangsstellen zur eigentlichen Scheibe vereinfachende Annahmen zuläßt. Aus dem allgemeinen Fall der rotierenden Scheibe von veränderlichem Querschnitt, die für Dampfturbinen von STODOLA [24] ausführlich behandelt wurde, läßt sich der Fall des Schwungrades mit seinem zusammengesetzten Querschnitt ableiten.

a) Umlaufende, volle Scheibe gleicher Stärke.

In Abb. 95 ist das Ringelement einer Scheibe von gleicher Stärke im Querschnitt gezeichnet; es ist in der Drehebene

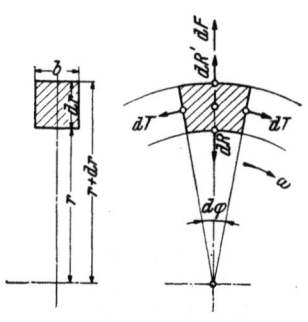

Abb. 95. Ringelement der Scheibe und Kräfte.

durch zwei Kreisbögen und zwei Radien begrenzt. Der Querschnitt soll in bezug auf eine zur Radachse senkrechte Ebene symmetrisch sein.

Ein Teil der nachfolgend verwendeten Bezeichnungen ist aus der Abbildung ersichtlich; von ihnen und von zusätzlichen Benennungen seien hervorgehoben:

r Halbmesser an irgendeinem Punkt der Scheibe [cm],
$d\varphi$ Zentriwinkel des Elements,
b Stärke (Breite) des Elements [cm],
ξ radiale Verschiebung aus der Dehnung [cm],
m POISSONsche Zahl = Längsdehnungsverhältnis = $\dfrac{\text{Dehnung}}{\text{Querverkürzung}}$,
E Elastizitätsmaß $\left[\dfrac{\text{kg}}{\text{cm}^2}\right]$, = 800000 für Gußeisen, 2150000 für Stahlguß,
σ_r Radialspannung $\left[\dfrac{\text{kg}}{\text{cm}^2}\right]$,
σ_t Umfangs- oder Tangentialspannung $\left[\dfrac{\text{kg}}{\text{cm}^2}\right]$,
γ spezifisches Gewicht (Wichte) des Werkstoffs $\left[\dfrac{\text{kg}}{\text{cm}^3}\right]$, 0,00725 für Gußeisen, 0,00785 für Stahlguß,
g Erdbeschleunigung = $981\,\dfrac{\text{cm}}{\text{sek}^2}$,
ω Winkelgeschwindigkeit $\left[\dfrac{1}{\text{sek}}\right]$.

Es ist die Masse des Elements:
$$dM = \frac{\gamma}{g} \cdot r\,d\varphi \cdot dr \cdot b;$$
auf diese Masse wirken die Kräfte:

Fliehkraft:
$$dF = dM \cdot r \cdot \omega^2$$
$$= \left(\frac{\gamma}{g} \cdot r\,d\varphi \cdot dr \cdot b\right) r \cdot \omega^2,$$
wobei der Schwerpunktshalbmesser gleich r gesetzt ist;

Tangentialkraft an den Schnittflächen:
$$dT = b \cdot dr \cdot \sigma_t;$$
radiale Kraft aus den Kräften dT:
$$dT \cdot d\varphi = b \cdot dr \cdot \sigma_t \cdot d\varphi;$$
radiale Kraft auf dem Halbmesser r:
$$dR = r\,d\varphi \cdot b \cdot \sigma_r;$$
radiale Kraft auf dem Halbmesser $(r + dr)$:
$$dR' = (r + dr)\,d\varphi \cdot b \cdot (\sigma_r + d\sigma_r).$$

Gleichgewicht dieser Kräfte besteht, wenn:
$$dR' - dR + dF - dT \cdot d\varphi = 0$$
oder nach Vereinfachung:
$$(r + dr)(\sigma_r + d\sigma_r)\,d\varphi - r \cdot \sigma_r \cdot d\varphi - dr \cdot \sigma_t \cdot d\varphi + \frac{\gamma}{g} \cdot r^2 \cdot \omega^2 \cdot dr \cdot d\varphi = 0.$$

Formt man um und setzt $dr \cdot d\sigma_r \cdot d\varphi = 0$, so erscheint:
$$r \cdot \frac{d\sigma_r}{dr} + \sigma_r - \sigma_t + \frac{\gamma}{g} \cdot r^2 \cdot \omega^2 = 0$$
oder
$$\frac{d\sigma_r}{dr} + \frac{1}{r} \cdot (\sigma_r - \sigma_t) + \frac{\gamma}{g} \cdot r \cdot \omega^2 = 0. \tag{52}$$

Es ist nun eine Beziehung zwischen den in dieser Gleichung vorkommenden Spannungen und den zugehörigen Dehnungen herzustellen. Bezeichnet ξ die radiale Verschiebung im Spannungszustand am Endpunkt des Halbmessers r, ε_r die spezifisch radiale Dehnung, ε_t die spezifisch tangentiale Dehnung, so ist:

$$\varepsilon_r = \frac{d\xi}{dr}, \qquad \varepsilon_t = \frac{\xi}{r},$$

oder

$$= \frac{1}{E} \cdot \left(\sigma_r - \frac{\sigma_t}{m}\right), \qquad = \frac{1}{E} \cdot \left(\sigma_t - \frac{\sigma_r}{m}\right).$$

Hieraus folgt:

und
$$\left.\begin{aligned}\sigma_r &= \frac{E}{1-\frac{1}{m^2}} \left(\frac{\xi}{r}\frac{1}{m} + \frac{d\xi}{dr}\right) \\ \sigma_t &= \frac{E}{1-\frac{1}{m^2}} \left(\frac{\xi}{r} + \frac{1}{m}\frac{d\xi}{dr}\right)\end{aligned}\right\} \tag{53}$$

Führt man σ_r und σ_t in Gleichung (52) ein und differenziert, so erhält man:

$$\frac{d^2\xi}{dr^2} + \frac{1}{r} \cdot \frac{d\xi}{dr} - \frac{\xi}{r^2} + \frac{\frac{\gamma}{g} \cdot r \cdot \omega^2 \cdot \left(1-\frac{1}{m^2}\right)}{m} = 0.$$

Schreibt man dafür:

$$\frac{d}{dr}\left[\frac{1}{r} \cdot \frac{d}{dr}(\xi \cdot r)\right] = -a \cdot r,$$

so kann man unmittelbar integrieren und erhält:

$$\xi = A \cdot r^3 + C_1 \cdot r + C_2 \frac{1}{r}, \tag{54}$$

wobei:

$$A = -\frac{\frac{\gamma}{g} \cdot \omega^2 \cdot \left(1-\frac{1}{m^2}\right)}{8E}. \tag{55}$$

Mit diesem Betrag von ξ werden die Spannungen in Gleichung (53):

$$\left.\begin{aligned}\sigma_r &= \frac{E}{1-\frac{1}{m^2}} \left[A \cdot r^2\left(3+\frac{1}{m}\right) + C_1\left(1+\frac{1}{m}\right) - \frac{C_2}{r^2}\left(1-\frac{1}{m}\right)\right], \\ \sigma_t &= \frac{E}{1-\frac{1}{m^2}} \left[A \cdot r^2\left(1+\frac{3}{m}\right) + C_1\left(1+\frac{1}{m}\right) + \frac{C_2}{r^2}\left(1-\frac{1}{m}\right)\right].\end{aligned}\right\} \tag{56 a, b}$$

Die Spannungen hängen von m, A, C_1 und C_2 ab; A ist eine Funktion des spezifischen Gewichtes, der Drehzahl und der elastischen Eigenschaften des Werkstoffes; C_1 und C_2 bestimmen sich aus den Randbedingungen, die unter b) und c) besprochen werden.

Sonderformeln für Gußeisen und Stahlguß. Das Dehnungsverhältnis für Eisen ist $m \sim 3,3$. Mit $\gamma = 0,00725$ kg/cm³ und $E = 800\,000$ kg/cm² für *Gußeisen* wird aus Gleichung (55):

$$A = -1,05 \cdot 10^{-12} \cdot \omega^2 \tag{55a}$$

und mit $\omega = \frac{\pi \cdot n}{30} = 0,1046 \cdot n$:

$$A = -1,148 \cdot 10^{-14} \cdot n^2. \tag{55b}$$

Ferner liefern die Gleichungen (56):

$$\sigma_r = -3,06 \cdot 10^{-6} \cdot r^2 \cdot \omega^2 + 1,145 \cdot 10^6 \cdot C_1 - 6,12 \cdot 10^5 \cdot \frac{C_2}{r^2}, \tag{56c}$$

$$\sigma_t = -1,765 \cdot 10^{-6} \cdot r^2 \cdot \omega^2 + 1,145 \cdot 10^6 \cdot C_1 + 6,12 \cdot 10^5 \cdot \frac{C_2}{r^2}. \tag{56d}$$

Mit $\gamma = 0,00785$ kg/cm² und $E = 2\,150\,000$ kg/cm² für *Stahlguß* erhält man:

$$A = -4,62 \cdot 10^{-15} \cdot n^2. \tag{55c}$$

In die Gleichungen (56) eingesetzt, gibt:

$$\sigma_r = -3{,}31 \cdot 10^{-6} \cdot r^2 \cdot \omega^2 + 3{,}04 \cdot 10^6 \cdot C_1 - 1{,}65 \cdot 10^6 \cdot \frac{C_2}{r^2}, \qquad (56\,\text{e})$$

$$\sigma_t = -1{,}91 \cdot 10^{-6} \cdot r^2 \cdot \omega^2 + 3{,}04 \cdot 10^6 \cdot C_1 + 1{,}65 \cdot 10^6 \cdot \frac{C_2}{r^2}. \qquad (56\,\text{f})$$

b) Scheibe gleicher Stärke mit Bohrung in der Mitte.

Ist r_i der innere und r_a der äußere Halbmesser, Abb. 96, so sind die Randbedingungen dadurch gegeben, daß σ_r am inneren und am äußeren Halbmesser zu Null wird; dies bedeutet, daß die Scheibe ohne Spannung auf der Welle aufgebracht ist. Setzt man in die erste der Gleichungen (56) $\sigma_r = 0$ und nacheinander r_i und r_a ein, so erhält man zwei Bestimmungsgleichungen für C_1 und C_2, aus denen hervorgeht:

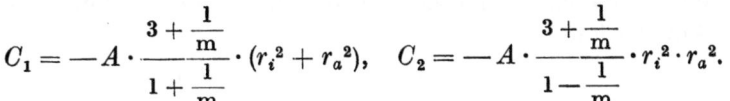

$$C_1 = -A \cdot \frac{3 + \frac{1}{m}}{1 + \frac{1}{m}} \cdot (r_i^2 + r_a^2), \quad C_2 = -A \cdot \frac{3 + \frac{1}{m}}{1 - \frac{1}{m}} \cdot r_i^2 \cdot r_a^2.$$

Abb. 96. Glatte Scheibe mit Bohrung in der Mitte.

Mit diesen Werten und mit A aus Gleichung (55) liefern die Gleichungen (56):

$$\left.\begin{aligned}
\sigma_r &= \frac{\gamma}{g} \cdot \omega^2 \cdot \frac{3 + \frac{1}{m}}{8} \cdot \left(r_i^2 + r_a^2 - \frac{r_i^2 \cdot r_a^2}{r^2} - r^2 \right) \\
\sigma_t &= \frac{\gamma}{g} \cdot \omega^2 \cdot \frac{3 + \frac{1}{m}}{8} \cdot \left(r_i^2 + r_a^2 + \frac{r_i^2 \cdot r_a^2}{r^2} - \frac{1 + \frac{3}{m}}{3 + \frac{1}{m}} \cdot r^2 \right).
\end{aligned}\right\} \qquad (57)$$

Zahlenmäßig ist σ_t stets größer als σ_r.

In Scheiben aus *Gußeisen* wird die Radialspannung mit dem unter a) verwendeten Wert von γ und mit Einführung von $\omega^2 = \frac{v^2}{r_a^2}$:

$$\sigma_r = 3{,}06 \cdot 10^{-6} \cdot v^2 \cdot \left[1 + \left(\frac{r_i}{r_a}\right)^2 - \left(\frac{r_i}{r}\right)^2 - \left(\frac{r}{r_a}\right)^2 \right]. \qquad (57\,\text{a})$$

In gleicher Weise erhält man:

$$\sigma_t = 3{,}06 \cdot 10^{-6} \cdot v^2 \cdot \left[1 + \left(\frac{r_i}{r_a}\right)^2 + \left(\frac{r_i}{r}\right)^2 - 0{,}578 \left(\frac{r}{r_a}\right)^2 \right]. \qquad (57\,\text{b})$$

Für Scheiben aus *Stahlguß* gilt:

$$\sigma_r = 3{,}31 \cdot 10^{-6} \cdot v^2 \cdot \left[1 + \left(\frac{r_i}{r_a}\right)^2 - \left(\frac{r_i}{r}\right)^2 - \left(\frac{r}{r_a}\right)^2 \right] \qquad (57\,\text{c})$$

und

$$\sigma_t = 3{,}31 \cdot 10^{-6} \cdot v^2 \cdot \left[1 + \left(\frac{r_i}{r_a}\right)^2 + \left(\frac{r_i}{r}\right)^2 - 0{,}578 \left(\frac{r}{r_a}\right)^2 \right].$$

Die Mittenbohrung hat zur Folge, daß die Tangentialspannung stark ansteigt, selbst bei *sehr kleiner Bohrung*; denn setzt man in Gleichung (57) $r = r_i$ und macht r_i vernachlässigbar klein, so erhält man mit v als Umfangsgeschwindigkeit in cm/sek:

$$\left.\begin{aligned}
\sigma_r &= 0 \\
\sigma_t &= \frac{\gamma}{g} \cdot v^2 \cdot \frac{3 + \frac{1}{m}}{4} \\
&= 0{,}825 \cdot \frac{\gamma}{g} \cdot v^2,
\end{aligned}\right\} \qquad (58)$$

insbesondere für *Gußeisen*:

$$\sigma_t = 6{,}12 \cdot 10^{-6} \cdot v^2 \qquad (58\,\text{a})$$

und für *Stahlguß*:

$$\sigma_t = 6{,}62 \cdot 10^{-6} \cdot v^2. \tag{58b}$$

Grenzfälle. 1. Mit $r_i = 0$ gehen die Gleichungen (57) in die Gleichungen für die umlaufende *volle Scheibe* über und ergeben den Größtwert von σ_r und σ_t im Mittelpunkt der Scheibe als halb so groß wie in (58) zu:

$$\sigma_r = \sigma_t = \frac{\gamma}{g} \cdot v^2 \cdot \frac{3 + \frac{1}{m}}{8}, \tag{59}$$

und zwar für *Gußeisen*:

$$\sigma_r = \sigma_t = 3{,}06 \cdot 10^{-6} \cdot v^2, \tag{59a}$$

für *Stahlguß*:

$$\sigma_r = \sigma_t = 3{,}31 \cdot 10^{-6} \cdot v^2. \tag{59b}$$

2. Ein anderer Fall ist der *frei umlaufende dünne Ring*, in dem die Tangentialspannung wegen der geringen Stärke als unveränderlich angesehen werden kann. Die Gleichgewichtsbedingung in Abb. 97 lautet:

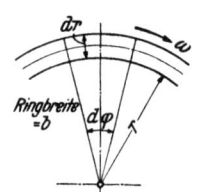

$$\sigma_t \cdot b \cdot dr \cdot d\varphi = \frac{\gamma}{g} \cdot r^2 \cdot \omega^2 \cdot b \cdot dr \cdot d\varphi,$$

woraus:

$$\sigma_t = \frac{\gamma}{g} \cdot v^2, \tag{60}$$

und zwar wird für *Gußeisen*:

$$\sigma_t = 7{,}39 \cdot 10^{-6} \cdot v^2, \tag{60a}$$

für *Stahlguß*:

$$\sigma_t = 8{,}00 \cdot 10^{-6} \cdot v^2. \tag{60b}$$

Abb. 97. Frei umlaufender Kreisring.

Es ist σ_t größer als bei der Scheibe mit kleiner Bohrung. Der Ringkranz kommt bei Schwungrädern in Verbindung mit einer Anzahl von Armen zur Ausführung, welche die Beanspruchung des Ringes beeinflussen (siehe unter 2). Aus (60) läßt sich die zulässige Umfangsgeschwindigkeit bei gegebenem σ_t überschlägig errechnen.

c) Berechnung der Spannungen in Scheibenschwungrädern.

Die drei den Schwungradkörper bildenden Teile: Nabe, Scheibe und Kranz sind von verschiedener Stärke. Die Annahme einer mittleren Dicke und die Anwendung der Gleichung (57) würde eine zu grobe Annäherung bedeuten. Man betrachtet die drei Zonen als Einzelscheiben; es muß dabei die Forderung erfüllt sein, daß die radiale Erweiterung von Nabe und Scheibe an der Anschlußstelle dieselbe sei und die Vergrößerung von Scheibe und Kranz am Übergang übereinstimme.

Die Bezeichnungen der Abmessungen gehen aus Abb. 94 hervor. Der Innenumfang der Nabe ist durch die Befestigung auf der Welle, die mit Keilen erfolgen kann, einer Spannung unterworfen, von der bei der Drehung ein Aufpressungsdruck p_0 übrigbleiben soll. Da der genaue Wert von p_0 schwer zu bestimmen und im Verhältnis zu den übrigen Spannungen klein ist, genügt eine rohe Annahme, z. B. $p_0 = 50$ kg/cm². Wird das Schwungrad an die Welle angeflanscht, so ist für die Scheibenöffnung: $p_0 = 0$.

Es ist an der Wand der Nabenbohrung mit Halbmesser r_0:

$$\sigma_{r_0} = -p_0 \tag{a}$$

und nach Gleichung (56a):

$$\sigma_{r_0} = \frac{E}{1 - \frac{1}{m^2}} \left[A \cdot r_0^2 \left(3 + \frac{1}{m}\right) + C_1 \left(1 + \frac{1}{m}\right) - \frac{C_2}{r_0^2}\left(1 - \frac{1}{m}\right) \right] = -p_0. \tag{b}$$

Nach Gleichung (54) ist die Dehnung im Abstand r_1:

$$\xi_1 = A \cdot r_1^3 + C_1 \cdot r_1 + \frac{C_2}{r_1} \tag{c}$$

Festigkeit des Scheibenschwungrades.

mit der zugehörigen radialen Spannung nach Gleichung (56):

$$\sigma_{r_1} = \frac{E}{1-\frac{1}{m^2}} \left[A \cdot r_1^2 \left(3 + \frac{1}{m}\right) + C_1 \left(1 + \frac{1}{m}\right) - \frac{C_2}{r_1^2}\left(1 - \frac{1}{m}\right) \right]. \tag{d}$$

Halbmesser r_1 gehört zugleich der Scheibe an und als solcher untersteht er der Scheibendehnung an dieser Stelle. Nun sei angenommen, die Belastung verteile sich gleichmäßig über die Nabenbreite, obwohl zylindrische Naben wegen der höheren Beanspruchung in ihrer Mitte sich ungleichmäßig erweitern; diesem Umstand kann man durch Verstärken des Überganges zwischen Nabe und Scheibe Rechnung tragen. Man pflegt zu setzen:

$$\sigma_{r_1} \cdot b_1 = \sigma'_{r_1} \cdot b_2. \tag{e}$$

Anderseits gilt:

$$\sigma'_{r_1} = \frac{E}{1-\frac{1}{m^2}} \left[A \cdot r_1^2 \left(3 + \frac{1}{m}\right) + C_3 \left(1 + \frac{1}{m}\right) - \frac{C_4}{r_1^2}\left(1 - \frac{1}{m}\right) \right]. \tag{f}$$

Die Radialverschiebung ist:

$$\xi_1' = A \cdot r_1^3 + C_3 \cdot r_1 + \frac{C_4}{r_1}; \tag{g}$$

sie muß sich mit ξ_1 decken, daher:

$$\xi_1' = \xi_1. \tag{h}$$

Für den Halbmesser r_2, welcher der Scheibe und dem Kranz angehört, lassen sich in ähnlicher Weise die Gleichungen anschreiben:

$$\sigma_{r_2} = \frac{E}{1-\frac{1}{m^2}} \left[A \cdot r_2^2 \left(3 + \frac{1}{m}\right) + C_3 \left(1 + \frac{1}{m}\right) - \frac{C_4}{r_2^2}\left(1 - \frac{1}{m}\right) \right] \tag{i}$$

und

$$\sigma_{r_2} \cdot b_2 = \sigma'_{r_2} \cdot b_3. \tag{k}$$

Zugleich ist:

$$\sigma'_{r_2} = \frac{E}{1-\frac{1}{m^2}} \left[A \cdot r_2^2 \left(3 + \frac{1}{m}\right) + C_5 \left(1 + \frac{1}{m}\right) - \frac{C_6}{r_2^2}\left(1 - \frac{1}{m}\right) \right]. \tag{l}$$

Für die Dehnungen erhält man:

$$\xi_2 = A \cdot r_2^3 + C_3 \cdot r_2 + \frac{C_4}{r_2}, \tag{m}$$

$$\xi_2' = A \cdot r_2^3 + C_5 \cdot r_2 + \frac{C_6}{r_2}, \tag{n}$$

und zwar muß sein:

$$\xi_2' = \xi_2. \tag{o}$$

Aus der Forderung, daß am äußeren Rande keine Radialspannung vorhanden sein darf, folgt:

$$\sigma_{r_3} = \frac{E}{1-\frac{1}{m^2}} \left[A \cdot r_3^2 \left(3 + \frac{1}{m}\right) + C_5 \left(1 + \frac{1}{m}\right) - \frac{C_6}{r_3^2}\left(1 - \frac{1}{m}\right) \right] = 0. \tag{p}$$

Damit ist ein System von Gleichungen zur Bestimmung von C_1 bis C_6 und der Radialspannungen σ_{r_1} und σ_{r_2} gewonnen. Die Tangentialspannungen ergeben sich sodann aus der zweiten der Gleichungen (56).

Zur Lösung der Aufgabe geht man zweckmäßigerweise von der ersten Gleichung (a) und von der letzten Gleichung (p) aus und schreitet von beiden Seiten nach der Mitte fort. Es seien der einfacheren Schreibweise wegen folgende Bezeichnungen eingeführt:

$$k = \frac{E}{1-\frac{1}{m^2}}, \qquad B_1 = \frac{\left(\frac{r_1}{r_0}\right)^2 - 1}{1 + \frac{m-1}{m+1}\left(\frac{r_1}{r_0}\right)^2}, \qquad B_2 = \frac{\left(\frac{r_2}{r_3}\right)^2 - 1}{1 + \frac{m-1}{m+1}\left(\frac{r_2}{r_3}\right)^2}.$$

Die Bestimmungsgleichung für C_4 lautet:

$$C_4 \frac{m-1}{m} \left[\frac{\frac{1}{r_1^2}\left(B_1 + \frac{b_2}{b_1}\right)}{B_1 \frac{m-1}{m} - \frac{b_2}{b_1}\frac{m+1}{m}} + \frac{\frac{1}{r_2^2}\left(1 + \frac{b_3}{b_2} B_2\right)}{\frac{m+1}{m} - \frac{b_3}{b_2}\frac{m-1}{m} B_2} \right]$$

$$= A \frac{3m+1}{m} \left[r_0^2 \frac{\left(1 - \frac{m-1}{m+1} B_1 + \left(\frac{r_1}{r_0}\right)^2 \left(\frac{b_2}{b_1} - 1\right)\right)}{B_1 \frac{m-1}{m} - \frac{b_2}{b_1}\frac{m+1}{m}} + r_3^2 \frac{\frac{b_3}{b_2}\left(1 - \frac{m-1}{m+1} B_2\right) - \left(\frac{r_2}{r_3}\right)^2\left(\frac{b_3}{b_2} - 1\right)}{\frac{m+1}{m} - \frac{b_3}{b_2}\frac{m-1}{m} B_2} \right] \quad \text{(q)}$$

$$+ \frac{\frac{p_0}{k}\left[1 - \frac{m-1}{m+1} B_1\right]}{B_1 \frac{m-1}{m} - \frac{b_2}{b_1}\frac{m+1}{m}}.$$

Ferner wird:

$$C_3 = \frac{\frac{C_4}{r_2^2} \frac{m-1}{m}\left[1 + \frac{b_3}{b_2} B_2\right] + A r_3^2 \frac{3m+1}{m}\left[\left(\frac{r_2}{r_3}\right)^2\left(\frac{b_3}{b_2} - 1\right) - \frac{b_3}{b_2}\left(1 - \frac{m-1}{m+1} B_2\right)\right]}{\frac{m+1}{m} - \frac{b_3}{b_2}\frac{m-1}{m} B_2}, \quad \text{(r)}$$

$$C_2 = \frac{C_3 r_1^2 + C_4 + r_1^2 \frac{m}{m+1}\left(\frac{p_0}{k} + A r_0^2 \frac{3m+1}{m}\right)}{1 + \frac{m-1}{m+1}\left(\frac{r_1}{r_0}\right)^2}, \quad \text{(s)}$$

$$C_1 = \frac{m}{m+1}\left(\frac{C_2}{r_0^2}\frac{m-1}{m} - \frac{p_0}{k} - A r_0^2 \frac{3m+1}{m}\right); \quad \text{(t)}$$

anschließend:

$$C_6 = r_2^2 \frac{C_3 + \frac{C_4}{r_2^2} + A r_2^2 \frac{3m+1}{m+1}}{1 + \left(\frac{r_2}{r_3}\right)^2 \frac{m-1}{m+1}} \quad \text{(u)}$$

und:

$$C_5 = \frac{m}{m+1}\left(\frac{C_6}{r_3^2}\frac{m-1}{m} - A r_3^2 \frac{3m+1}{m}\right). \quad \text{(v)}$$

Die weitere Auswertung erfolgt an Hand bestimmter Zahlengrößen. Mit $m = 3{,}3$ erhält man die Verhältniszahlen:

$\frac{m-1}{m}$	$\frac{m+1}{m}$	$\frac{m}{m+1}$	$\frac{m-1}{m+1}$	$\frac{3m+1}{m}$	$\frac{3m+1}{m+1}$
0,697	1,303	0,767	0,535	3,303	2,535

und

für Gußeisen   für Stahlguß
$k = 8{,}809 \cdot 10^5$ $2{,}367 \cdot 10^6$.

Von dem Schwungrad, dessen Spannungen nachzuprüfen sind, kennt man die Stärken b_1, b_2, b_3 von Nabe, Scheibe und Kranz und die Halbmesser r_0, r_1, r_2 und r_3. Die Einsetzung dieser Größen in die Gleichungen (q) bis (v) liefert die Konstanten C_1 bis C_6, wie das anschließende Beispiel verdeutlicht.

Zahlenbeispiel. Ein *Stahlguß*rad nach dem Schema Abb. 94 hat folgende Abmessungen:

$r_0 = 19$ cm $b_1 = 20$ cm
$r_1 = 27{,}5$,, $b_2 = 5$,,
$r_2 = 52$,, $b_3 = 22$,,
$r_3 = 75$,, $p_0 = 50$ kg/cm².

Die Welle ist am Nabensitz wesentlich verstärkt. Aus der Drehzahl der Welle $n = 510$ U/min wird: $\omega = 53{,}4 \frac{1}{\text{sek}}$.

Man rechnet:

$$\left(\frac{r_1}{r_0}\right)^2 = 2{,}09 \qquad \left(\frac{r_2}{r_3}\right)^2 = 0{,}481$$

$$B_1 = \frac{1{,}09}{1 + 1{,}12} \qquad B_2 = \frac{-0{,}519}{1 + 0{,}257}$$

$$= 0{,}514, \qquad = -0{,}4125.$$

Mit diesen Werten und den vorangehenden Konstanten rechnet man aus Gleichung (q) die Konstante C_4 und fährt dann fort über C_3, C_2 und C_1 zu C_6 und C_5. Geordnet erscheinen die folgenden Werte:

$$C_1 = 0{,}244 \cdot 10^{-4} \qquad C_4 = 2{,}210 \cdot 10^{-2}$$
$$C_2 = 2{,}672 \cdot 10^{-2} \qquad C_5 = 0{,}2152 \cdot 10^{-4}$$
$$C_3 = 0{,}3055 \cdot 10^{-4} \qquad C_6 = 4{,}655 \cdot 10^{-2}.$$

Die Tangentialspannung an der Innenfläche der Nabe erhält man mit Einsetzung von C_1 und C_2 in Gleichung (56b) oder einfacher in die dem Stahlguß angepaßte Formel (56f):

$$\sigma_{t_0} = -1{,}91 \cdot 10^{-6} \cdot 19^2 \cdot 53{,}4^2 + 3{,}08 \cdot 10^6 \cdot 0{,}244 \cdot 10^{-4} + 1{,}65 \cdot 10^6 \cdot \frac{2{,}672 \cdot 10^{-2}}{19^2}$$

$$= 195{,}7 \text{ kg/cm}^2,$$

also verhältnismäßig niedrig.

Weitere Radial- und Tangentialspannungen errechnet man aus Gleichung (56e, f) mit Einführung der Werte C_1 und C_2, C_3 und C_4, C_5 und C_6:

$$\sigma_{r_1} = 9{,}8 \qquad \sigma_{r_2} = 55{,}3 \qquad \sigma_{t_3} = 48{,}4$$
$$\sigma_{t_1} = 129{,}6 \qquad \sigma_{t_2} = 91{,}7 \qquad \text{kg/cm}^2.$$

Mit *Gußeisen* an Stelle von Stahlguß würde sich eine unzulässige Beanspruchung des Scheibenschwungrades ergeben.

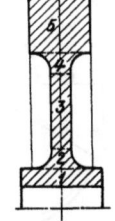

Abb. 98. Berücksichtigung der Übergänge am Scheibenquerschnitt.

Bei diesen Betrachtungen ist auf den Übergang des Scheibenteiles auf Nabe und Kranz mit Abrundungen keine Rücksicht genommen. Ersetzt man die meist kreisförmigen Übergänge in Abb. 98 durch Hyperbelstücke, so ließen sich für diese die Spannungen und Dehnungen eigens berechnen, auf ähnlichem Wege wie ihn STODOLA bereits für Dampfturbinenscheiben mit hyperbolisch begrenztem Profil gewiesen hat. Zu behandeln wären dann: Nabe 1, Übergangsstück 2, ebene Scheibe 3, Übergangsstück 4, Kranz 5.

2. Festigkeit des Speichenschwungrades.

Bezeichnungen:

R mittlerer Halbmesser des ruhenden Schwungringes [cm],
γ spezifisches Gewicht des Werkstoffes [kg/cm³],
g Erdbeschleunigung $\left[981 \dfrac{\text{cm}}{\text{sek}^2}\right]$,
ω Winkelgeschwindigkeit $\left[\dfrac{1}{\text{sek}}\right]$,
Z von jedem Arm auf den Kranz ausgeübter Zug [kg],
M Biegungsmoment im Kranz als Funktion vom Zentriwinkel φ [cm kg],
M_1 Biegungsmoment, das im Schnitt durch die Mitte zwischen zwei Armen (Speichen) übertragen wird [cm kg],
N_1 resultierende innere Kraft an derselben Stelle, im Flächenschwerpunkt angreifend [kg],
S Spannkraft im Kranz [kg],
n Armzahl,
$\alpha = \dfrac{360°}{2n} = \dfrac{\pi}{n}$,
l Länge des Armes [cm],
f_k Querschnittsfläche des Schwungkranzes [cm²],
f_a Querschnittsfläche eines Armes [cm²],

Festigkeitsrechnung der Schwungräder.

i Trägheitshalbmesser der Fläche f_k [cm],
e Abstand der äußersten Faser des Schwungkranzes von der Nullinie [cm].

Die Zugspannung im Kranzquerschnitt:

$$\sigma_0 = \frac{\gamma}{g} \cdot R^2 \cdot \omega^2 \; \frac{\text{kg}}{\text{cm}^2},$$

die der Tangentialspannung aus Gleichung (60) entspricht und gleichmäßig über den Querschnitt verteilt ist, erfährt eine Änderung durch die Schwungradarme, die eine ringsum gleiche Ausdehnung behindern; die Form des Ringes wird ähnlich wie in Abb. 99 verzerrt. Die dabei auftretende Biegungsbeanspruchung des Kranzes aus den Biegungsmomenten M kommt zu den Normalspannungen hinzu; die größte Spannung σ_{max} stellt sich an der Innenseite des Kranzes am Ansatz des Armes ein. FÖPPL [25] hat eine Formel abgeleitet, die den Wert von σ_{max} liefert und die hier mit Hinweis auf die vorangehenden Bezeichnungen ohne Ableitung angeführt wird; sie lautet:

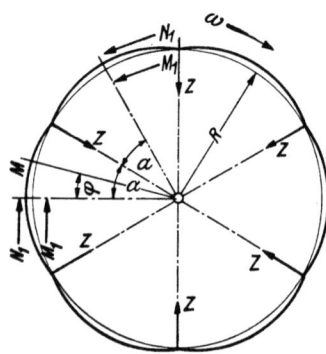

Abb. 99. Einwirkung der Arme auf den Schwungring.

$$\sigma_{max} = \frac{S}{f_k} - \frac{N_1}{f_k} + \frac{M}{i^2 \cdot f_k} \cdot e$$

$$= \sigma_0 + \frac{\sigma_0 \left[\frac{e \cdot R}{i^2} \left(\frac{\sin\alpha}{\alpha} - \cos\alpha \right) - 1 \right]}{2 \frac{l}{R} \cdot \frac{f_k}{f_a} \cdot \sin\alpha + 1 + \frac{R^2 \cdot \sin\alpha (2\cos\alpha + \alpha^2 - 2)}{4\alpha \cdot i^2}}. \quad (61)$$

Setzt man:

$$\frac{l}{R} = \lambda, \; \frac{f_k}{f_a} = \nu, \; \frac{e}{i} = \xi, \; \frac{R}{i} = \eta, \; \frac{\sin\alpha}{\alpha} - \cos\alpha = A,$$

$$2 \sin\alpha = B \quad \text{und} \quad \frac{\sin\alpha (2\cos\alpha + \alpha^2 - 2)}{4\alpha} = C,$$

so wird:

$$\sigma_{max} = \sigma_0 \cdot \left(1 + \frac{A \cdot \xi \cdot \eta - 1}{B \cdot \lambda \cdot \nu + 1 + C \cdot \eta^2} \right). \quad (62)$$

Die Werte A, B, C können in Abhängigkeit von den Armzahlen n aus folgender Aufstellung entnommen werden:

n	4	6	8	10
A	0,194	0,089	0,051	0,032
B	1,414	1,000	0,765	0,618
C	0,0070	0,0015	0,0005	0,0002

Gleichung (62) kann eine Vermehrung oder auch eine Verminderung der Spannung gegenüber σ_0 ergeben; Gleichheit tritt ein, wenn $A \cdot \xi \cdot \eta = 1$ ist.

Beispiel. Mit $\lambda = 0{,}7$, $\nu = 5{,}5$, $\xi = 1{,}9$, $\eta = 25$ und $n = 8$ wird:

$$\sigma_{max} = \sigma_0 \cdot \left(1 + \frac{0{,}051 \cdot 1{,}9 \cdot 25 - 1}{0{,}765 \cdot 0{,}7 \cdot 5{,}5 + 1 + 0{,}0005 \cdot 625} \right)$$

$$= 1{,}34 \cdot \sigma_0.$$

Armbeanspruchung. Sie besteht aus: Zugbeanspruchung durch die Fliehkraft des Kranzes und der eigenen Fliehkraft sowie aus Biegungsbeanspruchung durch die Tangentialkräfte beim Austausch der Energie zwischen Welle und Kranz. Es soll hier eine überschlägige Berechnung angegeben werden.

Außer den bisherigen Bezeichnungen sei:

G_a Armgewicht [kg],
f_m mittlerer Armquerschnitt [cm²],
l Armlänge [cm],
r_a Halbmesser des Armschwerpunktes [cm],
F_a Fliehkraft des Armes [kg],

Festigkeit des Speichenschwungrades.

F_k Fliehkraft des Kranzabschnittes [kg],
S tangentiale Spannkraft [kg],
S_0 Spannkraft des freischwebenden Kranzes [kg],
Z Zugkraft, von den Armen auf den Ring ausgeübt, und zwar $\frac{Z}{2}$ am Ende jeden Ringabschnittes,
T_{max} größte Drehkraft an der Kurbel [kg],
W mittlerer Widerstand an der Kurbel [kg],
r Kurbelhalbmesser [cm],
W_a Widerstandsmoment des Armquerschnittes [cm³].

Die Komponenten von S und $\frac{Z}{2}$, Abb. 100, halten der Fliehkraft F_k des Kranzabschnittes zwischen zwei Armen das Gleichgewicht, so daß:

$$2S \cdot \sin\alpha + 2\frac{Z}{2} \cdot \cos\alpha = F_k. \tag{a}$$

Nimmt man nun an, daß unter Einwirkung der Zugspannung sich der Halbmesser R um gleich viel verlängert wie die Armlänge l, so wird:

$$\frac{S}{f_k} \cdot R = \frac{Z}{f_m} \cdot l,$$

woraus:
$$Z = S \cdot \frac{f_m}{f_k} \cdot \frac{R}{l}. \tag{b}$$

In (a) eingesetzt und nach S aufgelöst, gibt:

$$S = \frac{F_k}{2\sin\alpha + \frac{f_m}{f_k} \cdot \frac{R}{l} \cdot \cos\alpha} = \frac{F_k}{2\sin\alpha\left(1 + \frac{f_m}{f_k} \cdot \frac{R}{l} \cdot \frac{1}{2}\operatorname{ctg}\alpha\right)}.$$

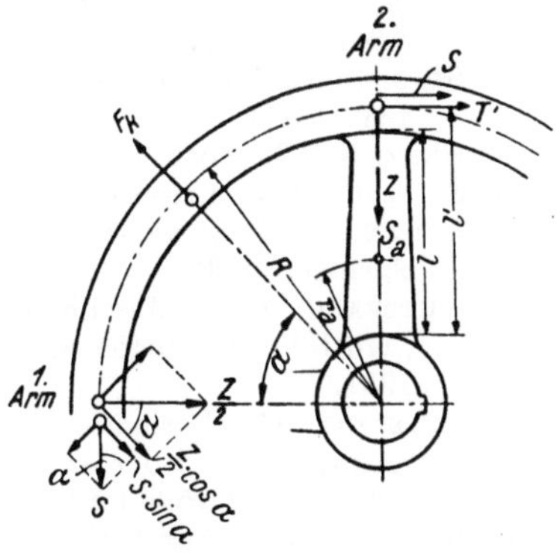

Da nun:
$$F_k = 2 S_0 \cdot \sin\alpha$$

und:
$$S_0 = f_k \cdot \sigma_0$$

Abb. 100. Zur Berechnung der Arme.

mit σ_0 als Spannung des Kranzringes (S. 116), so erhält man aus (b):

$$Z = \frac{S_0}{1 + \frac{f_m}{f_k} \cdot \frac{R}{l} \cdot \frac{1}{2}\operatorname{ctg}\alpha} \cdot \frac{f_m}{f_k} \cdot \frac{R}{l}. \tag{63}$$

Zugbeanspruchung des Armes:
$$\sigma_1 = \frac{Z}{f_m}. \tag{64}$$

Fliehkraft des Armes:
$$F_a = \frac{G_a}{g} \cdot r_a \cdot \omega^2; \tag{65}$$

Zugbeanspruchung hieraus:
$$\sigma_2 = \frac{F_a}{f_m}. \tag{66}$$

Biegungsmoment aus der Überschußdrehkraft $(T_{max} - W)$ im Drehkraftdiagramm, Abb. 100:

$$M_b = \frac{(T_{max} - W) \cdot r}{R \cdot n} l'. \tag{67}$$

Hat das Schwungrad die Leistung der Maschine durch Riemen oder Seile abzugeben, so erhöht sich das Moment um $\frac{2T' \cdot l'}{n}$, wenn die Umfangskraft T' durch $\frac{n}{2}$ Arme übertragen wird.

Biegungsbeanspruchung des Armes:
$$\sigma_3 = \frac{M_b}{W_a}. \tag{68}$$

Die Beanspruchung ist am größten beim Ansatz des Armes an der Nabe:

$$\sigma = \sigma_1 + \sigma_2 + \sigma_3. \tag{69}$$

Sehr eingehend hat REINHARDT [26] in einer Forschungsarbeit die Festigkeit der Schwungräder mit Speichen behandelt; für eine genauere Berechnung wäre darauf zurückzugreifen. Eine weitere Arbeit auf diesem Gebiet verdankt man HEUSINGER [27].

Schrifttum.

1. RADINGER, J.: Über Dampfmaschinen mit großer Kolbengeschwindigkeit. 3. Aufl. Wien, 1892.
2. WITTENBAUER, F.: Die graphische Ermittlung des Schwungradgewichtes. Z. VDI 49, 471 (1905). — Ferner: Graphische Dynamik, S. 759. Berlin: Julius Springer, 1923.
3. PIELMANN, A.: Einfluß der hin und her gehenden Massen auf Gleichförmigkeit und Winkelabweichung bei Umlaufzahl- und Belastungsänderung. Dissertation, T. H. München, 1913.
4. BIEZENO, B. u. R. GRAMMEL: Technische Dynamik, S. 954. Berlin: Julius Springer, 1939.
5. MAGG, J.: Dieselmaschinen, S. 74. Berlin: VDI-Verlag, 1928.
6. KÖLSCH, O.: Gleichgang und Massenkräfte bei Fahr- und Flugzeugmaschinen. Berlin: Julius Springer, 1911.
7. SIMONS, K.: Das Flattern des Lichtes in elektrischen Beleuchtungsanlagen. Elektrotechn. Z. 38, 453 (1917).
8. BENZ, K.: Die notwendige Schwungradgröße für flimmerfreies Licht. Motortechn. Z. 1, 15 (1939).
9. SASS, F.: Kompressorlose Dieselmaschinen, S. 293. Berlin: Julius Springer, 1929.
10. ZEMAN, J.: Zweitakt-Dieselmaschinen kleinerer und mittlerer Leistung, S. 187. Wien: Julius Springer, 1935.
11. KUTZBACH, K.: „Maschinenteile zur Beruhigung", Unterabschnitt von „Maschinenteile" in „Hütte", Des Ingenieurs Taschenbuch, 26. Aufl., Bd. 2, S. 270. Berlin: W. Ernst & Sohn, 1931.
12. NIDETZKY, G.: Periodische Spannungsschwankungen in Lichtnetzen bei zu großem Ungleichförmigkeitsgrad der Antriebsmaschinen. Z. öst. Ing.- u. Arch.-Ver. 85, 238 (1933). — Ferner: Schwungradgröße und Lichtflimmern. Motortechn. Z. 1, 154 (1939).
13. REINISCH, P.: „Parallelbetrieb von Synchronmaschinen", Unterabschnitt von „Elektrotechnik" in „Hütte", Des Ingenieurs Taschenbuch, 26. Aufl., Bd. 2, S. 1027. Berlin: W. Ernst & Sohn, 1931.
14. GAZE, M.: Direkt gekuppelte Generatoren. AEG-Mitteilungen 1922, S. 249.
15. BÖDEFELD, TH. u. H. SEQUENZ: Elektrische Maschinen, S. 246. Wien: Springer-Verlag, 1942.
16. SCHMIDT, F.: Schwungräder für Großdieselmotoren. Z. VDI 74, 230 (1930).
17. VOGT, F.: Über schädliche Schwungmassen bei Drehschwingungen. Z. VDI 71, 1221 (1927).
18. PROEGER, F.: Die Getriebekinematik als Rüstzeug der Getriebedynamik. Forsch.-Arb. Ing.-Wes. H. 285. Berlin: VDI-Verlag, 1926.
19. MARX, G.: „Bewegungslehre der Getriebe", Unterabschnitt von „Mechanik" in „Hütte", Des Ingenieurs Taschenbuch, 27. Aufl., Bd. 1, S. 432. Berlin: W. Ernst & Sohn, 1941.
20. SHARP, A.: Balancing of engines, S. 121. London: Longmans, 1907.
21. KOSNEY, F.: Einfluß des Arbeitsverfahrens und der Getriebeteile auf die Gleichförmigkeit mehrzylindriger Verbrennungsmotoren. Dissertation, T. H. München, 1929.
22. SCHRÖN, H.: Grundgestalt der Fünfzylinder-Reihenverbrennungsmaschine für gleichförmigen und ruhigen Gang. Automob.-techn. Z. 31, 423 (1928). — Ferner: Die Eigenschaften der Fünfzylinder-Reihenverbrennungsmaschine. Automob.-techn. Z. 31, 663 (1928).
23. NEUGEBAUER, G.: Kräfte in Triebwerken schnellaufender Kolbenkraftmaschinen. Berlin: Julius Springer, 1939.
24. STODOLA, A.: Dampf- und Gasturbinen. 5. Aufl., S. 312. Berlin: Julius Springer, 1922.
25. FÖPPL, O.: Schwungradberechnung. Masch.-Bau/Gestltg., 2, G 40, S. 108 (1922/23). — Grundzüge der Festigkeitslehre, S. 262. Leipzig: G. Teubner, 1923.
26. REINHARDT, K.: Festigkeitsberechnung der Schwungräder mit rechteckigem Kranzquerschnitt auf Beanspruchung durch die Fliehkräfte. Forsch.-Arb. Ing.-Wes. H. 226. Berlin: VDI-Verlag, 1920.
27. HEUSINGER, H.: Berechnung der Spannungen in rotierenden Schwungrädern, Riemen- oder Seilscheiben. Forschung. Ing.-Wes. Bd. 9, 197 (1938).

D. Kurbelwellenschwingungen.

Eine größere Zahl von Kurbelwellenbrüchen in Kolbenmaschinenanlagen, insbesondere bei Schiffsmaschinen, Fahrzeug- und Flugmotoren, hat gezeigt, daß die Ursache nicht in der Beanspruchung durch Gas- und Massenkräfte, wie sie bei der Festigkeitsrechnung der Welle zugrunde gelegt wird, auch nicht in mangelhafter Durchbildung der Einzelheiten zu suchen ist, vielmehr in starken Zusatzanstrengungen, die beim Durchleiten der Kräfte durch die Welle, und zwar durch die periodischen Schwingungen der Wellenanlage, entstehen.

Während die Kurbelwellen der früheren, langsam laufenden Maschinen unter dieser Erscheinung wenig zu leiden hatten, zeitigte die Erhöhung der Drehzahl und der Arbeitsdrücke im Zylinder und das gleichzeitige Bestreben nach höchster Ausnutzung der Werkstoffe eine Häufung von Wellenschäden, bis es gelang, die Ursachen des Versagens zu erkennen und wirksam zu bekämpfen.

Die wichtigsten Schwingungen an der elastischen Welle sind von zweierlei Art: Die erste ist eine Biegungs- oder Biegeschwingung, mit Durchfedern der Welle quer zur Wellenachse, die zweite eine Verdrehungs- oder Torsionsschwingung, d. h. eine Pendelung der Welle mit den angehängten Massen um ihre Längsachse; diese Pendelung ist der statischen Verdrehung überlagert.

Die Untersuchung der Kurbelwellen der Verbrennungsmaschinen auf Biege- und vor allem auf Drehschwingungen bildet eine der wichtigsten Aufgaben der Kurbelwellenberechnung.

I. Biegeschwingungen.

Bezeichnungen:

- z Zylinderzahl,
- G Gewicht an der Kurbelwelle [kg],
- m zugehörige Masse $\left[\dfrac{kg}{cm} sek^2\right]$,
- g Erdbeschleunigung $= 981 \dfrac{cm}{sek^2}$,
- P Wellenbelastung [kg],
- G' Gleitzahl (Schubmodul) $= 830\,000 \dfrac{kg}{cm^2}$ für Wellenstahl,
- E Elastizitätsmaß $= 2\,150\,000 \dfrac{kg}{cm^2}$ für Wellenstahl,
- J äquatoriales Wellenquerschnitts-Trägheitsmoment [cm⁴], $= \dfrac{\pi \cdot d^4}{64}$ für die Vollwelle vom Durchmesser d [cm],
- c Biegefederzahl $\left[\dfrac{kg}{cm}\right]$,
- c_1 Federzahl für Längsfederung $\left[\dfrac{kg}{cm}\right]$,
- l Stützweite der Kurbelwelle [cm],
- a, b, c Lastabstände von den Lagern [cm],
- f Durchbiegung [cm],
- u Auslenkung [cm],
- F Fliehkraft [kg],
- T Schwingungszeit [sek],
- ω Winkelgeschwindigkeit der Wellendrehung (Drehschnelle) $\left[\dfrac{1}{sek}\right]$,
- ω_e Winkelgeschwindigkeit der Eigenschwingung der Welle mit Massenbelastung (Eigenschnelle, Kreisfrequenz) $\left[\dfrac{1}{sek}\right]$,
- ω_0 Eigenschnelle der Welle aus der Eigenmasse $\left[\dfrac{1}{sek}\right]$,
- n_e Anzahl der Schwingungen in der Minute $\left[\dfrac{1}{min}\right]$,
- k Ordnung der harmonischen erregenden Kraft,

Ω Winkelgeschwindigkeit der Erregenden, Erregerschnelle $\left[\frac{1}{\text{sek}}\right]$,

ω_{kr} kritische Winkelgeschwindigkeit der Kurbelwelle $\left[\frac{1}{\text{sek}}\right]$,

n_{kr} kritische Wellendrehzahl $\left[\frac{1}{\text{min}}\right]$.

Biegeschwingungen entstehen, wenn die elastische Welle senkrecht zu ihrer Längsachse angestoßen wird; dabei geht die Welle durch ihre Strecklage hindurch. Resonanz tritt ein, sobald die Eigenschwingungszahl der Welle mit der Taktzahl der erregenden Gas- und Massenkräfte übereinstimmt, und zwar bei einer Drehzahl der Welle, die man als die „kritische" bezeichnet. Die Biegeschwingungen werden gefährlich in den Fällen, in denen mit der Anregung und Aufrechterhaltung des Eigenschwingungszustandes eine Ausbiegung der Welle mit übermäßiger Beanspruchung verbunden ist. Davon zu unterscheiden ist eine kritische Drehzahl der umlaufenden Welle, die sich als Folge der Fliehkräfte der nicht vollkommen ausgeglichenen Welle einstellen kann.

Selbst wenn eine Gefährdung der Welle und der Lager nicht eintritt, führen die Schwingungen einen starken Wechsel der Lagerdrücke herbei und geben freie Kraftwirkungen nach außen ab, die stets als störend empfunden werden.

1. Einfluß der Lagerung der Kurbelwelle.

Zahl der Lager. Die freie Länge der Welle zwischen zwei Lagern, welche die Eigenschwingungszahl mitbestimmt und den erregenden Kräften ausgesetzt ist, hängt bei mehrfach gekröpften Wellen von der Gesamtzahl der Lager ab.

Die Wellen der Großraummaschinen und der Hochleistungs-Leichtmotoren sind vollgelagert und haben bei z Zylindern $(z + 1)$ Grundlager. Da jede Kröpfung von zwei Lagern gefaßt wird, ist die Stützweite klein und die Gefahr der Entstehung von bedenklichen Biegeschwingungen nicht vorhanden, sofern die Lagerstellen selbst ausreichend unnachgiebig sind.

Bei Leichtmotoren, insbesondere bei Fahrzeugmotoren, ist es in vielen Fällen üblich, zwei Kurbeltriebe zwischen zwei Lagerstellen zu legen; es fällt das Zwischenlager aus, Abb. 101, und die Stützweite l ist vergrößert; die Zahl der Lager ist insgesamt $\frac{z+2}{2}$. Hier können die „inneren" Momente der Wellenhälften (siehe „Massenausgleich") als Erregende wirken; die Welle drängt auf Hinauszwängen aus dem mittleren Lager, wobei ein nicht genügend steifer Rahmen oder Kurbelkasten die Formänderung erleichtert. Weitere

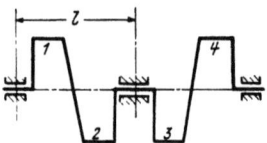

Abb. 101. Dreimal gelagerte Vierkurbelwelle.

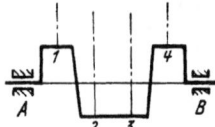

Abb. 102. Zweimal gelagerte Vierkurbelwelle.

Vereinfachung und Verbilligung des Aufbaues hat bei Kleinmotoren mit drei und vier Zylindern dazu geführt, die Welle allein an den Enden A und B zu lagern, Abb. 102, was die Veranlassung zu bedenklichen Biegeschwingungen sein kann.

Beschaffenheit der Lagerung. Von wesentlichem Einfluß auf die Eigenschwingungszahl ist die Art der Beweglichkeit der Welle in den Lagern; Grenzfälle sind: freie oder auch kugelige Lagerung und Einspannung in den Lagern. Übermäßiges Lagerspiel hat zur Folge, daß die Schwingungsform nicht mehr an die Lagerzahl gebunden ist.

Bisweilen treten übermäßige Biegungsbeanspruchungen mit nachfolgendem Bruch vollgelagerter Wellen ein, die keineswegs auf Resonanzerscheinungen zurückzuführen sind, vielmehr auf ungleichmäßige Abnützung der Lager, auf Entfallen einzelner Stützpunkte und auf erhöhte Durchbiegung durch die Triebwerkskräfte, die im Verein mit der hohen sekundlichen Zahl der Wechsel eine Ermüdung des Werkstoffes in gewisser Zeit herbeiführt.

2. Eigenschwingungsformen und -zahlen.

Um die dynamischen Vorgänge der Rechnung zugänglich zu machen, ist man genötigt, vereinfachende Annahmen zugrunde zu legen, die gestatten, die aus der Mechanik bekannten Fälle mit glatter Welle zu übertragen.

Ersatzwelle. Das Zurückführen der gekröpften Welle auf den durchsichtigen Fall der glatten Welle, die biegungselastisch gleichwertig ist, gelingt heute nur angenähert. Das Verfahren der „Reduktion" ist im Vergleich zu demjenigen der Ersetzung der Kröpfungen durch Wellenstücke von drehelastisch annähernd gleichem Verhalten (siehe „Drehschwingungen") wenig entwickelt; hinzu kommt, daß die sehr bedeutsamen Einflüsse des Gehäuses bei Kleinmaschinen und des Gestells samt Grundplatte bei Großmaschinen sich noch gänzlich der Rechnung entziehen. In das noch wenig bearbeitete Gebiet sucht man auf dem Versuchsweg einzudringen, zunächst durch Beschränkung der Untersuchung auf die vom Motor losgelöste Welle. So hat HEIDEBROEK [1] eine Berechnung angestrebt, die sich auf gewisse Versuchswerte stützt, und CORNELIUS [2] Versuche zur Klärung der Biegeschwingungen angebahnt. In diesen Aufgabenkreis fallende Untersuchungen an verschiedenen Kurbelwellen zu einem Sechszylinder-2,5 l-Fahrzeugmotor hat NEUGEBAUER [3] mitgeteilt.

Ersatzmassen. Die Masse jedes Kurbeltriebes, bestehend aus umlaufender Masse (Kurbelkröpfung und Anteil der Pleuelstange, Gegengewichte) und aus Masse der hin und her gehenden Teile, ist an der Ersatzwelle als Masse von geringer Ausdehnung so anzubringen, daß die Ersatzmassen gleiche Schwingungserscheinungen an der Welle wie die ursprünglichen Massen hervorrufen. Das Schwungrad oder sonstige Schwungmasse sieht man, um Verwicklungen der Betrachtung zu meiden, als schmale Scheibe an, deren Schwerpunkt in die Wellenachse fällt. Der vollwertige Ersatz der genannten Massen ist heute nicht möglich; man begnügt sich mit Annäherungen, wie sie nachstehend angegeben sind.

a) Zweifach gelagerte Wellen.

Eine mit n Massen besetzte Welle hat n verschiedene Auslenkungslinien und n Eigenschwingungszahlen; diese sind identisch mit den kritischen Drehzahlen der Welle, solange die Massen geballt sind; denn bei scheibenförmigen Massen, wie z. B. beim Schwungrad, macht sich die Drehungsträgheit bemerklich.

Die Schwingung 1. Ordnung oder Grundschwingung hat einen Schwingungsbauch und keinen Knoten zwischen den Stützpunkten; alle Massen sind zu gleicher Zeit nach der gleichen Seite ausgelenkt. Die Schwingung 2. Ordnung hat zwei Schwingungsbäuche und einen Knotenpunkt, jene 3. Ordnung drei Bäuche und zwei Zwischenknoten (Abb. 103).

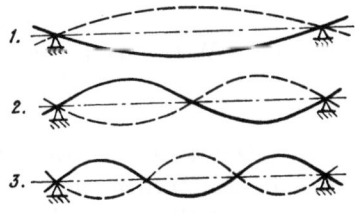

Abb. 103. Biegeschwingungen 1., 2. und 3. Ordnung.

Von den vielen Schwingungsmöglichkeiten der Kurbelwelle sind in erster Linie die Schwingungen in den Hauptebenen, in denen bei symmetrischen Wellen die Kurbeln paarweise liegen, zu beachten; am wichtigsten ist das Schwingen in der Ebene der innersten Kröpfungen und die Schwingungsform 1. Ordnung, sei es, daß nur zwei Lager vorhanden sind, sei es, daß bei größerer Lagerzahl nur die äußersten zwei Lager tragen, weil dieser Belastungsfall die größte Ausbiegung und die niedrigste Eigenschwingungszahl ergibt.

α) *Ersatzsystem.* Zwei Näherungsmethoden zur Ermittlung der Ersatzwelle und Ersatzmasse seien hier angeführt und zwar für die Welle ohne angehängte Kurbeltriebmassen.

1. Verfahren. Liegt eine ausgeführte Welle vor, deren Biegeschwingungen zu prüfen sind, so wird sie für den ungünstigsten Lagerungsfall als Balken auf zwei Endstützen in der Ebene des innersten Kurbelpaares und zwar bei einer symmetrischen Welle in ihrer Mitte mit P kg belastet; die elastische Durchbiegung f wird dabei gemessen. Da:

$$f = \frac{P \cdot l^3}{48 \cdot E \cdot J} \text{ cm,} \tag{1}$$

so kann man hieraus das Trägheitsmoment der biegungselastisch gleichwertigen, durchgehenden Welle innerhalb der vorkommenden Grenzen berechnen zu:

$$J_{\text{Ers}} = \frac{P \cdot l^3}{48 \cdot E \cdot J \cdot f} \text{ cm}^4. \tag{2}$$

Für diese Welle mit Eigenmasse m ist es einfach, die Schwingungszahl zu berechnen, wie aus den nachstehenden Grundfällen hervorgeht.

2. Verfahren. Wenn an Hand einer Zeichnung der Kurbelwelle die Eigenschwingungszahl vorauszuberechnen ist, bieten sich verschiedene Wege des Vorgehens. Die Welle wird in Einzelstücke (Zapfen, Kurbelarme, Gegengewichte) zerlegt und die entstehenden Massen längs einer masselosen Welle der Betrachtung unterworfen oder es werden die Einzelstücke auf einen Bezugspunkt reduziert, sodann für die reduzierte Gesamtmasse die Durchbiegung der Welle und schließlich die Einheitskraft (Federkonstante) berechnet, die zur Ermittlung der Eigenschwingungszahl dient. Letzteres Vorgehen wird nun ausführlich geschildert.

Massenreduktion. Die Reduktion erfolgt auf den Mittelpunkt der Längsausdehnung der Welle. Dazu bestimmt man den Schwerpunktsabstand der Einzelmassen, bezogen auf Endlagermitte, und reduziert so, daß die beim Schwingen auftretende kinetische Energie der Massen erhalten bleibt. Dazu muß man die Durchbiegungskurve (elastische Linie) annehmen, z. B. als Parabel höheren Grades. Für die Masse m_i mit dem Ausschlag y_i ist die Energie:

$$E = \frac{1}{2} m_i \left(\frac{d y_i}{d t}\right)^2 \text{ cm kg.}$$

Bedeutet ξ das Verhältnis des Ausschlages y_{red} der bezogenen Masse m_{red} zum Ausschlag y_i der Einzelmasse m_i, so ist bei insgesamt n Massen:

$$m_{\text{red}} = \sum_{i=1}^{i=n} m_i \cdot \xi_i^2. \tag{3}$$

Die Werte ξ erhält man mit Hilfe der elastischen Linie, für welche die Durchbiegung an beliebiger Stelle im Abstand x vom Auflager:

$$y = \frac{P \cdot l^3}{16 \cdot E \cdot J} \left(\frac{x}{l} - \frac{4 \cdot x^3}{3 \cdot l^3}\right)$$

und in Wellenmitte:

$$y_{\text{red}} = f$$

mit dem Wert aus (1) ist. Damit gilt:

$$\xi = \frac{y_i}{y_{\text{red}}} = \frac{3 \cdot x}{l} - \frac{4 \cdot x^3}{l^3}.$$

β) Durchbiegung. Eine Kraft, die in der Ebene einer Kröpfung ausbiegend wirkt, hat an den Wellen- und Kurbelzapfen sowie an den Kurbelarmen eine Verbiegung, an anders gestellten Kröpfungen noch eine Verdrehung und damit eine zusätzliche Auslenkung der Wellenachse zur Folge. Um die Gesamtdurchbiegung y_{red} des Massenreduktionspunktes zu erhalten, hat man die Durchbiegung aus den Biegemomenten und aus den Torsionsmomenten zu berechnen, z. B. bei einer symmetrischen Kurbelwelle für den Angriff der Kraft P in Wellenmitte und in der Längsebene der innersten Kröpfungen.

Die *Durchbiegung* in Wellenmitte ergibt sich aus der Durchbiegung der Lagerzapfen, Kurbelarme und Kurbelzapfen; zu ihrer Berechnung beachtet man, daß in der Welle

Eigenschwingungsformen und -zahlen.

potentielle Energie als Biegungsarbeit aufgespeichert ist. Die zur Verformung des Wellenteils AB von der Länge l, Abb. 104, durch das Biegemoment M_b notwendige Arbeit ist:

$$A_b = \frac{1}{2} \int_{x=0}^{x=l} \frac{M_b^2}{E \cdot J} dx.$$

Wirkt an dem Ort der gesuchten Formänderung die Kraft P, so gibt nach dem Satz von CASTIGLIANO die partielle Ableitung von A_b nach P die gesuchte Durchbiegung:

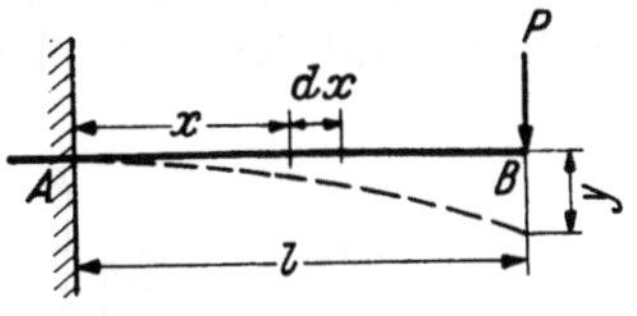

$$y = \frac{\partial A_b}{\partial P}$$

$$= \frac{1}{2} \int_{x=0}^{x=l} \frac{\partial M_b^2}{\partial P} \frac{dx}{E \cdot J},$$

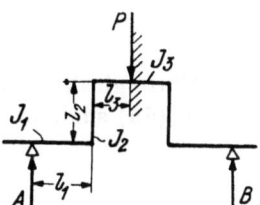

Abb. 104. Durchbiegung des einseitig eingespannten Stabes.

da sich nur M_b mit P ändert. Mit Einsetzung von $\frac{\partial M_b^2}{\partial P} = 2 M_b \frac{\partial M_b}{\partial P}$ wird:

$$y = \int_{x=0}^{x=l} \frac{M_b}{E \cdot J} \frac{\partial M_b}{\partial P} dx. \tag{4}$$

Bei der *Welle mit einfacher Kröpfung*, Abb. 105, denkt man sich die Welle im Angriffspunkt der Kraft P eingespannt und ermittelt die Verschiebung y_A durch die Auflagerkraft A aus den Verbiegungen der einzelnen Wellenteile, wie folgt:

$$y_A = y_1 + y_2 + y_3$$
$$= \int_{x=0}^{x=l_1} \frac{M_1}{E \cdot J_1} \frac{\partial M_1}{\partial A} dx + \int_{x=0}^{x=l_2} \frac{M_2}{E \cdot J_2} \frac{\partial M_2}{\partial A} dx + \int_{x=0}^{x=l_3} \frac{M_3}{E \cdot J_3} \frac{\partial M_3}{\partial A} dx.$$

Mit:

$$M_1 = A \cdot x \quad \text{und} \quad \frac{\partial M_1}{\partial A} = x,$$

$$M_2 = A \cdot l_1 \quad \text{und} \quad \frac{\partial M_2}{\partial A} = l_1,$$

$$M_3 = A(l_1 + x) \quad \text{und} \quad \frac{\partial M_3}{\partial A} = l_1 + x$$

Abb. 105. Zur Berechnung der Durchbiegung der zweimal gelagerten Welle mit einer Kröpfung.

wird:

$$y_A = \int_{x=0}^{x=l_1} \frac{A \cdot x}{E \cdot J_1} x \, dx + \int_{x=0}^{x=l_2} \frac{A \cdot l_1}{E \cdot J_2} l_1 \, dx + \int_{x=0}^{x=l_3} \frac{A}{E \cdot J_3} (l_1 + x)^2 \, dx \tag{5}$$

oder:

$$y_A = \frac{A \cdot l_1^3}{3 E J_1} + \frac{A \cdot l_1^2 \cdot l_2}{E J_2} + \frac{A}{E J_3} \left(l_1^2 \cdot l_3 + l_1 \cdot l_3^2 + \frac{l_3^3}{3} \right). \tag{5a}$$

Der versteifende Einfluß der Ecken an den Kröpfungen wird durch die Annahme, das Trägheitsmoment für den steifen Teil sei unendlich groß, berücksichtigt, d. h. der Quotient $\frac{M_b}{J}$ wird gleich Null gesetzt. Der Betrag v, Abb. 106, der in Gleichung (5) jeweils am Biegungshebelarm abzuziehen ist, steht für die verschiedenartigen Kurbelwangen und Übergänge nicht fest; nach MEYER [4] ist für Rechtkantkurbelarme $v = \frac{h}{3}$ und $w = \frac{d_w}{8}$. Alsdann wird für $d_w = d_z$:

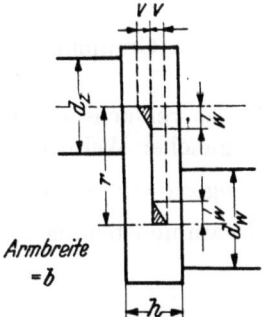

Abb. 106. Berücksichtigung der Eckenversteifung.

$$y_A = \frac{A(l_1-v)^3}{3 E J_1} + \frac{A \cdot l_1^2 (l_2 - 2w)}{E J_2} + \frac{A}{E J_3} [l_1^2 (l_3 - v) + l_1 (l_3^2 - v^2) + (l_3^3 - v^3)], \tag{6}$$

wobei sich l_2 mit dem Kurbelhalbmesser r deckt.

Zweckmäßig wählt man die Last P in Wellenmitte zu 100 kg, so daß $A = 50$ kg wird; ferner ist für den Vollzapfen $J_1 = \dfrac{\pi \cdot d_w^4}{64}$, $J_3 = \dfrac{\pi \cdot d_z^4}{64}$, für den Kurbelarm: $J_2 = \dfrac{b \cdot h^3}{12}$ mit b als Breite des Armes.

Bei einer *mehrfach gekröpften Welle*, Abb. 107a, ist Gleichung (5) auf die weiteren Wellen- und Kurbelzapfen auszudehnen; da verschiedene Kröpfungen außerhalb der Wirkungsebene von A und P liegen, ist der jeweilige Neigungswinkel β der Kröpfungsebene gegen die Hauptebene zu berücksichtigen.

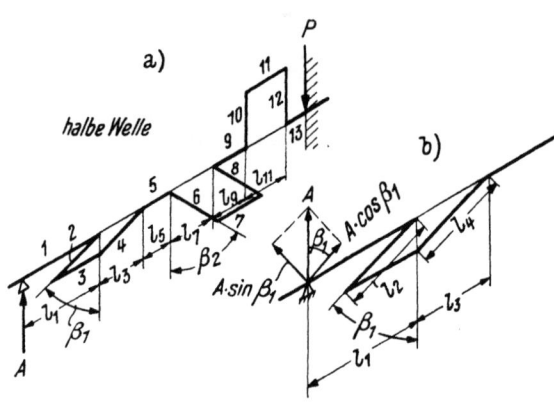

Abb. 107. Zur Berechnung der Durchbiegung der mehrfach gekröpften Welle.

Die Zerlegung von A für die unter β_1 stehende Kröpfung, Abb. 107b, gibt die beiden Komponenten $(A \cdot \sin \beta_1)$ und $(A \cdot \cos \beta_1)$, von denen die erste die Kurbelarme auf Verdrehung, die zweite auf Biegung beansprucht. Man erkennt, daß für $\beta_1 = 0°$ die Biegung, für $\beta_1 = 90°$ die Torsion den Höchstwert erreicht; letztere wird getrennt betrachtet. Sinngemäßes gilt für die unter β_2 stehende Kröpfung.

Die Verschiebung y_A setzt sich bei einer sechsfach gekröpften Welle wie folgt zusammen:

$$y_A = y_1 + y_3 + y_5 + y_7 + y_9 + y_{11} + y_{13} \\ + y_2 + y_4 + y_6 + y_8 + y_{10} + y_{12}.$$

Die Einzelglieder errechnen sich mit Anwendung von Gleichung (5a); während y_1 und y_3 wie in (5a) sind, wird z. B.:

$$y_5 = \frac{A}{E J_5}\left[(l_1 + l_3)^2 l_5 + (l_1 + l_3) l_5^2 + \frac{l_5^3}{3}\right];$$

bei y_2 tritt in (5a) an Stelle von A die Kraft $(A \cdot \sin \beta_1)$ usf.

γ) *Verdrehung der Kurbelarme.* Die Arme, die senkrecht zur Hauptebene liegen, werden durch das Moment $(A \cdot l)$, jene, die mit dieser Ebene einen spitzen Winkel bilden, wie die dem Lager A benachbarte Kurbel in Abb. 107a, durch $M_d = A \cdot \sin \beta_1 \cdot l_1$ auf Verdrehung beansprucht. Für Kurbelarme mit rechteckigem Querschnitt $(b \cdot h)$ und mit Länge l, die vorerst mit dem Kurbelhalbmesser r übereinstimmt, ist mit G' als Gleitzahl der Verdrehungswinkel im Bogenmaß:

$$\varphi = \frac{M_d \cdot l}{\eta \cdot b \cdot h^3 \cdot G'} \qquad (7)$$

oder im Gradmaß:

$$\varphi° = 57{,}3 \cdot \varphi. \qquad (7a)$$

Es ist versuchsmäßig noch nicht nachgeprüft, ob die Verhältnisse der Eckenversteifung in gleicher Weise wie bei der Armdurchbiegung gelten; man setzt vielfach als wirksame Länge: $l = r - 2w$. Der Beiwert η, abhängig vom Verhältnis $\dfrac{b}{h} > 1$, geht aus folgender Zusammenstellung hervor:

$\dfrac{b}{h}$	1,5	2	3	4
η	0,196	0,229	0,263	0,281

Es wird z. B. die Auslenkung des dem Auflager benachbarten Kurbelarmes:

$$y_2' = l_1 \cdot \sin \varphi_2. \qquad (8)$$

δ) Die *Gesamtdurchbiegung* y_red des Reduktionspunktes in Wellenmitte ergibt sich als die Summe der Durchbiegungen y_1 bis y_n aus Biegung und Verdrehung für die angenommene Last von 100 kg.

ε) Die zugehörige *Einheitskraft* (Biegefederzahl) ist:

$$c = \frac{100}{y_\text{red}} \quad \frac{\text{kg}}{\text{cm}}. \tag{9}$$

ζ) Das *vereinfachte System* der symmetrischen Welle besteht aus der masselosen Welle und der Masse m_red in ihrer Mitte, als einer der nachfolgenden Grundfälle. Kurbelwellen, die keine Längssymmetrie besitzen, führen auf ein vereinfachtes System mit der reduzierten Masse außerhalb der Wellenmitte, als weiteren Grundfall.

η) *Schwingungszahlen einfacher Systeme.* Die Angabe der Eigenschwingungszahl einer Schwingungsform erfolgt über die Winkelgeschwindigkeit der Schwingung. Da man eine periodisch schwankende Auslenkung vom Größtwert ($+u$) aus der Mittellage bis auf den Wert ($-u$) als Projektion eines umlaufenden Vektors von der Länge u auffassen kann, dessen Winkelgeschwindigkeit oder Drehschnelle ω_e ist, so ist ω_e die Eigenkreisfrequenz oder Eigenschnelle für die Eigenschwingung. Daraus wird die Schwingungszahl n_e in der Minute, da jeder Umdrehung von u eine volle Wellenschwingung entspricht:

$$n_e = \frac{30}{\pi} \cdot \omega_e = 9{,}55 \cdot \omega_e \quad \text{Schw./min.} \tag{10}$$

Für die Schwingungsform 1. Ordnung lassen sich unter Einführung eines vereinfachten Schwingungssystems verschiedene Hauptfälle unterscheiden; dabei sieht man von der Wellendrehung ab.

Welle mit Einzelmasse. Eine zweifach gelagerte, ruhende masselose Welle, die mit einer geballten Masse vom Gewicht G behaftet ist, wird in Schwingungen versetzt. Schwingungsdauer und Schwingungszahl fallen verschieden aus, je nach Art der Lagerung. Bei *freier* Lagerung und einer Masse m vom Gewicht G in der *Mitte* der Welle, Abb. 108, gibt die Festigkeitslehre mit der Auslenkung u der Wellenachse und mit Vernachlässigung der Wellenmasse:

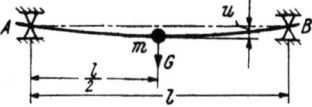

Abb. 108. Zweifach, beweglich gelagerte Welle mit Einzelmasse.

$$G = c \cdot u = \frac{48 \cdot E \cdot J}{l^3} \cdot u \quad \text{kg,} \tag{11}$$

worin c kg/cm die Biegefederzahl ist. Mit $m = \frac{G}{g}$ wird die Schwingungsdauer:

$$T = 2\pi \cdot \sqrt{\frac{m}{c}} \quad \text{sek,} \tag{12}$$

die Winkelschnelle der Eigenschwingung aus:

$$\omega_e = \frac{2\pi}{T} \tag{13}$$

zu:

$$\omega_e = \sqrt{\frac{c}{m}} \tag{14}$$

und mit (11):

$$\omega_e = 6{,}93 \cdot \sqrt{\frac{E \cdot J}{m \cdot l^3}} \tag{14a}$$

und die Anzahl der Schwingungen in der Minute:

$$n_e = \frac{30}{\pi} \cdot \sqrt{\frac{c}{m}} \quad \text{Schw./min.} \tag{15}$$

Ist die statische Durchbiegung f unter dem Gewicht G bekannt, so ist mit $u = f$ aus (11): $f = \frac{G}{c}$, und aus Gleichung (14) mit $c = \frac{m \cdot g}{f}$:

$$\omega_e = \sqrt{\frac{g}{f}} \tag{16}$$

Zahlentafel 25. Eigenschnelle für Grundschwingung von masselosen Wellen mit einer Punktmasse.
$E = 2\,150\,000$ kg/cm²

Allgemeiner Fall	Vollwelle d = Wellendurchmesser (cm)	Hohlwelle d = Außen-, d_1 = Innendurchmesser (cm)
$\omega_e^2 = \dfrac{3 \cdot E \cdot J \cdot l}{m \cdot a^2 \cdot b^2}$	$\omega_e^2 = \dfrac{316\,453 \cdot d^4}{m \cdot a^2 \cdot b^2}$; $\omega_e = \dfrac{562{,}6 \cdot d^2}{a \cdot b \cdot \sqrt{m}}$	$\omega_e^2 = \dfrac{316\,453\,(d^4 - d_1^4)}{m \cdot a^2 \cdot b^2}$; $\omega_e = \dfrac{562{,}6}{a \cdot b}\sqrt{\dfrac{d^4 - d_1^4}{m}}$
Für $a = b = \dfrac{l}{2}$: $\omega_e^2 = \dfrac{48 \cdot E \cdot J}{m \cdot l^3}$	$\omega_e^2 = \dfrac{5\,063\,250 \cdot d^4}{m \cdot l^3}$; $\omega_e = 2250 \cdot d^2 \sqrt{\dfrac{1}{m \cdot l^3}}$	$\omega_e^2 = \dfrac{5\,063\,250\,(d^4 - d_1^4)}{m \cdot l^3}$; $\omega_e = 2250\sqrt{\dfrac{d^4 - d_1^4}{m \cdot l^3}}$
$\omega_e^2 = \dfrac{3 \cdot E \cdot J}{m} \cdot \dfrac{l^3}{a^3 \cdot b^3}$	$\omega_e^2 = \dfrac{316\,453 \cdot d^4}{m \cdot a^3 \cdot b^3}$; $\omega_e = \dfrac{562{,}6 \cdot d^2}{a \cdot b}\sqrt{\dfrac{l}{m \cdot a \cdot b}}$	$\omega_e^2 = \dfrac{316\,453\,(d^4 - d_1^4)}{m \cdot a^3 \cdot b^3}$; $\omega_e = \dfrac{562{,}6}{a \cdot b}\sqrt{\dfrac{d^4 - d_1^4}{m \cdot a \cdot b}}$
Für $a = b = \dfrac{l}{2}$: $\omega_e^2 = \dfrac{192 \cdot E \cdot J}{m \cdot l^3}$	$\omega_e^2 = \dfrac{20\,253\,000 \cdot d^4}{m \cdot l^3}$; $\omega_e = 4500 \cdot d^2 \sqrt{\dfrac{1}{m \cdot l^3}}$	$\omega_e^2 = \dfrac{20\,253\,000\,(d^4 - d_1^4)}{m \cdot l^3}$; $\omega_e = 4500\sqrt{\dfrac{d^4 - d_1^4}{m \cdot l^3}}$
$\omega_e^2 = \dfrac{3 \cdot E \cdot J}{m \cdot (l + c) \cdot c^2}$	$\omega_e^2 = \dfrac{316\,453 \cdot d^4}{m \cdot (l + c) \cdot c^2}$; $\omega_e = \dfrac{562{,}6 \cdot d^2}{c \sqrt{(l + c) \cdot m}}$	$\omega_e^2 = \dfrac{316\,453\,(d^4 - d_1^4) \cdot c^2}{m \cdot l^3}$; $\omega_e = \dfrac{562{,}6}{c}\sqrt{\dfrac{d^4 - d_1^4}{m \cdot (l + c)}}$

und aus (15):

$$n_e = \frac{30}{\pi} \cdot \sqrt{\frac{g}{f}}$$
$$\sim 300 \cdot \sqrt{\frac{c}{G}}. \quad (17)$$

Mit Ausdehnung der Betrachtung auf stetige Massenbelegung der glatten Welle wird:

$$\omega_e = \sqrt{\frac{\varkappa \cdot g}{f}}, \quad (18)$$

worin

$$1 \leq \varkappa \leq 1{,}268;$$

die Grenzfälle sind: stehende Welle mit $\varkappa = 1$, liegende Welle mit $\varkappa = 1{,}268$; vgl. auch den nachfolgenden Fall mit Eigenmasse allein.

Greift die Masse *nicht in Wellenmitte* an, Zahlentafel 25, so gilt:

$$\omega_e = \frac{1}{a \cdot b} \cdot \sqrt{\frac{3 \cdot E \cdot J \cdot l}{m}}; \quad (19)$$

mit $a = b = \dfrac{l}{2}$ entsteht hieraus Gleichung (14a).

Für die Lagerungsart mit *beidseitiger Einspannung* und Masse *in der Mitte* (Abb. 109) gilt:

$$\omega_e = 13{,}86 \sqrt{\frac{E \cdot J}{m \cdot l^3}}. \quad (20)$$

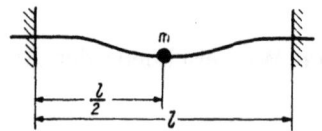

Abb. 109. Beidseitig eingespannte Welle mit Einzelmasse.

Für gleiche Lagerungsart und Masse außerhalb der Mitte, Zahlentafel 25, ist:

$$\omega_e = \frac{1}{a \cdot b}\sqrt{\frac{3 \cdot E \cdot J}{m} \cdot \frac{l^3}{a \cdot b}}. \quad (21)$$

Ähnlich würde eine überhängende Masse an der zweimalig gestützten Welle, Zahlentafel 25, ergeben:

Eigenschwingungsformen und -zahlen.

$$\omega_e = \frac{1}{c} \cdot \sqrt{\frac{3 \cdot E \cdot J}{m \cdot (l+c)}} \ . \qquad (22)$$

Glatte Welle mit Eigenmasse allein. Aus der Bedingung des Gleichgewichts zwischen Belastung der umlaufenden Welle und elastischer Wellenkraft ergibt sich die allgemeine Lösung der verschiedenen Lagerungsfälle, wenn ω_0 für ω_e gesetzt wird:

$$\left.\begin{array}{l}\omega_0^2 = \dfrac{\beta_i^4 \cdot E \cdot J \cdot g}{l^4 \cdot \gamma \cdot F} \\[4pt] = \dfrac{\beta_i^4 \cdot E \cdot J}{l^4 \cdot \varrho \cdot F} \\[4pt] = \dfrac{\beta_i^4 \cdot E \cdot J}{m \cdot l^3},\end{array}\right\} \qquad (23\,\text{a, b, c})$$

worin außer den bisherigen Bezeichnungen bedeuten:

β_i Frequenzbeiwerte gemäß nachfolgender Zusammenstellung, abhängig von der Ordnungszahl i der Schwingung; $i = 1$: Grundschwingung, $i = 2$: 1. Oberschwingung,

γ spezifisches Gewicht des Wellenwerkstoffes $= 0{,}00785 \left[\dfrac{\text{kg}}{\text{cm}^3}\right]$ für Stahl,

F Wellenquerschnittsfläche [cm²],

ϱ Dichte des Werkstoffes $\dfrac{\gamma}{g} = \dfrac{0{,}00785}{981} = 0{,}0000080 \left[\dfrac{\text{kg} \cdot \text{sek}^2}{\text{cm}^4}\right]$,

G Gewicht der Welle $= l \cdot F \cdot \gamma$ [kg],

m Wellenmasse $= \dfrac{G}{g} \left[\dfrac{\text{kg} \cdot \text{sek}^2}{\text{cm}}\right]$.

Zahlentafel 26 enthält die Sonderwerte für zwei Belastungsfälle.

Zahlentafel 26. Eigenschnelle und Eigenschwingungszahl von Wellen mit gleichmäßigem Querschnitt und mit Eigenmasse allein.

Art der Stützung	Berechnungsformel	Beiwert β_i	Vollwelle	
			Eigenschnelle der Biegeschwingung, zugleich kritische Drehschnelle 1/sek	Schwingungszahl in der Minute, zugleich kritische Umlaufzahl
(gelenkig gelagert)	$\omega_0^2 = \dfrac{\beta_i^4}{l^4} \dfrac{E \cdot J}{\varrho \cdot F}$ $= \omega_{kr}^2$	$\beta_1 = \pi$	$\omega_1 = 12{,}95 \cdot 10^4 \cdot \pi^2 \cdot \dfrac{d}{l^2}$ $= 127{,}7 \cdot 10^4 \cdot \dfrac{d}{l^2}$	$n_1 = 123{,}7 \cdot 10^4 \cdot \pi^2 \cdot \dfrac{d}{l^2}$ $= 1220 \cdot 10^4 \cdot \dfrac{d}{l^2}$
		$\beta_2 = 2\pi$	$\omega_2 = 12{,}95 \cdot 10^4 \cdot 4\pi^2 \cdot \dfrac{d}{l^2}$ $= 510{,}7 \cdot 10^4 \cdot \dfrac{d}{l^2}$	$n_2 = 494{,}7 \cdot 10^4 \cdot \pi^2 \cdot \dfrac{d}{l^2}$ $= 4878 \cdot 10^4 \cdot \dfrac{d}{l^2}$
(fest eingespannt)	$E = 2\,150\,000$ kg/cm² $\omega_0^2 = \dfrac{\beta_i^4}{l^4} \cdot \dfrac{E \cdot J}{\varrho \cdot F}$ $= \omega_{kr}^2$	$\beta_1 = 4{,}73$	$\omega_1 = 12{,}95 \cdot 10^4 \cdot 4{,}73^2 \cdot \dfrac{d}{l^2}$ $= 289{,}7 \cdot 10^4 \cdot \dfrac{d}{l^2}$	$n_1 = 2767 \cdot 10^4 \cdot \dfrac{d}{l^2}$
		$\beta_2 = 7{,}853$	$\omega_2 = 12{,}95 \cdot 10^4 \cdot 7{,}853^2 \cdot \dfrac{d}{l^2}$ $= 798{,}4 \cdot 10^4 \cdot \dfrac{d}{l^2}$	$n_2 = 7625 \cdot 10^4 \cdot \dfrac{d}{l^2}$

 Für Hohlwellen ist $\sqrt{d^2 + d_1^2}$ an Stelle von d zu setzen.

Den Übergang von den Fällen mit Einzelmasse zu dem vorliegenden Fall mit stetig verteilter Masse findet man aus (23), wenn man die Durchbiegung unter der Eigenlast für den jeweiligen Lagerungsfall einführt. Aus der Durchbiegung:

$$f = \frac{G}{E \cdot J} \frac{5 \cdot l^3}{384}$$

erhält man:

$$\frac{E \cdot J}{m \cdot l^3} = \frac{5}{384} \cdot \frac{g}{f};$$

mit Einsetzung dieses Wertes sowie von $\beta_i = \pi$ in Gleichung (23c) wird:

$$\omega_0^2 = \omega_c^2 = \frac{5\pi^4}{384} \frac{g}{f} = 1{,}268 \frac{g}{f} \quad \frac{1}{\text{sek}^2}, \tag{24}$$

in Übereinstimmung mit dem einen Grenzfall in Gleichung (18).

Mehrere Massen an zweifach gelagerten Wellen. In den vorher behandelten Fällen war die Welle nur durch eine Einzelmasse oder nur durch ihre Eigenmasse belastet; sind nun auf der Welle mehrere Massen vorhanden und reduziert man sie nicht auf eine Einzelmasse, dann ist es möglich, von den bisherigen Ergebnissen Gebrauch zu machen, wenn auch die Art des Vorgehens nicht einem genauen analytischen Verfahren gleichkommt, dessen Anwendung großen Zeitaufwand erfordert.

Zur schnellen Prüfung der Eigenschnelle einer Welle mit Eigenmasse und Punktmassen eignet sich das Verfahren von DUNKERLEY. Man bestimmt für jede Punktmasse $m_1, m_2, \ldots$ nacheinander die ihr eigene Kreisfrequenz $\omega_1, \omega_2, \ldots$, allgemein ω_f, sodann berechnet man die Eigenkreisfrequenz ω_0 der Welle aus der Eigenmasse allein. Dann ist die Drehschnelle der Biegeschwingung und zugleich die kritische Drehschnelle:

$$\left. \begin{array}{l} \dfrac{1}{\omega_e^2} = \dfrac{1}{\omega_0^2} + \dfrac{1}{\omega_1^2} + \dfrac{1}{\omega_2^2} + \cdots \\ \phantom{\dfrac{1}{\omega_e^2}} = \dfrac{1}{\omega_0^2} + \sum \dfrac{1}{\omega_f^2} \cdot \end{array} \right\} \tag{25}$$

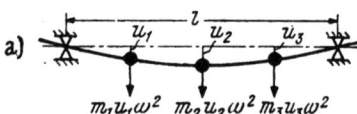
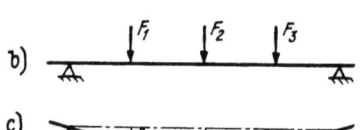

Abb. 110. Zur Berechnung der Eigenbiegeschwingungszahl 1. Ordnung.

Die Eigenschnelle ω_e des Systems ist kleiner als die kleinste Einzeldrehschnelle.

Eine weitere angenäherte Berechnung der Eigenschwingungszahl 1. Ordnung hat KULL [5] angegeben. Man nimmt die Biegungsform der Welle mit den Massen m_1, m_2 usf. nach bestem Ermessen an (Abb. 110a) und damit die Durchbiegungen u der einzelnen Massen. Bei der Wellendrehschnelle ω sind die zugehörigen Fliehkräfte: $F_1 = m_1 \cdot u_1 \cdot \omega^2$, $F_2 = m_2 \cdot u_2 \cdot \omega^2$ usf. (Abb. 110b). Nach dem Verfahren von MOHR ermittelt man nun die Auslenkungen f_1, f_2 usf. unter dem Einfluß der Fliehkräfte (Abb. 110c). Für die kritische Drehschnelle gilt dann:

$$\omega_e = \sqrt{g \cdot \frac{\sum m_i \cdot f_i}{\sum m_i \cdot f_i^2}} \quad \frac{1}{\text{sek}}. \tag{26}$$

Entsteht ein größerer Fehler, wenn u und f stark voneinander abweichen, so rechnet man mit den Werten f_i nochmals durch.

b) Mehrfach gelagerte Wellen.

Über die Schwingungsformen der mehrfach gelagerten Wellen, deren Eigenschwingungszahlen meist so hoch liegen, daß eine Resonanz mit den Betriebsdrehzahlen der Maschine nicht eintritt, sei nur folgendes gesagt:

Die Bestimmung der biegungselastischen Linie der mehrfach gelagerten Welle ist umständlich, weil ein statisch unbestimmtes System vorliegt. Man pflegt deshalb die vereinfachte Abstützung an den beiden Endlagern anzunehmen, wie schon gezeigt wurde.

Die Eigenwerte von mehrfach gelagerten Wellen decken sich mit den Eigenwerten höherer Ordnung von nur zweifach gestützten Wellen, wenn die Spannweite in den einzelnen Feldern durch die Knotenpunkte der Eigenschwingung höherer Ordnung bestimmt wird. Die 1. kritische Drehschnelle einer dreifach frei gelagerten Welle mit gleichen Lagerabständen l_1 ist z. B. die 2. kritische Drehschnelle einer zweifach gelagerten Welle mit Lagerabstand $2\,l_1$.

Ein Lager im Zwischenknoten der Biegeschwingung 2. Ordnung einer zweifach gelagerten Welle unterdrückt die erste kritische Drehzahl der ursprünglichen Lagerung. Die kritischen Drehzahlen einer dreifach gelagerten Welle liegen höher als jene der beiden geteilt gedachten Wellenteile, da die Biegesteifigkeit des einen Teils durch den anderen beeinflußt wird. Die Lagerstellen geben die Knotenpunkte für eine der Schwingungsformen an und können in Sonderfällen, z. B. unter Einwirkung des Ölpolsters bei Gleitlagern, diese Eigenschaft einbüßen, wenn die Welle mit der kritischen Geschwindigkeit läuft.

c) Längsfederung der Welle.

Eine Begleiterscheinung der Biegeschwingungen ist eine Längsfederung der Welle mit einer Masse m, nach Abb. 111, eine axiale Verkürzung und Verlängerung, welche die Kröpfungen der Welle zulassen. Die Eigenschwingungszahl in der Minute ist angenähert:

$$n_e = \frac{30}{\pi} \cdot \sqrt{\frac{c_1}{m}}, \qquad (27)$$

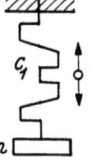

Abb. 111. Axialschwingung der Kurbelwelle.

worin c_1 die Konstante für Längsfederung ohne Eigenmasse ist; c_1 wird durch einseitige Einspannung am anderen Wellenende in Richtung der Wellenachse ermittelt, als die Einheit der Rückstellkraft, die eine Verlängerung der Feder um die Längeneinheit bewirkt. Die Längenänderung, auf die schon HEIDEBROEK [1] hingewiesen hat, erzeugt eine Längsschiebung der Welle in den Lagern in Resonanz mit den erregenden Kräften; hinzu kommt manchmal eine Längsschwingung infolge von Torsionsschwingungen.

3. Erregende Kräfte.

Eine Anzahl von Kräften wirkt als Erregende für die Biegeschwingung. Zunächst sind die während einer Kurbeldrehung in vollem Betrag ausbiegenden Fliehkräfte der umlaufenden Massen zu nennen; sie sind für eine bestimmte Drehzahl unveränderlich und meist durch Gegenmassenkräfte gebunden. Ihre Bedeutung geht aus den Darlegungen unter 5 hervor. Außer ihnen greift an dem System eine Reihe von periodisch wiederkehrenden Kräften an, nämlich Gaskräfte, Massenkräfte der hin und her gehenden Teile und Massenkräfte der schwingenden Pleuelstange.

Um die Wirkung der vom Kurbeltrieb auf die Welle übertragenen Kräfte, deren Richtung sich innerhalb einer Wellendrehung ständig ändert, insbesondere bei Vorhandensein mehrerer Kurbeltriebe verfolgen zu können, werden zweckmäßig die Gas- und Massenkräfte in Radial- und Tangentialkomponenten an der Kurbel zerlegt; denn es wird bei beliebiger Drehlage der Kurbel die Welle in der Ebene der Kurbelarme und senkrecht dazu durchgebogen. Die Radial- und Tangentialkräfte löst man wiederum in ihre harmonischen Bestandteile auf, damit man beurteilen kann, ob die Winkelgeschwindigkeit des jeweiligen Kraftvektors bei einer bestimmten Maschinendrehzahl mit der Drehschnelle der Eigenschwingung übereinstimmt. Es sind dies ähnliche Betrachtungen, wie sie ausführlicher in dem Unterabschnitt „Drehschwingungen" angestellt werden; dort sind nur die *Dreh*kräfte aus Gas- und Massenkräften von Bedeutung. Eine Gegenüberstellung der Harmonischen von Dreh- und Biegekräften findet man in der später aufgeführten Arbeit unter [45].

Die Massenkräfte haben Glieder verschiedener Drehschnelle, von denen die Glieder 2. Ordnung die wichtigsten sind. Bei den Gaskräften haben die Glieder 1. und 2. Ordnung hohe Beträge; am stärksten sind die Radialkräfte und zwar in Kurbeltotlage. Bei Motoren mit weitem Drehzahlbereich überwiegen bei Vollast mit niederer Drehzahl die Gaskräfte, bei hoher Drehzahl und bei Leerlauf die Massenkräfte.

Die Beziehung zwischen der Winkelgeschwindigkeit ω der Kurbelwelle und der Erregerdrehschnelle Ω ist mit k als Ziffer der Harmonischen und $k \cdot \omega$ als Drehschnelle der k.Harmonischen:

$$k \cdot \omega = \Omega_k. \tag{28}$$

Bezeichnet man als Ordnungszahl der Harmonischen die Anzahl der vollen Schwingungen für eine Umdrehung der Maschine, so hat bei Viertakt die 1. Harmonische die Periodenzahl 1/2, da sich das Viertaktspiel über zwei Umdrehungen erstreckt. Bei Zweitakt mit einer Umdrehung als Periode des Arbeitspiels hat die 1. Harmonische die Periodenzahl 1; mithin ist $\Omega_k = k \cdot \dfrac{\omega}{2}$ für Viertakt und $\Omega_k = k \cdot \omega$ für Zweitakt.

Um die Untersuchung zu vereinfachen, sieht man manchmal davon ab, daß die Kräfte entlang der Welle in verschiedenen Entfernungen von den Lagern angreifen, und bildet ihre Resultierende, wobei einzelne der Harmonischen sich gegenseitig aufheben.

4. Kritische Maschinendrehzahlen.

Aus der Beziehung (28) zwischen der Kurbelwellenschnelle ω und der Erregerschnelle Ω leitet sich für die kritischen Zustände ab:

$$k \cdot \omega_{kr} = \Omega_k = \omega_e,$$

woraus:

$$\omega_{kr} = \frac{\omega_e}{k} \tag{29}$$

und die kritische Drehzahl

$$n_{kr} = \frac{n_e}{k}. \tag{30}$$

Dies gilt unmittelbar für Zweitakt; für Viertakt wird:

$$n_{kr} = \frac{n_e}{\dfrac{k}{2}}.$$

Bei z Zylindern erhält man die Hauptharmonischen mit $k = z$ und mit den Vielfachen von z für Zweitakt sowie mit $\dfrac{k}{2} = \dfrac{z}{2}$ und mit den Vielfachen von $\dfrac{z}{2}$ für Viertakt; $k = z$ bzw. $\dfrac{k}{2} = \dfrac{z}{2}$ gibt die Zahl der Zündungen innerhalb einer Kurbelumdrehung.

Selbst wenn man auf die Ermittlung der tatsächlichen Auslenkung bei der Wellenschwingung mit Einschluß der Dämpfung in den Lagern und des Wellenwerkstoffes verzichtet, gibt Gleichung (29) oder (30) darüber Auskunft, welche Maschinendrehzahl zu meiden ist, wenn n_e bekannt ist, oder wie n_e mit Hilfe der Wellenabmessungen zu ändern ist, damit eine bestimmte Drehzahl nicht bedenklich wird.

Das Mittel zusätzlicher Dämpfung zur Verkleinerung der Ausschläge der umlaufenden Biegeschwingungen ausführenden Kurbelwelle ist weniger leicht anwendbar als bei Drehschwingungen, da man mit einem dämpfenden Mittel der schwingenden Welle im allgemeinen schwer beikommen kann. Welle und Lagerung sind ausreichend steif auszuführen, um merkliche Schwingungen zu meiden.

5. Kritische Drehzahl von Kurbelwellen als Folge umlaufender Massen.

Selbst wenn die bisher betrachteten Biegeschwingungen nicht auftreten, kann sich eine Erscheinung in bedeutendem Ausmaß als Folge der Drehung der Welle und der Trägheitswirkung umlaufender Massen einstellen. Je nach Form der Masse und ihrer Lage bezüglich der Wellenstützpunkte sind die Enderscheinungen verschieden. Es sei eine zweimal gelagerte Welle zugrunde gelegt.

a) *Exzentrische Massen.* Jede Kurbel mit Kurbelzapfen und Anteil der Pleuelstange bedingt eine Schwerpunktsexzentrizität e, Abb. 112, wenn kein oder nur ein unvollständiger Ausgleich durch Gegenmassen vorgesehen ist. Die bei der Wellendrehung geweckte Fliehkraft belastet die Welle und sucht sie auszubiegen. Die Durchbiegung f der Wellenachse aus ihrer Mittellage wird besonders groß für die kritische Wellendrehzahl. Die durchgebogene Welle läuft im Gleichgewichtszustand um, in der kritischen Drehzahl wandert sie in zunehmender Entfernung von der ursprünglichen Ruhelage. Dieser Vorgang ist anders geartet als die bisher betrachtete Biege-

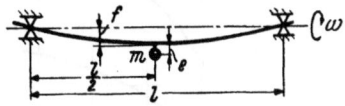

Abb. 112. Welle mit exzentrischer Masse.

schwingung und könnte mit Pseudoschwingung bezeichnet werden; es liegt auch keine Schwingungsbeanspruchung des Wellenwerkstoffes, d. h. Beanspruchung mit häufigem Belastungswechsel, sondern eine einfache Biegebeanspruchung vor.

Die Auslenkung f der Masse m, Abb. 112, bestimmt sich am dämpfungsfreien System aus dem Gleichgewicht der Fliehkraft $F = m \cdot \omega^2 \cdot (e + f)$ und der Rückstellkraft (Federkraft) $R = c \cdot f$ zu:

$$f = \frac{e \cdot \omega^2}{\frac{c}{m} - \omega^2};$$

sie wird unendlich groß, wenn:

$$\omega^2 = \omega_{kr}^2 = \frac{c}{m}. \tag{31}$$

Die kritische Drehschnelle ω_{kr} wird:

$$\omega_{kr} = \sqrt{\frac{c}{m}}, \tag{31a}$$

das ist aber der gleiche Ausdruck, der sich ergab für die Winkelschnelle der Biegeschwingung der Welle, [siehe Gleichung (14)]; es fällt also die kritische Umlaufzahl $n_{kr} = 9,55 \cdot \omega_{kr}$ mit der Biegeschwingungszahl zusammen. Ist diese errechnet, so ist die kritische Umlaufzahl bekannt. Die zusätzliche Durchbiegung der Welle unter dem Eigengewicht beeinflußt den Wert ω_{kr} nicht.

b) *Welle mit Kreiselwirkung.* Bisher war die Masse als von geringer Ausdehnung angenommen; ihr Verhalten ändert sich, wenn sie eine gewisse radiale Erstreckung aufweist. Die Kurbelwellen tragen meist eine größere scheiben- oder flügelförmige Masse von beachtlichem Trägheitsmoment außerhalb des letzten Lagers, das Schwungrad oder den

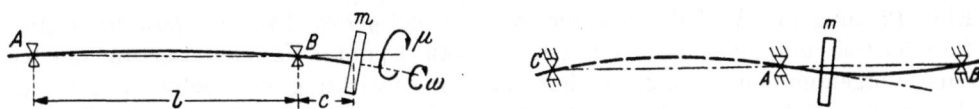

Abb. 113. Welle mit überhängender, scheibenförmiger Masse.   Abb. 114. Welle außen abgestützt.

Propeller. Es kann nun diese Masse frei fliegend sein (Abb. 113), oder in der Fortsetzung der Wellenleitung eine Stütze besitzen (Abb. 114); eine überhängende Masse ist z. B. die Luftschraube bei Flugmotoren, wenn sie unmittelbar auf der Kurbelwelle sitzt; eine Stützung gewähren Kupplung und Dynamolager bei ortsfesten Maschinen oder Kupplung und Wechselgetriebelager bei Fahrzeugmotoren. Die kritische Drehzahl wird von der Art des Lastangriffes beeinflußt.

Ist die Scheibe fliegend oder außerhalb der Mitte der Lagerstützweite angeordnet, so ist die Tangente an die elastische Linie nicht mehr parallel zur Lagerverbindungsgeraden A—B (Abb. 113), sondern unter einem Winkel geneigt; bei der Drehung beschreibt sie einen Kegel und vollführt nach der Kreiseltheorie eine Präzessionsbewegung mit der Drehschnelle μ, während die Scheibe um die Tangente der elastischen Linie mit der

Eigenschnelle ω umläuft. Die Präzession kann gleichläufig mit der Umdrehung der Welle oder gegenläufig sein. Für die meist wichtigere Gleichläufigkeit ist die kritische Drehschnelle:

$$\omega_{gl} = p \cdot \omega_{kr}; \qquad (32)$$

es wird also das ω_{kr} aus den obigen Belastungsfällen durch den Beiwert p geändert. Dieser wiederum läßt sich in Abhängigkeit von $\varkappa$ zeichnerisch darstellen und ablesen, wie Abb. 115 nach einer Darstellung von HOLBA [6], die hier ergänzt wurde, zeigt. Darin bedeutet $\varkappa$ das Verhältnis $\frac{k}{l}$, $k = \frac{R}{4}$ den Trägheitshalbmesser der Scheibe mit Halbmesser R, $\varphi = \frac{c}{l}$ (Abb. 113) und:

$$p = \frac{\psi}{\lambda\psi - \zeta^2}\left[\frac{\lambda - \frac{\psi}{\varkappa^2}}{2} + \sqrt{\left(\frac{\lambda - \frac{\psi}{\varkappa^2}}{2}\right)^2 + \frac{1}{\varkappa^2}(\lambda\psi - \zeta^2)}\right].$$

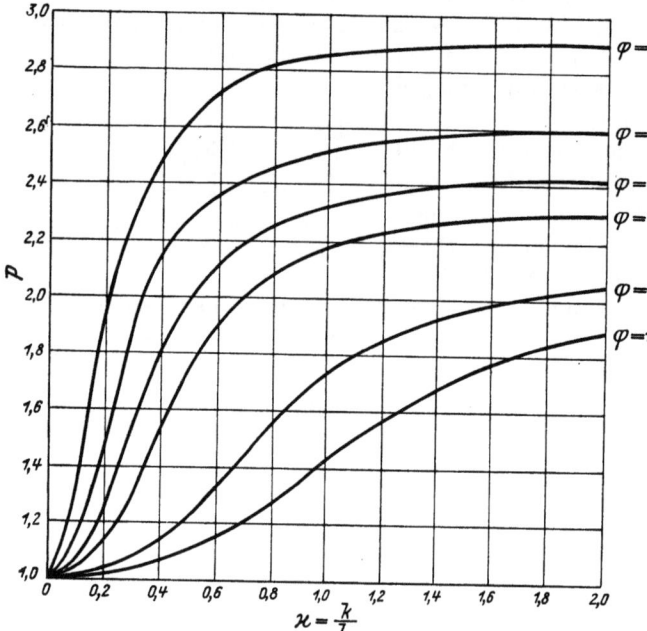

Abb. 115. Beiwert p für die kritische Drehschnelle bei der Präzession im Gleichlauf im Belastungsfall nach Abb. 113.

Vielfach bildet das System eine Gruppierung von geballten Massen und meist einer scheibenförmigen Masse; die kritische Drehzahl ist dann schwieriger zu errechnen. Eine Zusammenstellung verschiedener Verfahren der Ermittlung der kritischen Drehzahlen glatter Wellen mit Einschluß der Kreiselwirkung bringt HOLBA.

6. Biegeschwingungen an ausgeführten Anlagen.

Es ist schon eingetreten, daß an Schiffsmaschinen ein Hauptlager durch die Einwirkung von Biegeschwingungen zerstört wurde, insbesondere, wenn die Grundplatte nicht ausreichend steif war (vgl. den Bericht von SCHNADEL [7]).

Eine Prüfung des Verhaltens einer *zweimal gelagerten Vierzylinderwelle* unter dem Einfluß der Gas- und Massenkräfte hat KLÜSENER [8] unter Vernachlässigung der Kreiselwirkung vorgenommen. BENZ [9] hat die Kreiselwirkung des Schwungrades in den Vordergrund gerückt und insbesondere die verschlungenen Bahnkurven des Wellenendes gedeutet, die RIEDE [10] versuchsmäßig erhalten hat. Diese eigenartigen Bahnen lassen sich mit den kritischen Geschwindigkeiten zweiter Art erklären, die STODOLA [11], GRAMMEL [12] und SCHRÖDER [13] nachgewiesen haben, und zwar durch ein Störungsmoment bei Präzession im Gleich- oder Gegenlauf. Solche Störung können z. B. die Massenkräfte 2. Ordnung herbeiführen.

Günstiger verhält sich die dreimal gelagerte Kurbelwelle des Vierzylinders; so haben RIEKERT und ERNST [14] bei Versuchen mit einem vierzylindrigen Fahrzeug-Diesel-Motor keine Biegeschwingungsresonanzen feststellen können.

Die erwähnten Versuche von NEUGEBAUER [3] haben bestätigt, daß beim Sechszylinder-Fahrzeugmotor mit einwandfreier Lagerung der Welle sich keine bedenklichen Biegeschwingungen einstellen, daß aber ein vergrößertes Spiel der Zwischenlager das Verhalten ändert. Die Eigenschwingungszahl 1. Ordnung der geprüften Wellen war $n_e = 6500$ bis 8000 Schw./min.

Das "Nachschubgeräusch", insbesondere an Otto-Motoren, ist auf Biegeschwingungen zurückzuführen; es entsteht, wenn der Motor leer läuft und von einer großen Masse aus (Schwungrad, bewegte Wagenmasse) in Drehung gehalten, also "geschoben" wird. Die Massenkräfte können sich auf die Kröpfungen der Welle voll auswirken dank dem verringerten Verdichtungsdruck und dem schwachen Zündungsdruck; es werden Schwingungen angefacht, die durch Mitschwingen der Kurbelgehäusewandungen noch fühlbarer werden. Da der Diesel-Motor im Leerlauf nicht gedrosselt wird und die volle Luftmenge ansaugt, die hoher Verdichtung unterliegt und die erregenden Massenkräfte zeitweise ermäßigt, verhält sich dieser Motor im Nachschub ruhiger.

II. Drehschwingungen.

Die Erregung der Torsionsschwingungen geschieht in den meisten Fällen durch die Maschine selbst, und zwar durch die Gaskräfte und die Massenkräfte der einzelnen Zylinder. Diese Schwingungen überlagern sich den Schwankungen der Welle als Ganzes aus der Ungleichförmigkeit der Drehbewegung und der statischen Verdrehung der Welle unter den wechselnden Drehkräften. Ihre Zusammensetzung kommt im aufgenommenen Drehschwingungsbild, im Torsiogramm, zum Ausdruck.

Die Schwingungen sind im Falle der Resonanz, d. h. bei Übereinstimmung der Frequenz der Eigenschwingung und der Zwangsschwingung der Welle, besonders heftig; die großen Schwingungsausschläge haben sehr hohe Werkstoffbeanspruchung zur Folge, die sich bis zur Bruchgrenze steigern kann. Es muß die zugehörige "kritische" Drehzahl der Welle gemieden oder für Dämpfung der Schwingungen gesorgt werden.

Obwohl bei den Drehschwingungen keine freien Kräfte nach außen abgegeben werden, kann sich die Winkeländerung zwischen den Kröpfungen mittelbar bemerklich machen; sie führt zu einer Störung des Massenausgleiches, außerdem durch den Ausschlag an den Antriebszahnrädern zu einer Änderung der Ventilsteuerzeiten, der Vorzündung oder der Einspritzung und damit zu einer Beeinträchtigung des Maschinenganges. Zugleich belasten die Trägheitskräfte der schwingenden Massen die Wellenlager zusätzlich.

Das Hauptaugenmerk aller Betrachtungen über Torsionsschwingungen richtet sich auf die gefährliche Wirkung der Resonanz.

Die Untersuchung befaßt sich mit der Ermittlung des schwingenden Systems, der Eigenschwingungsform und Eigenschwingungszahl, der erregenden Kräfte, der verhältnismäßigen Resonanzausschläge, der Resonanzkurven und kritischen Drehzahlen, der Drehbeanspruchung der Welle bei Resonanz und mit den Fragen der Bekämpfung der Schwingungen.

1. Schwingendes System.

Jede Kurbelwelle bildet mit Kolben, Pleuelstangen und Drehmassen, darunter das Schwungrad oder der Propeller, ein drehelastisches System. Es ist zunächst die Aufgabe gestellt, die Eigenschwingungszahl des Kurbelwellensystems zu berechnen.

Da die Schwingungseigenschaften während der Drehung die gleichen sind wie bei Stillstand der Welle, kann man sich darauf beschränken, die Eigenschnelle der Torsionsschwingungen des ruhenden Systems zu ermitteln.

Das schwingende System ist durch die Massen an der Welle und die Wellenstücke zwischen den Massen gekennzeichnet.

Ermittlung des Ersatzsystems.

Bezeichnungen:

r Kurbelhalbmesser [cm],

m_h hin und her gehende Masse $\left[\dfrac{\text{kg}}{\text{cm}} \text{sek}^2\right]$,

m_A rotierender Anteil der Pleuelstange $\left[\dfrac{\text{kg}}{\text{cm}} \text{sek}^2\right]$,

m_{hr} auf Halbmesser r reduzierte hin und her gehende Masse,
m_k auf Halbmesser r reduzierte Masse einer Kröpfung,
m_{rot} auf Halbmesser r reduzierte rotierende Masse,
m_r gesamte Masse am Kurbelzapfen,
λ Stangenverhältnis,
m_1 Zahnradmasse auf treibender Welle $\left[\dfrac{\text{kg}}{\text{cm}}\text{sek}^2\right]$,
m_{2r} Zahnradmasse m_2, bezogen auf treibende Welle,
r_1 Halbmesser des Zahnrades auf treibender Welle,
r_2 Halbmesser des Zahnrades auf getriebener Welle,
J_k Massenträgheitsmoment der Kröpfung [cm kg sek²],
J_{rot} Massenträgheitsmoment der Kröpfung nebst Anteil der Stange [cm kg sek²],
J_t Massenträgheitsmoment des Triebwerkes [cm kg sek²],
J_{hr} auf den Kurbelzapfen reduziertes Trägheitsmoment der hin und her gehenden Massen [cm kg sek²],
$(J_{hr})_m$ arithmetischer Mittelwert von J_{hr},
$(J_{hr}')_m$ harmonischer Mittelwert von J_{hr},
G Gewicht der Schwungmasse [kg],
D Trägheitsdurchmesser der Schwungmasse [cm],
g Erdbeschleunigung $= 981 \left[\dfrac{\text{cm}}{\text{sek}^2}\right]$,
M_r auf Kurbelradius bezogene Schwungmasse $\left[\dfrac{\text{kg}}{\text{cm}}\text{sek}^2\right]$,
n_1 Drehzahl der Welle 1 $\left[\dfrac{1}{\text{min}}\right]$ ⎫ bei Rädergetrieben,
n_2 Drehzahl der Welle 2 ⎭
k Beiwert bei Schiffsschrauben oder Luftschrauben,
α Drehwinkel der Kurbelwelle.

Das Triebwerksystem von verwickelter Gestalt ist zur Vereinfachung des weiteren Vorgehens auf ein einfaches mechanisches Schema zurückzuführen. Dieses Ersatzsystem muß dieselben Schwingungseigenschaften wie das ausgeführte System besitzen, d. h. beide müssen in den Trägheitswirkungen der schwingenden Massen und in der Formänderungsenergie übereinstimmen. Beide Aufgaben lassen sich nur angenähert lösen, wie noch gezeigt wird.

a) Ermittlung der Ersatzmassen.

Man ersetzt die einzelnen Kurbeltriebe durch Körper von unveränderlichem Trägheitsmoment, z. B. durch Scheiben, und bringt diese auf die Welle auf. Wie schon bei dem Massenausgleich und bei dem Wuchtausgleich trennt man für diese Reduktion die rein umlaufenden Teile von den hin und her gehenden oder schwingenden Teilen. Man bezieht die Trägheitsmomente auf die Kurbelwellenachse und die Massen auf einen einheitlichen Bezugsabstand von der Drehachse, meist auf den Kurbelhalbmesser r.

1. Die Berechnung des *Trägheitsmoments der Kröpfung* findet sich schon im Abschnitt „Wuchtausgleich", S. 91. Aus dem Trägheitsmoment J_k in cm kg sek² der Kröpfung folgt die auf den Kurbelhalbmesser bezogene Masse:

$$m_k = \frac{J_k}{r^2} \; \frac{\text{kg}}{\text{cm}} \text{sek}^2.$$

2. Berechnung der *Trägheitsmomente der Massen von Kolben* (zuzüglich Kreuzkopf und Kolbenstange) *und Pleuelstange*. Um das Ersatzträgheitsmoment und die Ersatzmasse für diese Teile zu finden, kann man in verschiedener Weise vorgehen: entweder 1. wie im Abschnitt über Massenausgleich (S. 38) mit Verteilung der Stangenmasse auf den Kolben (Kreuzkopf) und Kurbelzapfen oder 2. mit Einzelermittlung der bezogenen Trägheitsmomente von Kolben und Stange wie im Abschnitt über Wuchtausgleich (S. 94). Man begnügt sich in der Regel mit dem ersten Fall; dann ist m_h die gesamte hin und her gehende Masse eines Kurbeltriebes und m_{rot} die gesamte umlaufende Masse mit J_{rot} aus Kröpfung m_k und Anteil m_A der Stange, der auf den Kurbelzapfen entfällt.

Umständlicher ist die Ermittlung der Trägheitswirkung der geradlinig schwingenden Massen. Je nach dem Drehwinkel der Kurbel ist die Eigenschwingung der Welle verschieden. Bei Kurbeltotlage hat die Kolbenmasse keinen Einfluß auf die Wellenverdrehung, in der Nähe von 90° Drehwinkel nimmt die Masse mit vollem Betrag an der Schwingung teil.

Die genauere Erfassung geschieht wie im Trägheitsenergiediagramm beim Wuchtausgleich: Man reduziert die Massen und ihre Trägheitsmomente auf den Kurbelzapfen und erhält die Gleichung (29a), S. 95, mit den harmonischen Gliedern. Mit Einsetzung von m_h an Stelle von m_3 und mit dem Quadrat des Verhältnisses der Kolben- und Kurbelgeschwindigkeit erhält man die reduzierte Masse:

$$m_{h_r} = m_h \cdot \left(\frac{v_3}{v_1}\right)^2$$
$$= m_h \cdot \left(\frac{1}{2} + \frac{\lambda^2}{8} + \frac{\lambda}{2} \cdot \cos\alpha - \frac{1}{2} \cdot \cos 2\alpha - \frac{\lambda}{2} \cdot \cos 3\alpha\right.$$
$$\left. - \frac{\lambda^2}{8} \cdot \cos 4\alpha + \ldots\right). \tag{33}$$

Der Einfachheit halber pflegt man bislang eine unveränderliche Masse einzusetzen, die durch das erste Glied in vorstehender Gleichung gegeben ist und eine rohe Mittelwirkung darstellt:

$$m_{h_r} = \frac{1}{2} \cdot m_h. \tag{33a}$$

3. *Trägheitsmoment eines Triebwerkes*. Mit diesem Wert wird das Trägheitsmoment eines Triebwerkes:

$$J_t = \left(m_{rot} + \frac{1}{2} \cdot m_h\right) \cdot r^2, \tag{34}$$

und die auf Kurbelhalbmesser r bezogene Masse:

$$m_r = \frac{J_t}{r^2} \quad \frac{\text{kg}}{\text{cm}} \text{sek}^2 \tag{35}$$

oder

$$m_r = m_{rot} + \frac{1}{2} m_h. \tag{35a}$$

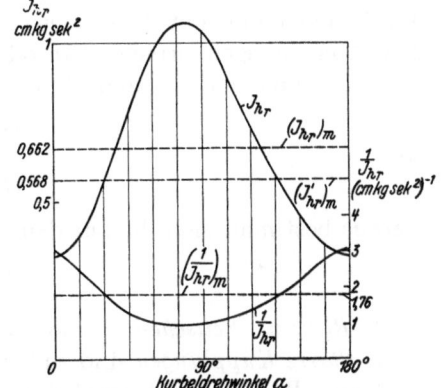

Abb. 116. Verschiedene Mittelwerte der reduzierten Trägheitsmomente J_{h_r}.

Die Hinweise auf die Unzulänglichkeit der Rechnungsart mit $\frac{m_h}{2}$ durch TREFFTZ [15], SCHEUERMEYER [16], GRAMMEL [17], [18] haben die Notwendigkeit der Berücksichtigung der veränderlichen Masse m_{h_r} und ihrer wechselnden Trägheitsmomente $J_{h_r} = m_{h_r} \cdot r^2$ erwiesen. Will man jedoch die Schwankungen der Trägheitsmomente J_{h_r} wegen ihrer Unbequemlichkeit bei der Rechnung ausschalten, so müßte man zum mindesten das harmonische Mittel als konstanten Mittelwert nehmen. Abb. 116, die in Anlehnung an Abb. 84, S. 94, mit Einschluß des reduzierten Trägheitsmoments der Pleuelstange für einen Kurbeltrieb gezeichnet ist, gibt Aufschluß über die Verhältnisse. Während $(J_{h_r})_m$ das arithmetische Mittel der J_{h_r}-Kurve angibt, ist das harmonische Mittel $(J_{h_r}')_m$, weil genauer, vorzuziehen; der erstgenannte Mittelwert führt auf zu niedrige Eigenschwingungszahlen. $(J_{h_r}')_m$ erhält man wie folgt:

Aus der J_{h_r}-Kurve über dem Kurbeldrehwinkel α rechnet man die Werte $J_{h_r}' = \frac{1}{J_{h_r}}$ für eine Anzahl Punkte, trägt sie auf und verbindet sie durch einen Linienzug; sodann bildet man die mittlere Höhe $\left(\frac{1}{J_{h_r}}\right)_m$ der von der Kurve umschlossenen Fläche, z. B. mit planimetrischer Bestimmung des Flächeninhaltes und Teilung durch die Basis, schließlich rechnet man den Wert $\dfrac{1}{\left(\dfrac{1}{J_{h_r}}\right)_m} = (J_{h_r}')_m$; er ist in Abb. 116 eingetragen. Das in Wirklichkeit veränderliche Trägheitsmoment gibt Veranlassung zur Verbreiterung gewisser kritischer Gebiete, wie später noch gezeigt wird.

Damit wird das gesamte reduzierte Trägheitsmoment der Getriebemassen:

$$J_r = J_{rot} + (J_{h_r}')_m \quad \text{cm kg sek}^2 \qquad (36)$$

und die Masse, bezogen auf den Kurbelhalbmesser r:

$$m_r = \frac{J_r}{r^2} \quad \frac{\text{kg}}{\text{cm}} \text{sek}^2. \qquad (37)$$

Ist die Kurbelwelle mit *Gegengewichten* versehen, dann ist diese Masse auf den Halbmesser r zu beziehen und den übrigen Massen zuzuzählen.

Bei *V-Motoren* sind die Massen je zweier Kurbeltriebe, bei *Sternmotoren* die Massen aller Kurbeltriebe zusammenzufassen.

4. In ähnlicher Weise sind sonstige *von der Kurbelwelle angetriebene Kurbeltriebe*, z. B. der Kolbenspülpumpe eines Zweitaktmotors, oder *Nockentriebe*, z. B. die Teile des Steuerungsgetriebes eines Viertaktmotors, die bewegten Teile einer Brennstoffeinspritzpumpe, zu reduzieren.

5. Von der großen *Schwungmasse* auf der Kurbelwelle (*Schwungrad*, *Luftschraube*) mit Trägheitsmoment J_s ist meist das Schwungmoment gegeben oder aus den vorliegenden Abmessungen errechenbar oder durch Schwingungsversuch ermittelbar (siehe Abschnitt „Drehmoment- und Wuchtausgleich", S. 85); es wird hier in kg cm² gemessen:

$$G \cdot D^2 = 4 \cdot g \cdot J_s$$

oder:

$$G \cdot D^2 = 4 \cdot g \cdot M_r \cdot r^2;$$

hieraus bestimmt sich die auf den Kurbelradius bezogene Masse:

$$M_r = \frac{G \cdot D^2}{4 \cdot g \cdot r^2} \quad \frac{\text{kg}}{\text{cm}} \text{sek}^2. \qquad (38)$$

6. *Riemen-*, *Seilscheiben* und *Zahnräder* werden in gleicher Weise behandelt.

7. *Starre Kupplungen* sind zu berücksichtigen, wenn sie verhältnismäßig große Massen besitzen. Bei ein- und ausrückbaren Kupplungen im erweiterten Wellensystem ist je nach dem Arbeitszustand die volle Masse für das Gesamtsystem oder auch eine Teilmasse für das Kurbelwellensystem maßgeblich. Die bezogene Masse ist nach Gleichung (38) zu bestimmen.

8. *Hochelastische Kupplungen* werden aufgeteilt; der einen Seite des Ersatzwellenstückes (siehe auch S. 176) wird der eine Massenteil, der anderen Seite der zweite Massenteil zugewiesen.

9. *Generatorläufer*. Die Schwungmomente sind aus den Angaben der Elektrizitätsfirmen bekannt.

10. *Rädergetriebe* (Abb. 117). Zahnradmassen auf der treibenden Kurbelwelle 1 werden nach Gleichung (35) auf Kurbelradius r bezogen. Meist wird die Kurbelwellendrehzahl ins Langsame übersetzt, z. B. bei Propellerantrieb (Wasser- und Luftschraube). Auf die treibende Welle 1 bezogen, wird die Masse des Zahnrades auf der getriebenen Welle 2:

$$m_{2_r} = \frac{G \cdot D_2{}^2}{4 \cdot g \cdot r^2} \cdot \frac{r_1{}^2}{r_2{}^2} = \frac{G \cdot D_2{}^2}{4 \cdot g \cdot r^2} \cdot \frac{n_2{}^2}{n_1{}^2} \qquad (39)$$

oder

$$m_{2_r} = \frac{J_2}{r^2} \cdot \left(\frac{r_1}{r_2}\right)^2 = \frac{J_2}{r^2}\left(\frac{n_2}{n_1}\right)^2 \qquad (40)$$

und mit der Übersetzung $i = \dfrac{r_2}{r_1} = \dfrac{n_1}{n_2}$ (z. B. > 1)

$$m_{2_r} = \frac{J_2}{r^2 \cdot i^2}. \qquad (40\,\text{a})$$

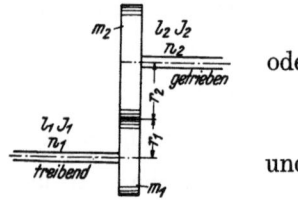

Abb. 117. Zur Massenreduktion eines Zahnradgetriebes.

11. Die geringfügige Einwirkung der Massen folgender Teile wird *vernachlässigt*: glatte Vollwelle, Hohlwelle, Welle mit Keilnut, Kegelverbindung und Flanschverbindung zweier Wellenteile (vgl. dagegen die Längenreduktion S. 140).

12. *Schwungmassen* am erweiterten Schwingungssystem, wie Schiffsschrauben, Luftschrauben und Laufräder von Kreiselpumpen und -gebläsen, werden ebenfalls über das Schwungmoment umgerechnet. Ist dieses Moment nicht von seiten der Lieferfirma angegeben, so kann man es wie folgt ansetzen:

$$\text{Schwungmoment} = k \cdot D^5 \text{ kg} \cdot \text{m}^2,$$

worin D der Schraubendurchmesser in Metern und k ein von der Flügelzahl und Flügelform abhängiger Beiwert ist, und zwar für:

Schiffsschrauben:
$k = 14$ für 3 schmale Flügel,
$k = 16$ für 3 breite Flügel,
$k = 16$ für 5 schmale Flügel,
$k = 18$ für 4 breite Flügel.

Luftschrauben:

	Holz	Dural	Mg-Legierung	
$k =$	0,12	0,2	0,12	für 2 Flügel,
$k =$	—	0,23	0,10	für 3 Flügel.

Zum Schwungmoment der Schiffsschraube kommt ein Zuschlag für die umlaufende Wassermasse hinzu von

10 bis 12% für kleine und mittlere Schrauben,
15 bis 25% für große Schrauben.

Ähnlich gibt man bei Pumpen einen Wasserzuschlag von 10 bis 15% des Kreiselradschwungmoments hinzu.

b) Ermittlung der Ersatzlängen.

Bezeichnungen:

M_d Drehmoment [cm kg],
r Kurbelhalbmesser [cm],
ϑ Verdrehungswinkel im Bogenmaß,
l wirkliche Länge eines Wellenstückes [cm],
l_r reduzierte Länge eines Wellenstückes [cm],
l_w Länge des Wellenzapfens im Grundlager [cm],
l_z Länge des Kurbelzapfens [cm],
l_1, l_2, l_3 Teillängen der reduzierten Wellenkröpfung [cm],
c' Drehfederzahl, Direktionsmoment [cm kg],
c Federzahl, Federkonstante $\left[\dfrac{\text{kg}}{\text{cm}}\right]$,
G Gleitzahl (Schubmodul) $\left[\dfrac{\text{kg}}{\text{cm}^2}\right]$,
a Ausschlag [cm],
H Systemkonstante [kg],
P elastische Gegenkraft, Rückstellkraft [kg].
d Wellenaußendurchmesser [cm],
d_1 Welleninnendurchmesser [cm],
d_r reduzierter Durchmesser [cm],
d_w Wellenzapfen-Außendurchmesser [cm],
d_{1w} Wellenzapfen-Innendurchmesser [cm],
d_z Kurbelzapfen-Außendurchmesser [cm],
d_{1z} Kurbelzapfen-Innendurchmesser [cm],
b Breite des Kurbelarmes (der Wange) [cm],
h Höhe des Kurbelarmes [cm],
J_p polares Querschnitts-Trägheitsmoment der Welle [cm⁴],
J_r polares Querschnitts-Trägheitsmoment der Ersatzwelle [cm⁴],
J_w polares Querschnitts-Trägheitsmoment des Wellenzapfens [cm⁴],
J_z polares Querschnitts-Trägheitsmoment des Kurbelzapfens [cm⁴],
J_2 polares Querschnitts-Trägheitsmoment der getriebenen Welle 2 [cm⁴],
J_a äquatoriales Trägheitsmoment des Kurbelarmes [cm⁴],
n_1 Drehzahl der Welle 1 $\left[\dfrac{1}{\text{min}}\right]$ } bei Rädergetrieben.
n_2 Drehzahl der Welle 2

Die Kurbelwelle sollte durch eine in drehelastischer Beziehung gleichwertige, glatte Welle ersetzt werden, so daß die Verdrehungen der gegebenen Welle und der Ersatzwelle bei gleichem Drehmoment gleich sind. Die Ersatzwelle gestattet ihrerseits in einfacher Weise die Übertragung bekannter Beziehungen aus der Mechanik.

Während die Kurbelwellen der Verbrennungsmaschinen vergangener Zeitabschnitte verhältnismäßig einfache Formgebung aufweisen, insbesondere annähernd stabförmige Kurbelarme, bietet in vielen Fällen die kompakte Formgebung der heutigen Wellen mit ihren scheibenförmigen Wangen und oft übereinandergreifenden Kurbel- und Wellenzapfen (vgl. die Wellenbilder in Heft 10), große Schwierigkeiten in elastizitätstheoretischer Hinsicht. Hinzu kommt, daß die tatsächlichen Kräfte, die an den verschiedenen Kurbelzapfen angreifen, die Welle anders verformen als wenn die Wellenzapfen an beiden Enden durch entgegengesetzte Drehmomente verdreht werden, eine Beanspruchungsart, die bis heute meist als Regel für die Errechnung der Federkonstante oder der Torsionssteifigkeit benützt wird. Auf diese Unstimmigkeit hat GRAMMEL des öfteren hingewiesen [19], [20]; er nennt die zuletzt genannte Verdrehungsart der Welle eine *Torsion 1. Art* und die für Maschinenwellen mit Einzelkräften und -momenten an den Kröpfungen eine *Torsion 2. Art*; jede der Kräfte an einer Kröpfung verdreht die benachbarten Wellenteile bis zu einem gewissen Betrag mit, so daß neben den Haupttorsionen noch Nebentorsionen auftreten.

Da aber solche Nebentorsionen bei einer glatten Welle nicht vorkommen, kann man eine vielfach gekröpfte Kurbelwelle keinesfalls genau auf eine glatte Welle mit gleichen Eigenschaften umbilden. Sonach wäre man von Fall zu Fall auf Messungen angewiesen, die zeitraubend sind; man greift deshalb gerne zu rechnerischem Vorgehen und läßt mit der üblichen Betrachtungsweise eine Reihe von Vereinfachungen in der Festlegung der Ersatzwelle zu, die zu einem angenäherten Ergebnis mit tragbarem Zeitaufwand führen. Dies erscheint berechtigt, nachdem neue Untersuchungen bestätigt haben, daß der übliche Verdrehungsversuch (Torsion 1. Art) beibehalten werden kann und für die beiden tiefsten Schwingungsgrade, die meist für die Praxis am wichtigsten sind, bei Kurbelwellen mit vier und mehr Kröpfungen genügend genaue Eigenschwingungszahlen liefert, was KIMMEL [21] und MEYER [22] begründet haben. Solange nicht zeitsparende Richtlinien zur Verwertung der neueren Erkenntnisse gewonnen sind, ist man auf den „normalen" Weg angewiesen.

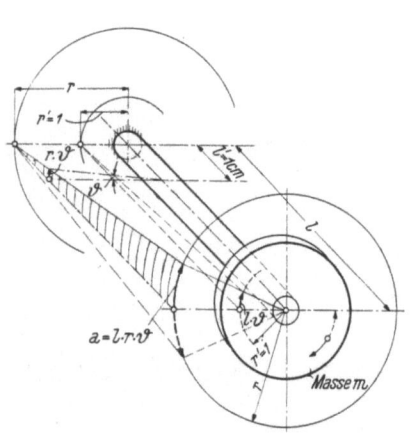

Abb. 118. Ausschlag einer federnd eingespannten Schwungmasse.

Nach der Lehre der Verdrehung elastischer Körper wird der Verdrehungswinkel ϑ im Bogenmaß, Abb. 118, bei Torsion eines Wellenstückes von der Längeneinheit unter Einwirkung des Moments M_d am Halbmesser $r' = 1$ cm für eine gegebene Gleitzahl G des Werkstoffes und ein polares Trägheitsmoment J_p des Wellenquerschnittes:

$$\vartheta = \frac{M_d}{J_p \cdot G}$$

und bei einer Länge l:

$$l \cdot \vartheta = M_d \cdot \frac{l}{J_p \cdot G}. \tag{41}$$

Mit der Größe $c' = \dfrac{J_p \cdot G}{l}$ cm kg als Drehfederzahl wird:

$$l \cdot \vartheta = \frac{M_d}{c'}. \tag{41a}$$

Als einheitlichen Bezugsabstand für Kräfte, Massen und Ausschläge pflegt man den Kurbelradius r zu wählen.

Die Welle von der Länge l verdreht sich am Halbmesser r mit $M_d = P \cdot r$ um einen Bogen von der Länge:

Schwingendes System.

$$a = P \cdot r \cdot \frac{l \cdot r}{J_p \cdot G} \quad \text{cm},$$

worin P die elastische Gegenkraft bedeutet.

Mit der für die jeweiligen Verhältnisse bestimmten Festgröße:

$$H = \frac{J_p \cdot G}{r^2} \quad \text{kg}, \tag{42}$$

der sog. Systemkonstante, wird:

$$a = \frac{P \cdot l}{H}. \tag{43}$$

Mit Einführung der Federzahl:

$$c = \frac{J_p \cdot G}{l \cdot r^2} = \frac{H}{l} \tag{44}$$

kann man auch sagen, daß die wirkliche, gekröpfte Welle dieselbe Federzahl wie die glatte Ersatzwelle mit dem Ausschlag a hat, d. h.:

$$c_w = c_r$$

oder:

$$\frac{J_w \cdot G}{l \cdot r^2} = \frac{J_r \cdot G_r}{l_r \cdot r^2}$$

und bei gleichem Wellenwerkstoff mit $G_r = G$:

$$\frac{J_w}{l} = \frac{J_r}{l_r}. \tag{45}$$

Nun besteht die Kurbelwelle aus glatten Wellenstücken und Kröpfungen, häufig sind darauf weitere Teile aufgesetzt. Es wird deshalb die Längenreduktion stückweise vorgenommen.

a) *Glatte Wellenteile* von der Länge l und dem polaren Flächenträgheitsmoment J_w reduziert man auf die Länge l_r und das polare Trägheitsmoment J_r. Mit Benützung von Gleichung (41) wird:

$$\vartheta = \frac{M_d \cdot l}{G \cdot J_w} = \frac{M_d \cdot l_r}{G \cdot J_r}.$$

und daraus:

$$l_r = l \cdot \frac{J_r}{J_w}, \tag{46}$$

eine Beziehung, die auch aus (45) hervorgeht.

Liegt eine volle Welle mit dem Durchmesser d vor, so entsteht aus Gleichung (46), da $J_p = \frac{\pi}{32} \cdot d^4$:

$$l_r = l \cdot \frac{d_r^4}{d_w^4}. \tag{46a}$$

Bezieht man die glatte Hohlwelle mit den Durchmessern d und d_1 und $J_p = \frac{\pi}{32} \cdot (d^4 - d_1^4)$ auf eine Vollwelle mit d_r, so gilt:

$$l_r = l \cdot \frac{d_r^4}{d^4 - d_1^4}. \tag{46b}$$

Die aus Einzelteilen zusammengesetzten, „gebauten" Wellen können bei Anwendung von Schrumpfverbindung hinsichtlich ihrer Verdrehung als aus einem Stück bestehend angesehen werden; der Einfluß einer Klemmverbindung und einer HIRTH-Verzahnung mit Spannschraube auf die Drehsteifigkeit wird durch eine relative Steifigkeitszahl, die aus Versuchen gewonnen ist, berücksichtigt, wie SCHEMBERGER [23] für die Verzahnung gezeigt hat.

Die besonders geformten Wellenteile, Verbindungs- und Übertragungselemente:
b) *Welle mit Keilnut*,
c) *Welle mit kegeligem Ende*,
d) *Wellenflansche* aus einem Stück mit der Welle (Schraubenverbindung),
e) *starre Kupplung* (auf Wellenkegel aufgesetzte Kupplungsflansche mit Schraubenverbindung),

Zahlentafel 27. Reduzierte Wellenlängen in Sonderfällen.

Bezeichnung	Abmessungen	reduzierte Wellenlänge
Welle mit Keilnut		$l_r = l_1 \dfrac{J_r}{J_1} + l_2 \dfrac{J_r}{J_2}$ cm
Welle mit kegeligem Ende		$l_r = l_1 \dfrac{J_r}{J_1} + l_2 \dfrac{J_r}{J_k}$ cm $\quad J_k = \dfrac{3 J_1}{\dfrac{d_1}{d_2}\left[\left(\dfrac{d_1}{d_2}\right)^2 + \dfrac{d_1}{d_2} + 1\right]}$ $\dfrac{d_1}{d_2} = 1\ \ 1{,}1\ \ 1{,}2\ \ 1{,}3\ \ 1{,}4\ \ 1{,}5\ \ 2{,}0$ $\dfrac{J_k}{J_1} = 1{,}00\ \ 0{,}824\ \ 0{,}687\ \ 0{,}578\ \ 0{,}491\ \ 0{,}421\ \ 0{,}214$
Wellenflansch mit Schraubenverbindung		$l_r = l_1 \cdot \dfrac{J_r}{J_1} + l_f \cdot \dfrac{J_r}{J_s} + l_2 \cdot \dfrac{J_r}{J_2}$ (J_s für Schraubenkreisdurchmesser d_s)
starre Kupplung		l_r aus der Zusammensetzung der obigen Fälle oder bei langen Wellenleitungen ausreichend genau aus: $l_r = (l_1 + l_2) \cdot \dfrac{J_r}{J_1} + (l_3 + l_4) \cdot \dfrac{J_r}{J_4}$ (K = Kraftangriffsstelle)
Welle mit Zahnrad, Riemen- oder Seilscheibe		Länge l_1 bis Mitte Nabe gerechnet

f) *Welle mit Riemenscheibe* oder *Zahnrad*

werden rechnerisch (vgl. HOLZER [24]), in Sonderfällen gestützt auf Verdrehungsversuche, reduziert. Diese Fälle sind in Zahlentafel 27 zusammengefaßt.

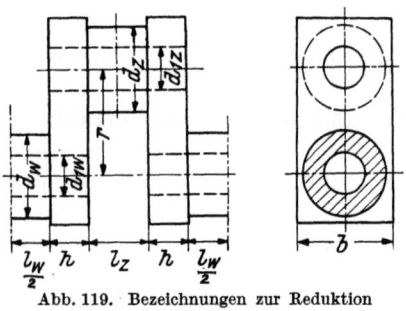

Abb. 119. Bezeichnungen zur Reduktion der Kröpfung.

g) *Kurbelkröpfung.* Der Ersatz der Kurbelkröpfung durch ein glattes Wellenstück geschieht mit Hilfe von Reduktionsformeln, die so aufgebaut sind, daß die aus ihnen errechnete Länge l_r eine Federzahl liefert, die sich mit der auf dem Versuchswege gefundenen deckt. Die Schwierigkeit liegt in der Erfassung der verschieden gestalteten Kurbelwellen, angefangen bei Kleinmotoren bis hinauf zu den Groß-Diesel-Maschinen, von Langsamläufern zu den Schnell-läufern. Von den in der Praxis verwendeten Formeln seien hier die drei wichtigsten angeführt.

GEIGER [25] fand für größere Kurbelwellen von Diesel-Maschinen im Gebiet der Langsam- bis Mittelläufer:

Schwingendes System.

$$l_r = l_1 + l_2 + l_3 \text{ cm.}$$

Mit Bezug auf Abb. 119 und auf die vorangehenden Bezeichnungen ist:

$$l_1 = (l_w + 0{,}4 \cdot h) \frac{J_r}{J_w}$$

$$l_2 = 0{,}773 \, (r - z \cdot d_w) \frac{J_r}{J_a}$$

$$l_3 = (l_z + 0{,}4 \cdot h) \frac{J_r}{J_z}$$

$z = 0$ für $\frac{b}{d_w} = 1{,}6 \div 1{,}63$ und $\frac{r}{d_w} = 1{,}2 \div 0{,}92$

$z = 0{,}3$ für $\frac{b}{d_w} = 1{,}33$ und $\frac{r}{d_w} = 1{,}07$

$z = 0{,}4$ für $\frac{b}{d_w} = 1{,}49$ und $\frac{r}{d_w} = 0{,}84.$

(47)

Liegen $\frac{b}{d_w}$ und $\frac{r}{d_w}$ nicht innerhalb der angeführten Verhältniszahlen, so kann man die Formeln mit einem geschätzten Wert z verwenden, da sein Einfluß auf den Wert von l_r geringfügig ist. Bei wechselnder Breite b ist ihr Mittelwert einzusetzen.

Ferner ist für rechteckige Form der Kurbelarme:

$$J_a = \frac{h \cdot b^3}{12},$$

für Vollzapfen:

$$J_w = \frac{\pi}{32} \cdot d_w^4 \qquad J_z = \frac{\pi}{32} \cdot d_z^4$$

und für Hohlzapfen:

$$J_w = \frac{\pi}{32} \cdot (d_w^4 - d_{1w}^4) \qquad J_z = \frac{\pi}{32} \cdot (d_z^4 - d_{1z}^4).$$

Macht man die Bezugswelle gleich stark wie den Wellenzapfen, so ist $\frac{J_r}{J_w} = 1$.

CARTER [26] gibt eine Formel an, die allgemeinere Geltung hat und insbesondere auf Leichtmotoren anwendbar ist; sie lautet mit Hinweis auf Abb. 119 und obige Bezeichnungen:

$$l_r = l_1 + l_2 + l_3,$$

und ausführlich:

$$l_r = l_w \cdot \frac{J_r}{J_w} + 2 \cdot \left(0{,}4 \cdot h \cdot \frac{J_r}{J_w} + 0{,}637 \cdot r \cdot \frac{J_r}{J_a} \right) + \frac{3}{4} \cdot l_z \cdot \frac{J_r}{J_z} \text{ cm.} \qquad (48)$$

Für $\frac{J_r}{J_w} = 1$ wird der vereinfachte Ausdruck:

$$l_r = (l_w + 0{,}8\,h) + 1{,}274 \cdot r \cdot \frac{J_w}{J_a} + \frac{3}{4} l_z \cdot \frac{J_w}{J_z} \text{ cm.} \qquad (48\text{a})$$

Obwohl die CARTER-Formel Kurbelwellen von verschiedener Bauart erfaßt, ergibt sie beim Übergang zu Grenzfällen, z. B. zu einer Welle mit null Kröpfungen, keinen genauen Wert.

TUPLIN [27] hat eine Beziehung aufgestellt, die sich auf eine Reihe gemessener Federzahlen von Kurbelwellen stützt. Sie lautet für eine Hohlwelle mit Bezug auf Abb. 119:

$$l_r = \frac{\pi}{32} \cdot d_w^4 \cdot (l_w + 0{,}15 \cdot d_w) \frac{J_r}{J_w^2} + \frac{\pi}{32} \cdot d_z^4 \cdot (l_z + 0{,}15 \cdot d_z) \cdot \frac{J_r}{J_z^2}$$

$$+ \frac{32}{\pi} \cdot \frac{2h - 0{,}15\,(d_w + d_z)}{b^4 - d_{1w}^4} \cdot J_r + \frac{32}{\pi} \cdot \frac{r}{12} \cdot \left(\frac{0{,}065 \cdot d_w}{h} + 0{,}58 \right) \cdot \frac{J_r}{J_a}$$

$$+ \frac{32}{\pi} \cdot \frac{0{,}016}{12} \cdot \frac{b^2}{h} \cdot \frac{J_r}{J_a} \text{ cm.} \qquad (49)$$

Setzt man den Durchmesser der Bezugswelle gleich dem Durchmesser des Wellenzapfens, so daß $J_r = J_w$, und nimmt einige Vereinfachungen vor, so erscheint:

$$l_r = 0{,}0982 \cdot d_w^4 \cdot (l_w + 0{,}15 \cdot d_w) \cdot \frac{1}{J_w} + 0{,}0982 \cdot d_z^4 \cdot (l_z + 0{,}15 \cdot d_z) \cdot \frac{J_w}{J_z^2}$$
$$+ 10{,}186 \cdot \frac{2h - 0{,}15(d_w + d_z)}{b^4 - d_{1_w}^4} \cdot J_w + 0{,}85 \cdot r \cdot \left(\frac{0{,}065 \cdot d_w}{h} + 0{,}58\right) \cdot \frac{J_w}{J_a}$$
$$+ 0{,}0136 \cdot \frac{b^2}{h} \cdot \frac{J_w}{J_a} \quad \text{cm.} \tag{49a}$$

Darin ist:
$$J_w = \frac{\pi}{32} \cdot (d_w^4 - d_{1_w}^4) \text{ cm}^4, \quad J_z = \frac{\pi}{32} \cdot (d_z^4 - d_{1_z}^4) \text{ cm}^4, \quad J_a = \frac{h \cdot b^3}{12} \text{ cm}^4.$$

Die Formel von TUPLIN stimmt im allgemeinen recht gut mit praktischen Ergebnissen überein.

Alle drei Formeln gelten für Kröpfungen mit Rechtkantarmen und bearbeiteten Wangen; bei hohlen Zapfen sind zylindrische Bohrungen angenommen, außerdem symmetrische Gestalt der Kröpfung mit beiderseitiger Lagerung. Es kommt eine gewisse Unsicherheit herein bei Wellen mit Wangen von kreisförmiger oder elliptischer Form im Seitenriß (siehe Zahlentafel 23 im Abschnitt C), ferner bei gegossenen Kurbelwellen mit unbearbeiteten Wangen oder mit tonnenförmigen Ausnehmungen des Kurbel- und Wellenzapfens (siehe Heft 10, S. 86).

Man pflegt vielfach die reduzierte Länge der Kröpfung, also Kurbelzapfen nebst Wangen, als ein Vielfaches der Kurbelzapfenlänge anzugeben. So empfiehlt LEHR [28] für Kurbelwellen von Fahrzeugmotoren mit kurzen Kurbelzapfen und nicht zu schwachen Schenkeln folgende reduzierte Längen der Kröpfungen: Beim Sechszylinder $l_r = 3 \cdot l_z$, beim Achtzylinder $l_r = 3{,}5 \cdot l_z$. Diesen Werten nähern sich die Wellen heutiger Flugmotoren. Für Überschlagsrechnungen nimmt man kurzerhand die Naturlänge der Welle.

h) *Elastische Kupplung.* Im Sinne der Drehschwingungen wenig nachgiebige Kupplungen sind als starr anzusehen; hochelastische Kupplungen werden durch ein gleichwertiges elastisches Wellenstück von reduzierter Länge ersetzt. Bedeutet a (cm) den Ausschlag, gemessen am Halbmesser r (cm), und M_d (cm kg) das übertragene Drehmoment, so ist die Ersatzwellenlänge:

$$l_r = \frac{a \cdot G \cdot J_p}{M_d \cdot r} \text{ cm.} \tag{50}$$

i) *Zahnradübersetzung.* Wird das langsam laufende (z. B. getriebene) Wellenstück auf die rascher laufende (treibende) Welle bezogen, so ist mit Hinweis auf Abb. 117 die reduzierte Wellenlänge unter Vernachlässigung des Zahnspieles:

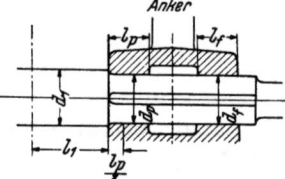

Abb. 120. Zur Längenreduktion des Wellenstückes mit Läufernabe.

$$l_{2_r} = l_2 \cdot \frac{J_r}{J_2} \cdot \frac{r_2^2}{r_1^2} = l_2 \cdot \frac{J_r}{J_2} \cdot \frac{n_1^2}{n_2^2}. \tag{51}$$

Mit Einführung der Übersetzung
$$\frac{n_1}{n_2} = i > 1$$
wird:
$$l_{2_r} = l_2 \cdot \frac{J_r}{J_2} \cdot i^2.$$

Ist der Durchmesser der gleichwertigen Welle identisch mit dem Durchmesser der Maschinenwelle, so wird $J_r = J_1$.

k) *Welle mit großem Läufer* (z. B. eines Generators), die an die Kurbelwelle der Maschine anschließt. Die Nabe des Läufers (Abb. 120) hat im allgemeinen Preßsitz und Festsitz auf der Welle und bildet an der Kraftübertragungsstelle der Nabe „ein Stück" mit der Welle. Diese Stelle liegt bei Hohlnabe in der Regel auf der Strecke l_p, etwa bei $\frac{l_p}{3}$; sie kann aber auch weiter nach außen rücken bis auf die Strecke l_f. Im ersten Falle würde die reduzierte Wellenlänge:

$$l_r = l_1 \cdot \frac{J_r}{J_1} + \frac{l_p}{3} \cdot \frac{J_r}{J_p}. \tag{52}$$

Mannigfache Zahlenbeispiele von Massen- und Längenreduktion bringt STRUNZ [29].

2. Eigenschwingungsformen und Eigenschwingungszahlen des Systems.

Zu den bisherigen Bezeichnungen treten hinzu:

m auf r reduzierte Einzelmasse $\left[\frac{\text{kg}}{\text{cm}} \text{ sek}^2\right]$,

$m_1, m_2, m_3, \ldots, m_n$ reduzierte Massen 1, 2, 3, ..., n,

M reduzierte Hauptmasse $\left[\frac{\text{kg}}{\text{cm}} \text{ sek}^2\right]$,

J Trägheitsmoment der Masse m [cm·kg·sek²],

$J_1, J_2, J_3, \ldots, J_n$ Trägheitsmomente der Massen $m_1, m_2, m_3, \ldots, m_n$,

l reduzierte Wellenlänge [cm],

$l_{1,2}, l_{2,3}, \ldots, l_{n-1,n}$ reduzierte Wellenlänge zwischen den Massen m_1 und m_2, m_2 und m_3, ..., m_{n-1} und m_n [cm],

L reduzierte Länge zwischen den Massen m_1 und M [cm],

a Ausschlag (Amplitude) der Masse m [cm],

$a_1, a_2, a_3, \ldots, a_n$ Ausschlag der Massen $m_1, m_2, m_3, \ldots, m_n$ [cm],

$\alpha_1, \alpha_i, \alpha_z$ verhältnismäßiger Ausschlag der 1., i-ten, z-ten Kröpfung,

n_e Eigenschwingungszahl i. d. Min. = Anzahl der Vollschwingungen i. d. Min. $\left[\frac{\text{Schw.}}{\text{min}}\right]$,

ω_e „Kreisfrequenz" für n_e minutliche Vollschwingungen oder Winkelgeschwindigkeit der zu n_e Schwingungen gehörigen Kreisbewegung (Drehschnelle) $\left[\frac{1}{\text{sek}}\right]$,

ω_{eI} Eigenschnelle der Schwingungsform 1. Grades $\left[\frac{1}{\text{sek}}\right]$,

ω_{eII} Eigenschnelle der Schwingungsform 2. Grades,

n_{eI} Eigenschwingungszahl 1. Grades $\left[\frac{1}{\text{min}}\right]$,

n_{eII} Eigenschwingungszahl 2. Grades,

z Zylinderzahl,

T Schwingungszeit [sek],

f Frequenz, Schwingungszahl je Sekunde [Hz].

a) Allgemeines.

Unter Eigenschwingung versteht man jenen Schwingungszustand, der ohne äußere Kräfte und ohne Dämpfungswiderstände nach erfolgter Erregung allein bestehen könnte.

Es sei zunächst *Reihenanordnung* der Zylinder und Massen angenommen; die reduzierte Welle selbst wird als masselos angesehen, weil ihr Trägheitsmoment im Vergleich zu demjenigen der übrigen Massen vernachlässigbar ist.

Das vielgliedrige System der Kurbelwelle hat mehrere Eigenschwingungszahlen n_e. Die niedrigste Schwingungszahl stellt sich bei der Schwingungsform 1. Grades oder Grundschwingung mit einem Knoten ein. Die nächst höhere Schwingungszahl gehört zur Schwingungsform 2. Grades mit zwei Knoten, oder zur 1. Oberschwingung. Es folgt die Schwingung 3. Grades oder Dreiknotenschwingung oder 2. Oberschwingung. Bei n Massen längs der Welle mit $(n-1)$ Zwischenabständen sind $(n-1)$

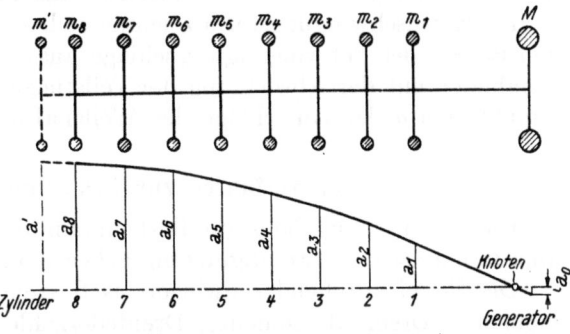

Abb. 121. Massensystem und Grundschwingungsform eines ortsfesten Achtzylinder-Diesel-Motors.

Eigenschwingungszahlen mit 1 bis $(n-1)$ Knoten, so viel wie elastische Zwischenglieder, möglich. In vielen Fällen, wie bei Generatorantrieb, Fahrzeugmotoren, Flugmotoren mit

144   Drehschwingungen.

starrer Luftschraubennabe ist die Grundschwingung maßgebend, weil sie in den Arbeitsbereich fallen kann; in anderen Fällen, wie Schiffsmaschinen oder Luftschraubenantrieb mit elastischem Glied, ist die Schwingung 2. Grades wichtiger, weil diese eher Veranlassung zu Resonanz gibt, während die niedrige Grundschwingungszahl unterhalb des Arbeitsbereiches liegt. Schwingungsformen dritten und höheren Grades haben praktisch geringere Bedeutung, weil die zugehörigen Eigenschwingungszahlen sehr hoch sind. Abb. 121 stellt die Grundschwingungsform der Welle eines Achtzylinders dar, Abb. 122 zeigt die Schwingung 1., 2. und 3. Grades einer Schiffsmaschinenanlage;

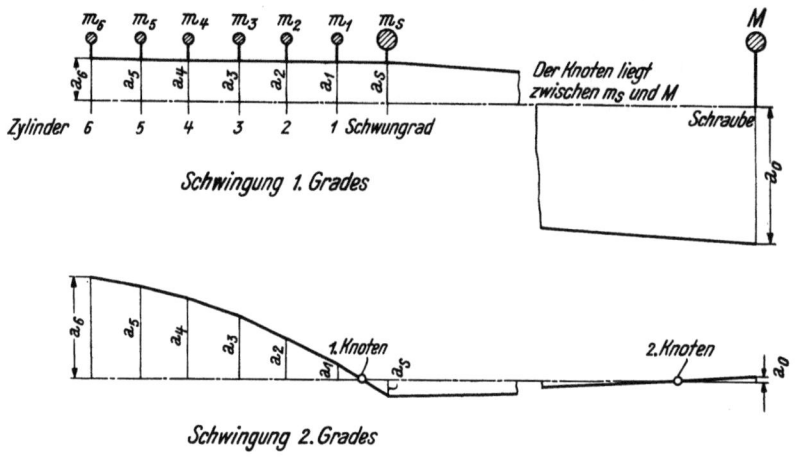

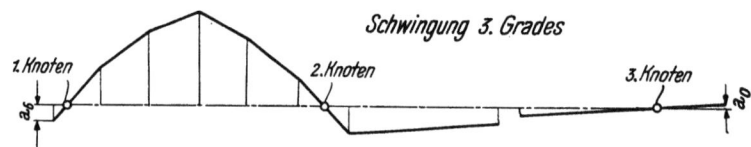

Abb. 122. Grundschwingung, 1. und 2. Oberschwingung einer Schiffsmaschinenanlage.

das Triebwerk der Flugmotoren mit Zahnradgetriebe zur Luftschraube und zum Lader zeigt ähnliche Schwingungsformen wie die vorgenannten. Vereinzelt sind außer den Massen der Kurbel- und Zahntriebe weitere Teilmassen, z. B. die Masse des Steuerungsantriebes, zu berücksichtigen, wie in Abb. 121 mit m' angedeutet ist, was sich in der Schwingungsform etwas bemerkbar macht.

Die Eigenschwingungsform zeichnet sich außer durch die Zahl der Knoten noch durch den Betrag der Schwingungsausschläge aus; Abb. 121, 122 sind schwingungstechnische Sinnbilder mit der Abwicklung der Teilstücke einer verdrehten Mantellinie und mit den Amplituden a der Ausschläge der Wellenabschnitte gemäß Abb. 118.

b) Verfahren zur Ermittlung der Schwingungsform.

Die Art des Vorgehens zur Bestimmung der Eigenschwingungsform bei Mehrmassenanordnung sei nach Erledigung einfacher Fälle erläutert.

Die für ein drehend schwingendes System wichtigen Größen sind Massenträgheitsmomente, Drehkraftmomente, Drehfederzahlen und Drehwinkel. Es wird, abweichend hiervon, vielfach auch mit reduzierten, auf Radius r bezogenen Massen, mit elastischen und erregenden Kräften und auf dem Bogen mit Radius r gemessenen Ausschlägen (siehe Abb. 118) gerechnet; letzte Art der Darstellung kommt hier zur Anwendung. An einzelnen Beispielen wird die Verschiedenheit der Formeln in beiden Fällen kenntlich.

Eigenschwingungsformen und Eigenschwingungszahlen des Systems.

Es handelt sich hier nicht darum, die allgemeinen Bewegungsgleichungen schwingender Systeme, die aus der Mechanik bekannt sind, abzuleiten, sondern darum, die Grundformeln anzuführen, welche die Lösung verwickelterer Aufgaben ermöglichen.

α) *Einzelmasse m* an eingespanntem Wellenstück (Abb. 123), als eine der Zwischenaufgaben. Die Kreisfrequenz ω_e läßt sich deuten als Winkelgeschwindigkeit ω_e eines Vektors a von der Länge a (Amplitude des Ausschlages), dessen Umlaufzahl gleich der Eigenschwingungszahl n_e der Welle ist; der jeweilige Ausschlag a' erscheint als die Projektion des Vektors a auf die Lotrechte, wobei wegen der kleinen Beträge des Ausschlages diese Projektion dem Bogen mit Halbmesser r gleichgesetzt wird. Die Ausschläge, über der Zeit aufgetragen, ergeben eine Sinusschwingung.

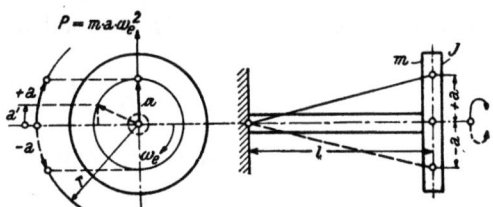

Abb. 123. Darstellung der Ausschläge im Kreisdiagramm und über der elastischen Länge bei einer federnd eingespannten Einzelmasse.

Dem Ausschlag a entspricht eine Beschleunigungs- (Trägheits-) Kraft im Augenblick der Bewegungsumkehr vom Betrag:

$$P = m \cdot a \cdot \omega_e^2$$

und eine Rückstellkraft (elastische Gegenkraft):

$$R = c \cdot a.$$

Wenn die Schwingung *ohne Dämpfung* stattfindet, wie im Falle der Eigenschwingung vorausgesetzt wird, ist die Gleichgewichtsbedingung

$$m \cdot a \cdot \omega_e^2 = c \cdot a,$$

woraus:

$$\omega_e = \sqrt{\frac{c}{m}}.$$

Man erkennt: Verstärkung der Federzahl erhöht die Eigenfrequenz, Vergrößerung der Masse erniedrigt sie.

Die wesentlichen Formeln sind:
Eigenschnelle:

$$\omega_e = \sqrt{\frac{c}{m}} = \sqrt{\frac{H}{l \cdot m}} \quad \text{oder} \quad \omega_e = \sqrt{\frac{c'}{J}}, \tag{53}$$

Schwingungszahl:

$$n_e = \frac{30}{\pi} \cdot \omega_e = 9{,}55 \cdot \omega_e \text{ Schw./min}, \tag{54}$$

Schwingungszeit (Zeit für eine Periode):

$$T = \frac{2\pi}{\omega_e} \text{ sek}, \tag{55}$$

Frequenz:

$$f = \frac{1}{T} = \frac{\omega_e}{2\pi} \text{ Vollschw./sek oder Hz}. \tag{56}$$

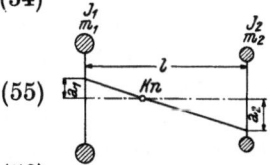

Abb. 124. System mit 2 Schwungmassen und seine Schwingungsform.

Es wird häufig die Kreisfrequenz als „Frequenz" benannt, doch führt dies zu Verwechslungen mit der eigentlichen Frequenz f.

β) *Welle mit zwei Schwungmassen* (Abb. 124). Für die Massen m_1 und m_2, die entgegengesetzt ausschlagen, werde ohne Ableitung angeschrieben:
Eigenschnelle:

$$\omega_e = \sqrt{c \cdot \frac{m_1 + m_2}{m_1 \cdot m_2}} = \sqrt{\frac{H}{l} \cdot \frac{m_1 + m_2}{m_1 \cdot m_2}} \quad \text{oder} \quad \omega_e = \sqrt{c' \cdot \frac{J_1 + J_2}{J_1 \cdot J_2}}, \tag{57}$$

Schwingungszahl:

$$n_e = 9{,}55 \cdot \omega_e \text{ Schw./min wie in (54)},$$

Ausschlagverhältnis:

$$\alpha_2 = \frac{a_2}{a_1} = -\frac{m_1}{m_2} = -\frac{1}{\mu_2} = -\frac{J_1}{J_2}. \tag{58}$$

γ) *Welle mit drei Schwungmassen* (Abb. 125 a, b). Für die beiden möglichen Eigenschwingungszustände sind die Eigenschnellen ω_{e_I} und $\omega_{e_{II}}$:

$$\omega_{e\,I,\,II} = \sqrt{\frac{H}{l_{1,2} \cdot m_1} \cdot \left(1 + \frac{1}{A \pm \sqrt{A^2 - B}}\right)}. \tag{59}$$

Das $+$-Zeichen gibt ω_{e_I}, das $-$-Zeichen $\omega_{e_{II}}$ und es bedeutet:

$$A = \frac{1}{2}\left(\mu_2 + \mu_3 \frac{1 + \lambda}{1 - \lambda \cdot \mu_3}\right), \qquad B = \frac{\lambda \cdot \mu_2 \cdot \mu_3}{1 - \lambda \cdot \mu_3}, \tag{60}$$

$$\mu_2 = \frac{m_2}{m_1}, \qquad \mu_3 = \frac{m_3}{m_1}, \qquad \frac{l_{2,3}}{l_{1,2}} = \lambda. \tag{61}$$

Die Ausschlagverhältnisse sind:

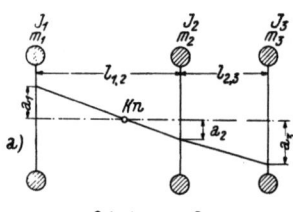

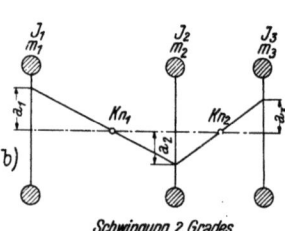

$$\alpha_2 = \frac{a_2}{a_1} = -\frac{1}{A \pm \sqrt{A^2 - B}} = -\frac{1}{\xi_{I,II}}, \tag{62}$$

$$\alpha_3 = \frac{a_3}{a_1} = +\left(\frac{\mu_2}{\xi} - 1\right) \cdot \frac{1}{\mu_3}. \tag{63}$$

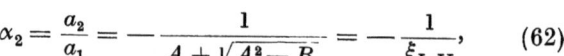

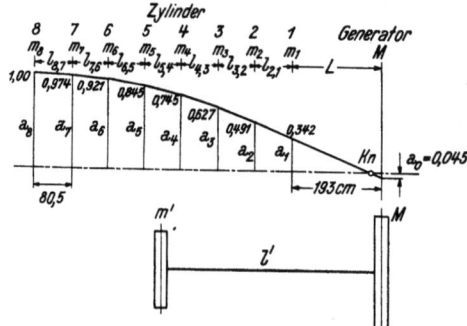

Abb. 125. System mit 3 Schwungmassen und Schwingungsformen.

Abb. 126. Schwingungsform 1. Grades des Systems Diesel-Maschine-Generator und Ersatzmassensystem zur Abschätzung der 1. Eigenfrequenz.

Das $+$-Zeichen vor der Wurzel liefert ein erstes Paar von Werten α_2 und α_3 für die Schwingung 1. Grades, das $-$-Zeichen ein zweites Paar für die Schwingung 2. Grades. ξ_I und ξ_{II} sind die Lösungswerte einer quadratischen Gleichung für ξ.

δ) *Welle mit vier Schwungmassen.* Bei diesem System sind die drei Wurzeln einer algebraischen Gleichung 3. Grades für ξ zu errechnen.

ε) *System mit n Schwungmassen.* Beim System mit mehr als vier Massen längs der Welle ist die formelmäßige Darstellung der $(n-1)$ Wurzeln für ξ einer algebraischen Gleichung $(n-1)$ten Grades zu umständlich. Selbst mit Zahlenwerten bleibt die Rechnung zeitraubend; man ist zugleich auf das Probieren angewiesen, mangels anderer Mittel der Berechnung der Wurzeln. Deshalb greift man zu anderen Verfahren, z. B. zu einem Verfahren der allmählichen Annäherung, bei der man von der Eigenfrequenz eines Systems mit nur zwei Massen ausgeht. Diese zwei Massen sind bei z Zylindern und einer Schwungmasse (Abb. 126): eine Ersatzmasse m' als die Summe der z Triebwerksteile etwa in Mitte der reduzierten Welle und die unveränderte große Masse M; bei z Zylindern und zwei großen Massen, Schwungrad, Dynamomotor: eine Ersatzmasse der z Kurbeltriebe wie vorangehend und die Summe der beiden Großmassen etwa in Mitte dieser beiden Massen; bei z Zylindern mit Schwungrad nebst Kupplung und Schiffsschraube (Abb. 127, 128), für die Grundschwingung eine Masse m' bestehend aus Triebwerksmassen und Schwungrad an Stelle des letzteren und als zweite Masse M die Schraube, für die 1. Oberschwin-

Eigenschwingungsformen und Eigenschwingungszahlen des Systems.

gung die zusammengefaßten Triebwerksmassen m' in Mitte Maschine und die Schwungradmasse M an Ort und Stelle. Die Eigenschwingungszahl des Zweimassensystems bestimmt sich aus Gleichung (57) mit l' an Stelle von l.

Der erhaltene rohe Wert ω_e dient als Ausgang für das folgende Verfahren, das mit Anwendung auf die *Schwingung 1. Grades* gezeigt werde. Nach Bezifferung der Zylinder und Massen, beginnend am unfreien Wellenende bei der großen Schwungmasse, und nach Eintragung der reduzierten Wellenlängen mit den Zeigern der begrenzenden

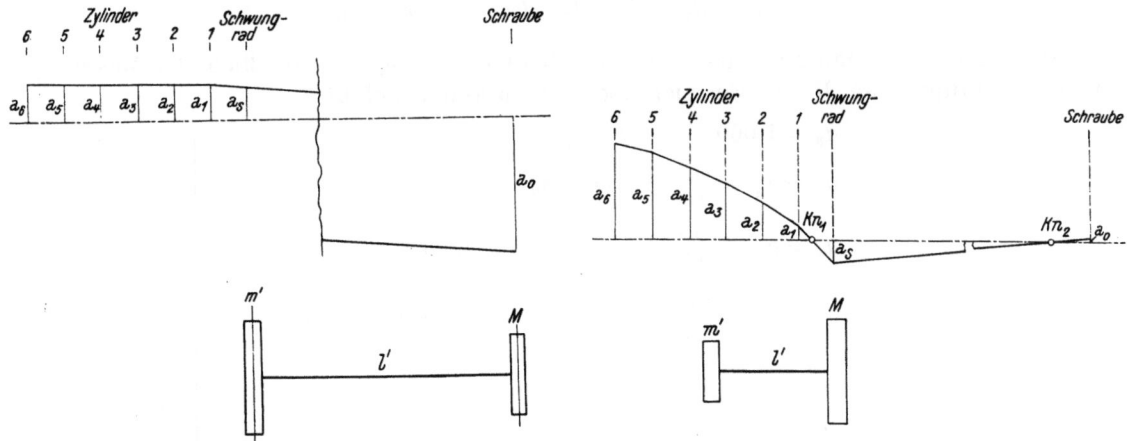

Abb. 127 Schwingungsform 1. Grades eines Schiffsantriebes und Ersatzmassensystem zur Abschätzung der 1. Eigenfrequenz.

Abb. 128. Schwingungsform 2. Grades eines Schiffsantriebes und Ersatzmassensystem zur Abschätzung der 2. Eigenfrequenz.

Massen stellt man ein System von Gleichungen auf für die Schwingungsausschläge, anfangend mit dem Ausschlag a_z am äußersten Zylinder z (Abb. 129), z. B. 8 des Achtzylinders in Abb. 126, und setzt $a_z = a_8 = 1$, da der Maßstab der a-Werte unwesentlich ist. Sodann folgt der Ausschlag a_{z-1} am Zylinder $(z-1)$, in unserem Falle 7, dessen Ausschlag a_7 sich bestimmt aus dem Ausschlag a_8 abzüglich des Teilausschlages $a_{8,7}$ des Wellenstückes $l_{z,z-1} = l_{8,7}$; dieser folgt aus der Gleichheit von Trägheitskraft und Rückstellkraft:

$$P_8 = R_{8,7}$$

oder

$$m_8 \cdot a_8 \omega_e^2 = \frac{a_{8,7} \cdot H}{l_{8,7}}$$

zu:

$$a_{8,7} = \frac{m_8 \cdot a_8 \cdot \omega_e^2}{H} \cdot l_{8,7}.$$

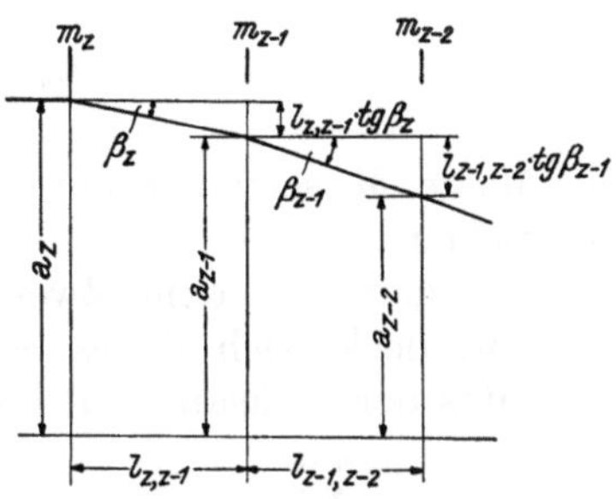

Abb. 129. Zur Ermittlung der Eigenschwingungsform.

Damit wird der Ausschlag der Welle vom Knotenpunkt bis zur Masse 7: m_{z-1}, im Beispiel m_7:

$$a_7 = a_8 - a_{8,7},$$

$$a_7 = a_8 - \frac{\omega_e^2}{H} \cdot l_{8,7} \cdot m_8 \cdot a_8.$$

Man erhält ihn auch zeichnerisch mit Hilfe des Neigungswinkels β_z, Abb. 129, im Beispiel β_8, der sich bestimmt aus:

$$\operatorname{tg} \beta_8 = \frac{m_8 \cdot a_8 \cdot \omega_e^2}{H},$$

so daß

$$a_{8,7} = l_{8,7} \cdot \operatorname{tg} \beta_8.$$

Der Ausschlag a_{z-2}, im Beispiel a_6, ist:
$$a_6 = a_7 - a_{7,6}.$$
Da nun:
$$a_{7,6} = l_{7,6} \cdot \mathrm{tg}\,\beta_7,$$
$$= l_{7,6} \cdot \frac{\omega_e^2 \cdot (m_8 \cdot a_8 + m_7 \cdot a_7)}{H},$$
so wird:
$$a_6 = a_7 - \frac{\omega_e^2}{H} \cdot l_{7,6} \cdot (m_8 a_3 + m_7 \cdot a_7).$$

Fortfahrend erhält man die Ausschläge der Massen m_{z-3}, m_{z-4}, schließlich der Masse m_1 und der Hauptmasse M; im Beispiel erscheint zusammengefaßt:

$$\left.\begin{aligned}
a_8 &= 1{,}000 \\
a_7 &= a_8 - \frac{\omega_e^2}{H} \cdot l_{8,7} \cdot m_8 \cdot a_8 \\
a_6 &= a_7 - \frac{\omega_e^2}{H} \cdot l_{7,6} \cdot (m_8 \cdot a_8 + m_7 \cdot a_7) \\
a_5 &= a_6 - \frac{\omega_e^2}{H} \cdot l_{6,5} \cdot (m_8 \cdot a_8 + m_7 \cdot a_7 + m_6 \cdot a_6) \\
&\quad\vdots \\
a_0 &= a_1 - \frac{\omega_e^2}{H} \cdot L \cdot (m_8 \cdot a_8 + m_7 \cdot a_7 + \ldots + m_2 \cdot a_2 + m_1 \cdot a_1).
\end{aligned}\right\} \quad (64)$$

Für den Sonderfall, daß die Getriebemassen gleich m_r und die Teillängen gleich l_r sind, vereinfacht sich Gleichung (64) mit Einsetzung des Festwertes $\left(\frac{\omega_e}{H} \cdot l_r \cdot m_r\right)$ in jede der Einzelgleichungen.

Allgemein gilt:
$$a_{n-1} = a_n - \frac{\omega_e^2}{H} \cdot l_{n,n-1} \cdot \sum_{n=z}^{n=0} m_n \cdot a_n. \qquad (64\mathrm{a})$$

Die Masse M schwingt entgegengesetzt zu den anderen Massen, a_0 hat deshalb ein — -Zeichen.

Mit dem aus dem Zweimassensystem erhaltenen ω_e sind die Ausschläge a zu rechnen; deckt sich dieses ω mit der Eigenfrequenz, so wird auf Grund des Gleichgewichtes der wirksamen Trägheitskräfte ihre Summe gleich Null, d. h.:

$$\omega_e^2 \cdot \sum_{n=z}^{n=0} m_n \cdot a_n = \omega_e^2 \cdot (m_z \cdot a_z + m_{z-1} \cdot a_{z-1} + \ldots + m_1 \cdot a_1 + M \cdot a_0) = 0, \qquad (65)$$

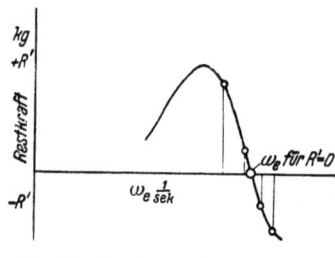

Abb. 130. Restkraft R', abhängig von den angenommenen ω_e-Werten.

sonst ergibt die Summe ein Restglied R', das ein Maß dafür ist, wie weit man mit dem eingesetzten ω_e noch vom tatsächlichen Wert entfernt ist. R' bedeutet eine Restkraft, die bei richtig gewähltem ω_e verschwinden müßte. Man führt mit verschiedenen Annahmen von ω_e die Rechnung durch, bis der Wert des Restgliedes praktisch vernachlässigbar ist; damit ist zugleich die richtige Form der Eigenschwingung festgelegt. Solches Probierverfahren führt bei einiger Übung bald zum Ziel.

Man kann die Rechnung durch zeichnerisches Vorgehen unterstützen, indem man die Werte R' abhängig von ω_e aufträgt, Abb. 130, einen Kurvenzug durchlegt und den Wert von ω_e für den R' zu Null wird, abliest.

Hinsichtlich der Einzelheiten sei auf das Zahlenbeispiel S. 171 verwiesen.

Für gleiche reduzierte Massen m_r der Triebwerke wird (65) zu:

$$\omega_e^2 \cdot \sum_{n=z}^{n=0} m_n \cdot a_n = \omega_e^2 \cdot \left(m_r \cdot \sum_{n=z}^{n=0} a_n + M \cdot a_0 \right) = 0. \qquad (65\,\mathrm{a})$$

An Stelle der wirklichen Ausschläge kann man die verhältnismäßigen, auf den Ausschlag a_z der z-ten Kröpfung bezogenen Ausschläge, so für die i-te Kröpfung: $\alpha_i = \dfrac{a_i}{a_z}$ und für die z-te Kröpfung: $\alpha_z = \dfrac{a_z}{a_z} = 1$, einführen und die Gleichungen (64) und (65) umschreiben.

Ist ω_e bekannt, so bestimmt sich die Eigenschwingungszahl, die in der Regel auf die Minute bezogen wird, aus (54).

Die Eigenschwingungszahl für die *Schwingungsform zweiten* und *höheren Grades* wird durch Einführung des überschlägigen Wertes ω_e aus dem Zweimassensystem, z. B. Abb. 128, in die Gleichungen (64) und (65) und durch die schrittweise Korrektur von ω_e erhalten.

Dieses Vorgehen nach den Gedankengängen von HOLZER [24], das auch zeichnerische Deutung zuläßt, wie GÜMBEL-GEIGER [25] gezeigt haben, stellt die allgemeinste Form der Berechnung der Eigenwerte dar und führt bei verwickelten Massengruppierungen mit durchaus tragbarem Aufwand an Arbeit zum Ziel, wenn es sich um die niedrigste und nächsthöhere Frequenz handelt, was für die meisten Fälle praktisch ausreicht. Man kann für gewisse Systemgattungen zusätzliche Hilfsmittel schaffen. So hat BIBER [30] für Ingenieure, die sich häufig mit der Bestimmung der Eigenschwingungszahlen zu befassen haben, das Verfahren handlich gestaltet durch Einführung der Einheitsschwingungsform und Aufstellung einiger Hilfstabellen. WAIMANN [31] rückt die vorwiegend zeichnerische Lösung der Aufgabe in den Vordergrund. Das von GRAMMEL [18], [32] entwickelte Verfahren zur Berechnung der Eigenwerte unter Meidung des Probierens nimmt Rechentafeln zu Hilfe, die besonders rasch zum Ergebnis führen, wenn es sich um eine „homogene", d. h. aus gleichen Massen und Elastizitäten aufgebaute Maschine handelt oder um eine solche, die nahezu homogen ist; das Schwungrad oder der Propeller macht schon das System inhomogen. Einen rein rechnerischen Weg, der den Zeitaufwand im Hauptteil verkürzen soll, schlägt SÖCHTING [33] ein.

Während man in der Regel annimmt, das Maschinensystem sei aus Einzelmassen zusammengesetzt, besteht im Falle gleicher Ausbildung der Triebwerks- und Wellenteile die Möglichkeit so vorzugehen, daß man die *Gesamtmasse* aller Getriebe über die Länge der Kröpfungen *gleichmäßig verteilt*, was die Untersuchung gegenüber Einzelmassen vereinfacht. Solches Vorgehen, das von PORTER angedeutet wurde, ist von GEISLINGER [34] begründet und übersichtlich gestaltet worden.

Ein Gegenstück dazu bildet die Zusammenfassung aller gleichen Triebwerksmassen zu *einer* Ersatzmasse und für den Fall, daß diese Massen von einer oder zwei weiteren Massen umgeben sind, die Bestimmung der Eigenschwingungszahl mit Hilfe von Kurvenblättern; dieses Verfahren ist von FRANK [35] ausgearbeitet worden.

ζ) Bisher war der Einreihenmotor der Betrachtung zugrunde gelegt. Da die Kurbelwelle des *V-Motors* nebst Kurbeltrieben sich auf ein Ersatzsystem, ähnlich wie beim Einreihenmotor, zurückführen läßt, bietet die Berechnung der Eigenschwingungszahl keine Schwierigkeiten.

η) Bei *Sternanordnung der Zylinder* besteht das einfachste System aus der vereinigten Masse der z Kurbeltriebe in Mitte Kurbelzapfen und der reduzierten Propellermasse; die Eigenschwingungszahl ist aus Gleichung (57) errechenbar. Sind ein Getriebe und ein Lader vorhanden, so erhält man nach Durchführung der Massenreduktion ein System mit vier Massen (Schraube, Getriebe, vereinigte Kurbeltriebe, Laderläufer); die Eigenschwingungsform 2. Grades ist mit zu berücksichtigen.

c) Beispiele von Anlagen mit Abwandlung der Eigenschwingungsform.

Die Anlagen mit Verbrennungskraftmaschinen zeigen in manchen Fällen eine Vielfältigkeit der Schwingungsformen, deren Sichtung den Überblick erleichtert. Zu diesen Gattungen gehören in erster Linie die Schiffsmaschinen und Flugmotoren.

α) Die Mannigfaltigkeit der Massen- und Längenverteilung bei *Schiffsanlagen* macht ihre Unterteilung erforderlich; drei Hauptgruppen sind zu unterscheiden:
1. Schiffsanlage mit unmittelbarem Schraubenantrieb;
2. Schiffsanlage mit Übersetzungszahnradgetriebe zwischen Motor und Wellenleitung;
3. Schiffsanlage mit hydraulischer Kupplung.

Hervorzuheben ist:

1. Bei *unmittelbarem Schraubenantrieb* und langsam laufendem Motor sind die Schwingungsformen 1. und 2. Grades am wichtigsten. Die Eigenschwingung 1. Grades ergibt kleine Ausschläge der Kurbelwelle und meist einen großen Ausschlag der Schraube, verbunden mit starker Dämpfung und Verminderung der zusätzlichen Wellenanstrengung. Die Eigenschwingung 2. Grades wird wesentlich vom Motor bestimmt.

2. *Getriebeanlage*. Die raum- und gewichtsparenden Maschinen sind raschlaufend; ein Zahnradgetriebe vermindert die Drehzahl der Schraube und verbessert ihren Wirkungsgrad. Die zusätzliche Getriebemasse bringt eine weitere Eigenschnelle hinzu; ferner bietet die Einschaltung eines Gliedes mit erhöhter Elastizität weitere Möglichkeiten der Abänderung der Eigenschwingungsform und -zahl.

3. *Anlage mit hydraulischer Kupplung*. Die Anlage besteht aus zwei Teilsystemen: einmal aus der Masse der Kurbeltriebe, der Kurbelwelle und der Masse des Antriebsteiles (Pumpenteiles) der Kupplung, sodann aus der Masse des Abtriebsteiles (Turbinenteiles) der Kupplung, der Schiffswelle und der Schraubenmasse. Ein Zahnradgetriebe kann hinzukommen. Die Eigenschwingungsformen bestimmen sich aus den Teilsystemen; ein Sonderfall der Schwingung ist unter „Bekämpfung der Schwingungen" genannt.

Durch die Flüssigkeitskupplung wird das mittlere Drehmoment des treibenden Systems ohne die Spitzen der Drehmomentenschwankungen an das Sekundärsystem abgegeben; sie gewährt gute Manövrierfähigkeit der Maschinen und wirkt dämpfend auf die Teilsysteme.

β) Besonders vielseitig sind die Fragen, die mit der *Auswahl der Schwingungsfrequenzen* des Wellensystems eines *Flugmotors* verknüpft sind. Während früher bei der Gestaltung des Motors die Kurbelwelle und die angehängten Massen mit unmittelbar am Wellenende sitzender unverstellbarer Luftschraube nur beschränkte Änderungen gestatteten, hat man bei mehreren Bauarten mit über Zahnräder getriebener Schraube beträchtlichen Spielraum in der Wahl der Federzahlen von Ritzelwelle und Schraubenwelle. Diese größere Freiheit erfordert die Berücksichtigung der Schwingungsform 1. Grades und 2. Grades in dem Drehzahlbereich, der durch die Verstellschraube wesentlich erweitert worden ist. Es fragt sich z. B. im Falle von sechs Triebwerksmassen (Abb. 131),

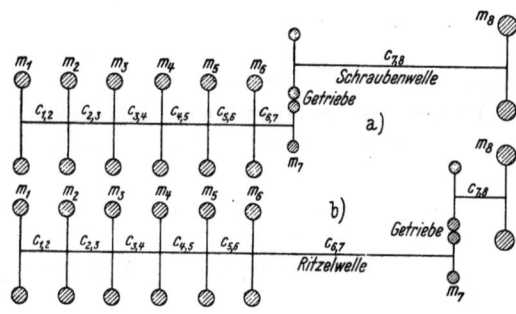

Abb. 131. a) System mit Getriebe dicht an der Kurbelwelle und mit besonders elastischer Schraubenwelle; b) System mit Getriebe dicht an der Schraube und mit sehr elastischer Ritzelwelle zwischen Getriebe und Kurbelwelle.

welche Bedeutung die Federzahlen $c_{6,7}$ und $c_{7,8}$ haben, die durch zwei verschiedene Längen der Ritzelwelle und der Schraubenwelle zum Ausdruck gebracht sind. a) Die Änderung von $c_{6,7}$, d. h. der Ritzelschaftsteifigkeit, selbst in weiten Grenzen, hat sehr geringen Einfluß auf die Zweiknotenfrequenz, so daß diese fast unverändert bleibt; um so bemerklicher ist die Änderung der Einknotenfrequenz. b) Die Änderung von $c_{7,8}$, d. h. der Schraubenwellensteifigkeit, ändert sowohl die Einknoten- als auch die Zweiknotenfrequenz. Mit geeigneter Wahl von $c_{6,7}$ und $c_{7,8}$ kann der größte Teil kritischer Geschwindigkeiten aus dem Arbeitsbereich des Motors entfernt werden. HAZER-MONTIETH [36] haben näher untersucht, was man mit diesen beiden Mitteln erreichen kann. Es liegen ähnliche Verhältnisse der Abwandlung wie bei Schiffsmaschinen mit ihrem Langwellentriebwerk vor.

d) Beispiele von Eigenschwingungszahlen.

Da die Hauptabmessungen der Kurbelwelle nicht allein aus Fertigkeitsgründen, sondern auch mit Rücksicht auf das Drehschwingungsverhalten festgelegt werden (siehe „Bekämpfung der Schwingungen") und die einschlägigen Maßnahmen vielfach vom Stand der Entwicklung abhängen, sind die nachstehend für die einzelnen Gattungen der Verbrennungskraftmaschinen angegebenen Werte keine bleibenden Festgrößen.

Einfachwirkende ortsfeste Viertakt-Diesel-Maschinen

$$n_{e_I} = 1200 \div 2500 \text{ Schw./min},$$

doppeltwirkende Zweitakt-Diesel-Maschinen

$$n_{e_I} = 1000 \div 1500,$$

Otto- und Diesel-Fahrzeugmotoren

$$n_{e_I} = 7000 \div 15000.$$

Flugmotoren:

Reihenmotoren mit „steifem" Luftschraubenantrieb (Kurzwellentriebwerk):

Schiffsmaschinen mit unmittelbarem Schraubenantrieb

	Viertakt	Einfachwirkender Zweitakt	Doppeltwirkender Zweitakt
n_{e_I}	500 ÷ 1200	300 ÷ 1000	200 ÷ 800
$n_{e_{II}}$	1500 ÷ 3000	1500 ÷ 3500	1300 ÷ 1800

$$n_{e_I} = 6000 \div 12000 \text{ ohne Getriebe},$$
$$4500 \div 7000 \text{ mit Getriebe}.$$

Reihenmotoren mit „elastischem" Zwischenglied (Langwellentriebwerk) (siehe z. B. LÜRENBAUM [37]):

$$n_{e_I} = 1300 \div 1600,$$
$$n_{e_{II}} = 15000 \div 25000.$$

V-Motoren:

$$n_{e_I} = 6000 \div 10000 \text{ ohne Getriebe},$$
$$4000 \div 5000 \text{ mit Getriebe},$$
$$n_{e_I} = 1700 \div 3000 \left.\begin{array}{l}\end{array}\right\} \text{ mit Getriebe und}$$
$$n_{e_{II}} = 7000 \div 15000 \left.\begin{array}{l}\end{array}\right\} \text{ elastischem Zwischenglied}.$$

Sternmotoren (siehe z. B. LUNDQUIST [38]):

$$n_{e_I} = 10000 \div 12500 \text{ ohne Getriebe},$$
$$7000 \div 10500 \text{ mit Getriebe}.$$

Eine Abhängigkeit der Schwingungszahl n_e von der Zylinderzahl z ergibt sich unmittelbar, wenn die Leistung durch Zufügen weiterer Zylinder von gegebener Größe gesteigert wird; n_e nimmt mit z allmählich ab, wenn die Kurbelwelle nicht mit Rücksicht auf Drehschwingungen verhältnismäßig stärker gehalten wird.

3. Erregende Drehkräfte aus Gas- und Massenkräften.

Außer den bisherigen Bezeichnungen sei:

D_m mittlere Drehkraft am Kurbelhalbmesser r, bezogen auf 1 cm² Kolbenfläche $\left[\dfrac{\text{kg}}{\text{cm}^2}\right]$,

1 bis k Ziffer der Drehkraftharmonischen,

D_{k_M} k-te Harmonische der Massendrehkraft $\left[\dfrac{\text{kg}}{\text{cm}^2}\right]$,

152 Drehschwingungen.

D_{kG} k-te Harmonische der Gasdrehkraft,

D_1 bis D_k Beträge der resultierenden Drehkraftharmonischen $\left[\dfrac{\text{kg}}{\text{cm}^2}\right]$,

$\mathfrak{D}_1$ bis $\mathfrak{D}_k$ Vektoren der Harmonischen,

n_{1Err} bis n_{kErr} Anzahl der Schwingungen i. d. Min. der Harmonischen 1 bis k $\left[\dfrac{1}{\min}\right]$,

Ω_1 bis Ω_k Kreisfrequenz oder Winkelgeschwindigkeit der zu n_{1Err} bis n_{kErr} gehörigen Kreisbewegung der Harmonischen 1 bis k (Erregerdrehschnelle) $\left[\dfrac{1}{\text{sek}}\right]$,

ω Winkelgeschwindigkeit der Kurbelwelle $\left[\dfrac{1}{\text{sek}}\right]$,

n Kurbelwellendrehzahl (Motordrehzahl) i. d. Min. $\left[\dfrac{1}{\min}\right]$,

t Zeit [sek],

$\alpha = \omega t$ Drehwinkel der Kurbel.

a) Gesamtdrehkraft und Einzeldrehkraft.

Die Drehschwingungen der Kurbelwelle werden durch die Ungleichförmigkeit des vom Kolben ausgehenden Drehmoments erregt. Die zugehörige Drehkraft D am Kurbelhalbmesser r ist die früher (S. 70) angeführte Tangentialkraft eines Zylinders, die sich aus Massen- und Gasdrehkraft zusammensetzt. Massenkräfte der umlaufenden Teile, soweit sie Fliehkräfte sind, haben keinen Einfluß auf Drehschwingungen; soweit sie von Tangentialbeschleunigungen herrühren, treten sie nicht als Erregende auf, da sie zum Schwingungsvorgang gehören.

Bei *Reihenmotoren* ist die Gesamtdrehkraftkurve aller Zylinder, wie sie im Tangentialkraftbild erhalten wurde, nicht maßgebend; denn es kommt, wie man schon aus der Eigenschwingungsform erkannt hat, auf die Drehkräfte der einzelnen Zylinder und auf die elastischen Wellenlängen an. Das Drehkraftdiagramm vielzylindriger Maschinen gibt zwar auf Grund der Zahl der Hauptschwingungen zu erkennen, daß die Hauptharmonische *gleich der Zylinderzahl* kräftig in Erscheinung tritt (siehe Abb. 68 bis 72 unter „Drehmomentausgleich"); trotzdem sind manche harmonische Drehkräfte, die sich aufheben, für jede einzelne Kurbel als Erregende wirksam.

Die schwankende Drehkraft eines Kurbeltriebes wird nun nicht in dem gegebenen Verlauf weiterverwendet, sondern in ihre harmonischen Komponenten zerlegt, um die Einwirkung der einzelnen Erregenden auf die Kurbelwelle leichter zu erfassen.

Nur bei *Sternmotoren* mit ihrer einfach gekröpften Welle und mit ebenem Massensystem kann man die Harmonischen der Einzelzylinder als Erreger jeweils durch ihre Resultierende ersetzen, da sie alle an derselben Stelle der Welle angreifen. Die Drehkraftkurve der ungeraden Zylinderzahlen besteht nach früheren Ausführungen (siehe Drehmoment- und Wuchtausgleich) von fünf Zylindern aufwärts wegen der Kleinheit der höheren Massenkraftharmonischen praktisch aus Gasdrehkräften allein.

b) Bezeichnung der erregenden Harmonischen.

Die Ordnungszahl der Harmonischen bezeichnet die Anzahl der vollen Schwingungswellen für 1 Umdrehung der Maschine. Betrachtet man 1 Umdrehung der Welle als Grundperiode, so hat bei *Viertakt* die 1. Harmonische die Periodenzahl $\dfrac{1}{2}$, da sich das Viertaktspiel über 2 Umdrehungen erstreckt und die Grundschwingung die Drehschnelle $\Omega_1 = \dfrac{1}{2} \cdot \omega$ besitzt; bei *Zweitakt* mit 1 Umdrehung als Periode des Arbeitsspiels hat die 1. Harmonische die Periodenzahl 1, so daß $\Omega_1 = \omega$ ist. Die 1. Harmonische ist von „$\dfrac{1}{2}$-ter Ordnung" bei Viertakt und von „1. Ordnung" bei Zweitakt. Es erscheinen demnach bei Viertakt neben ganzzahligen Ordnungen auch solche mit gebrochener Ziffer; die Ordnung ist $\dfrac{k}{2}$ und die Drehschnelle ist $\Omega_k = k \cdot \dfrac{\omega}{2}$, wenn k die

Ziffer der Harmonischen bedeutet. Für Zweitakt erscheint k als Ziffer und Ordnung der Harmonischen; dabei ist $\Omega = k \cdot \omega$ die Winkelgeschwindigkeit der harmonischen Drehkraft k-ter Ordnung.

c) Darstellung der Harmonischen.

Die Darstellung der einzelnen harmonischen Drehkräfte D_k kann mit Hilfe eines Kreisdiagramms wie in Abb. 132a erfolgen, in dem der Kraftvektor $\mathfrak{D}_k$ mit der Winkelgeschwindigkeit Ω_k der zu $n_{k_{Err}}$ Schwingungen in der Minute gehörigen Kreisbewegung umläuft. Die zu bestimmter Zeit wirksame Kraft D_k' ist die cos-Komponente der Amplitude D_k, wenn der Drehwinkel von der Lotrechten ab gemessen wird. Der Gesamtverlauf der Kräfte über dem Kurbeldrehwinkel $\alpha = \omega t$ ist eine cos-Linie.

Die Bezeichnung der Erregerkreisfrequenz mit „Frequenz" ist mißverständlich; denn die eigentliche Frequenz ist, ähnlich wie bei der Eigenfrequenz, gegeben durch:

$$f = \frac{\Omega}{2\pi}$$

Vollschw./sek oder Hz. (66)

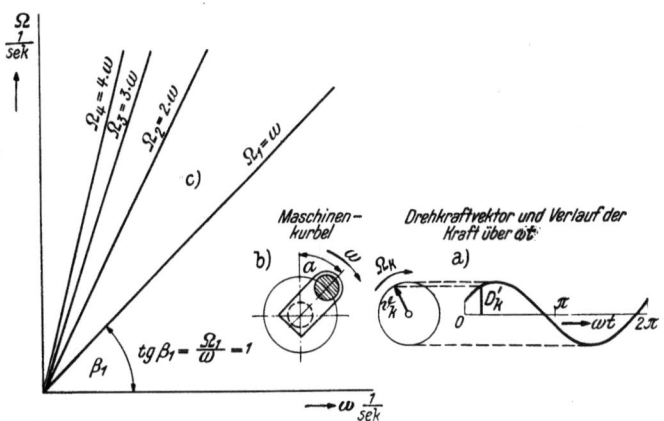

Abb. 132. a) Kreisdiagramm der harmonischen Drehkraft und Verlauf der Kraft über ωt der Kurbel, die mit ω umläuft, wie b) zeigt; c) Abhängigkeit der Erregerdrehschnelle Ω von der Winkelgeschwindigkeit ω der Kurbelwelle.

Die Drehschnellen der Harmonischen sind Ω_1 bis Ω_k. Liegt nun eine Kraft D_k als Erregende k-ter Ordnung vor, so ist die Kreisfrequenz:

$$\Omega_k = k \cdot \omega \tag{67}$$

oder:

$$\Omega_k = k \cdot \frac{\pi \cdot n}{30} \frac{1}{\text{sek}}, \tag{67a}$$

wenn ω die mittlere Winkelgeschwindigkeit und n die minutliche Drehzahl der Maschinenwelle, Abb. 132b, ist. Der Verlauf von Ω_k abhängig von ω ist geradlinig; denn es gilt:

$$\operatorname{tg} \beta = \frac{\Omega_k}{\omega}.$$

Zu jeder Harmonischen gehört ein vom Koordinatenursprung ausgehender Strahl (Abb. 132c).

d) Harmonische der Massendrehkraft.

Der Unterschied von Viertakt und Zweitakt macht sich bei der Zusammenfassung von Massen- und Gasdrehkräften geltend. Die Zerlegung in harmonische Bestandteile liegt für die *Massendrehkräfte* der hin und her gehenden Teile bereits vor [siehe Gleichung (6) im Abschnitt „Drehmoment- und Wuchtausgleich", S. 71]. Bezieht man nun bei *Viertakt* die Massenkräfte auf die Periode der Gaskräfte von zwei Umdrehungen der Welle, so ist der genannte Ausdruck für 1 cm² Kolbenfläche wie folgt umzuschreiben:

$$D_M = m_h \cdot r \cdot \omega^2 \cdot \left(\frac{\lambda}{4} \cdot \sin 2\frac{\alpha}{2} - \frac{1}{2} \cdot \sin 4\frac{\alpha}{2} - \frac{3}{4} \cdot \lambda \cdot \sin 6\frac{\alpha}{2} - \frac{\lambda^2}{4} \cdot \sin 8\frac{\alpha}{2} + \ldots \right). \tag{68}$$

Die Amplituden der Massenharmonischen D_{k_M} sind:

2. Harmonische $m_h \cdot r \cdot \omega^2 \cdot \frac{\lambda}{4}$, 4. Harmonische $-m_h \cdot r \cdot \omega^2 \cdot \frac{1}{2}$,

6. Harmonische $-m_h \cdot r \cdot \omega^2 \cdot \frac{3}{4} \lambda$, 8. Harmonische $-m_h \cdot r \cdot \omega^2 \cdot \frac{\lambda^2}{4}$.

154 Drehschwingungen.

Es kommen nur geradzahlige Harmonische 2, 4, 6, ... vor, und ihr Einfluß ist allein bis zur 8. Harmonischen merklich. Für *Zweitakt* bleibt Gleichung (6), S. 71, unverändert; von Belang sind allein die Kräfte bis zur 4. Ordnung. Die 4. Harmonische (2. Ordnung) wirkt sich wegen ihres größeren Betrages am stärksten aus (vgl. Abb. 136 und 138).

e) Harmonische der Gasdrehkraft und resultierende Drehkraft.

Als nächste Arbeit ist die Aufspaltung der *Gaskraftkurve* in ihre Harmonischen und zwar für die Drehkraftdiagramme der verschiedenen Arbeitsverfahren: Viertakt und Zweitakt, Otto und Diesel (Abb. 133a, 134, 135a). Während sich die Drehkraftlinie für

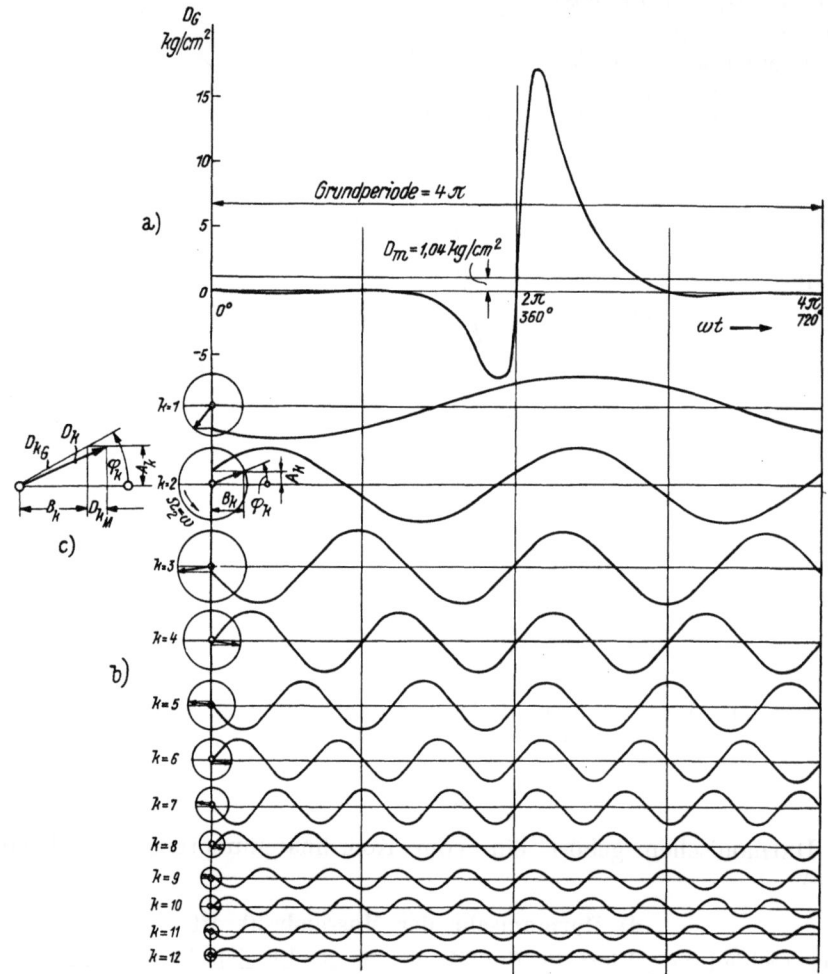

Abb. 133. Harmonische Analyse eines Gasdrehkraft-Diagramms für Vollast einer einfachwirkenden Viertakt-Diesel-Maschine.

einfachwirkenden Viertakt über zwei Wellenumdrehungen, für einfachwirkenden Zweitakt über eine Wellenumdrehung erstreckt, ist bei doppeltwirkendem Zweitakt nicht eine halbe, sondern eine volle Drehung wegen der Ungleichheit der Indikatordiagramme auf Kolbenoberseite und -unterseite zu nehmen.

Da ein periodischer Verlauf der Drehkraft D_G vorliegt, ist die Entwicklung in eine FOURIER-Reihe von der Form:

$$f(x) = \frac{1}{2} A_0 + A_1 \cdot \cos x + A_2 \cdot \cos 2x + A_3 \cdot \cos 3x + \ldots$$
$$+ B_1 \cdot \sin x + B_2 \cdot \sin 2x + B_3 \cdot \sin 3x + \ldots$$

möglich, also auch die Darstellung der Funktion $D_G = f(\omega t)$ in Abb. 133a, 134 und 135a durch eine Summe von einfachen Schwingungen, z. B. im Intervall von $\omega t = 0$ bis

Erregende Drehkräfte aus Gas- und Massenkräften.

$\omega t = 2\pi$. Die harmonische Analyse ist die Bestimmung der Beiwerte $\frac{1}{2}A_0, A_1, A_2, \ldots, B_1, B_2, \ldots$ Durch Zusammenfassung der Glieder mit gleichem Zeiger läßt sich die Reihe auch schreiben:

$$f(\omega t) = \frac{1}{2}A_0 + \sum_{k=1}^{k=\infty} D_k \cdot \sin(k \cdot \omega t + \varphi_k), \qquad (69)$$

worin: $D_k = \sqrt{A_k^2 + B_k^2}$ und $\operatorname{tg}\varphi_k = \dfrac{A_k}{B_k}$ ist. φ_k, gemessen von der Waagrechten, heißt die Phasenverschiebung; $\frac{1}{2}A_0$ ist das „schwingungsfreie" Glied als die mittlere Höhe D_m der Drehkraftlinie. Für Viertakt ist $\dfrac{k}{2}$ an Stelle von k zu setzen.

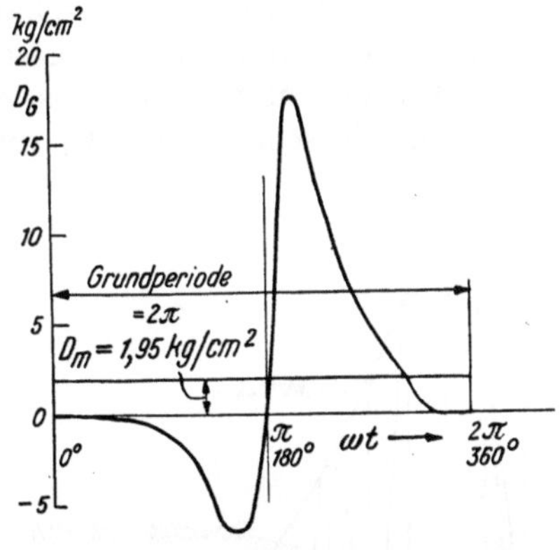

Abb. 134. Gasdrehkraftverlauf einer einfachwirkenden Zweitakt-Diesel-Maschine.

Jede k-te Harmonische D_{k_G} der Gasdrehkraft D_G setzt sich demnach zusammen aus einer Komponente B_k und einer Komponente A_k; in Abb. 133b und 135b ist die Zusammensetzung für die Harmonische $k = 2$ eingezeichnet. Die sin-Komponente D_{k_M} der Massenkraft ist jeweils geometrisch zuzufügen, wodurch die Resultierende D_k gewonnen wird, wie in Abb. 133c (in größerem Maßstab) und 135b für die Ausgangslage der Kurbel ($\omega t = 0$) angedeutet ist.

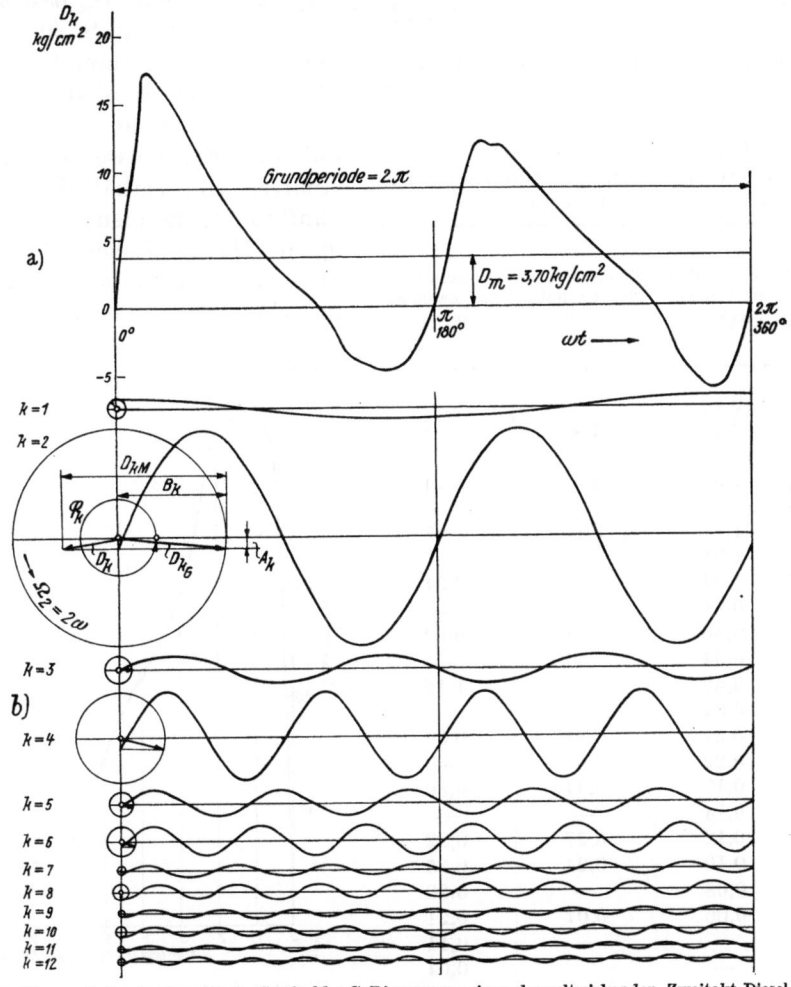

Abb. 135. Harmonische Analyse eines Gasdrehkraft-Diagramms einer doppeltwirkenden Zweitakt-Diesel-Maschine nach SCHEUERMEYER.

Die harmonische Analyse kann auf rechnerischem Weg oder mit Hilfe eines zerlegenden Geräts, des „Analysators", geschehen. Man braucht sich hier nicht mit den Einzelheiten der Analyse zu befassen; es sei für das rechnerische Verfahren auf die Anleitung in DUBBELs Taschenbuch [39] verwiesen und für die Zuhilfenahme von Tafeln und Schablonen auf STRUNZ [29] oder HUSZMANN [40].

Wichtiger sind für unsere Zwecke die Ergebnisse der Analyse, wie sie bereits vorliegen. Abb. 133b zeigt die Zerlegung der Drehkraft einer einfachwirkenden Viertakt-Diesel-Maschine, Abb. 135b die Harmonischen einer doppeltwirkenden Diesel-Zweitaktmaschine für Vollast nach SCHEUERMEYER [16]. Die Schwingungen sind auf die mittlere Drehkraft D_m als die nullte Harmonische bezogen; D_m bestimmt sich wie T_m auf S. 80.

Während die Gestalt des Indikatordiagramms verwandter Maschinengattungen auf die Ergebnisse der harmonischen Analyse von verhältnismäßig geringem Einfluß ist, können die von ω^2 abhängigen Harmonischen der spezifischen Massendrehkräfte stark schwanken; in manchen Fällen ist jedoch der Wert

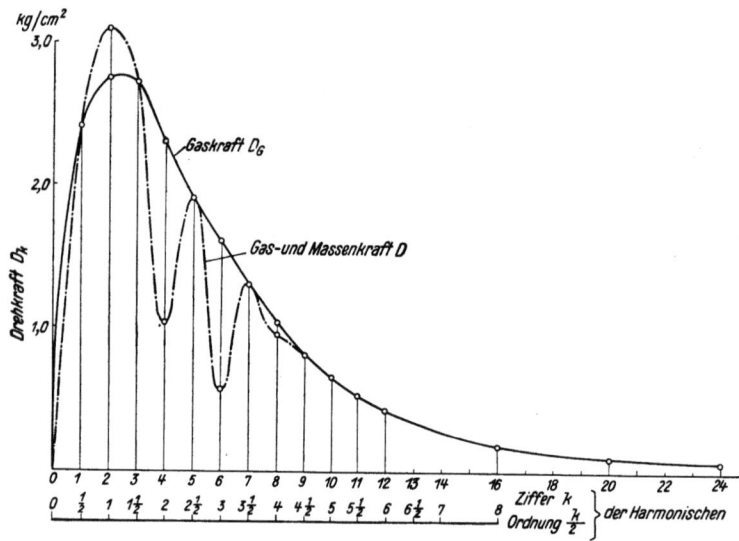

Abb. 136. Harmonische der Gasdrehkräfte und Verlauf der Gesamtdrehkraft aus Gas- und Massenkraft bei der einfachwirkenden Viertakt-Diesel-Maschine.

Zahlentafel 28. Harmonische Gas-Drehkräfte D_{kG} von Diesel-Maschinen, bezogen auf 1 cm² Kolbenfläche.

Ordnung der harmonischen Kräfte, bezogen auf eine Wellenumdrehung	Einfachwirkender Viertakt kg/cm²	Einfachwirkender Zweitakt kg/cm²	Doppeltwirkender Zweitakt kg/cm²
½	2,42	—	—
1	2,76	4,43	0,78
1½	2,73	—	—
2	2,31	4,31	8,14
2½	1,91	—	—
3	1,61	2,86	1,08
3½	1,31	—	—
4	1,04	2,22	3,34
4½	0,81	—	—
5	0,66	1,51	0,92
5½	0,54	—	—
6	0,43	0,71	1,12
6½	0,34	—	—
7	0,27	0,56	0,39
7½	0,22	—	—
8	0,17	0,44	0,59
8½	0,14	—	—
9	0,12	0,27	0,22
10	0,10	0,24	0,35
11	0,08	—	0,20
12	0,06	0,07	0,21
16	—	—	0,11
20	—	—	0,04
24	—	—	0,03

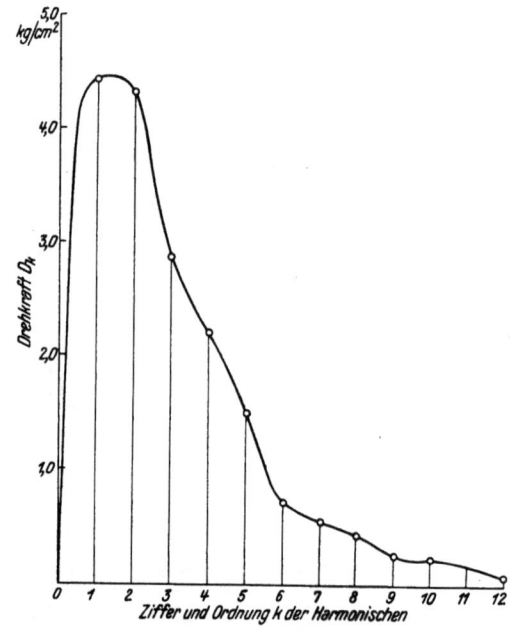

Abb. 137. Harmonische der Gasdrehkräfte bei der einfachwirkenden Zweitakt-Diesel-Maschine.

($m_h \cdot r \cdot \omega^2$) für wechselnde Motorgrößen derselben Gattung trotz veränderter Drehzahl nahezu konstant, weil bei den größeren Maschinen mit schwereren hin und her gehenden Teilen die Drehzahl niedriger gehalten wird.

Die vorstehende Zahlentafel [28] bringt die Werte der Amplituden D_{kG} einer *einfachwirkenden Viertakt-Diesel-Maschine* und einer *doppeltwirkenden Zweitakt-Diesel-Maschine* nach SCHEUERMEYER [16] und einer *einfachwirkenden Zweitakt-Diesel-Maschine* nach BAUER [41]. Die BAUERschen Werte für einfachwirkenden Viertakt und doppeltwirkenden Zweitakt sind ein wenig niedriger als die hier gebrachten.

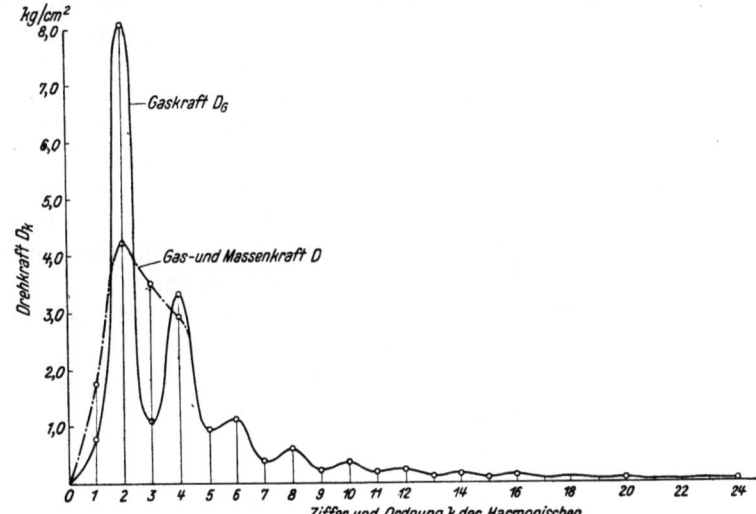

Abb. 138. Harmonische der Gasdrehkräfte und Verlauf der Gesamtdrehkraft bei der doppeltwirkenden Zweitakt-Diesel-Maschine.

Der Verlauf der harmonischen Gasdrehkräfte D_{kG} geht aus Abb. 136, 137 und 138 hervor; außerdem ist aus Abb. 136 für eine ortsfeste Maschine die Einwirkung der Massendrehkräfte D_{kM} für $m_h \cdot r \cdot \omega^2 = 6{,}68$ kg/cm² und $\lambda = \dfrac{1}{4{,}5}$, ferner aus Abb. 138 für eine Schiffsmaschine die

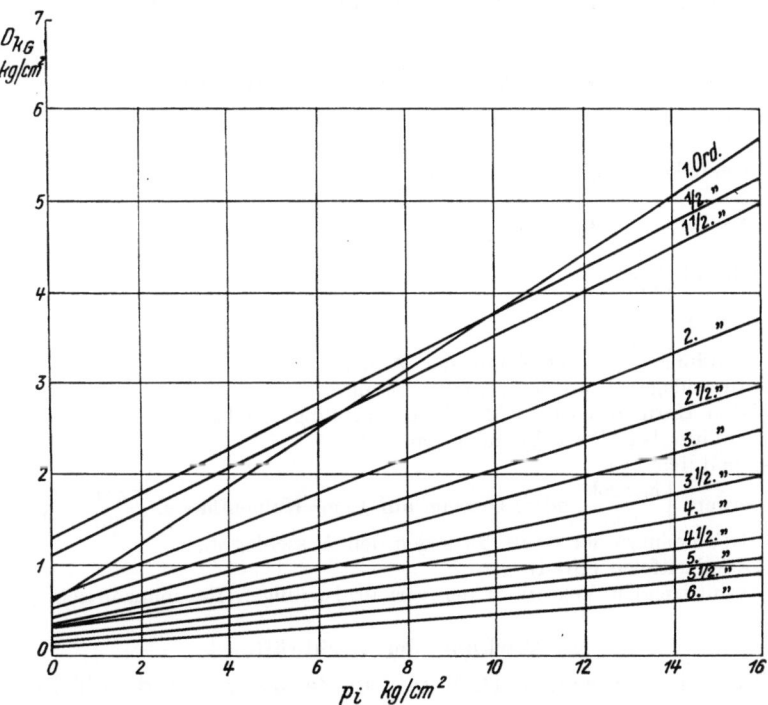

Abb. 139. Harmonische D_{kG} abhängig vom Innendruck p_i bei Viertakt-Otto-Flugmotoren.

Einwirkung der Massendrehkräfte für $m_h \cdot r \cdot \omega^2 = 24{,}6$ kg/cm² und $\lambda = \dfrac{1}{4}$ ersichtlich. Die Amplitude der Gesamtdrehkraft D ist jeweils D_k (s. S. 155).

Die obigen Werte der Drehkräfte gelten für eine einzige Belastungsstufe und Drehzahl; in vielen Fällen kommt man mit ihnen aus. Man kann nun einwenden, daß die einzelnen Harmonischen bei *verschiedenen* Drehzahlen der Maschine gefährlich werden können; zu den verschiedenen Drehzahlen und Belastungsstufen gehören verschiedene Indikatordiagramme und Amplituden der Harmonischen. Man müßte also die Harmonischen aus einer Anzahl von Diagrammen haben. Solche ausgedehnte Analysen sind bisher spärlich veröffentlicht worden. GEIGER [25] und WYDLER [42] brachten solche Zerlegungen für Einblase-Diesel-Maschinen; DEN HARTOG [43] hat für eine Viertakt-Diesel-Maschine bildliche Darstellungen der Größtwerte der Harmonischen in Prozenten des Vollastmoments, aufgetragen über dem mittleren Moment in Prozenten des Vollastmoments, veröffentlicht.

Zahlentafel 29. Harmonische der Gasdrehkräfte in Prozenten des mittleren Druckes p_i.

k	D_{kG}	k	D_{kG}
1	36,6	9	6,76
2	32,6	10	5,60
3	32,3	11	4,20
4	24,5	12	3,53
5	18,8	13	2,90
6	14,8	14	2,40
7	11,2	15	1,98
8	8,6	16	1,62

STIEGLITZ [44] hat die Analyse des Diagramms eines Viertakt-*Otto-Flugmotors mit Vergaser* durchgeführt und darauf aufbauend die Werte der Harmonischen in Prozenten des mittleren indizierten Druckes bestimmt; sie sind hier wiedergegeben.

Ähnliche Werte der Harmonischen hat auch KIMMEL [45] angegeben; sie sind bis zur 5. Harmonischen etwas niedriger, darüber etwas höher als jene der Zahlentafel 29.

Eine zeichnerische Darstellung der Abhängigkeit zwischen D_{kG} und p_i haben HAZER und MONTIETH [35] gebracht; sie erscheint in Abb. 139 umgezeichnet auf unser Maßsystem. Die Beträge der Harmonischen sind höher als jene nach STIEGLITZ; das Anwachsen der Kräfte 1. Ordnung erfolgt rascher als bei den übrigen Ordnungen.

4. Ermittlung der Resonanzausschläge.

Bezeichnungen:

ω Winkelgeschwindigkeit der Kurbelwelle $\left[\dfrac{1}{\text{sek}}\right]$,

ω_{kr} kritische Winkelgeschwindigkeit $\left[\dfrac{1}{\text{sek}}\right]$,

n Maschinendrehzahl $\left[\dfrac{1}{\text{min}}\right]$,

n_{kr} kritische Drehzahl $\left[\dfrac{1}{\text{min}}\right]$,

x Anzahl der Zündungen je Umdrehung der Welle,
$\mathfrak{a}_i$ Vektor des Ausschlages a_i an der i-ten Kröpfung,
A_i Arbeit der k-ten Harmonischen an der i-ten Kröpfung [cm kg],
A gesamte Erregungsarbeit für z Zylinder [cm kg],
$A_{k'}$ Dämpfungsarbeit [cm kg],
k' Dämpfungsbeiwert $\left[\dfrac{\text{kg} \cdot \text{sek}}{\text{cm}}\right.$ oder, bezogen auf 1 cm² Kolbenfläche, $\left.\dfrac{\text{kg} \cdot \text{sek}}{\text{cm}^3}\right]$,
β_i Phasenwinkel (Voreilung) der Kraft $\mathfrak{D}_k$ gegen den Ausschlag $\mathfrak{a}_i$,
δ Winkel der Zündzeitfolge (Grad),
R Betrag des resultierenden Vektors $\mathfrak{R}$ der verhältnismäßigen Resonanzausschläge [cm].

a) Wirkung der Drehkräfte.

Gerät der Takt der erregenden Drehkraft in Resonanz mit dem Takt einer Eigenschwingungszahl des Systems, wobei die Frequenz der erregenden Harmonischen mit der Eigenfrequenz der Kurbelwelle übereinstimmt, so werden die Schwingungen gefährlich; denn die periodischen Kräfte schaukeln die Winkelausschläge der Massen auf. Günstig ist, daß die Beträge der höheren Harmonischen abnehmen und schließlich zu klein werden, um bedenkliche Schwingungen anfachen zu können. Für die wirkliche Größe der Schwingungsausschläge und der zusätzlichen Wellenanstrengung ist die gleichzeitig auftretende Dämpfung maßgebend. Die Wirkung der Drehkräfte im Resonanzgebiet geht am anschaulichsten aus der zeichnerischen Darstellung hervor. Abb. 140 zeigt eine Resonanzkurve, welche die Abhängigkeit des Ausschlags a von der Erregerschnelle Ω wiedergibt. In jedem der Resonanzpunkte mit $\Omega = \omega_e$ wird a besonders groß, wie noch zu zeigen ist.

Der Ausschlag der erzwungenen Schwingung bestimmt sich z. B. für eine Einzelmasse m am Ende einer einseitig eingespannten Welle mit der Federzahl c für den Grenzfall, daß keine Dämpfung vorhanden ist, beim Wirken der harmonischen Drehkraft D_k aus:

$$a = \frac{D_k}{c - m \cdot \Omega^2} \tag{70}$$

und beim Auftreten von Dämpfung mit dem Beiwert k' aus:

$$a = \frac{D_k}{\sqrt{(c - m \cdot \Omega^2)^2 + k'^2 \cdot \Omega^2}}. \tag{71}$$

Bei Resonanz, wenn $\Omega^2 = \dfrac{c}{m} = \omega_e^2$, wird im ersten Fall der Ausschlag a unendlich groß, im zweiten Fall bleibt er endlich. In Abb. 140 ist statt des negativen Astes der Kurve im Gebiet rechts von $\Omega = \omega_e$ dessen Spiegelbild gezeichnet.

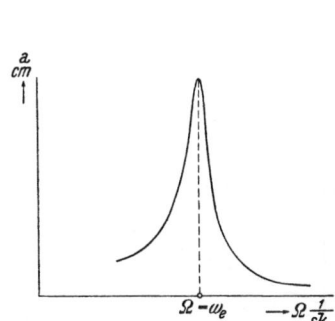

Abb. 140. Resonanzkurve. Schwingungsausschlag a in Abhängigkeit von der Erregerschnelle Ω.

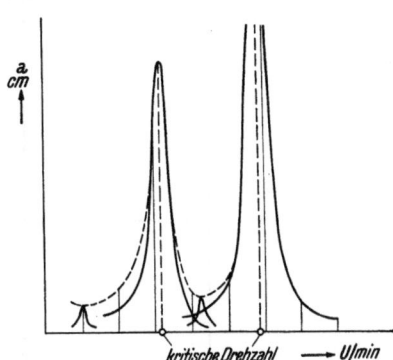

Abb. 141. Darstellung der Resonanzkurven eines Mehrzylindermotors.

Die Verwendungsart der Maschinen erfordert bei manchen Gattungen eine Änderung der Kurbelwellendrehzahl in weiten Grenzen. Gemäß Gleichung (67) ändert sich für eine bestimmte Harmonische die Erregerschnelle Ω und mit ihr der Ausschlag a, so daß etwa die in Abb. 141 dargestellte Abhängigkeit entsteht. Da jedoch die Ausschläge außerhalb des engen kritischen Gebietes wegen ihrer Kleinheit keine wesentliche Bedeutung besitzen, möge der Linienzug der Ausschläge als Verbindung der Ausschläge in den kritischen Drehzahlen gezeichnet werden, wie in Abb. 141 gestrichelt eingezeichnet ist.

b) Kritische Drehzahlen.

Für *Zweitakt* ist die Ziffer der Harmonischen zugleich die gleichnamige Ordnung. In den kritischen Zuständen gilt mit Hinblick auf Gleichung (67):

$$k \cdot \omega_{kr} = \Omega_k = \omega_e,$$

woraus:

$$\omega_{kr} = \frac{\omega_e}{k}, \tag{72}$$

somit die kritische Drehzahl:

$$n_{kr} = \frac{n_e}{k}. \tag{72a}$$

Bei *Viertakt* mit der Ordnung $\dfrac{k}{2}$ der Harmonischen gilt:

$$\omega_{kr} = \frac{\omega_e}{\dfrac{k}{2}} \tag{73}$$

und:
$$n_{kr} = \frac{n_e}{\frac{k}{2}}.\qquad(73\,\mathrm{a})$$

Was die Gaskräfte anlangt, fachen sie besonders kräftig die Schwingungen solcher Ordnung an, die ein ganzzahliges Vielfaches der Anzahl x der Zündungen innerhalb einer Umdrehung der Kurbelwelle sind. Da bei *Zweitakt* auf eine Wellenumdrehung soviel Zündungen entfallen wie Zylinder vorhanden sind, nämlich z, treten nur Vielfache der Zylinderzahl als kritische Ordnungen auf. Bei *Viertakt*maschinen finden erst auf zwei Wellenumdrehungen z Zündungen, auf eine Wellendrehung $\frac{z}{2}$ Zündungen statt; es kommen demnach alle Vielfachen von $\frac{z}{2}$ in Betracht. Bei diesen Ordnungen wirken die Erregenden aller Zylinder gleichgerichtet zusammen; sie heißen deshalb „*Hauptharmoni-*

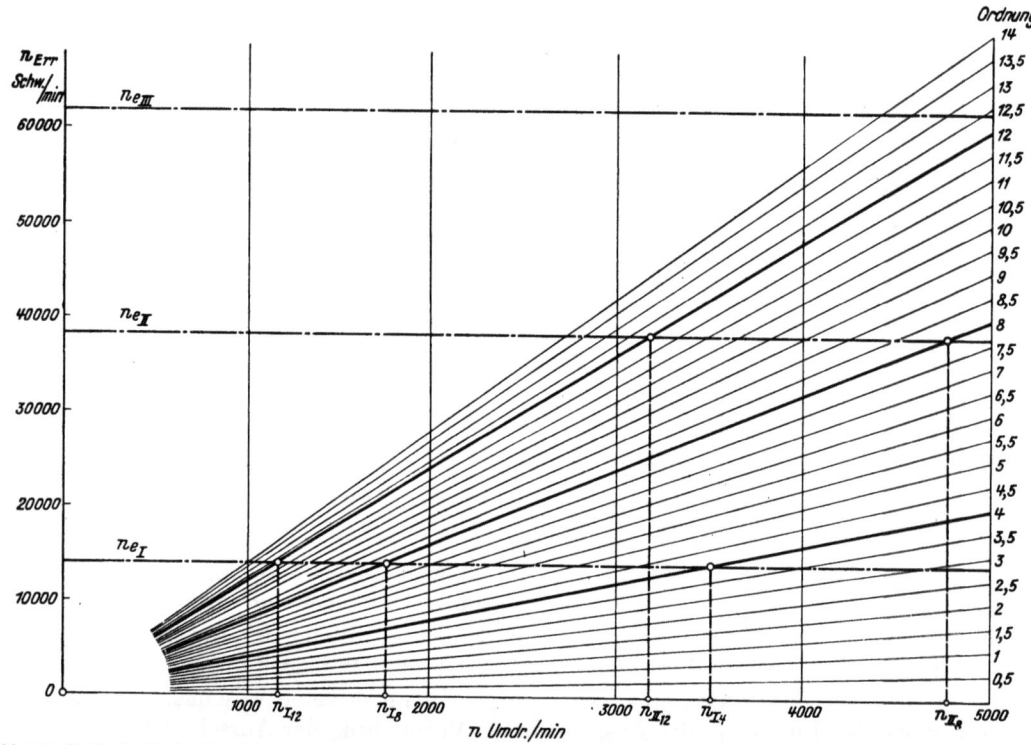

Abb. 142. Kritische Drehzahlen für die Eigenschwingungsform 1., 2. und 3. Grades eines Otto-Einreihen-Achtzylinder-Fahrzeugmotors.

sche", die zugehörige Drehzahl ist eine „Hauptkritische"; insbesondere nennt man die $\frac{n_e}{z}$ bei Zweitakt und $\frac{n_e}{\frac{z}{2}}$ bei Viertakt die *Zündtakt-Kritische*, weil sie sich bereits im Drehkraftdiagramm von z Zylindern ausprägt.

Da die Drehschnelle ω_e der Eigenschwingung und die Schwingungszahl n_e unabhängig von der Kurbelwellenwinkelgeschwindigkeit ω und Maschinendrehzahl n sind und bei der Auftragung als waagrechte Linie erscheinen, so ergibt deren Eintragung in die Abb. 132c jene Winkelgeschwindigkeiten der Kurbelwelle, bei denen Resonanz besteht. Nach Umzeichnung mit n und n_{Err} entsteht Abb. 142; sie zeigt nach Einzeichnung der Werte der Eigenschwingungszahlen 1., 2. und 3. Grades unmittelbar an, welche Maschinendrehzahlen kritisch sind und für welche harmonische Erregenden. Als Beispiel ist ein Achtzylinder-Fahrzeugmotor zugrunde gelegt. Der Drehzahlbereich des Motors entscheidet darüber, mit welcher Anzahl von kritischen Drehzahlen man zu rechnen hat.

Ermittlung der Resonanzausschläge.

c) Ziffer und Ordnung der kritischen Erregenden.

Die kritischen Erregenden der verschiedenen Zylinderanordnungen sind in nachstehender Zahlentafel zusammengefaßt. Die Ziffern in Kursiv sind Hauptharmonische; die Nebenharmonischen treten je nach Form des schwingenden Systems und nach Zündfolge der Zylinder mehr oder weniger hervor und können in bestimmten Fällen gefährlich werden. Die Ziffernfolge ließe sich fortsetzen.

Zahlentafel 30. Kritische erregende harmonische Drehkräfte für verschiedene Zylinderzahlen bei gleichen Zündabständen.

Zylinderzahl	Ziffer der Harmonischen (für Zweitakt zugleich Ordnungszahl)	Ordnungszahl für Viertakt	Bemerkung
Einreihen-Anordnung der Zylinder			
3	*3* 6 *9* 12 *15*	*1,5* 3 *4,5* 6 *7,5*	Kurbeln regelmäßig versetzt
4	*4* 6 8 10 *12*	*2* 3 *4* 5 *6*	
5	2 3 *5* 7 8 *10* 12 13 *15*	1 1,5 *2,5* 3,5 4 *5* 6 6,5 *7,5*	
6	*3* 6 *9* 12 *15* 18	*1,5* 3 *4,5* 6 *7,5* 9	
6	*3* 6 *9* 12 *15* 18	—	Kurbeln unter 30° und 90°
7	2 5 *7* 9 12 *14* 16 19	1 2,5 *3,5* 4,5 6 *7* 8 9,5	Kurbeln regelmäßig versetzt
8	*4* 5 7 *8* 9 11 12 13 15 *16* 17	2 2,5 3,5 *4* 4,5 5,5 6 6,5 7,5 *8* 8,5	
V-Anordnung der Zylinder			
2×4	3 5 7 *8* 9 11 13 15 *16*	1,5 2,5 4 5,5 6,5 7,5 8	mit symmetrischer Welle
2×4	2 3 5 6 *8* 10 11 13 14	1 1,5 2,5 3 *4* 5 5,5 6,5 7	mit Kreuzwelle
2×6	3 5 7 9 11 *12* 13 15 17	1,5 2,5 3,5 4,5 5,5 *6* 6,5 7,5 8,5	mit symmetrischer Welle
2×8	7 9 14 *16* 18 23 25	3,5 4,5 7 *8* 9 11,5 12,5	mit symmetrischer Welle
Stern-Anordnung der Zylinder			
5	2 *5* *10* *15* *20*	1 *2,5* *5* *7,5* *10*	bei angelenkten Nebenstangen kommen mit Ausnahme der 2. Harmonischen (1. Ordnung) nur Hauptharmonische vor
7	2 *7* *14* *21*	1 *3,5* *7* *10,5*	
9	2 *9* *18* *27*	1 *4,5* *9* *13,5*	
11	2 *11* *22* *33*	1 *5,5* *11* *16,5*	
2×7	2 *14* *28* *42*	1 *7* *14* *21*	
2×9	2 *18* *36* *54*	1 *9* *18* *27*	

d) Schwingungsarbeit und Dämpfung.

Um bei der erzwungenen Schwingung die Resonanzausschläge zu erlangen, sind die erregenden Kräfte und die dämpfenden Widerstände miteinander in Beziehung zu setzen. Die Ausschläge werden so lange aufgeschaukelt, bis die Eigendämpfung des Systems den Betrag der zugeführten Energie erreicht.

α) *Arbeit der erregenden Kraft.* Wirkt eine periodisch veränderliche Kraft auf ein schwingungsfähiges System, so umfaßt die Betrachtung eine mit Dämpfung behaftete Schwingung; besonders wichtig ist der Resonanzfall dieser gedämpften Schwingung.

Die von der k-ten Harmonischen mit der Amplitude D_k innerhalb einer Schwingung verrichtete Arbeit bei dem größten Schwingungsausschlag a_i des i-ten Zylinders ist:

$$A_i = \pi \cdot a_i \cdot D_k \cdot \sin \beta_i \quad \text{cm kg,} \tag{a}$$

wobei die Kraft D_k den Phasenwinkel β_i gegen den Ausschlag a_i hat und in kg einzusetzen ist. Erscheint D_k dagegen in kg auf 1 cm² Kolbenfläche, wie in Zahlentafel 28, so hat A_i die Dimension $\frac{\text{cm kg}}{\text{cm}^2}$.

Die Drehharmonische D_k hat für die z Zylinder der Maschine gleiche Größe, aber verschiedene Phase, da die Zylinder nacheinander arbeiten und daher die Harmonischen unter sich durch die Kröpfungsfolge und Zündfolge gebunden sind. Der Ausschlag a_i ist für jeden Zylinder verschieden, doch hat er stets dieselbe Phasenstellung, weil alle Massen ihre größte Auslenkung zu gleicher Zeit erreichen. Der Phasenwinkel β_i zwischen $\mathfrak{D}_k$ und Ausschlag a_i ändert sich von Zylinder zu Zylinder, wie man aus Abb. 143 in vektorieller Darstellung ersehen kann. In dieser sind für die Zylinder $i = 1, 2, 3, 4$ die

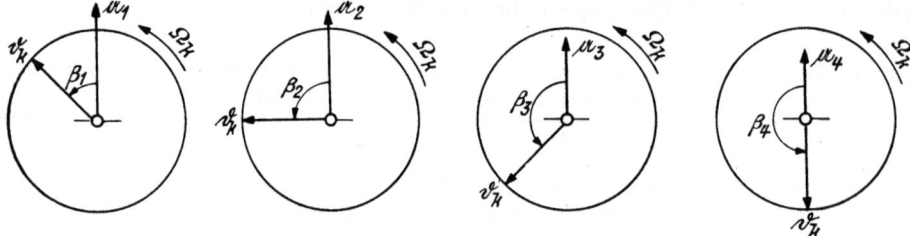

Abb. 143. Phasen der Erregenden $\mathfrak{D}_k$ und Ausschläge a_i für 4 Zylinder.

Vektoren $\mathfrak{D}_k$ vom Betrag D_k, und die a-Vektoren eingetragen; die waagrechten Komponenten der letzteren sind die jeweiligen Ausschläge der schwingenden Massen des Systems. Die Drehschnelle der Vektoren bei der k-ten Harmonischen ist $\Omega_k = k \cdot \omega$, mit ω als Winkelgeschwindigkeit der Kurbelwelle. Schreibt man die Arbeit der Erregenden aus Gleichung (a) wie folgt:

$$A = \pi \cdot D_k \cdot (a_i \cdot \sin \beta_i),$$

so erscheinen die Drehkräfte $\mathfrak{D}_k$ der verschiedenen Zylinder phasengleich, aber die Schwingungen phasenverschoben (Abb. 144); diese Betrachtungsweise erlaubt die Schwin-

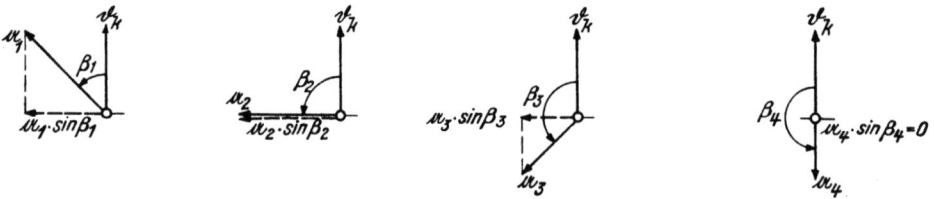

Abb. 144. Schwingungsarbeiten der 4 Einzelzylinder für $D_k = 1$.

gungsarbeiten in einfacher Weise zusammenzusetzen. Bildet man nämlich die Komponenten $a_i \cdot \sin \beta_i$ in der Abb. 144 z. B. für 4 Zylinder, so braucht man nur ihre Summe $\sum a_i \cdot \sin \beta_i$ zu bilden und mit $\pi \cdot D_k$ zu vervielfachen, um die Arbeit der betrachteten Zylinder, im Beispiel 1 bis 4, zu erhalten. In vereinfachter Weise summiert man die verschiedenen a_i (1 bis 4) vektoriell (Abb. 145); die waagrechte Komponente des resultierenden Vektors $\mathfrak{R}$ hat den Betrag $R' = \sum a_i \cdot \sin \beta_i$, so daß für z Zylinder:

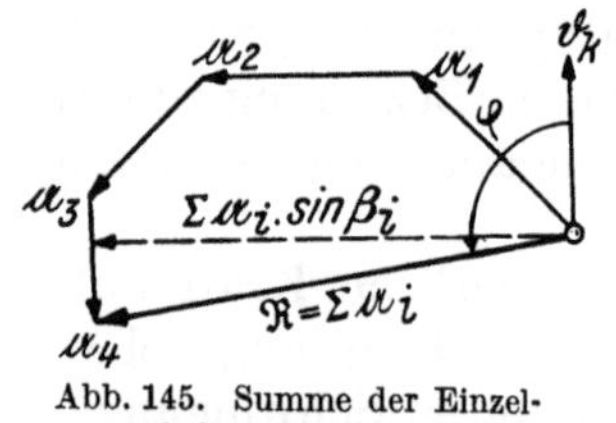

$$A = \pi \cdot D_k \cdot \sum_{i=1}^{i=z} a_i \cdot \sin \beta_i \qquad (74)$$

Abb. 145. Summe der Einzelarbeiten für $D_k = 1$.

oder:

$$A = \pi \cdot D_k \cdot R'. \qquad (74a)$$

Die Resultierende $\mathfrak{R}$ hat den Phasenwinkel φ, dessen Größe unbekannt ist; im wichtigen Resonanzfall stellt sich der Phasenwinkel φ so ein, daß möglichst große Schwingungsausschläge angefacht werden und die Arbeitsabgabe einen Größtwert erreicht, was eintrifft für $\varphi = 90°$, so daß die obige Summe zu $\mathfrak{R} = \Sigma a_i$ wird.

Man hat demnach nur einen Vektorenstern zu zeichnen, dessen Vektoren die Phasen β_i der einzelnen Drehkräfte $\mathfrak{D}_k$ und die Länge der einzelnen Ausschläge a_i haben. Da nun die Winkelunterschiede der β_i bekannt sind (Abb. 146), so läßt sich die Resultierende $\mathfrak{R}$ zeichnerisch unschwer ermitteln.

Statt nun die Vektorensterne und die Polygone, über die man auf die Schwingungsarbeit gelangt, bis ins einzelne zu verfolgen, kann man das Hauptaugenmerk auf die Schlußlinie der Polygone richten, weil ihre Beträge eine entscheidende Bedeutung besitzen, wie unter e) gezeigt wird. Vorher bedarf noch der Zusammenhang zwischen Schwingungsarbeit und Dämpfungsarbeit einer Klärung.

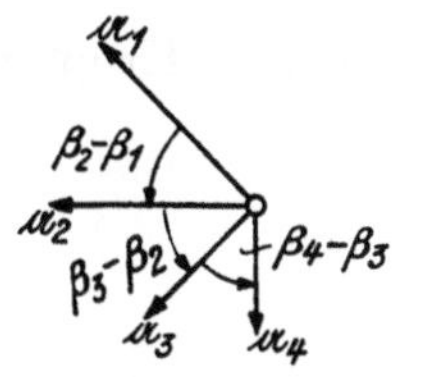

β) Arbeitsverbrauch der dämpfenden Widerstände. Ist die reibende Kraft k' verhältnisgleich der Geschwindigkeit, so schwingt die gesamte Reibungskraft K in Phase mit der Geschwindigkeit und um 90° gegen den Ausschlag phasenverschoben. Mit Ω als Kreisfrequenz der erregenden Kraft wird die bei einer Schwingung verrichtete Dämpfungsarbeit für den i-ten Zylinder:

Abb. 146. Unterschiede der Phasenwinkel.

$$A_{k'_i} = -\pi \cdot a_i \cdot (k' \cdot a_i \cdot \Omega),$$

wobei $(k' \cdot a \cdot \Omega)$ der Größtwert der Dämpfungskraft ist. Kürzer ist die Schreibweise:

$$A_{k'_i} = -\pi \cdot k' \cdot \Omega \cdot a_i^2$$

und für z Zylinder:

$$A_{k'} = -\pi \cdot k' \cdot \Omega \cdot \sum_{i=1}^{i=z} a_i^2. \tag{75}$$

Die Dämpfung, die sich aus Reibungswirkungen verschiedener Art in der Maschine, meist unter Mitwirkung von Schmieröl, wie an den Gleitbahnen (Kolben und Kreuzkopf) und in den Wellenlagern, ergibt, ändert sich mit der Beschaffenheit des Öles und mit dem Verschleißzustand der Maschine. Die Werkstoffdämpfung, die unabhängig von der Schwingungsfrequenz und wohl verhältnisgleich einer Potenz des Schwingungsausschlages ist, sei hier außer acht gelassen. Über ihre Größe sind die Meinungen geteilt; in letzter Zeit schreibt man dieser inneren Dämpfung bei größeren Ausschlägen der Kurbelwelle einen beachtlichen Teil der Gesamtdämpfung zu (siehe GEIGER [46], FÖPPL [47]), wobei Gußeisen eine höhere Dämpfungsfähigkeit als Stahl aufweist; sie liegt je nach Gußsorte um 80 bis 100% höher als bei Kurbelwellenstählen. Weitere Dämpfungen, die außerhalb der Maschine wirken, wie Wasserdämpfung bei Schiffsschrauben, Luftkraftdämpfung bei Flugmotoren, magnetelektrische Dämpfung bei Generatoren, sind getrennt zu berücksichtigen; es sei auf HOLZER [24] verwiesen.

Da also die Dämpfung aus einer Reihe von Teildämpfungen besteht, ist es schwer, eine Formel zu ihrer Berechnung oder auch ihre Beträge aus Versuchen anzugeben. Meist nimmt man an, der Hauptanteil sei der Schwingungsgeschwindigkeit verhältig; sodann wird der *Dämpfungsbeiwert* k' in Kilogramm auf den Kurbelradius r, auf die Schwingungsgeschwindigkeit 1 cm/sek und auf 1 cm² Kolbenfläche bezogen, besitzt also die Dimension $\left(\frac{\text{kg} \cdot \text{sek}}{\text{cm}^3}\right)$. Anhaltswerte für k' sind:

für größere Verbrennungskraftmaschinen

$$k' = 0{,}0015\text{---}0{,}15 \text{ nach GEIGER [46]};$$

für den Einreihen-Flugmotor

$$k' = 0{,}00035\text{---}0{,}00055 \text{ nach MANSA [48]};$$
$$0{,}0008\text{---}0{,}001 \text{ nach BRANDT [49]};$$

für den V-Motor

$$k' = 0{,}0016 - 0{,}002 \text{ nach BRANDT [49]}.$$

k' schwankt in ähnlichen Grenzen bei Fahrzeugmotoren.

Die obere Grenze gilt im allgemeinen für kleinere Belastung und zäheres Schmieröl, die untere für größere Belastung und dünnes Öl.

Für den Fall, daß alles auf Drehmomente bezogen wird, erhält der Dämpfungsbeiwert die Dimension cm·kg·sek als dämpfendes Moment für die Einheit der Schwingungswinkelgeschwindigkeit.

γ) *Arbeitsgleichung.* Bei der erzwungenen Schwingung mit Dämpfung ergänzen sich die Arbeiten A und $A_{k'}$ der Kräfte D_k und K zu Null. Für die i-te Kröpfung einer Kurbelwelle und für die k-te Harmonische gilt alsdann:

$$\pi \cdot D_k \cdot a_i \sin \beta_i - \pi \cdot k' \cdot \Omega \cdot a_i^2 = 0,$$

und für z Kröpfungen und Zylinder:

$$D_k \cdot \sum_{i=1}^{i=z} a_i \cdot \sin \beta_i - k' \cdot \Omega \cdot \sum_{i=1}^{i=z} a_i^2 = 0. \tag{76}$$

e) Resonanzausschläge.

α) *Ausschlag am freien Kurbelwellenende.* Unter der zulässigen Voraussetzung, daß im Resonanzfall die erzwungene Schwingungsform sich mit der Eigenschwingungsform deckt, also $\Omega = \omega_e$ wird, lassen sich der Ausschlag am freien Wellenende und die verhältnismäßigen Größen der Ausschläge bei verschiedenen Harmonischen angeben.

Mit Einführung der verhältnismäßigen Ausschläge α_i (siehe S. 149) liefert die Arbeitsgleichung (76):

$$D_k \cdot \sum_{i=1}^{i=z} \alpha_i \cdot \sin \beta_i \cdot a_z = k' \cdot \omega_e \cdot \sum_{i=1}^{i=z} (\alpha_i \cdot a_z)^2; \tag{76a}$$

$$a_z = \frac{D_k \cdot \sum_{i=1}^{i=z} \alpha_i \cdot \sin \beta_i}{k' \cdot \omega_e \cdot \sum_{i=1}^{i=z} \alpha_i^2} \text{ cm} \tag{77}$$

und im Resonanzfall mit dem Betrag $|\sum \alpha_i|$ des Vektors $\mathfrak{R} = \sum \alpha_i$ (Abb. 145):

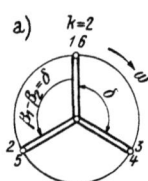

$$a_z = \frac{D_k \cdot \left|\sum_{i=1}^{i=z} \alpha_i\right|}{k' \cdot \omega_e \cdot \sum_{i=1}^{i=z} \alpha_i^2} \text{ cm};$$

hierin sind D_k und k' auf 1 cm² Kolbenfläche bezogen.

β) *Verhältnismäßige Resonanzausschläge.* Der Ausdruck:

$$R = \left|\sum_{i=1}^{i=z} \alpha_i \cdot \sin \beta_i\right| \tag{78}$$

ist die spezifische Erregungsarbeit einer Harmonischen für z Zylinder und für $D_k = 1$ und wird im Resonanzfall als verhältnismäßiger Resonanzausschlag benannt; er beeinflußt die Größe der tatsächlichen Ausschläge wesentlich und bedarf besonderer Betrachtung.

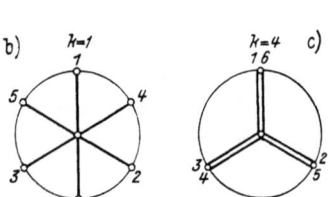

Abb. 147. Kurbelstern und Richtungssterne der 1., 2., 4. Harmonischen für den Viertakt-Sechszylinder. Der Kurbelstern der ausgeführten Welle und der Richtungsstern der 2. Harmonischen decken sich.

γ) *Richtungssterne der Harmonischen.* Man zeichnet, zunächst ohne Rücksicht auf die Länge der Vektoren, ein Sternbild gemäß folgender Überlegung:

Es dreht sich beim *Viertaktmotor* für die 1. Harmonische $\left(\frac{1}{2}\text{-te Ordnung}\right)$ der Vektor halb so schnell wie die Kurbelwelle; zwischen zwei Zündungen mit dem Abstand δ^0 legt er den Winkel von $\frac{\delta^0}{2}$ zurück. Die den aufeinanderfolgenden Kurbeln im Richtungsstern der Harmonischen entsprechenden Strahlen schließen den Winkel $\frac{\delta^0}{2}$ ein. Durch Halbieren des Winkels der Kurbeln, die einander in der Zündung ablösen, z. B. des Sechszylinders (Abb. 147a) für die Zündfolge 1 5 3 6 2 4 und für den Drehsinn mit dem Uhrzeiger erhält man den Richtungsstern

$\frac{1}{2}$-ter Ordnung (Abb. 147b); für die 2. Harmonische (1. Ordnung) deckt sich der Richtungsstern mit dem Kurbelstern der Welle (Abb. 147a); für die 4. Harmonische (2. Ordnung) in Abb. 147c erscheinen zwei Ziffernpaare gegenüber Abb. 147a vertauscht usf. Allgemein gilt für die k-te Harmonische und für die Kurbeln m, n:

$$\beta_m - \beta_n = \frac{k}{2} \cdot \delta^0. \tag{79}$$

Für *Zweitakt* und für die k-te Harmonische ist:

$$\beta_m - \beta_n = k \cdot \delta^0. \tag{80}$$

Die Gesamtheit der Winkelunterschiede liefert bei der zeichnerischen Auftragung den vollen *Richtungsstern* der betreffenden Harmonischen.

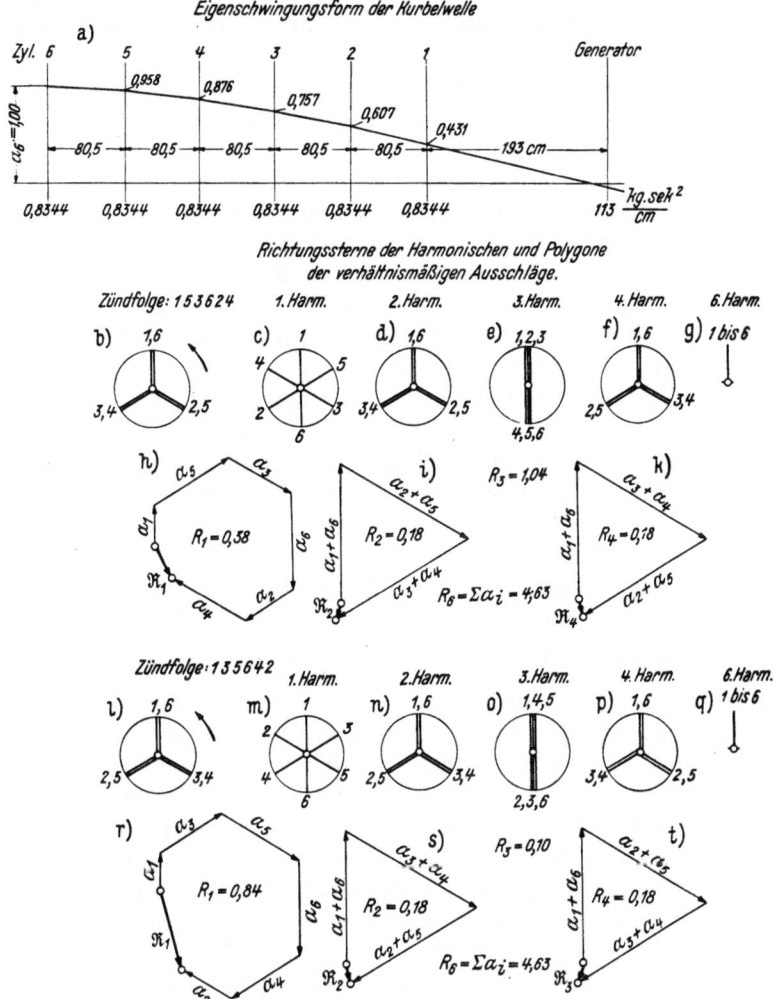

Abb. 148. Ermittlung der verhältnismäßigen Resonanzausschläge bei einer Viertakt-Sechszylinder-Diesel-Maschine.

Man erhält z. B. aus dem Kurbelstern des *Viertakt-Sechszylinders* (Abb. 148b) folgende Richtungssterne:

1. Harmonische, Harmonische $^1/_2$-ter Ordnung durch Halbieren der Winkel des Kurbelsterns (Abb. 148c);

2. Harmonische, Harmonische 1. Ordnung durch Verdoppeln der Winkel im Stern der 1. Harmonischen, man kommt wieder auf den Kurbelstern zurück (Abb. 148d);

3. Harmonische, Harmonische 1½-ter Ordnung durch Verdreifachen der Winkel im Stern der 1. Harmonischen (Abb. 148e);

4. Harmonische, Harmonische 2. Ordnung durch Vervierfachen der Winkel im Stern der 1. Harmonischen (Abb. 148f);

5. Harmonische, Harmonische 2½-ter Ordnung durch Verfünffachen der Winkel im Stern der 1. Harmonischen (Spiegelbild von Abb. 148c);

6. Harmonische, Harmonische 3. Ordnung durch Versechsfachen der Winkel im Stern der 1. Harmonischen (Abb. 148g) usf.

Eine Anzahl Sterne von gleicher Gestalt wiederholen sich, sei es mit gleicher Bezifferung, sei es mit spiegelbildlicher Bezifferung; so beim Sechszylinder die 1., 5., 7., 11. Harmonische, die 2., 4., 8., 10. Harmonische, die 3., 9., 15. Harmonische, die 6., 12., 18. Harmonische. Für die Hauptharmonischen sind die Strahlen gleichgerichtet.

Der *Zweitaktmotor* unterscheidet sich in folgendem: Der Stern der ausgeführten Welle ist zugleich Stern der 1. Harmonischen; die Ziffer der Harmonischen stimmt mit der Ordnungszahl überein.

Ausführliche Tafeln der Sternbilder hat Verfasser zusammengestellt [50].

δ) *Vektorpolygone der verhältnismäßigen Resonanzausschläge.*

Einreihenmotoren. Gegeben sind die Eigenschwingungsform des Systems, z. B. wie in Abb. 148a, und die Richtungssterne der Harmonischen, wie in Abb. 148c bis g oder m bis q. Mit Hilfe der Phasendiagramme der Harmonischen führt man die geometrische Addition der Ausschläge α_i und zugleich der Erregungsarbeit für $D_k = 1$ durch. Man zeichnet ein Vieleck, dessen Seiten parallel zu den Sternstrahlen sind und von solcher Länge wie der Ausschlag α der betreffenden Kurbel und reduzierten Masse. Der Gesamtvektor $\Re$ mit dem Zeiger 1, 2, 3,... der zugehörigen Harmonischen gibt die Summe der verhältnismäßigen Resonanzausschläge.

Die Abb. 148h, i, k und r, s, t zeigen die Polygone und die Resultierenden für die 1., 2., 4. und höhere Harmonische des Viertakt-Sechszylinders; die Harmonische 3 und die Hauptharmonischen 6, 12 erhält man auch als algebraische Summe der Einzelausschläge, da diese entgegengesetzt gerichtet sind oder alle gleiche Richtung haben. Die Ermittlung ist für zweierlei Zündfolge durchgeführt.

V-Motoren. Die Vektoren $\Re$ der Einzelreihe werden wie vorangehend ermittelt. Bei zwei Reihen sind für jede Harmonische zwei solcher Vektoren zu addieren, wobei ihr Versetzungswinkel ψ vom Arbeitsverfahren und von der gewählten Zündfolge abhängig ist. Zu der k-ten Harmonischen gehört für Viertakt ein $\psi = \dfrac{k}{2} \cdot \gamma$, wenn γ der Drehwinkel der Kurbelwelle zwischen den Zündungen im Gabelelement, d. h. von Zylinder 1 der Reihe 1 und Zylinder 1 der Reihe 2, bedeutet. Die unter dem Winkel ψ stehenden Vektoren $\Re_1$ und $\Re_2$ geben als Summe den Vektor $\Re$ als Maß für den verhältnismäßigen Gesamtausschlag der Kurbelwelle. Angenommen ist, daß die Kurbeltriebe beider Reihen gleichwertig sind, d. h. daß die Pleuelstangen gleichmittig am Kurbelzapfen angreifen (siehe Abschnitt B, S. 49); der Fall mit Haupt- und Nebenstange ist weniger durchsichtig.

Es liege ein Viertaktmotor mit 2 × 4 Zylindern vor. Die Vektoren $\Re_1$ für die festgelegte Zündfolge der vierzylindrigen Reihe 1, z. B. 1 3 4 2, und für die verschiedenen Harmonischen seien bekannt. Überdies mögen die beiden Reihen dieselbe Zündfolge haben; damit sind die Vektoren $\Re_2$ der Reihe 2 von derselben Größe wie für Reihe 1. Ist die Gesamtzündfolge

$$\begin{array}{c} \rightarrow\!\delta\!\leftarrow \\ 1 \quad\; 3 \quad\; 4 \quad\; 2 \\ \;\; 8 \quad\; 6 \quad\; 5 \quad\;\; 7 \\ \leftarrow\!\!-\gamma\!-\!\!\rightarrow \end{array},$$

so beträgt der Winkelabstand zwischen Zylinder 1 und 5 mit dem Zündabstand $\delta = 90°$:

$$\gamma = 5 \cdot \delta = 450°.$$

Der Versetzungswinkel ψ des Vektors $\Re_2$ gegen $\Re_1$ ist für die 1. Harmonische $\dfrac{1}{2} \cdot 450° =$

$= 225°$ (Abb. 149); für die 2. Harmonische $450°$, für die 3. Harmonische $\frac{3}{2} \cdot 450°$ $= 675°$ usf. In Abb. 149 ist $\Re$ die Resultierende der beiden Reihen für die 1. Harmonische. Weitere Einzelheiten und allgemeine Schlußfolgerungen bei der Durchführung dieses Verfahrens findet man im Sonderschrifttum, z. B. BRANDT [49], SCHRÖN [50].

ε) *Verlauf der verhältnismäßigen Resonanzausschläge.* Trägt man die einzelnen Harmonischen 1, 2, 3... als Abszissen, die Beträge R der Vektoren $\Re$ als Ordinaten auf (Abb. 150), so entsteht nach Verbindung der Einzelpunkte durch einen Kurvenzug ein Bild des Verlaufes der Größtwerte der verhältnismäßigen Resonanzausschläge. Man

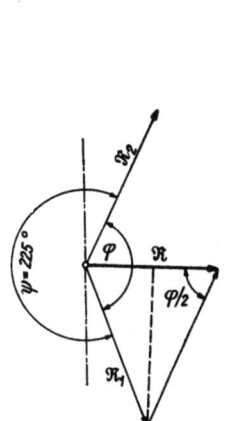

Abb. 149. Zusammensetzung der Vektoren $\Re_1$ und $\Re_2$ der zwei Reihen eines V-Motors zum Gesamtvektor für die 1. Harmonische.

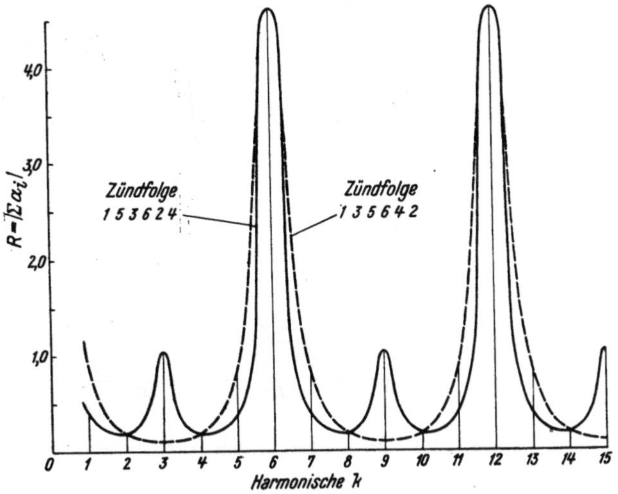

Abb. 150. Verhältnismäßige Resonanzausschläge einer Viertakt-Sechszylinder-Diesel-Maschine für zwei Zündfolgen.

ersieht, daß, mit Ausnahme der Hauptkritischen, Lage und Größe der Ausschläge von der Zündfolge abhängig sind; diese ist demnach ein Mittel, um gewisse Zwischenharmonische unschädlich zu machen.

Sternmotoren. Beim einfachen System des Einsternmotors (siehe S. 51) und der verhältnismäßig geringen Anzahl der erregenden Harmonischen (siehe S. 161) vereinfacht sich das Vorgehen beträchtlich. Der Ausschlag wird mit ω_e aus Gleichung (53):

$$a = \frac{D_k}{k' \cdot \omega_e}. \tag{81}$$

Hierin ist D_k die harmonische Drehkraft der z Zylinder im Stern, über deren Größe auf S. 152 verwiesen sei.

Anders beim zusammengesetzten System mit Kurbeltriebmassen, Zahnradgetriebemassen, Luftschrauben- und Ladermassen; man muß auf die Ansätze zurückgreifen, die für das Mehrmassensystem des Reihenmotors Anwendung fanden.

5. Resonanzkurven.

Läßt man die Dämpfung außer Betracht, so sind nach Gleichung (77) die Werte von R mit D_k der Drehharmonischen aus Zahlentafeln 28 und 29 zu vervielfachen. Trägt man die Drehzahlen n als Abszissen und die Werte $D_k \cdot R$ als Ordinaten auf, so erscheint nach Verbindung der einzelnen Punkte die sog. Resonanzkurve. Sie offenbart, welche Drehzahlen zu meiden sind und in welchem Gebiet die Regeldrehzahl der Maschine liegen darf. Manche Drehzahlen verlieren wegen der geringen Werte von R oder von D_k oder von beiden und wegen der vorhandenen Dämpfung ihre Bedeutung als Kritische. Als Beispiel diene die Resonanzkurve eines ortsfesten Viertakt-Sechszylinder-Diesel-Motors (Abb. 151).

Diese Darstellung gibt nur eine Annäherung an die Wirklichkeit; denn die Welle steht unter der Einwirkung aller Harmonischen, von denen allerdings die meisten

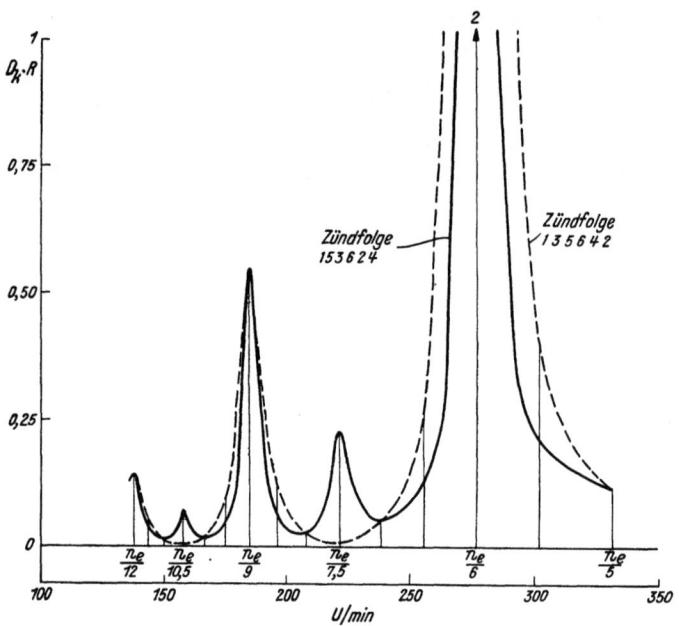

Abb. 151. Resonanzkurven einer Viertakt-Sechszylinder-Diesel-Maschine für zwei Zündfolgen.

vernachlässigbare kleine Ausschläge bedingen, wenn nicht gerade der Resonanzfall vorliegt. Als weiterer Umstand kommt der früher erwähnte wechselnde Einfluß der hin und her gehenden Massen auf die Schwingung hinzu, der die Eigenschwingungszahl der Welle aufspaltet und Resonanzbänder entstehen läßt, so daß aus ausgesprochenen Resonanzstellen verbreitete Resonanzbereiche (Abb. 152) werden. In vereinzelten ungünstigen Fällen können die Ausschläge der Schwingungsform 1. und 2. Grades bei ein und derselben Drehzahl zusammentreffen (Abb. 153) nach einer Untersuchung von KAMM und STIEGLITZ [51], in der die Winkelausschläge φ aufgetragen sind; hierüber siehe die nachfolgenden Ausführungen.

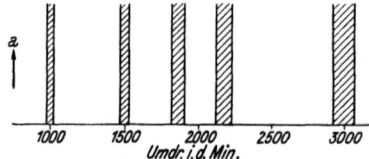

Abb. 152. Resonanzbänder der Grundschwingung eines Achtzylindermotors.

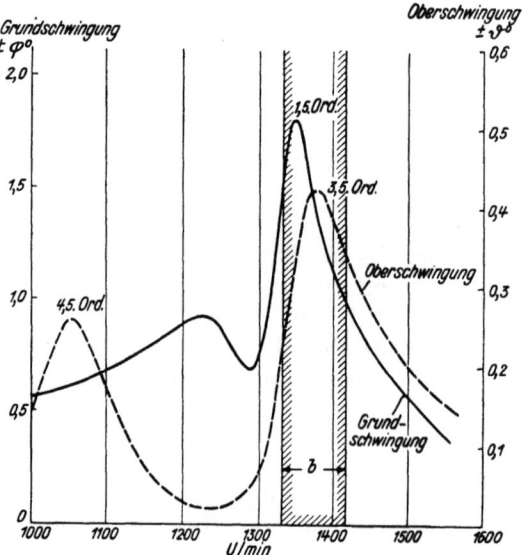

Abb. 153. Winkelausschläge der Kurbelwelle eines Viertakt-Zwölfzylinder-V-Luftschiffmotors und Zusammentreffen der Resonanz der Grundschwingung und der 1. Oberschwingung im Gebiet „b" der meistverwendeten Motordrehzahlen.
Nach KAMM.

6. Drehbeanspruchung der Kurbelwelle bei Resonanz.

Neben den früheren Bezeichnungen sei:

a_z Ausschlag am freien Wellenende (bei Zylinder z), auf Kurbelhalbmesser r bezogen [cm],
r_w Halbmesser der Bezugswelle [cm],
a_w Ausschlag, auf r_w bezogen [cm],
φ Verdrehungswinkel an der z-ten Kröpfung in Grad,
α_1 verhältnismäßiger Ausschlag an der Kröpfung 1,
α_0 verhältnismäßiger Ausschlag an der Masse M,
L Abstand zwischen Masse m_1 und M [cm],
G Gleitzahl (Schubmodul)
$\quad = 810000$ bis 840000 für Wellenstahl $\dfrac{\text{kg}}{\text{cm}^2}$,
$\quad = 480000$ bis 540000 für Wellengußeisen,
τ' Drehbeanspruchung $\left[\dfrac{\text{kg}}{\text{cm}^2}\right]$,
τ'_B Drehfestigkeit $\left[\dfrac{\text{kg}}{\text{mm}^2}\right]$.

Von dem Verlauf der Schwingungsform des Gesamtsystems kommt für die Kurbelwelle nur der Teil innerhalb der Maschine in Betracht. Das Schwingungsdrehmoment gesellt sich als „Blinddrehmoment" zu dem hindurchgeleiteten Maschinendrehmoment, das beim Reihenmotor an jeder Kröpfung verschieden groß ist; hierüber gibt Abb. 154 für die Schwingung 1. Grades einer einfachen Maschinenanlage einen allgemeinen Überblick. Solche Darstellungen sind öfters veröffentlicht worden, z. B. von CORNELIUS [52].

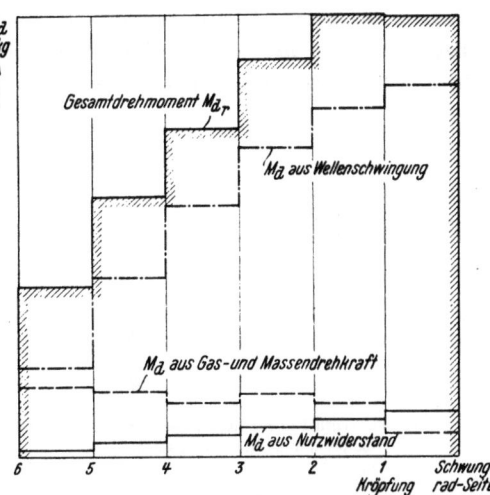

Abb. 154. Drehmomente an der Kurbelwelle eines Viertakt-Sechszylinder-Fahrzeugmotors für die Grundschwingung. — Das mittlere Nutzdrehmoment nimmt von Kröpfung zu Kröpfung um $^1/_6$ zu und ist voll vorhanden zwischen der Kröpfung 1 und dem Schwungrad. Das Verhältnis des jeweiligen größten Drehmoments zum mittleren Drehmoment beim Arbeiten eines Zylinders, z. B. Nr. 6, sodann von zwei, drei, vier, fünf und sechs Zylindern ist am größten für einen Zylinder, am kleinsten für sechs Zylinder und schwankt dazwischen. Das Drehmoment aus der Wellenschwingung hat den größten Anteil am Gesamtdrehmoment.

Die Berechnung der Beanspruchung ist nur in gewisser Annäherung möglich. Zusätzlich ist zu bedenken, daß Brüche nicht allein durch die mittlere Schwingungsbeanspruchung an sich, sondern häufig durch Spannungsspitzen in der Nähe von Nuten, Gewindegängen oder Ölbohrungen, durch schroffe Querschnittsübergänge und schließlich durch die Oberflächenbeschaffenheit der Wellenteile herbeigeführt werden. Kurbelwellen aus Sondergußeisen besitzen geringe Kerbempfindlichkeit. Bei Stahlkurbelwellen, insbesondere bei solchen aus hochwertigen Sonderstählen, ist bei normaler Formgebung die Drehwechselfestigkeit nur $\tau'_B = \pm 7$ kg/mm², während die des glatten polierten Stabes bei ± 30 liegt, ein Zeichen für die unerwünscht hohe Kerbempfindlichkeit dieser Stähle. Dagegen ist die Drehwechselfestigkeit einer Gußkurbelwelle gleicher Form mit ± 5 kg/mm² nur wenig niedriger als die der teuren Stahlwelle [53]. Um Stahl besser auszunützen, ist durch passende Formgebung eine höhere Gestaltfestigkeit anzustreben.

Hat die Maschine kritische Bereiche der Einknoten- und Zweiknotenschwingung zugleich, so ist die vereinigte Wirkung maßgebend.

Ist die freie Schwingungsform, z. B. 1. Grades nach Abb. 148a, gezeichnet, so wird für die *Hauptharmonische* in Gleichung (77) wegen der gleichgerichteten verhältnismäßigen Ausschläge:

$$\sum_{i=1}^{i=z} \alpha_i \cdot \sin \beta_i = \sum_{i=1}^{i=z} \alpha_i$$

und der Resonanzausschlag am freien Wellenende, wenn D_k, k' und ω_e bekannt sind:

$$a_z = \frac{D_k \cdot \sum\limits_{i=1}^{i=z} \alpha_i}{k' \cdot \omega_e \cdot \sum\limits_{i=1}^{i=z} \alpha_i^2} \text{ cm,} \qquad (82)$$

bezogen auf Halbmesser r der Kurbeln.

Der zugehörige Verdrehungswinkel in Grad beträgt:

$$\varphi^\circ = \pm \frac{a_z}{r} \cdot \frac{180}{\pi} = \pm \frac{a_z}{r} \cdot 57{,}3. \qquad (83)$$

Der Ausschlag, auf den Wellenhalbmesser r_w bezogen, ist:

$$a_w = a_z \cdot \frac{r_w}{r} \text{ cm.} \qquad (84)$$

Die größte Drehbeanspruchung aus der Resonanzschwingung tritt dort auf, wo die Schwingungsform die größte Neigung besitzt, in der Nähe des Knotenpunktes; hier wäre ein Bruch zu erwarten. Da aber die hinzukommende Wechselbelastung durch das Maschinendrehmoment in der Mitte der Welle etwas stärker ist als am Wellenende bei der großen Masse M, so ist die Gesamtbeanspruchung aus den Nutzkräften und der

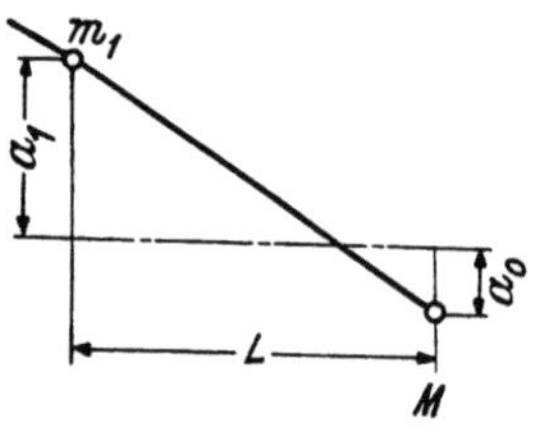

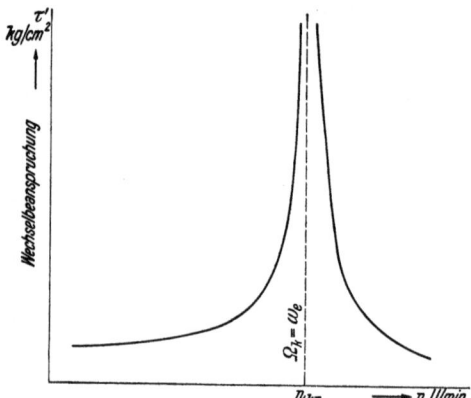

Abb. 155. Verhältnismäßige Ausschläge an den dem Knotenpunkt benachbarten Massen.

Abb. 156. Drehbeanspruchung der Kurbelwelle zwischen Masse m_1 und M für die k-te Harmonische bei verschiedenen Drehzahlen.

überlagerten Schwingung zwischen der ersten und der zweiten Kröpfung am stärksten; hier ist der Bruch am häufigsten anzutreffen.

Die Verdrehung des Wellenstückes im Bereich des Schwingungsknotens (Abb. 155) ist:

$$a_k = a_w (\alpha_1 + \alpha_0). \qquad (85)$$

Damit errechnet sich die wechselnde Drehbeanspruchung τ' zu:

$$\tau' = a_w (\alpha_1 + \alpha_0) \frac{G}{L}. \qquad (86)$$

Trägt man die Werte τ' für die verschiedenen α_z der einzelnen Harmonischen über den Maschinendrehzahlen auf, so ist der erscheinende Verlauf der Beanspruchung ähnlich der Resonanzkurve, wie sich schon aus dem Aufbau der Gleichung (86) schließen läßt, in der $\tau' = a_w \cdot C$, d. h. die Beanspruchungen sind den Verdrehungsausschlägen proportional. Für eine bestimmte Harmonische gibt Abb. 156 den Verlauf der Torsionsbeanspruchung bei verschiedenen Drehzahlen an.

Als Grenze der zulässigen Belastung können bei hochwertigen Stählen Winkelausschläge von $\varphi = \pm 2{,}5^\circ$ und zusätzliche Drehbeanspruchung im Dauerbetrieb von

$\tau' = \pm 400 \frac{\text{kg}}{\text{cm}^2}$ angesehen werden; die höchstbeanspruchten Stellen sollen in einem glatten Wellenstück liegen.

Doch ist hervorzuheben, daß die Beschränkung der Schwingungsamplitude auf einen bestimmten Plus- oder Minuswert des Verdrehungswinkels, beispielsweise 2° am freien Ende der Kurbelwelle, keineswegs gleichbedeutend ist mit gleicher Beanspruchung des Wellenwerkstoffes bei verschiedenem Aussehen des Schwingungssystems, z. B. bei Flugmotormustern mit gleicher Grundgestalt der Kurbelwelle, verschiedenen Übersetzungen am Getriebe und verschiedener Ritzelschaft- oder Schraubenschaftlänge.

Ein kurzer, steifer Schaft darf nicht so stark verdreht werden wie ein langer, schlanker Schaft, um dieselbe Drehbeanspruchung zu erreichen. Mit Übertragung dieser bekannten Tatsache auf das reduzierte Wellensystem sieht man ein, daß ein System mit verhältnismäßig geringer Länge (Abb. 157) und ein besonders elastisches System mit fedrigem Schaft von gleichem Schwingungsausschlag, z. B. von 1°, am freien (hinteren) Wellenende bei der Einknotenschwingung recht verschiedene Anstrengungen aufweisen müssen. Dies geht aus der unteren Hälfte der Abb. 157 mit dem Verlauf der Drehmomente, die der Torsion der Systeme entsprechen, hervor. Im steifen System ist die Wellenbeanspruchung fast dreimal so hoch wie im leicht verdrehbaren System und demnach recht bedenklich [36].

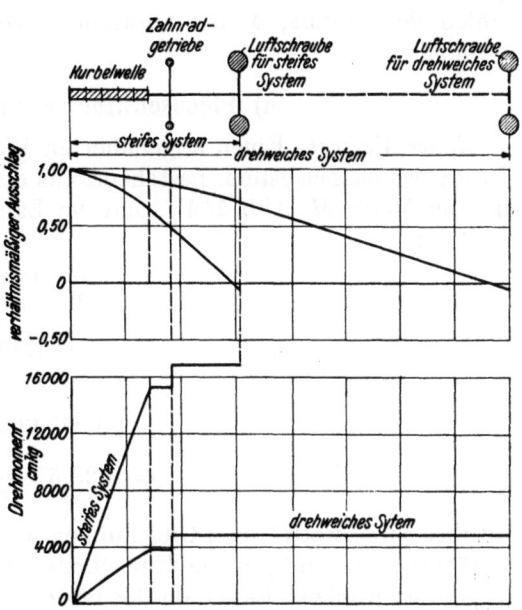

Abb. 157. Ausschläge und Beanspruchungen der Kurbelwellen eines steifen und eines drehweichen Systems nach HAZER-MONTIETH.

Selbst die Aufgabe, die Grenzen der zulässigen Schwingungsamplitude einer bestimmten Maschinengattung z. B. in Grad festzulegen, um in einfacher Weise die Höhe der Beanspruchung zu beschränken, stößt auf Schwierigkeiten; es sei auf die diesbezüglichen Erörterungen von MASI [54] hingewiesen.

7. Zahlenbeispiel.

Das Wesentliche im Gang der Nachrechnung einer Kurbelwelle auf Drehschwingungen für die Schwingungsform 1. Grades sei an einem *Beispiel* zusammenfassend gezeigt. Die vorbereitende Arbeit des Ersatzes der wirklichen Massen durch die reduzierten Massen und die gekröpfte Welle durch eine glatte, drehelastisch gleichwertige Welle nach den Formeln im Unterabschnitt II, 1a sei vorausgegangen.

Gegeben ist das Massensystem eines Viertakt-Einreihen-Sechszylinder-Otto-Flugmotors nach Abb. 158a der Bezugswellendurchmesser $d_w = 8$ cm; die normale Motordrehzahl $n = 1800$ U/min. Die Massen m und M sind auf den Kurbelhalbmesser $r = 8$ cm, die reduzierten Längen auf ein

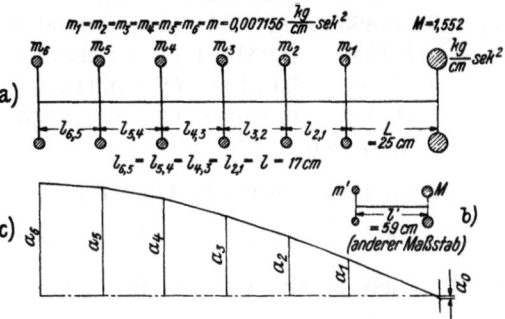

Abb. 158. Schwingungssystem und -form eines Sechszylinder-Flugmotors.

polares Flächenträgheitsmoment $J_p = 201$ cm^4 bezogen. Die Gleitzahl des Wellenstahles ist $G = 830\,000$ kg/cm^2. Darnach ist die Systemkonstante

$$H = \frac{J_p \cdot G}{r^2} = \frac{201 \cdot 830\,000}{64} = 2\,606\,720 \text{ kg.}$$

Gesucht ist: 1. die Eigenschwingungsform und Eigenschwingungszahl 1. Grades der Welle, 2. die Resonanzausschläge, abhängig von der Zündfolge, 3. die kritischen Drehzahlen des Motors, 4. die zusätzliche Drehbeanspruchung beim Wirken der Hauptharmonischen.

a) Eigenschwingungsform und -zahl der Welle.

Erster Versuch. Einen angenäherten Wert der Eigenschnelle ω_e erhält man aus dem Ersatzzweimassensystem, bestehend aus den sechs vereinigten kleinen Massen $m' = 6 \cdot m$ und der Masse M, Abb. 158b, und der Länge $l' = 2 \cdot l + L = 59$ cm nach Gleichung (57), S. 145, zu:

$$\omega_e = \sqrt{\frac{H}{l'} \cdot \frac{m' + M}{m' \cdot M}}$$

$$= \sqrt{\frac{2\,606\,720}{59} \cdot \frac{0{,}04294 + 1{,}552}{0{,}04294 \cdot 1{,}552}}$$

$$= \sqrt{1\,057\,433}$$

$$= 1028{,}5 \; \frac{1}{\text{sek}}.$$

Mit diesem ω_e wertet man Gleichungen (64) und (65) aus; da der sich ergebende Rest R' beträchtlich ist, mögen die Einzelheiten der Durchrechnung mit einem günstigeren ω_e vorgeführt werden. Es sei, da der positive Restwert andeutet, daß ω_e zu niedrig ist, eine Erhöhung vorgenommen.

Zweiter Versuch.

$$\omega_e = 1055 \; \frac{1}{\text{sek}}.$$

Die Festwerte in Gleichung (64) werden:

$$\frac{\omega_e^2}{H} \cdot l \cdot m = \frac{1\,113\,025}{2\,606\,720} \cdot 17 \cdot 0{,}007156 = 0{,}051944$$

$$\frac{\omega_e^2}{H} \cdot L \cdot m = \frac{1\,113\,025}{2\,606\,720} \cdot 25 \cdot 0{,}007156 = 0{,}076389.$$

Man erhält die verhältnismäßigen Ausschläge:

$\alpha_6 = 1{,}00$
$\alpha_5 = 1{,}00 - 0{,}051944 = 0{,}948056$
$\alpha_4 = 0{,}948056 - 0{,}05194 \, (1 + 0{,}948056) = 0{,}846868$
$\alpha_3 = 0{,}846868 - 0{,}051944 \, (1 + 0{,}948056 + 0{,}846868) = 0{,}701689$
$\alpha_2 = 0{,}701689 - 0{,}051944 \, (1 + 0{,}948056 + 0{,}846868 + 0{,}701689) = 0{,}520061$
$\alpha_1 = 0{,}520061 - 0{,}051944 \, (1 + 0{,}948056 + 0{,}846868 + 0{,}701689 + 0{,}520061) = 0{,}311419$
$\alpha_0 = 0{,}311419 - 0{,}076389 \, (1 + 0{,}948056 + 0{,}846868 + 0{,}701689 + 0{,}520061 + 0{,}311419)$
$ = -0{,}019200.$

Mit diesen Beträgen ergibt Gleichung (65):

$$R' = \omega_e^2 \cdot \sum m_n \cdot a_n = 1\,113\,025 \cdot (0{,}007156 \cdot 4{,}328093 - 1{,}552 \cdot 0{,}019200), = 1306{,}7 \text{ kg.}$$

Da R' einen positiven Betrag hat, ist ω_e noch etwas zu niedrig.

Dritter Versuch.

$$\omega_e = 1056 \; \frac{1}{\text{sek}}$$

ergibt:

$$\frac{\omega_e^2}{H} \cdot l \cdot m = 0{,}052043, \qquad \frac{\omega_e^2}{H} \cdot L \cdot m = 0{,}076534$$

und:

$\alpha_6 = 1{,}00$, $\qquad \alpha_2 = 0{,}519226$,
$\alpha_5 = 0{,}947957$, $\qquad \alpha_1 = 0{,}310271$,
$\alpha_4 = 0{,}846580$, $\qquad \alpha_0 = -0{,}020753$,
$\alpha_3 = 0{,}701152$,

$$R' = -1401{,}6 \text{ kg}.$$

Der negative Wert von R' besagt, daß ω_e nunmehr zu hoch ist.

Vierter Versuch.

$$\omega_e = 1055{,}5 \ \frac{1}{\text{sek}}$$

führt auf:

$$\frac{\omega_e^2}{H} \cdot l \cdot m = 0{,}051994, \qquad \frac{\omega_e^2}{H} \cdot L \cdot m = 0{,}076462$$

und:

$\alpha_6 = 1{,}00$, $\qquad \alpha_2 = 0{,}519633$,
$\alpha_5 = 0{,}948006$, $\qquad \alpha_1 = 0{,}310838$,
$\alpha_4 = 0{,}846720$, $\qquad \alpha_0 = -0{,}019983$,
$\alpha_3 = 0{,}701411$,

$$R' = -60{,}5 \text{ kg}.$$

Mit diesem ω_e kann man sich zufrieden geben, denn die zeichnerische Auftragung der Werte R' abhängig von ω_e führt auf einen hiervon sehr wenig abweichenden Wert für $R' = 0$.

Ergebnis: Eigenschnelle $\omega_e = 1055{,}5$,
Eigenschwingungszahl nach Gleichung (54):

$$n_e = 9{,}55 \cdot 1055{,}5,$$
$$= 10080 \text{ Schw./min}.$$

Die Auftragung der vorangehenden verhältnismäßigen Ausschläge α des vierten Versuches bestimmt die Eigenschwingungsform 1. Grades (Abb. 158c).

b) Resonanzausschläge und Zündfolge.

Gemäß Gleichung (78) ist die verhältnismäßige Erregungsarbeit der sechs Zylinder bestimmt durch die Resultierende $\mathfrak{R}$ vom Betrag

$$R = \left| \sum_{i=1}^{i=6} \alpha_i \right|.$$

Man zeichnet mit Hilfe der Richtungssterne der erregenden Harmonischen (S. 164) für die gebräuchlichsten Zündfolgen 1 5 3 6 2 4 und 1 3 5 6 4 2 die Polygone der verhältnismäßigen Resonanzausschläge wie in Abb. 148. Die Beträge der Schlußlinien sind:

für die Zündfolge 1 5 3 6 2 4:

$\begin{matrix} R_1 = R_7 = R_{13} \\ R_5 = R_{11} = R_{17} \end{matrix} = 0{,}471 \qquad \begin{matrix} R_2 = R_8 = R_{14} \\ R_4 = R_{10} = R_{16} \end{matrix} = 0{,}190$

$R_3 = R_9 = R_{15} = 1{,}263 \qquad R_6 = R_{12} = R_{18} = 4{,}327,$

für die Zündfolge 1 3 5 6 4 2:

$\begin{matrix} R_1 = R_7 = R_{13} \\ R_5 = R_{11} = R_{17} \end{matrix} = 0{,}992 \qquad \begin{matrix} R_2 = R_8 = R_{14} \\ R_4 = R_{10} = R_{16} \end{matrix} = 0{,}190$

$R_3 = R_9 = R_{15} = 0{,}115 \qquad R_6 = R_{12} = R_{18} = 4{,}327.$

Für die Hauptharmonischen 6, 12, 18 von der 3., 6., 9. Ordnung wird R am größten, und zwar gleich der algebraischen Summe der Einzelausschläge α_1 bis α_6. Der Gesamtverlauf der Ausschläge, abhängig von den Harmonischen, gleicht dem von Abb. 150; mit der Zündfolge 1 3 5 6 4 2 werden die Zwischenharmonischen 3, 9, 15 ungefährlich.

c) Kritische Drehzahlen des Motors.

Resonanz tritt gemäß Gleichung (73a) ein bei der Wellendrehzahl:

$$n = \frac{n_e}{\frac{k}{2}}$$

$$= \frac{10\,080}{\frac{k}{2}}.$$

Im Drehzahlbereich des Motors zwischen 800 und 1800 können folgende Harmonische mit der Eigenfrequenz der Welle in Resonanz geraten:

$$k = \frac{2 \cdot n_e}{n}$$

$$= \frac{2 \cdot 10\,080}{1830} \text{ bis } \frac{2 \cdot 10\,080}{860}$$

$$= 11 \text{ bis } 25$$

oder die Ordnung $5^1/_2$ bis $12^1/_2$; darunter sind die Hauptordnungen 6, 9 und 12 und für die Zündfolge 1 5 3 6 2 4 noch die beachtlichen Zwischenordnungen $7^1/_2$ und $10^1/_2$. Läßt man in Gleichung (77) den Nenner außer acht und scheidet die Massendrehkräfte von der 6. Ordnung aufwärts, weil belanglos, aus, so geben die Ausschläge α_i mit den Werten D_k der betreffenden Harmonischen für $p_i = 9$ kg/cm² aus Abb. 139 und, wenn diese nicht ausreicht, aus Zahlentafel 29 vervielfacht die Werte $R \cdot D_k$, die über den Drehzahlen aufzutragen sind. Der Verlauf gleicht demjenigen in Abb. 151, mit verändertem Maßstab der Drehzahlen; aus ihm ersieht man, daß insgesamt nur die 6., $7^1/_2$. und 9. Ordnung bedenklich werden können, unter ihnen wiederum die 6. Ordnung die gefährlichste ist.

d) Zusätzliche Drehbeanspruchung der Welle.

Die Beanspruchung aus den Drehschwingungen kommt zu der Beanspruchung aus dem durchgeleiteten Nutzdrehmoment hinzu. Für die Hauptharmonische 6. Ordnung bei $n = \frac{10\,080}{6} = 1680$ Umdrehungen errechnet sich aus Gleichung (82) der Ausschlag a_6 der 6. Kröpfung am freien Wellenende mit der Drehkraft 6. Ordnung $D_6 = 0{,}42$ kg/cm² (Massendrehkraft 6. Ordnung ist vernachlässigbar), mit $\sum \alpha_i \cdot \sin \beta_i = 4{,}327$, mit dem Dämpfungsbeiwert $k' = 0{,}001 \frac{\text{kg} \cdot \text{sek}}{\text{cm}^3}$ (vgl. S. 163), mit $\omega_e = 1055{,}5$ und mit

$$\sum \alpha_i^2 = \alpha_6^2 + \alpha_5^2 + \alpha_4^2 + \alpha_3^2 + \alpha_2^2 + \alpha_1^2$$
$$= 1{,}00^2 + 0{,}948006^2 + 0{,}846720^2 + 0{,}701411^2 + 0{,}519633^2 + 0{,}310838^2,$$
$$= 3{,}474299$$

zu:

$$a_6 = \frac{0{,}42 \cdot 4{,}327}{0{,}001 \cdot 1055{,}5 \cdot 3{,}474}$$
$$= 0{,}496 \text{ cm},$$

bezogen auf Halbmesser $r = 8$ cm der Kurbel. Der zugehörige Verdrehungswinkel ist nach Gleichung (83):

$$\varphi = \pm \frac{a_6}{r} \cdot 57{,}3$$
$$= \pm 3{,}55°.$$

In ähnlicher Weise erhielte man für jede andere Harmonische mit dem zugehörigen Wert D_k und $\sum \alpha_i \cdot \sin \beta_i$ den Ausschlag an der 6. Kröpfung.

Auf den Wellenhalbmesser $r_w = 4$ cm bezogen, wird der Ausschlag nach Gleichung (84):

$$a_w = a_6 \cdot \frac{r_w}{r}$$
$$= 0{,}248 \text{ cm}.$$

Die größte Drehbeanspruchung der Welle tritt in der Nähe des Schwingungsknotens ein und ist nach Gleichung (86):

$$\tau' = a_w \cdot (\alpha_1 + \alpha_0) \cdot \frac{G}{L}$$
$$= 0{,}248 \cdot (0{,}310838 + 0{,}019983) \cdot \frac{830\,000}{25}$$
$$= 2730 \text{ kg/cm}^2,$$

eine unzulässig hohe Wechselbelastung der Welle. Ein Schwingungsdämpfer ist unerläßlich.

Die erregende Harmonische 9. Ordnung D_9 stellt sich bei $n = 1120$ ein. Unter der Annahme, daß hierbei in den Zylindern ein $p_i = 9$ kg/cm² erreicht wird, ist $D_9 = 0{,}10$ kg/cm²; der Ausschlag beträgt am freien Wellenende $a_6 = 0{,}118$ cm und die Wechselbeanspruchung der Welle $\tau' = 650$ kg/cm²; diese ist nur kurzzeitig zulässig.

8. Bekämpfung der Schwingungen.

Die Bekämpfung der Drehschwingungen ist nicht allein der Kurbelwelle, sondern auch der übrigen Teile wegen, die mit der Verbrennungskraftmaschine zusammenhängen, notwendig. Es sei z. B. daran erinnert, daß beim Flugmotor die Kurbelwelle und die Luftschraube als ein geschlossenes Schwingungssystem aufzufassen sind und daß die Wellenschwingungen gefährliche Luftschraubenschwingungen zur Folge haben können, wie die Untersuchungen von LÜRENBAUM [37], [55] zeigen.

Die

Mittel zur Milderung der Drehschwingungen

müssen auf die Größen einwirken, die in Gleichung (77) auftreten. Man entnimmt aus ihr, daß man geringe Schwingungsweite erhält durch Verkleinerung der verhältnismäßigen Ausschläge α_i oder der Kräfte D_k oder durch Änderung von ω_e, schließlich durch Erhöhung des Dämpfungsbeiwertes k'. Die Wirkung der Maßnahmen besteht in der Verminderung schon entstandener Schwingungen oder in der Verhütung schädlicher Schwingungen der Kurbelwelle. Im einzelnen wird angestrebt:

a) *Verminderung der Resonanzgefahr*. Erregerdrehschnelle Ω und Eigenschnelle ω_e werden weiter auseinandergelegt, und zwar

α) durch *Änderung der Winkelgeschwindigkeit* ω, mithin der Drehzahl n der Welle, da Ω ein Vielfaches von ω ist.

β) *Verstimmung des Systems*, d. h. Herbeiführung einer anderen Eigenschwingungszahl durch Umformung der elastischen Eigenschaften, damit *Verschiebung der Eigenfrequenz* in das Gebiet höherer oder niedrigerer Frequenzen. Dazu dient eine Verschiebung der Anbringungsstelle der Massen, insbesondere des Schwungrades, sodann die Änderung des Wellendurchmessers, meist im Sinn einer Verstärkung, und Verringerung der Drehmassen, also Erhöhung der Eigenschwingungszahl. In vielen Fällen ist die Steigerung von ω_{e_I} begrenzt, daher versucht man ein Ausweichen in der entgegengesetzten Richtung: Anbringung von Gegengewichten an ortsfesten Maschinen, Einschaltung eines federnden Zwischengliedes (einer fedrigen Welle) zwischen Kurbelwelle und Hauptmasse zur Herabsetzung der Grundschwingungszahl. Schon FRAHM [56] hat dieses Mittel bei Schiffsmaschinen angegeben; neuerdings wird davon auch bei Flugmotoren in Form einer elastischen Nabe Gebrauch gemacht (siehe LÜRENBAUM [55]). Man wird dadurch von den engen Grenzen, die der starre Antrieb setzt, befreit, die Anlage wird aber mehrgliedriger und teuerer. Die Schwingungszahl 2. Grades $n_{e_{II}}$ steigt dabei beträchtlich, z. B. auf das Doppelte der Schwingungszahl n_{e_I} der Welle mit starr verbundener Luftschraube.

Die Schiffsanlagen mit zwei Maschinen haben tiefe Eigenfrequenzen 1. Grades und im allgemeinen keine Resonanz der Erregenden mit den Eigenschwingungen. Die Schwingung 2. Grades kann durch die Kopplung der Kurbelsätze der zwei Maschinen unter 0° unschädlich gemacht werden; die Schwingung 3. Grades liegt im Bereich der höheren Ordnung der Erregenden (vgl. „Erregende Drehkräfte"), die kleine Beträge haben und nicht anfachend wirken.

Hierher gehören noch elastische, drehfedernde *Kupplungen*, die die Wellenanlage vor schädlichen Resonanzschwingungen schützen, sei es durch Vergrößerung der Federung der Welle, sei es durch eine Federkennlinie, die einem Aufschaukeln bei Resonanz entgegenwirkt, schließlich durch Reibungsdämpfung. Solche Kupplungen hat ALTMANN [57] zum Gegenstand einer Abhandlung gemacht. Eine erprobte Ausführungsform ist die Hülsenfederkupplung der Maschinenfabrik Augsburg-Nürnberg (siehe PIELSTICK [58]).

Kurz gestreift sei die Anwendung einer Flüssigkeitskupplung in einer Schiffsmaschinenanlage. SÖCHTING [59] hat für den Fall, daß die Antriebsmaschine über eine hydraulische Kupplung mit der Schraubenmasse verbunden ist, die Maschinendrehmassen durch eine Einzelmasse ersetzt werden (siehe S. 147) und die Schraube große Masse hat, die Drehschwingungsverhältnisse untersucht. Es ergibt sich, daß im allgemeinen die Flüssigkeitskupplung bei jeder Lage des Knotenpunkts im ersten Teilsystem eine schwingungsdämpfende Wirkung ausübt. Nur wenn die erregende Frequenz gleich der Eigenschwingungszahl der Abtriebswelle wird, ist die Kupplung schwingungstechnisch einer starren Kupplung gleichzusetzen. Die Schwingungsausschläge, die sonst endlich bleiben, werden sehr groß, sobald die Eigenschwingungszahl der Antriebsseite derjenigen der Abtriebsseite gleichkommt; doch wirken schon kleine Unterschiede in den Eigenfrequenzen dämpfend auf die Schwingungsausschläge. Es bedarf also die Meinung, daß die hydraulische Kupplung gewisse vom Diesel-Motor ausgehende Drehschwingungen nicht überträgt, in manchen Fällen einer Berichtigung.

b) Die *Beeinflussung der harmonischen Drehkräfte*, insbesondere des Betrages der Gaskräfte bei wirtschaftlicher Arbeitsweise der Maschine erscheint aussichtslos.

c) Die Polygone der verhältnismäßigen Resonanzausschläge lassen erkennen, daß eine *Änderung der Ausschläge* einzelner Zylinder, mithin der *Kurbelanordnung* und der *Zündfolge* auf kleinere Werte der Schlußlinie $\Re$ führen kann, wobei die gleichmäßigen Zündabstände bestehen bleiben. Es sei daran erinnert, daß die Viertaktmaschine mit gerader Zahl der Kurbeln und symmetrischer Welle eine Änderung der Zündfolge unter Belassung der Kurbelanordnung gestattet. Es lassen sich grundsätzlich für alle Zylinderzahlen Zwischenharmonische verkleinern und ungefährlich gestalten, wenn man die Zündfolge so festlegt, daß die Ziffernfolge ungeradzahlig steigend — geradzahlig fallend ist, z. B. beim Fünfzylinder: 1 3 5 4 2, beim Sechszylinder 1 3 5 6 4 2 (vgl. Abb. 150). Inwieweit sich diese Zündfolge und die zugehörige Kurbelfolge bei teilsymmetrischen Wellen mit dem Massenausgleich verträgt, ist eigens zu prüfen (siehe SCHEUERMEYER [16], SCHRÖN [50]); sie gewährt für Wellen mit ungerader Kurbelzahl bei Viertaktmaschinen günstigen Momentenausgleich (vgl. Abschnitt „Massenausgleich").

d) *Änderung der Zündabstände*. Als eine gelegentliche Maßnahme zur Bekämpfung kritischer Drehschwingungen oder richtiger zur Verlegung eines kritischen Gebietes von einem Drehzahlbereich in einen anderen sei die *Änderung des Gabelwinkels* bei V-Motoren, der gleiche Winkelabstände der Zündungen gewährleistet (siehe Abschnitt A, S. 13), genannt; dies hat bei unveränderter Kurbelversetzung *ungleiche Zündabstände* zur Folge. So kann man beim 2×4-Zylinder-Motor mit symmetrischer Welle die Kritische 3. Ordnung dadurch beseitigen, daß man statt $\delta_z = 90°$ ein $\delta_z = 60°$ ausführt; mit diesem Winkel bedingt aber die Harmonische 6. Ordnung bedenkliche Ausschläge. Beim

2×6-Zylinder-Motor mit $\delta_z = 45°$ an Stelle von $\delta_z = 60°$ wird der Ausschlag für die Harmonische 4. und 12. Ordnung zu Null an Stelle jener 3. und 9. Ordnung. Vorausgesetzt sind dabei gleichmittig am Kurbelzapfen angreifende Pleuelstangen des Gabelelements. Allgemein gilt, daß mit Unschädlichmachung einer lästigen Harmonischen eine andere Harmonische in einem vielleicht seltener benützten Drehzahlbereich verstärkt auftritt. Es sei auf die einschlägigen Arbeiten von HELDT [60], SCHLAEFKE [61], SCHRÖN [50], FRANK [62] hingewiesen. Zu bedenken ist, daß der vom schwingungstechnischen Standpunkt aus günstigste Winkel nicht allein ausschlaggebend ist, denn das Abgehen vom normalen Gabelwinkel erhöht die Ungleichförmigkeit der Maschine und verschlechtert in manchen Fällen den Massenausgleich.

e) *Beeinflussung der Systemeigendämpfung.* Von der Eigendämpfung (siehe S. 163) gestattet der Anteil, der als Folge der Bewegung der Kurbeltriebe entsteht, nur insoweit eine Erhöhung, als diese mit gutem mechanischem Wirkungsgrad vereinbar ist; der Anteil aus der Innendämpfung des Wellenbaustoffes ist wenig beeinflußbar.

f) *Schwingungswandler.* In einer großen Zahl von Fällen können allein zusätzliche Mittel, welche die Schwingungsausschläge niederhalten, Abhilfe schaffen. Dazu gehören einmal die eigentlichen *Schwingungsdämpfer*, die auf dem Zusammenwirken der Dämpfermassen mit den Systemmassen und einer Dämpfung als Maßnahme zur künstlichen Abfuhr von Schwingungsenergie und zur Begrenzung der Ausschläge beruhen, sodann die *Schwingungstilger*, die ohne oder nahezu ohne Energieverzehr die kritischen Ausschläge des Hauptsystems unter Zuhilfenahme einfachster Mittel unterbinden. In den eigentlichen Dämpfern wird die Schwingungsenergie durch mechanische Reibung oder Flüssigkeitswirbelung unter Umsetzung in Wärme vernichtet, in anderen Fällen wird das Aufkommen der Schwingungen unter Heranziehung der Dämpferresonanz verhindert.

Der Dämpfer im engeren Sinn sollte wegen der Gewichtsvermehrung, Verwicklung der Anlage und Verlust an Wellenleistung erst nach Erschöpfung der übrigen Mittel in Anwendung kommen. Dämpfer oder Tilger sind indessen bei Schiffsmaschinen, Fahrzeug- und Flugmotoren mit ihrem weiten Drehzahlbereich und wegen der hohen spezifischen Leistung und der starken Drehharmonischen meist unentbehrlich, wenn nicht gewisse Sperrgebiete der Drehzahlen vorgesehen werden, d.h. wenn nicht gewisse Drehzahlen für den Dauerbetrieb unbenützt bleiben sollen. Selbst bei Anlagen mit Flüssigkeitskupplung ist es nicht immer möglich, die Eigenfrequenz von Maschine samt Primärteil der Kupplung so hoch zu legen, daß die kritischen Gebiete über die Höchstdrehzahl fallen; alsdann wird der Einbau eines Dämpfers erforderlich.

9. Drehschwingungswandler.
(Dämpfer und Tilger.)

Will man das periodisch erregte System der Kurbelwelle beruhigen, sei es um die Entwicklung gefährlich großer Schwingungsausschläge, sei es um die Entstehung unerwünschter Drehschwingungen zu verhüten, so greift man zur Anwendung von Zusatzschwingern; die Welle wird mit einem zweiten System gekoppelt.

Man hat die Kopplungsart, die Kopplungsstärke und das hinzuzufügende System in geeigneter Weise zu wählen. Von den möglichen Kopplungsarten kommt die reine Trägheitskopplung und die Reibungskopplung zur Anwendung. Bei der ersten wird dem System keine Schwingungsenergie abgeführt, bei der zweiten dagegen Energie entzogen; eine Vereinigung beider Grundsätze ist möglich.

Eine unmittelbar an der Welle wirkende Dämpfung, etwa zähe Flüssigkeitsdämpfung, nimmt bei der vorkommenden Größe der Ausschläge am Wellenumfang nur wenig Arbeit auf und reicht deshalb nicht aus. Überdies ist die Verhinderung der Anfachung der Schwingungsausschläge ausschließlich auf dem Wege der Vernichtung der Schwingungsarbeit durch Einrichtungen, die dämpfende Widerstände erzeugen, unzweckmäßig, weil

178   Drehschwingungen.

unwirtschaftlich; denn die Schwingungsenergie geht der Maschine verloren, d. h. die Nutzleistung wird verkleinert.

Eine wirksamere Maßnahme verkörpert der *dynamische Schwingungsdämpfer*, dessen Aufgabe nicht überwiegend in der Anwendung kraftverzehrender Widerstände besteht, sondern in der wichtigeren schwingungsbindenden und ausgleichenden Tätigkeit. Zu dieser Gattung gehören die Geräte, bei denen ein angekoppelter Schwinger als Drehmasse über eine Reibungswirkung oder über ein federndes Glied oder auch als an einem Bolzen pendelnd und fast reibungslos angebrachte Masse mit der Kurbelwelle zusammenhängt; es zählen dazu Geräte, die man wie folgt bezeichnet: 1. Resonanzdämpfer, 2. Reibungsdämpfer, 3. Schwingungstilger. Im Falle 1 und 2 wird der Schwingungsausschlag der Welle begrenzt, wobei mechanische Reibungsdämpfung oder auch Werkstoffdämpfung mit hereinspielt; im Falle 3 wird das Entstehen einer gefährlichen Schwingung mit Hilfe eines ungedämpften dynamischen Schwingers verhütet. Da sie in allen Fällen die Schwingungen des Kurbelwellensystems beeinflussen, kann man ihnen die gemeinsame Benennung „Schwingungswandler" geben.

Hinsichtlich des Verhaltens kann man zeigen, daß die verschiedenen Bauarten sich als Sonderfälle des allgemeinen Systems einer Zusatzmasse mit Feder und Dämpfung, also des *gedämpften dynamischen Schwingers*, ableiten lassen, indem man einmal die Feder entfernt oder ihr ein bestimmtes Federungsgesetz zuteilt, das andere Mal die Dämpfung zu Null werden läßt.

a) Einmassensystem mit aufgesetztem Wandler.

Bezeichnungen:

m_1 — Masse des zu dämpfenden Systems (Hauptsystems) 1 [cm kg sek²],

m_2 — Masse des Dämpfers (Zusatzsystems) 2 [cm kg sek²],

$\mu = \dfrac{m_2}{m_1}$ — verhältnismäßige Dämpfergröße $= \dfrac{\text{Dämpfermasse}}{\text{Hauptmasse}}$,

c_1 — Federkonstante des Systems 1 $\left[\dfrac{\text{kg}}{\text{cm}}\right]$,

c_2 — Federkonstante des Systems 2 $\left[\dfrac{\text{kg}}{\text{cm}}\right]$,

$\omega_1 = \sqrt{\dfrac{c_1}{m_1}}$ — Eigenschnelle (Eigenkreisfrequenz) des Systems 1 $\left[\dfrac{1}{\text{sek}}\right]$,

$\omega_2 = \sqrt{\dfrac{c_2}{m_2}}$ — Eigenschnelle (Eigenkreisfrequenz) des Systems 2 $\left[\dfrac{1}{\text{sek}}\right]$,

$v = \dfrac{\omega_2}{\omega_1}$ — Eigenschnellenverhältnis, Dämpferabstimmung,

ω — Winkelgeschwindigkeit (Drehschnelle) der Kurbelwelle $\left[\dfrac{1}{\text{sek}}\right]$,

Ω — Drehschnelle der erregenden Kraft $\left[\dfrac{1}{\text{sek}}\right]$,

$w = \dfrac{\Omega}{\omega_1}$ — Verhältnis der erzwungenen Drehschnelle,

P — Amplitude der erregenden Kraft $\left[\dfrac{1}{\text{sek}}\right]$,

k_1 — Dämpfungszahl des Systems 1 $\left[\dfrac{\text{kg} \cdot \text{sek}}{\text{cm}}\right]$,

k_2 — Dämpfungszahl des Systems 2 $\left[\dfrac{\text{kg} \cdot \text{sek}}{\text{cm}}\right]$,

$k_{kr} = 2\,m_2 \cdot \omega_2 = \dfrac{2\,c_2}{\omega_1}$ — kritische Dämpfung $\left[\dfrac{\text{kg} \cdot \text{sek}}{\text{cm}}\right]$,

x_{1_0} — Amplitude des Ausschlages von System 1 [cm],

x_{2_0} — Amplitude des Ausschlages von System 2 [cm],

$x_{st} = \dfrac{P}{c_1}$ — statischer Ausschlag des Hauptsystems [cm],

$R_1 = \dfrac{x_{1_0}}{x_{st}} = \dfrac{x_{1_0} \cdot c_1}{P}$ — Resonanzfunktion (Vergrößerungsverhältnis) des Systems 1.

Um die Verhältnisse verständlicher zu machen, geht man von dem einfachen Fall des zu beruhigenden, geradlinig schwingenden Einmassensystems aus, bestehend aus einer Hauptmasse m_1 und einer Feder mit der Konstanten c_1 (Abb. 159). Auf dieses System 1 setzt man an der Stelle des größten Ausschlages ein zweites System mit Masse m_2 und Federkonstante c_2. Man macht zunächst die vereinfachende Annahme, daß eine Dämpfung nicht vorhanden oder daß sie vernachlässigbar sei; sodann wird die Dämpfung und ihr Einfluß auf den Schwingungsvorgang berücksichtigt; sie führt bei der Wegaufpendelung von m_2 auf endliche Ausschläge. Dieses Zusatzsystem ist bei geeigneter Wahl seiner Abmessungen befähigt, die Ausschläge des Systems 1 beträchtlich herabzusetzen. Der Übergang vom geradlinig bewegten System auf ein System mit Drehmassen ist unschwierig.

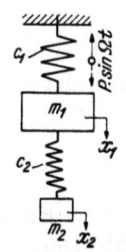

Abb. 159. Ungedämpfter dynamischer Wandler am erregten, geradlinig bewegten Einmassensystem.

α) Resonanzdämpfer.

Die Lehre der mechanischen Schwinger, wie sie schon bei der Kurbelwelle zur Anwendung gelangte, liefert aus dem Zusammenwirken der erregenden Kräfte, der Beschleunigungskräfte und der Rückstellkräfte (elastische Gegenkräfte) die Grundbeziehungen für die Ableitung der Resonanzfunktion.

1. *Ungedämpfter Zusatzschwinger.* Wird die Dämpfung in den Systemen 1 und 2 vernachlässigt, so lauten die Bewegungsgleichungen mit den schon aufgeführten Bezeichnungen:

$$\left.\begin{array}{r}m_1 \dfrac{d^2 x}{d t^2} + (c_1 + c_2) x_1 - c_2 \cdot x_2 = P \cdot \sin \Omega t \\ m_2 \dfrac{d^2 x}{d t^2} + c_2 (x_2 - x_1) = 0. \end{array}\right\} \quad (87)$$

Führt man:

$$\left.\begin{array}{r}x_1 = x_{1_0} \cdot \sin \Omega t \\ x_2 = x_{2_0} \cdot \sin \Omega t \end{array}\right\} \quad (88)$$

in (87) ein und dividiert durch $\sin \Omega t$, so bleibt:

$$\left.\begin{array}{r}x_{1_0} (-m_1 \cdot \Omega^2 + c_1 + c_2) - c_2 \cdot x_{2_0} = P \\ -c_2 \cdot x_{1_0} + x_{2_0} (-m_2 \cdot \Omega^2 + c_2) = 0 \end{array}\right\} \quad (89)$$

Die dimensionslose Form ist mit den vorangestellten Bezeichnungen:

$$\left.\begin{array}{r}x_{1_0} \left(1 + \dfrac{c_2}{c_1} - \dfrac{\Omega^2}{\omega_1^2}\right) - x_{2_0} \dfrac{c_2}{c_1} = x_{st} \\ x_{1_0} = x_{2_0} \left(1 - \dfrac{\Omega^2}{\omega_2^2}\right); \end{array}\right\} \quad (90)$$

hieraus durch Auflösung nach x_{1_0} und x_{2_0} und Teilung durch x_{st}:

$$\left.\begin{array}{r}R_1 = \dfrac{x_{1_0}}{x_{st}} = \dfrac{1 - \dfrac{\Omega^2}{\omega_2^2}}{\left(1 - \dfrac{\Omega^2}{\omega_2^2}\right)\left(1 + \dfrac{c_2}{c_1} - \dfrac{\Omega^2}{\omega_1^2}\right) - \dfrac{c_2}{c_1}} \\ R_2 = \dfrac{x_{2_0}}{x_{st}} = \dfrac{1}{\left(1 - \dfrac{\Omega^2}{\omega_2^2}\right)\left(1 + \dfrac{c_2}{c_1} - \dfrac{\Omega^2}{\omega_1^2}\right) - \dfrac{c_2}{c_1}}. \end{array}\right\} \quad (91)$$

Im Sonderfall, wenn die Eigenfrequenz des Dämpfers gleich der Frequenz der Kraft und $\omega_2 = \Omega$ wird, verschwindet der Zähler der ersten Gleichung (91), damit wird $\dfrac{x_{1_0}}{x_{st}} = 0$, d. h. die Bewegung x_{1_0} der Hauptmasse m_1 verschwindet, sie steht still. Zugleich vereinfacht sich die zweite Gleichung; denn mit $\left(1 - \dfrac{\Omega^2}{\omega_2^2}\right) = 0$ verbleibt im Nenner nur das letzte Glied und man erhält:

$$x_{2_0} = -\dfrac{c_1}{c_2} \cdot x_{st} = -\dfrac{P}{c_2};$$

die Kraft in der Dämpferfeder ändert sich im Takt der erregenden Kraft und wirkt ihr entgegen. Nun ist im Falle der *Resonanz* des Hauptsystems, das durch den Zusatzschwinger beruhigt werden soll, $\omega_1 = \Omega$, so daß mit der vorangehenden Feststellung:

$$\omega_2 = \omega_1 = \Omega \quad \text{und} \quad \frac{c_2}{m_2} = \frac{c_1}{m_1} \quad \text{oder} \quad \frac{c_1}{c_2} = \frac{m_1}{m_2}. \tag{92}$$

Der Verhältniswert $\mu = \frac{m_2}{m_1}$ gibt also das Verhältnis der Massen und zugleich das Verhältnis der Federzahlen zwischen Dämpfer und Hauptsystem wieder. Mit Einführung von μ und $w = \frac{\Omega}{\omega_1}$ lautet die Gleichung für R_1:

$$R_1 = \frac{1-w^2}{(1-w^2)(1+\mu-w^2)-\mu}. \tag{93}$$

Weitere Einzelfälle: Für $\Omega = 0$ wird $R_1 = 1$; wenn der Nenner gleich Null, wird $R_1 = \infty$ (Abb. 160). In dieser Darstellung sind die unmittelbar aus (93) folgenden Kurvenzüge mit vollen Linien angegeben; da der Vorzeichenwechsel lediglich einer Phasenverschiebung von 180° gleichkommt, pflegt man statt der negativen Äste ihre Spiegelbilder zu zeichnen, wie in Abb. 160 gestrichelt eingetragen ist.

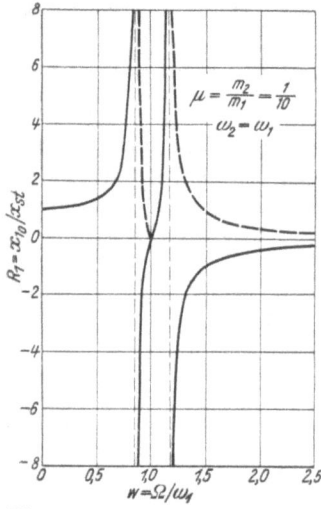

Abb. 160. Verlauf der Resonanzfunktion der Hauptmasse eines Systems mit dynamischem Dämpfer. Verhältnismäßige Dämpfergröße $\mu = \frac{1}{10}$.

Die Eigenfrequenzen des Gesamtsystems, für welche der Ausschlag x_1 unendlich groß ausfällt, bestimmen sich aus:

$$(1-w^2)(1+\mu-w^2)-\mu = 0$$

oder:

$$w^4 - w^2(2+\mu) + 1 = 0$$

und vereinfacht:

$$w^2 = \left(1+\frac{\mu}{2}\right) \pm \sqrt{\mu + \frac{\mu^2}{4}} = b$$

zu:

$$w = \frac{\Omega}{\omega_1} = \sqrt{b}. \tag{94}$$

Für $\mu = \frac{1}{20}$, d. h. mit einem Dämpfer, dessen Masse $\frac{1}{20}$ der Masse des Hauptsystems ist, sind die Eigenfrequenzen des vereinigten Systems 0,895 und 1,12 der ursprünglichen Frequenz.

Der Ausschlag der ursprünglich kritischen Drehzahl des Systems ohne Dämpfer wird zwar zu Null, doch treten im erweiterten System zwei Resonanzstellen auf, die wegen ihrer unzulässigen, unendlich großen Ausschläge für eine Maschine mit veränderlicher Drehzahl nicht minder gefährlich sind. Der ungedämpfte Schwinger der besprochenen Art ist im allgemeinen nicht brauchbar, selbst unter Einschaltung einer gewissen Dämpfung an der Masse m_1, z. B. einer inneren Wellendämpfung.

Auf ein *System mit einer Drehmasse* und einer Drehfeder als elastischer Welle, die einer harmonischen Drehkraft unterworfen sind, übertragen, ist das Ergebnis der Überlegung: Das Zusatzsystem mit der Masse m_2 am Halbmesser r und mit der Welle von der Federzahl c_2, das an das Einmassensystem m_1, c_1 mit einseitig eingespanntem Wellenende angeschlossen wird (Abb. 161), läßt bei passender Bemessung und bei einer bestimmten Drehschnelle Ω_k der Erregenden keine Schwingungen auftreten, während die angekoppelte Masse m_2 Drehpendelungen ausführt. Die Schwingung wird auf das Gebiet einer anderen Wellendrehzahl, die vielleicht weniger in Benützung ist, verlegt, aber nicht getilgt. Überdies ändert die Masse m_2, wenn sie nicht recht klein gehalten ist, die Eigenschwingungszahl des Gesamtsystems. Das Ergebnis bleibt im wesentlichen bestehen, wenn an Stelle der Einspannung eine besonders große Masse, etwa ein Schwungrad, tritt.

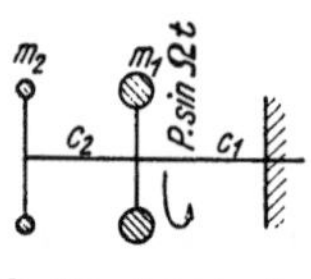

Abb. 161. Zusatzschwinger (m_2, c_2) als Beruhigungsmittel am einfachen Drehmassensystem (m_1, c_1).

2. Gedämpfter Zusatzschwinger.

In der schematischen Abb. 162 ist die Zusatzmasse m_2 mit einer Dämpfungsvorrichtung, deren dämpfende Kräfte den Geschwindigkeiten verhältnisgleich seien, versehen; k_2 bezeichne die Dämpfungszahl. Diese Ergänzung des Systems verändert seine Eigenschaften in vorteilhaftem Sinn; denn sie bedingt bei Aufspaltung der Resonanzspitze eine verringerte Amplitude der neuen Resonanzausschläge (Abb. 163). Es ist anzustreben, daß diese Ausschläge gleich groß werden.

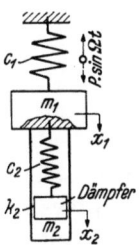
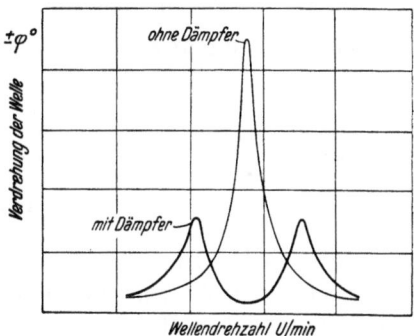

Abb. 162. Gedämpfter dynamischer Wandler am erregten, geradlinig bewegten Einmassensystem.

Abb. 163. Wirkung des Resonanzdämpfers.

1. Fall. Dämpfung im System 1 (Kurbelwellensystem) gleich Null, $k_1 = 0$.

Der allgemeine Ausdruck für die Resonanzfunktion als dimensionsloser Schwingungsausschlag, dessen Ableitung aus den Bewegungsgleichungen des Systems hier als bekannt vorausgesetzt wird, siehe z. B. HAHNKAMM [63], GEISLINGER [64] oder DEN HARTOG [43], lautet mit Hinweis auf die eingangs aufgeführten Bezeichnungen:

$$R_1 = \frac{x_{1_0}}{x_{st}} = \sqrt{\frac{\left(2\frac{k_2}{k_{kr}}w\right)^2 + (w^2 - v^2)^2}{\left(2\frac{k_2}{k_{kr}}w\right)^2 (w^2 - 1 + \mu \cdot w^2)^2 + [\mu \cdot v^2 \cdot w^2 - (w^2 - 1)(w^2 - v^2)]^2}}. \quad (95)$$

In Abb. 164 ist der Verlauf von R_1 abhängig von $\frac{\Omega}{\omega_1}$ für ein bestimmtes System mit $v = 1$, d. i. für Dämpferfrequenz gleich Frequenz des Hauptsystems, für ein Verhältnis $\mu = \frac{m_2}{m_1} = \frac{1}{20} = 0{,}05$, d. i. $m_2 = 5\%$ von m_1 und für verschiedene Werte der Dämpfung $\frac{k_2}{k_{kr}}$ gezeichnet.

Die Grenzkurve für $\frac{k_2}{k_{kr}} = \infty$ ist die eines Systems ohne Zusatzschwinger, wobei m_2 mit m_1 starr verbunden ist; die kritische Drehschnelle von m_1 mit Dämpfer ist lediglich etwas niedriger als jene von m_1 allein. Der andere Grenzfall $\frac{k_2}{k_{kr}} = 0$ oder $k_2 = 0$ bringt den aus Abb. 160 bekannten Verlauf mit zwei Resonanzstellen mit unendlich großen Werten R_1 und mit Nullpunkt bei $\frac{\Omega}{\omega_1} = 1$. Legt man weiterhin verschiedene Beträge von $\frac{k_2}{k_{kr}}$ zugrunde, so gehen alle Kurvenzüge durch die dämpfungsunabhängigen Punkte, die sog. Festpunkte, A und B; Punkt A liegt im allgemeinen höher als B.

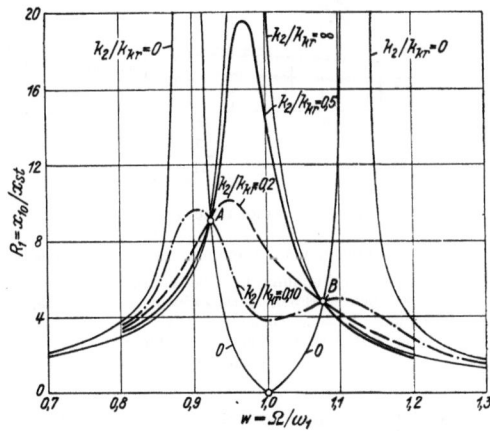

Abb. 164. Verlauf der Resonanzfunktion des Hauptsystems für verschiedene Dämpfungszahlen im dynamischen Dämpfer. Verhältnismäßige Dämpfergröße $\mu = \frac{1}{20}$; $v = 1$.

Durch Änderung der Abstimmung $v = \frac{\omega_2}{\omega_1}$ des Dämpfers gegen das Hauptsystem kann man die beiden Punkte A und B auf der Kurve $\frac{k_2}{k_{kr}} = \infty$ auf- und abschieben. Der günstigste Fall tritt ein, wenn durch passende Wahl von v die Punkte A und B auf gleiche Höhe gebracht werden und sodann mittels eines passenden Wertes von $\frac{k_2}{k_{kr}}$ die Kurve in A oder B eine waagrechte Tangente erhält.

Gleichung (93) des ungedämpften Schwingers leitet sich aus Gleichung (95) mit $\frac{k_2}{k_{kr}} = 0$ oder $k_2 = 0$ und $v = 1$. Anderseits gibt (95) mit $k_2 = \infty$:

$$\frac{x_{1_0}}{x_{st}} = \frac{1}{1 - w^2(1 + \mu)}. \tag{96}$$

Die Formel

$$v = \frac{\omega_2}{\omega_1} = \frac{1}{1 + \mu} \tag{97}$$

gibt eine günstige Abstimmung für jede Dämpfergröße. Zu einem sehr kleinen Dämpfer mit $\mu \sim 0$ gehört die Abstimmung $v \sim 1$, d. h. Dämpfer und Hauptsystem haben dieselbe Frequenz (eigentlicher Resonanzdämpfer); bei einem Dämpfer mit einer Masse von beispielsweise $\frac{1}{10}$ der Hauptmasse wird $v = \frac{10}{11} = 0{,}91$, d. h. der Dämpfer muß 9% langsamer als das Hauptsystem schwingen.

Die zu dieser „besten" Abstimmung gehörige Resonanzfunktion und damit der Größtausschlag $\frac{x_{1_0}}{x_{st}}$ bestimmt sich aus:

$$R_1 = \frac{x_{1_0}}{x_{st}} = \sqrt{1 + \frac{2}{\mu}}. \tag{98}$$

Die den Festpunkten entsprechenden w-Werte folgen aus:

$$w^4 - 2w^2 \frac{1 + v^2 + \mu v^2}{2 + \mu} + \frac{2v^2}{2 + \mu} = 0. \tag{99}$$

Diese in w^2 quadratische Gleichung liefert die Abszissen der Punkte A und B.

Hat der Schwingungsdämpfer mit $v = 1$ die Frequenz des Hauptsystems, so wird aus Gleichung (99) für die Festpunkte:

$$w^4 - 2w^2 + \frac{2}{2 + \mu} = 0,$$

woraus:

$$w^2 = 1 \pm \sqrt{\frac{\mu}{2 + \mu}} = d, \tag{100}$$

$$w = \sqrt{d}. \tag{101}$$

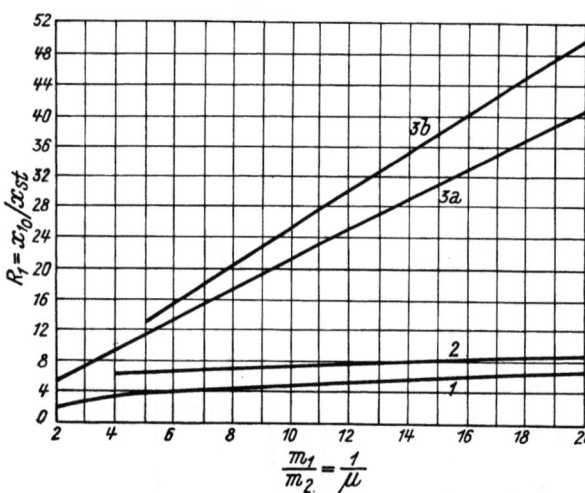

Abb. 165. Verlauf der Resonanzfunktion, abhängig von $\frac{m_1}{m_2}$: 1. bei bester Abstimmung und Dämpfung des Zusatzschwingers $\left(v = \frac{1}{1+\mu}\right)$; 2. bei fester Abstimmung und bester Dämpfung [$v = 1$, Gleichung (102)]; 3a. bei federlosem Zusatzschwinger mit bester zäher Flüssigkeitsreibung [$v = 0$, Gleichung (105)]; 3b. bei federlosem Zusatzschwinger mit bester trockener Reibung [$v = 0$, Gleichung (106)].
Nach Den Hartog.

Die Spitze für den kleineren Wert w ist höher als für den größeren Wert w (Abb. 164); für sie wird:

$$R_1 = \frac{x_{1_0}}{x_{st}} = \frac{1}{-\mu + (1+\mu) \cdot \sqrt{\frac{\mu}{2+\mu}}} \tag{102}$$

Die Abhängigkeit des Schwingungsausschlages vom Verhältnis $\frac{m_1}{m_2} = \frac{1}{\mu}$ ist in Abb. 165 als Linie 2 dargestellt.

Der Wert der günstigsten Dämpfung $\frac{k_2}{k_{kr}}$, für den die Kurve waagrecht durch A oder B geht, wird am besten durch Probieren der Zahlen des jeweiligen Falles gefunden. DEN HARTOG [43] empfiehlt die in Abb. 166 eingetragenen Werte von $(k_2/k_{kr})_{opt}$ in Abhängigkeit von $\frac{m_1}{m_2} = \frac{1}{\mu}$.

2. Fall. Dämpfung im System 1 größer als Null. Die angeführten Ergebnisse bedürfen einer gewissen Abänderung, wenn $k_1 \neq 0$, d. h. wenn das Hauptsystem selbst eine Dämpfung hat. Die etwas umständliche Gleichung für die Resonanzfunktion (siehe GEISLINGER [64]), soll hier nicht angeführt werden. Es genügt, die Unterschiede gegenüber dem ersten Fall hervorzuheben. Die Kurvenzüge weisen einen ähnlichen Verlauf wie in Abb. 164, doch mit geringeren Beträgen auf. Die Punkte A und B sind nicht mehr vorhanden, weil die gegenseitigen Schnittpunkte der

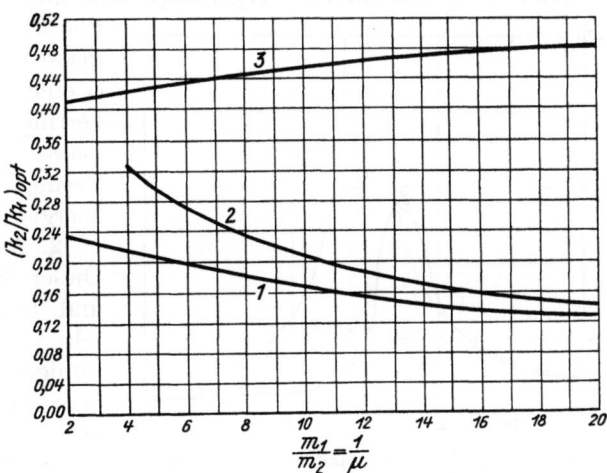

Abb. 166. Günstigste Dämpfungszahl nach DEN HARTOG: 1. bei günstigster Abstimmung $\left(v = \frac{1}{1+\mu}\right)$; 2. bei fester Abstimmung ($v = 1$); 3. bei federlosem Dämpfer ($v = 0$).

Kurven etwas streuen. Im allgemeinen ist der Einfluß von k_1 auf die günstigste Dämpferabstimmung und Dämpfungszahl k_2 vernachlässigbar.

β) Sonderfälle des dynamischen Dämpfers.

1. Reibungsdämpfer mit Flüssigkeitsreibung. Die Dämpfung durch zähe Reibung wird der Verschiebungsgeschwindigkeit verhältig angenommen.

Wird im System nach Abb. 159 oder nach Abb. 162 die Feder zwischen Dämpfer und Hauptmasse herausgenommen, so daß die schematischen Formen Abb. 167 und 168 entstehen, dann wird $c_2 = 0$ und zugleich ω_2 und v zu Null. Gleichung (99) der Festpunkte vereinfacht sich zu:

$$w^4 - 2w^2 \frac{1}{2+\mu} = 0$$

oder:

$$w^2 \left(w^2 - \frac{2}{2+\mu}\right) = 0;$$

hieraus folgt für w:

$$w = 0, \qquad (103)$$

d. h. der Punkt A liegt über $w = 0$. Der Punkt B ist festgelegt durch:

$$w^2 = \frac{2}{2+\mu}. \qquad (104)$$

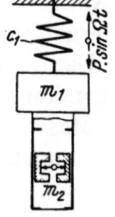

Abb. 167. Reibungsschwingungsdämpfer am erregten, geradlinig bewegten Einmassensystem. m_2 geteilt und durch Federkraft seitlich angedrückt.

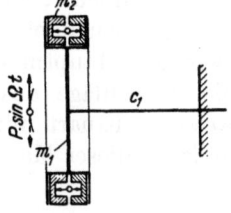

Abb. 168. Reibungsschwingungsdämpfer am erregten, drehenden Einmassensystem.

Die Kurven für verschiedene Werte von k_2 gehen alle durch den Punkt B, in dem sich die Grenzfälle der Vergrößerungskurven für $\frac{k_2}{k_{kr}} = 0$ und $\frac{k_2}{k_{kr}} = \infty$ schneiden. Geht die Kurve durch den Punkt B mit waagrechter Tangente (Abb. 169), dann liegt der günstigste Resonanzausschlag vor, der sich mit Einsetzung von (104) in (96) ergibt zu:

$$R = \frac{x_{1_0}}{x_{st}} = 1 + \frac{2}{\mu}. \qquad (105)$$

Der Verlauf der Resonanzfunktion ist in Abb. 165 als Linie 3a eingetragen.

Für kleine Ausschläge der Masse m_1 bleibt die Dämpfermasse m_2 mit m_1 verbunden, solange der Reibungsschluß zwischen m_1 und m_2 ausreicht. Die Eigenfrequenz der Gesamtmasse $(m_1 + m_2)$ ist etwas niedriger als die Eigenfrequenz der Masse m_1 ohne Dämpfer. Im Bereich der Resonanz der Erregerfrequenz Ω mit der Eigenfrequenz ω_1 von m_1 löst sich m_2 von m_1. Durch die Ausschaltung der Dämpfermasse wird die Eigenfrequenz des Systems m_1, c_1 eine andere; die vordem großen Ausschläge verringern sich, wobei das Gleiten der Dämpfermasse den Resonanzzustand zerstört unter Vernichtung eines Betrages der Schwingungsenergie, der in Wärme umgesetzt wird.

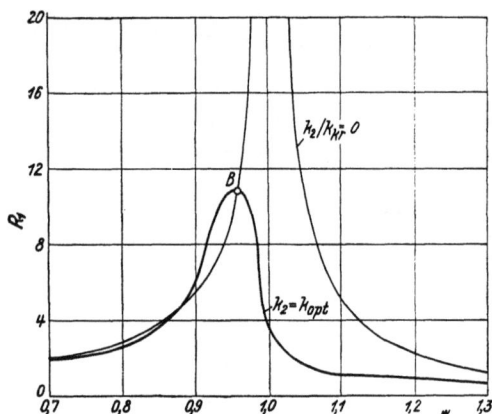

Abb. 169. Verlauf der Resonanzfunktion des Hauptsystems beim federlosen Dämpfer bei verschwindend kleiner und bei günstigster Dämpfungszahl. Verhältnismäßige Dämpfergröße $\mu = \frac{1}{5}$; $v = 0$.

2. *Reibungsdämpfer mit trockener Reibung.* Dieser Fall, der zeitweise der wichtigere war und heute zum Teil der Reibung mit geschmierten Flächen Platz gemacht hat, ist weniger einfach in der Behandlung. Nimmt man an, die bei der Relativbewegung der Dämpfermasse entstehende Reibung sei von festem Betrag, wie beim trockenen Reibungsbelag, so zeigen die unter dem Einfluß der Zwangskraft entstehenden Schwingungen gegenüber dem Fall mit geschwindigkeitsproportionaler Dämpfung bemerkenswerte Unterschiede. Ohne auf Einzelheiten einzugehen, sei nur angeführt, daß der günstigste Resonanzausschlag sich nach DEN HARTOG [43] in erster Annäherung bestimmt aus:

$$R = \frac{x_{1_0}}{x_{st}} = \frac{\pi^2}{4\mu} = \frac{2{,}46}{\mu}. \tag{106}$$

Der Verlauf ist aus Linie 3b in Abb. 165 ersichtlich.

Eine eingehende Betrachtung der Vorgänge beim Arbeiten eines solchen Dämpfers verdankt man KLOTTER [65].

Die Linien 1, 2 und 3 in Abb. 165 und 166 lassen einen Vergleich der Wirksamkeit der bis jetzt behandelten Dämpfergattungen zu. Man erkennt, daß die Wandler ohne Feder zwischen Hauptmasse und Dämpfermasse einer größeren Zusatzmasse bedürfen, um die Ausschläge des schwingenden Systems brauchbar herabzumindern, während die Resonanzbauart mit kleiner Masse auskommt, dafür aber eine größere Weite des Ausschlages dieser Masse und der zugehörigen Feder erfordert.

3. *Schwingungstilger.* Macht man bei einem ungedämpften Schwinger jene Größe, die sonst die Federzahl darstellt und von der Wellendrehzahl unbeeinflußt ist, von der Winkelgeschwindigkeit der Welle, mit welcher der Schwinger umläuft, abhängig, so entsteht ein besonders wirksamer Schwingungsausgleicher. Ein steifer Arm, der an der Welle dicht bei Ebene der Masse m_1 befestigt ist (Abb. 170), oder auch die Rückverlängerung des Kurbelarmes trägt einen Zapfen, um den ein Massependel m_2 schwingen kann. Die Eigenschnelle des Pendels ist

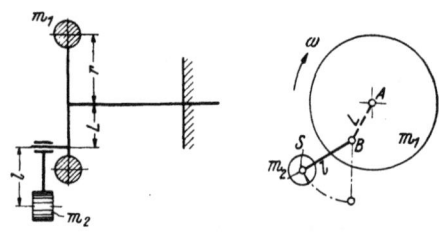

Abb. 170. Schwingungstilger am Einmassensystem.

mit L als Länge des Armes $\overline{AB}$, l als Schwerpunktsabstand am Pendel $\overline{BS}$, ω als Winkelgeschwindigkeit der Maschinenwelle und c_2 als „Federzahl" der Bewegung, die in gewissem Verhältnis zur Fliehkraft steht:

$$\omega_2 = \sqrt{\frac{c_2}{m_2}} = \sqrt{\frac{C \cdot \omega^2}{m_2}}$$

oder:
$$\omega_2 = \omega \cdot \sqrt{\frac{C}{m_2}}. \tag{107}$$

Die Schwingungszahl des Pendels ändert sich demnach geradlinig mit der Drehzahl. Die Bestimmung der Größe C erfolgt unter b, γ).

Ein solches Pendel, das ohne „Dämpfung" arbeitet, befreit das Hauptsystem von gefährlichen Torsionsschwingungen für eine bestimmte Ordnung der erregenden Harmonischen über den ganzen Drehzahlbereich. Es tritt durch das Ankoppeln der Pendelmasse keine Vermehrung der Resonanzmöglichkeiten ein. Die Einführung der Bezeichnung „Tilger" für solche Art von Zusatzschwingern zum Unterschied von den eigentlichen Dämpfern ist von KRAEMER [66] befürwortet worden.

b) Mehrmassensystem mit aufgesetztem Wandler.
Dämpfer- und Tilgerbauarten.

Die Kurbelwellen und Kurbeltriebe der Verbrennungskraftmaschinen bilden, wie schon unter II, 1 dargelegt wurde, Mehrmassensysteme, insbesondere hat der Reihenmotor längs der Welle verteilte Einzelmassen mit dazwischen geschalteten, federnden Wellenstücken. Schon von drei Massen aufwärts — zwei Zylinder und ein Schwungrad — erfordert die Angabe der Vergrößerungsfunktion großen Aufwand an Mühe; deshalb sind Näherungsmethoden, die sich auf die Erkenntnisse beim Einmassensystem stützen, am Platze. In Sonderfällen erfolgt eine versuchsmäßige Anpassung des Wandlers.

α) Bauliche Gestaltung und Bemessung des Resonanzschwingungsdämpfers.

Man kann vier Bauarten unterscheiden, bei denen ein elastischer, dämpfungsfähiger Baustoff, z. B. Gummi, als Feder und Dämpfungsmittel zugleich Verwendung findet.

1. Eine verhältnismäßige kleine *Dämpfermasse* ist *als Schwungring A* (Abb. 171a) mit einem an der Welle befestigten Gehäuse B (Scheibe mit winkelförmigem Rand) durch eine zwischen ihnen liegende und mit ihnen adhäsiv verbundene Gummischicht C elastisch gekoppelt. Der Zwischenraum zwischen der Belastungs- und Entlastungskurve des Gummis bei der Verdrehung stellt die elastische Hysterese und den in Wärme umgewandelten Betrag der Arbeit dar. Der Dämpfer wird abgestimmt durch Erhöhung oder Erniedrigung der Massenträgheit oder durch Änderung der Dicke und Härte der Gummischicht. Diese Ausführungsform ist im Fahrzeugmotorenbau sehr verbreitet. Über den Anbau an die Kurbelwelle vgl. Heft 10, S. 77, 78.

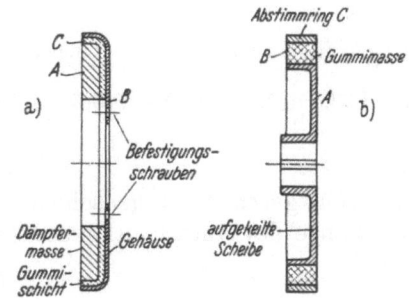

Abb. 171. Resonanzschwingungsdämpfer.

2. Mit dem fest auf der Welle verkeilten Teil A (Abb. 171b) ist die *ringförmige Gummimasse B* von größerem Volumen adhäsiv verbunden (aufvulkanisiert), die wiederum am Außenumfang einen aufvulkanisierten Abstimmring C aus bleibeschwertem Gummi trägt.

Der *Gang der Entwicklung* eines solchen Resonanzdämpfers ist folgender: Bekannt ist die Eigenschwingungszahl 1. Grades der Kurbelwelle mit Getriebemassen aus Rechnung oder Versuch, ferner aus den Beziehungen für das Einmassensystem das Verhältnis der Dämpfermasse zur Hauptmasse, z. B. bezogen auf Kurbelhalbmesser r, und das Verhältnis der Eigenschwingungszahlen. In Anlehnung an ausgeführte Dämpfer berechnet man die ungefähren Abmessungen von Schwungring und Gummiring. Sodann bringt man am freien Kurbelwellenende des Motors eine Ersatzmasse an, die an Stelle des Dämpfers tritt, und bestimmt die Eigenschwingungszahl des ergänzten Systems bei einer ausgeführten Welle mittels Torsiographen. Diese wird der endgültigen Dämpferberechnung zugrunde gelegt. Da die Beschaffenheit und der Gleitmodul des verwendeten

Gummis etwas schwanken, kann eine Streuung im Verhalten des Dämpfers eintreten. BOSSE [67], der eine Eichvorrichtung für Resonanzschwingungsdämpfer entwickelt hat, empfiehlt, den Gummi etwas härter, d. h. die Eigenschwingungszahl etwas höher zu wählen als erforderlich wäre. Die Abweichungen im Verhalten der Dämpfer werden ausgeglichen, indem man die Seitenflächen des Gummiringes etwas abdreht.

3. FÖPPL [68] hat einen Schwingungsdämpfer als *Zylinder aus Gummi* entwickelt, der z. B. an einem Ende fest mit dem Kurbelwellenende verbunden ist und dessen anderes Ende größere Schwingungsausschläge ausführt, ein Mehrfaches des Wellenausschlages.

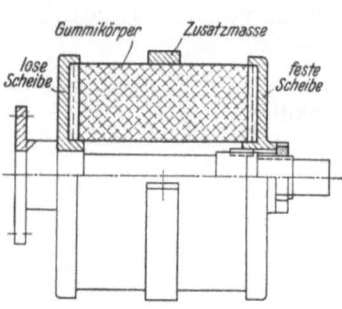

Abb. 172. Resonanzschwingungsdämpfer mit hohlem Gummizylinder nach FÖPPL.

Der dazu verwendete Gummi ist hochelastisch und verhältnismäßig wenig dämpfungsfähig, doch wird infolge der Größe der Ausschläge ausreichend Schwingungsenergie verzehrt. Bei der großen Wechselzahl der umgesetzten Energiemengen tritt eine Erwärmung des Gummis ein; mit der Temperatur ändert sich sowohl der Gleitmodul und daher die Eigenschwingungszahl des Dämpfers als auch die Dämpfung.

Der Aufbau des Dämpfers mit *einseitig wirkendem* Hohlzylinder ist aus Abb. 172 ersichtlich. Der Gummikörper wird an beiden Seiten durch Stahlscheiben, die mit Rippen versehen sind, etwas vorgespannt. Während die eine Scheibe fest auf der Welle sitzt, ist die andere lose schwingbar. Eine ringförmige Zusatzmasse kann als Korrekturmasse angebracht werden.

Man setzt das Trägheitsmoment des Gummikörpers zu 0,5 bis 1,0 des Trägheitsmoments der reduzierten Massen eines Maschinenzylinders. Mit den Bezeichnungen:

l Länge des Dämpfer-Gummizylinders [cm],

n_2 Eigenschwingungszahl des Dämpfers [Sch./min],

G Gleitzahl des Gummis = $7 \div 9 \dfrac{\text{kg}}{\text{cm}^2}$,

γ spezifisches Gewicht = $1{,}5 \cdot 10^{-3} \dfrac{\text{kg}}{\text{cm}^3}$,

μ spezifische Masse = $\dfrac{\gamma}{g}$ = $0{,}0000015 \dfrac{\text{kg sek}^2}{\text{cm}^4}$

wird aus der allgemeinen Beziehung Gleichung (53), S. 145, für den Dämpfer:

$$\omega_2 = \sqrt{\frac{c_2}{m_2}} \quad \text{und} \quad n_2 = \frac{30}{\pi} \cdot \omega_2,$$

wobei n_2 gleich der Eigenschwingungszahl n_e der Kurbelwelle zu setzen ist, ergibt sich die Länge des einfachwirkenden Gummivollzylinders zu:

$$l = \frac{15}{n_2} \cdot \sqrt{\frac{G}{\mu}} \quad \text{cm}. \tag{108}$$

Bei einem *doppeltwirkenden Dämpfer*, dessen Gummizylinder zwischen zwei fest auf der Welle aufgekeilten Scheiben eingespannt ist, schwingt die Mitte des Zylinders frei gegen die beiden Enden. Über dessen Eigenschaften sei auf [68] verwiesen.

4. Eine andere Form ist der *Scheibenschwingungsdämpfer*, bei dem eine Gummischeibe zentrisch mit der Kurbelwelle verbunden ist, während ihr Rand mit ringförmigen Schwungringen versehen ist (siehe FÖPPL [68]). Ein Dämpfer in Scheibenform in Verbindung mit der Reibungswirkung einer „Zusatzbremse" ist ebenfalls möglich; sein Verhalten hat WIENEKE [69] geprüft.

Zusammenfassend sei gesagt: Der Resonanzdämpfer benötigt wegen seiner starken Aufschaukelung nur $\dfrac{1}{20}$ bis $\dfrac{1}{10}$ des Schwungmoments, das man ohne Resonanz vorsehen müßte; er spricht aber im Gegensatz zu dem Schwingungstilger nur im kritischen Drehzahlgebiet an, in dem die in Resonanz erregten Ausschläge entstehen; diese Einschränkung ist jedoch kein Nachteil.

β) Weitere dynamische Dämpfer.

1. *Hülsenfederdämpfer* der MAN. Während bei einem elastischen Wellenstück oder bei einer gewöhnlichen Feder der Ausschlag (die Federung) und die Belastung in linearer Abhängigkeit stehen, kann man mit besonders gearteten Federn, wie sie schon als „Hülsenfedern" [58] bei den federnden Kupplungen (S. 176) erwähnt wurden, die Eigenschaften eines dynamischen Dämpfers zweckdienlich gestalten. Der Primärteil a (Abb. 173a) wird als Innenstern an die Stelle des größten Schwingungsausschlages, meist das freie Kurbelwellenende, angebaut. Der Sekundärteil b des Dämpfers ist Außenteil und als abgestimmte Zusatzmasse ausgebildet, welche über die Hülsenfedern c mit dem Innenteil elastisch gekuppelt ist. Die Form eines Hülsenfederpaketes ist aus Abb. 173b ersichtlich; eine Anzahl solcher Federpakete ist zwischen Stern und

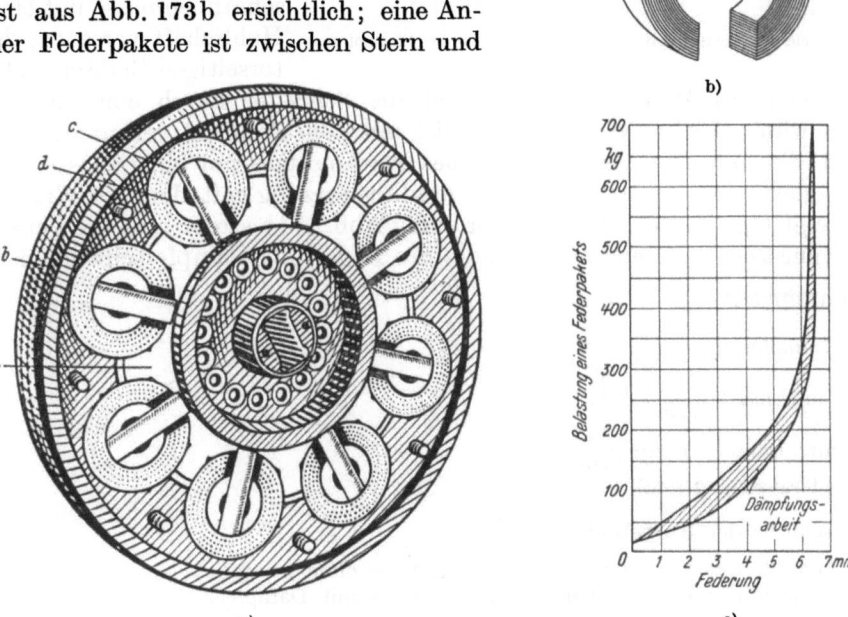

Abb. 173. Hülsenfeder-Schwingungsdämpfer der Maschinenfabrik Augsburg-Nürnberg.
a) Dämpfer mit Hülsenfedern. b) Hülsenfeder (Federpaket) aus Blättern verschiedener Stärke.
c) Kennlinie eines Hülsenfederpakets.

Dämpfermasse verteilt. In jedes Federpaket wird ein Bolzen d mit Leiste eingebaut, an den sich die Feder mit zunehmender Durchbiegung anlegt und ihre wirksame Länge verkürzt. Die Federkennlinie (Abb. 173c) hat einen exponentialen Verlauf und weist infolge der Blattreibung eine Dämpfungsfläche auf. Bei Drehschwingungen des Wellenendes entstehen Relativbewegungen zwischen Welle und Dämpfermasse, die die Federn auf Biegung beanspruchen. Durch die Kürzung der freien Federlänge mit wachsender Durchfederung ändert sich die Steifigkeit der Feder und die Eigenfrequenz des Systems, was die Ausbildung von bedenklichen Ausschlägen verhindert. Über die Bewährung dieser Dämpferbauart haben PIELSTICK [58] und GEISLINGER [64, 2] berichtet.

2. *Reibungsschwingungsdämpfer*. a) Der Dämpfer mit *mechanischer Reibungswirkung*, dessen Arbeitsweise unter 9. a, β) in den Hauptzügen umrissen wurde, soll nun als umlaufender Dämpfer am Wellensystem eingehend betrachtet werden. Solche Dämpfungseinrichtungen größeren Umfanges werden bisweilen „Reibungsschwungräder" benannt.

Die Bauarten unterscheiden sich zunächst durch die Zahl der Reibscheiben und Reibflächen. Neben den einfachsten Dämpfern mit einer Scheibe findet man die Mehrplattenausführung. Außerdem sind trockene und geschmierte Reibflächen zu unterscheiden.

188   Drehschwingungen.

Da beim Reibungsdämpfer eine bestimmte Amplitude des Wellenausschlages bestehen bleiben muß, damit der Dämpfer zur Wirkung kommt, ist er an der Stelle der größten Schwingungsweite des Systems unterzubringen. An zusammengesetzten Systemen ist diese Stelle nicht immer das Kurbelwellenende, wie aus den früheren Abb. 122 und 127 hervorgeht. Zudem soll ein Plattensatz einem Glied von beträchtlichem Trägheitsmoment und somit von möglichst gleichförmiger Umlaufsgeschwindigkeit benachbart sein. Im Falle des Flugmotors findet man zwei Kompromisse: In Abb. 174a wird die Luftschraubenmasse mit einem steifen Hohlschaft versehen, der am motorseitigen Ende einen Plattensatz trägt, während das Motordrehmoment auf die Schraube durch eine elastische Welle übertragen wird; der zweite Plattensatz ist mit dem Zahnrad verbunden. Die andere Lösung ist die indirekte Verbindung eines Plattensatzes mit einer Masse, deren reduziertes Trägheitsmoment durch die Zahnradübersetzung mit dem Quadrat der Übersetzung steigt (vgl. S. 136). In der Anordnung Abb. 174b strebt man die Verwertung der großen Trägheit des rotierenden Laufrades des Laders als Dämpferschwungmasse an.

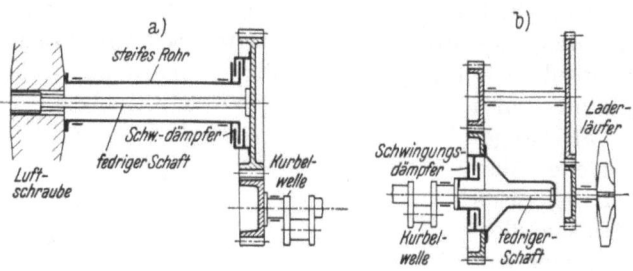

Abb. 174. Beispiele verschiedener Anordnung des Dämpfers bei Flugmotoren.

Bezeichnungen:

m_D lose Dämpfermasse $\left[\dfrac{\text{kg}}{\text{cm}}\text{sek}^2\right]$,

m_M Mitnehmermasse $\left[\dfrac{\text{kg}}{\text{cm}}\text{sek}^2\right]$,

$m_D{}'$ gesamte Dämpfermasse $\left[\dfrac{\text{kg}}{\text{cm}}\text{sek}^2\right]$,

a_D Dämpferausschlag [cm],

ω Drehschnelle der Kurbelwelle $\left[\dfrac{1}{\text{sek}}\right]$,

ω_e Drehschnelle der Eigenschwingung des Systems ohne Dämpfer,

ω_{eD} Drehschnelle der Eigenschwingung des Systems mit Dämpfer,

n Drehzahl der Kurbelwelle $\left[\dfrac{\text{U}}{\text{min}}\right]$,

ϱ, ϱ_b Parameter,
R_0 Reibungskraft am Halbmesser r [kg],
R_1 Reibungskraft am Halbmesser r_1,
N Normalkraft [kg],
μ Reibungszahl,
q Zahl der Druckfedern,
P_f Federkraft [kg],
d Durchmesser des Federdrahtes [cm],
f Federung [cm],
i Windungszahl,
r_f Federhalbmesser [cm],

τ'_{zul} zulässige Drehbeanspruchung der Feder $\left[\dfrac{\text{kg}}{\text{cm}^2}\right]$,

G Gleitzahl des Federstahls = $750\,000 \dfrac{\text{kg}}{\text{cm}^2}$,

p Flächenpressung $\left[\dfrac{\text{kg}}{\text{cm}^2}\right]$,

F Reibfläche [cm²].

α) *Wirkungsweise.* Es sei ein einfaches Wellensystem und ein Dämpfer mit einer Reibscheibe und trockener (fester) Reibung zugrunde gelegt.

Am freien Ende der Kurbelwelle, wo die größten Ausschläge auftreten, ist die lose ringförmige Dämpfermasse m_D (Abb. 175) durch Reibungsschluß mit der auf der Kurbelwelle befestigten kleinen Mitnehmermasse m_M verbunden. Die Reibungskraft R_0 wird von Schraubenfedern f erzeugt, welche die zweiteilige Masse m_D (Scheibenhälften) an die Reibfläche des Bremsbelages b andrücken. Für kleine Ausschläge am Wellenende bleibt m_D mit m_M verbunden, wie bei einer Reibungskupplung; das Massensystem der Maschine ist dabei um eine Masse vermehrt und hat eine Eigenfrequenz, die niedriger ist als jene des Systems ohne Dämpfermasse. Kommt nun die Maschine bei Auswirkung einer erregenden Hauptkritischen in den Resonanzbereich, so vergrößern sich die Ausschläge und die Massenkraft ($m_D \cdot a_D \cdot \omega_{eD}^2$) übersteigt die Haftreibungskraft R_0, was bedeutet, daß m_D sich von m_M löst, wobei die Flächen aufeinandergleiten. Es wird dabei Schwingungsenergie durch Reibung vernichtet und in Wärme umgesetzt; zugleich bedingt die Ausschaltung der Masse m_D eine andere Eigenfrequenz des Systems. Die vordem kritische Drehzahl ist keine solche mehr, da die Ausschläge nicht bedenklich groß werden. Der Dämpfer ist also durch zwei Größen festgelegt: durch die Dämpfermasse m_D und durch die Reibungskraft R_0; beide sind zweckmäßig festzulegen. Kommt der Dämpfer durch zu schwache Federspannung bei geringen Ausschlägen der Welle zum Gleiten, so wird die Leistung der Maschine

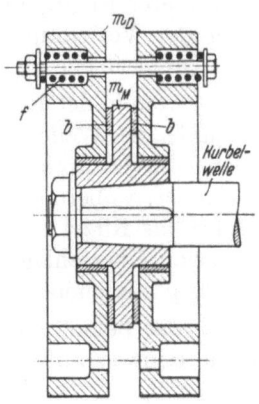

Abb. 175. Reibungs-Drehschwingungsdämpfer nach LANCHESTER mit einstellbarer Federspannung. b Bremsbelag; f Druckfeder; m_M auf der Kurbelwelle befestigte Scheibe; m_D Dämpferscheibe großer Trägheit.

durch Energieentzug unnötig herabgesetzt; ein zu starker Federdruck ist ebenfalls schädlich, da ein blockierter Dämpfer zu spät in Tätigkeit tritt.

β) *Gang der Berechnung.* Da m_D im angekoppelten Zustand die Lage der Resonanzstelle beeinflußt und R_0 den Betrag der entstehenden Ausschläge durch Festlegung des Augenblickes des relativen Gleitens bestimmt, sind die beiden Größen zu ermitteln. Hierzu bieten sich verschiedene Wege.

Erster Weg. Man bestimmt die Dämpfermasse, sodann die Reibungskraft, die Zahl der Federn und die Größe der Reibfläche.

Dämpfermasse. Die näherungsweise Berechnung der erforderlichen Dämpfermasse m_D geht aus von der Zulassung eines bestimmten Betrages der Drehschnelle ω_{eD} mit Dämpfer gegenüber der ursprünglichen Schnelle ω_e ohne Dämpfer. Der Unterschied wird als „Verstimmung" bezeichnet und beträgt etwa 15 bis 25% so daß

$$\omega_{eD} = (0{,}85 \div 0{,}75) \cdot \omega_e. \quad (109)$$

Die Bedeutung der Verstimmung kommt in Abb. 176 zum Ausdruck durch den Ab-

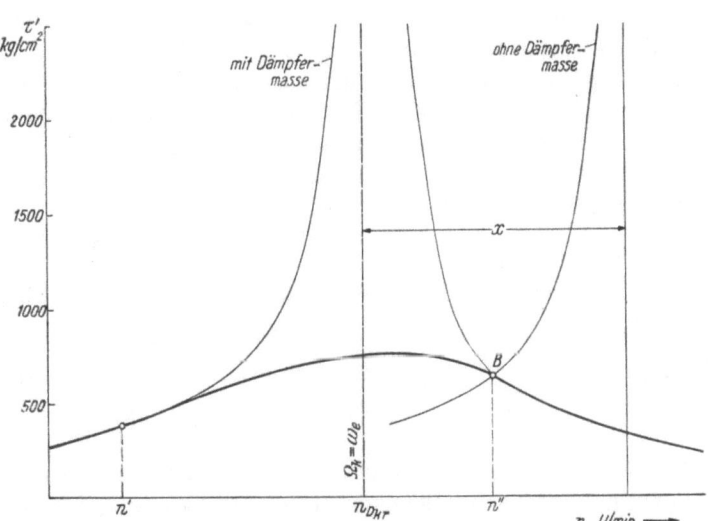

Abb. 176. Drehbeanspruchung der Kurbelwelle auf der Schwungradseite, mit Dämpfer.

stand x der Amplituden der Ausschläge und zugleich der Beanspruchungen der Welle in Abhängigkeit von den Drehzahlen n in dem Hauptsystem ohne und mit Dämpfermasse. Die niedrigere Resonanzdrehzahl gilt mit angehängter Dämpfermasse, die höhere ohne solche Masse. Soll im Streubereich der Kritischen $\frac{n_e}{k}$ eine zulässige Beanspruchung eingehalten werden, so bestimmt die Eintragung dieser Beanspruchung den Schnittpunkt B, durch welchen die neue Resonanzkurve zu legen ist. Die Amplitude dieser Kurve legt im Verein mit der ersten Kurve die Mindestverstimmung durch x_{min} fest. Noch sicherer ist es, eine zu starke Überschneidung der beiden Kurvenäste durch Erhöhung der Verstimmung zu meiden.

Zur Drehschnelle ω_{e_D} ist die passende Masse m_D auszurechnen. Nun ist fürs erste das Wellensystem in der Regel nur bis zum äußersten Zylinder z bekannt; es ist also noch die Federzahl c_a des Wellenstückes zwischen diesem Zylinder und dem Dämpfer zu bestimmen, an dem die Dämpfermitnehmermasse mit Nabe und Keil oder mit Flanschschrauben befestigt ist, wobei an manchen Maschinengattungen zwischen letztem Wellenlager und Dämpfer das Ritzel für den Steuerwellenantrieb untergebracht ist.

Um den Überschlagswert von m_D zu finden, rechnet man das erweiterte System mit ω_{e_D} durch, ausgehend von der großen Masse (Schwungrad, Schraube) nach dem Dämpfer hin. Aus der Bedingung, daß die Summe der Trägheitskräfte zu Null werden muß, ergibt sich mit Hinweis auf das Zahlenbeispiel S. 171 die Endgleichung:

$$m_D \cdot a_D \cdot \omega_{e_D}^2 = \sum_{M}^{m_z} m_n \cdot a_n \cdot \omega_{e_D}^2. \tag{110}$$

Da sämtliche Werte bis auf m_D bekannt sind, läßt sich hieraus m_D, bezogen auf Halbmesser r, errechnen.

Diese auf r reduzierte Masse ist konstruktiv zu verwirklichen. Nach Abspaltung einer kleinen Masse m_M für den Mitnehmer und nach sonstigen Änderungen bei der Formgebung ist eine genauere Untersuchung des Systems: Maschinenwelle mit Dämpfergesamtmasse m_D' und Schwungmasse M durchzuführen und seine Eigenschwingungszahl n_e zu ermitteln. Daraus ergibt sich bei Viertakt für die Ordnung $k = \frac{z}{2}$ die tatsächliche Verstimmung und die kritische Drehzahl $n_{D_{kr}}$ nach Gleichung (73a) (S. 160). Sodann erhält man die Größe des Dämpferausschlages a_D am Halbmesser r, der sich mit dem Ausschlag a_M von m_M deckt, solange beide Teile aneinanderhaften.

Reibungskraft. Durch geeignete Bemessung der Reibungskraft R_0 zwischen dem festen Teil m_M und dem lose drehbaren Teil m_D des Dämpfers hat man es nun in der Hand, die Drehbeanspruchung nicht zu hoch werden zu lassen, indem bei gefährlicher Größe der Ausschläge die selbsttätige Lösung der Masse m_D ermöglicht wird; von diesem Zeitpunkt an ist die Resonanzkurve nicht mehr gültig.

Gleiten tritt ein, wenn die Massenkraft von m_D die Reibungskraft übersteigt, so daß mit dem Ausschlag a:

$$m_D \cdot \frac{d^2 a}{dt^2} \geqq R_0.$$

Der Größtbetrag dieses Ausdruckes ist für die Amplitude a_D:

$$m_D \cdot a_D \cdot \Omega_k^2 \geqq R_0 \text{ kg}, \tag{111}$$

wenn die Drehschnelle Ω_k der Erregenden k-ter Ordnung

$$\Omega_k = k \cdot \omega = k \cdot \frac{\pi \cdot n'}{30}$$

und n' eine unterhalb der Hauptkritischen liegende Drehzahl ist, die man mit Rücksicht auf eine erträgliche Beanspruchung der Welle auf Seite des Knotenpunktes (bis etwa 400 kg/cm², wenn die Maschine häufig mit dieser Drehzahl läuft) wählt (Abb. 176).

Verlangt man nun, m_D solle sich bei der Drehzahl n' abkuppeln, um eine bestimmte Wellenbeanspruchung auf der Schwungmassenseite nicht zu überschreiten, so ist aus der Resonanzkurve (Abb. 177) der Dämpferausschlag a_D' für diese Drehzahl ablesbar; dann gilt:

$$R_0 = m_D \cdot a_D' \cdot \Omega_k^2.$$

R_0 ist also zahlenmäßig bekannt.

Verlauf der Ausschläge. Anzugeben ist noch, wann sich m_D wieder mit m_M verbindet. Für den Fall fester Reibung ist der Ausschlag bei gegebenem R_0 und m_D eine Funktion von $\Omega_k{}^2$:

$$a_D' = \frac{R_0}{m_D \cdot \Omega_k{}^2}. \tag{112}$$

Dieser Ausdruck läßt sich als Hyperbel abbilden und zwar in Abhängigkeit von der Motordrehzahl n, wenn man schreibt:

$$a_D' = \text{const} \cdot \frac{1}{n^2}.$$

Man rechnet für eine Anzahl von Werten der Drehzahl n die a_D'-Werte aus und trägt sie über den Drehzahlen im Bild der Resonanzkurve auf (Abb. 177). Ihre Verbindung ergibt die Hyperbel, deren Schnittpunkt mit der a_M-Linie die Drehzahl n'' abgibt, bei der sich die Masse m_D wieder hinzuschaltet und von der ab die a_M-Linie weiter gilt.

Will man ferner sich Rechenschaft darüber geben, wie der oberhalb der Hyperbel liegende ungültige Teil der a_M-Linie zu ersetzen ist, so greift man am besten auf Untersuchungen zurück, die KLOTTER [65] durchgeführt hat. Danach liegt der Höchstwert des Ausschlages mit ausreichender Genauigkeit bei der alten Resonanzdrehzahl $n_{D_{kr}}$ und zwar gilt dort für den Wellenausschlag an der Masse m_M oder m_D:

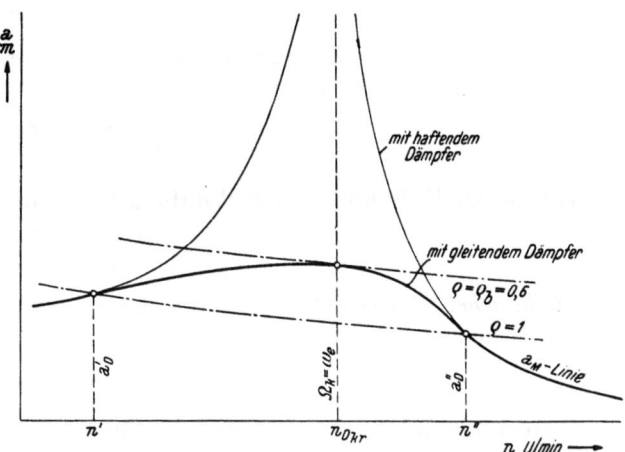

Abb. 177. Resonanzkurve mit haftendem und mit gleitendem Dämpfer.

$$a_{M_{\max}} = \frac{R_0}{\varrho_b \cdot m_D \cdot \Omega_k{}^2}. \tag{113}$$

ϱ ist ein Parameter für verschiedene Hyperbeln; die schon eingezeichnete hat $\varrho = 1$ und ϱ_b ist der Parameter für die Berührungshyperbel (siehe Abb. 177). Die Größe von ϱ_b hängt ab vom Verhältnis R_0/D_k, wenn D_k die Amplitude der erregenden Harmonischen, bezogen auf die Kolbenfläche F ist, und kann entnommen werden aus der Kurve in Abb. 178. Mit den drei Punkten ist die Resonanzkurve hinreichend bestimmt.

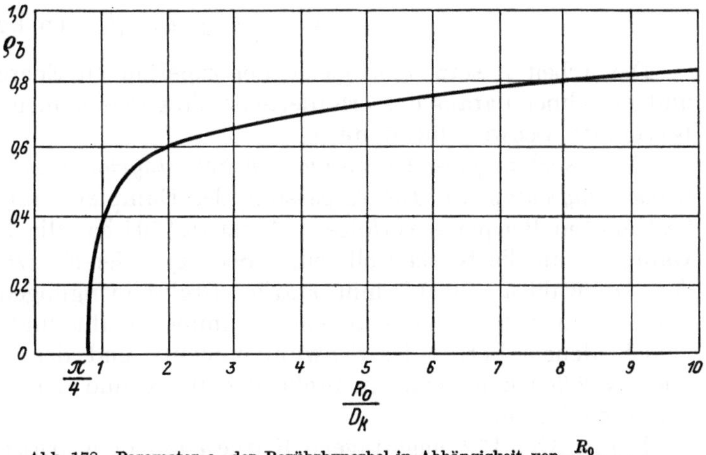

Federkraft und Zahl der Federn. Die auf den Halbmesser r bezogene Reibungskraft R_0 ist auf den tatsächlichen Wirkungshalbmesser umzurechnen. Ist r_1 der mittlere Halbmesser der Reibungsflächen, so wird die notwendige Reibungskraft:

$$R_1 = R_0 \cdot \frac{r}{r_1} \text{ kg}. \tag{114}$$

Abb. 178. Parameter ϱ_b der Berührhyperbel in Abhängigkeit von $\frac{R_0}{D_k}$ ... nach KLOTTER.

R_1 ist durch eine Anzahl Windungsfedern zusammen mit dem Reibbelag zu verwirklichen. Haben die zwei wirksamen Reibflächen die Reibungszahl μ, so ist die erforderliche Normalkraft:

$$N = \frac{R_1}{2\mu} \text{ kg.} \tag{115}$$

Je nach Beschaffenheit des trockenen Belages (Bremsbelages) ist $\mu = 0{,}2 \div 0{,}3$; die Möglichkeit des Absinkens des Reibungsbeiwertes im Laufe des Betriebes ist im Auge zu behalten. Geschmierte Flächen haben ein $\mu = 0{,}1$ bis $0{,}15$. Bei insgesamt q Federn wird die Kraft für die Einzelfeder:

$$P_f = \frac{N}{q} \text{ kg.} \tag{116}$$

Nach Annahme des Windungshalbmessers r_f und der zulässigen Verdrehungsbeanspruchung $\tau'_{zul} = 3500$ bis 4000 kg/cm² rechnet sich die Drahtstärke aus:

$$d = \sqrt[3]{\frac{16 \cdot P_f \cdot r_f}{\pi \cdot \tau'_{zul}}} \text{ cm;} \tag{117}$$

die zugehörige Federung mit der Windungszahl i und der Gleitzahl $G = 750\,000$ kg/cm² ist:

$$f = \frac{64 \cdot i \cdot r_f^3}{d^4} \frac{P_f}{G} \text{ cm.} \tag{118}$$

Reibfläche. Die Größe der Reibfläche F bestimmt sich aus Normalkraft und spezifischem Druck:

$$F = \frac{N}{p} \text{ cm}^2.$$

Das zulässige p hängt von der Beschaffenheit des Belages ab. Im Mittel kann $p = 1{,}5 \div 3$ kg/cm² gesetzt werden.

Zweiter Weg. Man geht von dem Reibungsdrehmoment und dem Dämpfungsmoment aus. Liegt ein Dämpfer mit einem „zähen" Dämpfungsmoment (siehe S. 183) wie bei geschmierten Reibflächen vor, so ist die Dämpfungsarbeit bei günstigem Reibungsdrehmoment, wie DEN HARTOG [43] nachweist:

$$A = \frac{\pi}{2} \cdot J_D \cdot \omega_e^2 \cdot \beta_w^2 \text{ cm kg,} \tag{119}$$

wenn die Dämpferscheiben zusammen das Trägheitsmoment J_D haben, β_w die Drehweite der Welle in Bogeneinheiten, ω_e die Eigenschnelle der Welle ist.

Wird das Reibungsmoment von „trockenen" Reibungskräften erzeugt (siehe S. 184), so ist es von fast unveränderlicher Größe, also nicht verhältig der Verschiebungsgeschwindigkeit; alsdann gilt:

$$A = \frac{4}{\pi} \cdot J_D \cdot \omega_e^2 \cdot \beta_w^2 \text{ cm kg.} \tag{120}$$

Die Arbeit A setzt man gleich der zugeführten Energie der betreffenden Kritischen und errechnet daraus das erforderliche Trägheitsmoment der Dämpferscheiben für eine bestimmte Schwingungsweite β_w.

γ) *Versuchsmäßige Anpassung von Schwungmasse und Reibungsmoment des Reibungsschwingungsdämpfers.* Die Anpassung des Dämpfers läßt sich am besten an Hand eines bestimmten Beispieles verfolgen. MÜLLER [70] hat die Ergebnisse der Anpassung eines Dämpfers an die Kurbelwelle eines Sechszylinder-Fahrzeugmotors von 240 PS$_e$, die bei der Drehzahl $n = 900$ U/min starke Drehschwingungen der Erregenden 6. Ordnung aufwies, in Kurvendarstellungen zusammengefaßt und die erzielbare Dämpfung bei verschiedenem Betrag des Schwungmomentes und des Reibungsmomentes klargemacht. Diese Größen kann man an Stelle der Masse und der Reibungskraft am Halbmesser r ins Auge fassen.

Die in Abb. 179 eingetragene Kurve a mit dem kritischen Ausschlag bei $n = 900$ gilt für die Kurbelwelle ohne Dämpfer. Die mit dem Anbau des Dämpfers entstehende neue Kritische des Gesamtsystems ist nicht eingetragen; ihre Spitze liegt wegen der niedrigeren Eigenschwingungszahl des Systems bei $n = 700$, wobei die Verstimmung durch den Dämpfer $\sim 22{,}5\%$ der Eigenschwingungszahl ist. Die Bedeutung der übrigen Kurvenzüge für verschiedene Beträge des Reibungsmoments M_r bei einem Schwungmoment

$GD^2 = 3{,}98$ kg m² ist am Fuße der Abbildung angegeben. Mit zunehmendem M_r verlagert sich die Kritische nach $n = 700$, der Drehzahl für fest gekoppelte Dämpfer. Die kleinsten Verdrehungsausschläge in zwei leichten Wellen ergeben sich für $M_r = 2000$ cm kg; diese Erscheinung trifft auch bei anderen Schwungmomenten zu, so daß es möglich ist, einen Bereich für das günstigste Drehmoment anzugeben, in dem die Ausschläge nur unwesentlich von dem als Bestwert gefundenen abweichen.

In Abb. 180 sind die Ausschläge bei günstigster Dämpfereinstellung abhängig vom Schwungmoment des Dämpfers aufgetragen. Mit kleiner werdendem Schwungmoment nehmen die als Bestwert bei günstiger Einstellung gefundenen Verdrehungsausschläge im Bereich der beiden Kritischen zu (Kurve a), um unterhalb $GD^2 = 2{,}5$ kg m² stark anzusteigen, da sie doch im Grenzfall $GD^2 = 0$ (ohne Dämpfer) den Höchstwert erreichen müssen.

Außerdem ist in Abb. 180 der Bereich des jeweiligen günstigsten Reibungsmoments

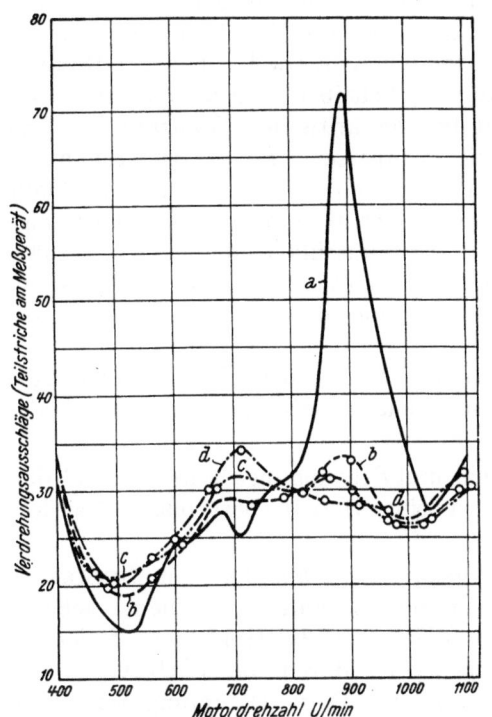

Abb. 179. Schwingungsausschläge eines Sechszylindermotors im Betriebsdrehzahlbereich. Schwungmoment des Dämpfers $GD^2 = 3{,}98$ kg m²; a) ohne Dämpfer; b) Reibungsmoment $M_r = 1600$ cm kg; c) Reibungsmoment $M_r = 2000$ cm kg; d) Reibungsmoment $M_r = 2410$ cm kg. Versuche von MÜLLER.

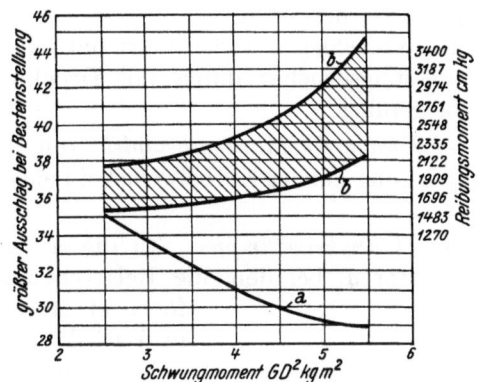

Abb. 180. Kurve a: Schwingungsausschläge bei jeweiliger Besteinstellung; Kurven b: Bereich des brauchbaren Reibungsmoments — in Abhängigkeit vom Schwungmoment des Dämpfers. Versuche von MÜLLER.

abhängig vom Schwungmoment des Dämpfers eingezeichnet. Es zeigt sich, daß man bei kleiner werdender Dämpfermasse mit kleinerem Reibungsmoment auskommt. Gleichzeitig wird das Gebiet des günstigsten Reibungsmoments schmäler; das ergibt bei federbelasteten Dämpfern mit kleiner Schwungmasse eine größere Empfindlichkeit gegen Abnützung der Reibbeläge als bei schwereren Dämpfern. Man wird allgemein bei Neueinstellung des Dämpfers an der oberen Grenze des schraffierten Bereiches bleiben müssen.

Die Verstimmung des Schwingungssystems durch den Dämpfer mit $GD^2 = 3{,}98$ kg m² beträgt etwa 22,5% der Eigenschwingungszahl. Bei $GD^2 = 2{,}56$ kg m² beträgt die Verstimmung etwa 13,5%. Hierbei ist die Wirkung des Dämpfers aber nicht mehr ausreichend, außerdem wäre dieser Dämpfer schon zu empfindlich gegen Änderung des Reibungsmoments. Bei einer Verstimmung von 18% ($GD^2 = 3{,}5$ kg m²) erhält man noch gute Dämpferwirkung. Der Reibungsbeiwert des eingelaufenen Reibbelages ist $\mu = 0{,}25$.

Es besteht Gesetzmäßigkeit zwischen Dämpfermasse und günstigstem Reibungsmoment. Aus der Darstellung kann zu jedem Schwungmoment der Bereich des für beste Dämpfung erforderlichen Reibungsmoments abgelesen werden.

Aus den Resonanzkurven der Welle ohne und mit Dämpfer läßt sich der *Wirkungsgrad des Dämpfers* als prozentuale Dämpfung angeben. Es ist:

$$\eta_D = 100 \cdot \frac{\varphi_0 - \varphi_1}{\varphi_0} \% \text{ Dämpfung,} \tag{121}$$

wenn φ_0 der Ausschlag der Welle ohne Dämpfer und φ_1 der Ausschlag mit Dämpfer ist. Genauer ist die Angabe des Ausschlages bezogen auf den statischen Ausschlag (s. S. 178) ohne Dämpfer und mit Dämpfer, weil hiermit die Mitwirkung der Eigendämpfung des Systems besser erfaßt wird.

δ) Dämpfer mit veränderlichem Reibungsschluß. Der einfache mechanische Reibungsdämpfer mit gleichbleibendem Reibungsschluß kann nur für eine Kritische mit seiner größten Wirksamkeit eingestellt werden. Da aber die Kurbelwelle mehrere Resonanzgebiete aufweist, hat man versucht, die Reibung der Scheiben in Abhängigkeit von der Drehzahl zu bringen, um die Dämpfungsarbeit bei der kritischen Drehzahl der Arbeit der Erregenden bestimmter Ordnung selbsttätig anzupassen. So hat CHRYSLER einen Dämpfer gebaut, dessen Scheibenanpressung mit der Fliehkraft, also mit dem Quadrat der Drehzahl wächst. Ein mit Bleimassen beschwerter Gummiring mit keilförmigem Querschnitt wird durch die Fliehkraft an eine ihn umschließende, geteilte Gehäusewand gedrückt; der entstehende Seitendruck verstärkt die Kraft der sonst vorhandenen Federn. Solche Abhängigkeit deckt sich indessen nicht mit den tatsächlichen Erfordernissen.

An Vorschlägen anderer Art hat es nicht gefehlt. So hat man die Veränderung des Anpressungsdruckes durch mit Druckluft betätigte kleine Kolben, statt der Federn, herbeigeführt.

ε) Einige Ausführungsbeispiele von Resonanz- und Schwingungsdämpfern und deren Anbringung auf der Kurbelwelle bei Leichtmotoren bringt Heft 10, bei größeren Maschinen Heft 12.

3. *Flüssigkeitsdämpfer.* Zu dieser Gattung gehört der Dämpfer von JUNKERS für Flugmotoren, bei dem die Relativbewegung von mit Schaufeln versehener scheibenförmiger Massen dazu dient, das die Hohlräume füllende Öl in Wirbelung zu bringen und durch die Wirbelverluste die Schwingungen abzudämpfen. Diese Dämpfung ist nur annähernd linear. Fest mit der Welle a (Abb. 181) ist die leichte Scheibe b verbunden, die eine Anzahl Schaufeln c trägt. Das auf der Welle a drehbar gelagerte, zweiteilige Gehäuse d besitzt Gegenschaufeln e und wird durch zwei schwache Federn f von der Scheibe b mitgenommen, wobei es dank der Elastizität von f um einen gewissen Betrag vor- oder nacheilen kann. Der Raum zwischen b und d ist von Öl ausgefüllt. Die Scheibe b folgt den Schwingungen des Wellenendes a, während das Gehäuse d fast gleichförmig umläuft; dadurch werden die Kammern zwischen den Schaufeln c und e inhaltlich verändert. Die Strömung von den sich verengenden zu den sich erweiternden Schaufelräumen bedingt Wirbelverluste, welche die Wellenausschläge herabsetzen. Die Ölfüllung wird durch die Ölpumpe des Motors dauernd in Umlauf gehalten und leitet die Reibungswärme ab.

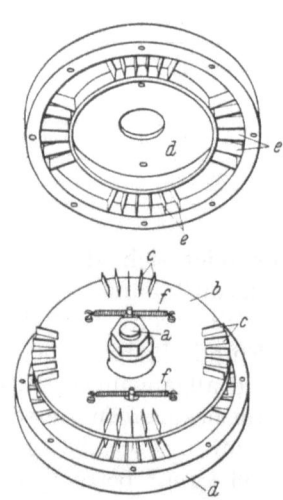

Abb. 181. JUNKERS-Flüssigkeitsdämpfer.

Über den Betrag der Energievernichtung gibt die Arbeit von NEUGEBAUER [71] Auskunft.

Bei dem Flüssigkeitsdämpfer von SANDNER [72] (siehe auch [29]) bedingt die Relativbewegung eines Schwungringes eine Ölverdrängung in den als Pumpen arbeitenden Kammern unter Überwindung der Vorspannung eines Druckventils. Dadurch wird die Schwingung zerstört und gedämpft.

γ) **Schwingungstilger (ungedämpfter, exzentrischer Zusatzschwinger).**

1. *Anordnung beim Einmassen- und Zweimassensystem.* Die Stellung des Tilgers unter den Zusatzschwingern als Beruhigungsmittel für Kurbelwellenschwingungen wurde auf S. 184 knapp umrissen. Nun soll auf seine Eigenheiten näher eingegangen werden, deren Bedeutung für die Anwendung auf Kurbelwellen zuerst von SARAZIN [73] erkannt wurde, wenn auch die Bezeichnung „TAYLOR-Pendel" dank einer Arbeit von TAYLOR [74], die das Pendel bekannt gemacht hat, häufig anzutreffen ist, vgl. die Feststellung von KRAEMER [75].

Bezeichnungen:

m_2 Pendelmasse $\left[\dfrac{\text{kg}}{\text{cm}}\text{sek}^2\right]$,

r' Abstand des Pendelschwerpunktes vom Wellenmittel [cm],

ω Winkelgeschwindigkeit der Kurbelwelle $\left[\dfrac{1}{\text{sek}}\right]$,

ω_2 Eigenschnelle des Pendels $\left[\dfrac{1}{\text{sek}}\right]$,

L Länge des Armes an der Kurbelwelle [cm],

l Länge des Pendels [cm],

φ Ausschlagwinkel des Pendels,

α, β Winkel im $\triangle ABS$,

$\mathfrak{F}$ Fliehkraft [kg],

$\mathfrak{P}, \mathfrak{Q}$ Komponenten von $\mathfrak{F}$,

k Ordnung der erregenden Harmonischen,

D_k erregende Harmonische [kg],

g Erdbeschleunigung = $981 \dfrac{\text{cm}}{\text{sek}^2}$.

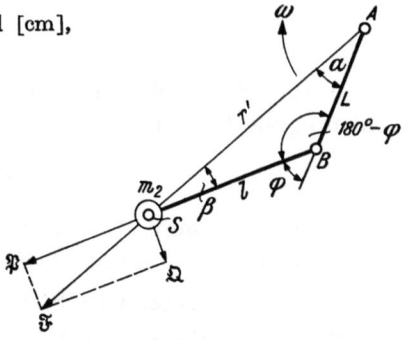

Abb. 182. Kräfte am Fliehkraftpendel.

Der Aufhängungspunkt B des Pendels außerhalb der Wellenmitte A (Abb. 182) läuft mit Wellengeschwindigkeit ω um. Man faßt zunächst die Masse m_2 mit Arm L als Kreispendel (mathematisches Pendel) auf. Die Punktmasse m_2 werde durch die Drehschwingungen der Welle aus ihrer radialen Lage in Fortsetzung von $\overline{AB}$ ausgelenkt; der Arm $\overline{AB}$ bilde dabei mit dem Pendelarm $\overline{BS}$ den Winkel φ; dann wirkt auf die Masse m_2 die Fliehkraft $\mathfrak{F}$ vom Betrag: $\mathfrak{F} = m_2 \cdot r' \cdot \omega^2$ in Richtung $\overline{AS}$. Bei hoher Winkelgeschwindigkeit ω der Welle überwiegt F die zugleich vorhandene Schwerkraft beträchtlich; diese kann daher vernachlässigt werden. Ebenso sind die bei der Drehung des Systems und bei der gleichzeitigen Schwingbewegung von m_2 mit kleinen Ausschlägen auftretenden CORIOLIS-Kräfte vernachlässigbar.

Die Fliehkraft $\mathfrak{F}$ zerlegt sich in eine Kraft $\mathfrak{P}$ in Richtung des Pendelarmes $\overline{BS}$ und eine Kraft $\mathfrak{Q}$ senkrecht dazu als rückführende Kraft vom Betrag:

$$Q = F \cdot \sin \beta$$
$$= m_2 \cdot r' \cdot \omega^2 \cdot \sin \beta.$$

Deren Moment um den Punkt B ist:

$$M = Q \cdot l = m_2 \cdot r' \cdot l \cdot \omega^2 \cdot \sin \beta.$$

Nun ist: $r' \cdot \sin \beta = L \cdot \sin \varphi$, womit:

$$M = m_2 \cdot l \cdot L \cdot \omega^2 \cdot \sin \varphi.$$

Mit der Tangentialbeschleunigung $t' = l \cdot \dfrac{d^2 \varphi}{dt^2}$ und dem Moment der Trägheitskraft

$$M' = m_2 \cdot l^2 \cdot \dfrac{d^2 \varphi}{dt^2}$$

lautet die Gleichgewichtsbedingung:

$$m_2 \cdot l^2 \cdot \dfrac{d^2 \varphi}{dt^2} + m_2 \cdot l \cdot L \cdot \omega^2 \cdot \sin \varphi = 0$$

oder:

$$l \cdot \dfrac{d^2 \varphi}{dt^2} + L \cdot \omega^2 \cdot \sin \varphi = 0.$$

Für kleine Ausschläge setzt man:

$$l \cdot \frac{d^2\varphi}{dt^2} + L \cdot \omega^2 \cdot \varphi = 0.$$

Hieraus folgt das Quadrat der Kreisfrequenz ω_2 der Eigenschwingung des Pendels:

$$\omega_2^2 = \frac{L}{l} \cdot \omega^2$$

und:

$$\omega_2 = \sqrt{\frac{L}{l} \cdot \omega^2} \; \frac{1}{\text{sek}}. \qquad (122)$$

Beim mathematischen Pendel mit festem Aufhängungspunkt gilt bei kleinen Ausschlägen im Schwerefeld für die Winkelgeschwindigkeit der harmonischen Schwingung:

$$\omega_2 = \sqrt{\frac{g}{l}} \; \frac{1}{\text{sek}},$$

worin g die Erdbeschleunigung bedeutet; beim Fliehkraftpendel mit der Normalbeschleunigung ($L \cdot \omega^2$) wird dagegen:

$$\omega_2 = \omega \cdot \sqrt{\frac{L}{l}} \; \frac{1}{\text{sek}}, \qquad (122\,\text{a})$$

die Drehschnelle nimmt also im geradlinigen Verhältnis mit der Drehzahl der Kurbelwelle zu. Die Gleichung (122a) hat gleichen Aufbau wie Gleichung (107) auf S. 185, wenn in dieser $C = m_2 \cdot \frac{L}{l}$ gesetzt wird. Soll das Pendel bei der k-ten Harmonischen wirksam werden, d. h. soll das Hauptsystem in Ruhe verharren, während die ganze Erregung auf das Pendel abgelenkt wird, so gilt:

$$\Omega_k = \omega_2$$

oder:

$$k \cdot \omega = \omega \cdot \sqrt{\frac{L}{l}},$$

woraus:

$$k = \sqrt{\frac{L}{l}}. \qquad (123)$$

Bei gegebener Ordnung der Harmonischen wird:

$$\frac{L}{l} = k^2. \qquad (124)$$

Eine Zweimassenanordnung mit einem solchen Pendel ist von der Einwirkung der Hauptharmonischen k-ter Ordnung im ganzen Drehzahlbereich befreit; das Ankoppeln des Pendels bringt keine neuen Schwingungsformen und Resonanzen des Kurbelwellensystems mit sich. Der Schwinger versagt lediglich, wenn an seiner Anbringungsstelle ein Schwingungsknoten der Schwingungsform liegt.

Ein solches System bildet der z-Zylinder-Viertakt-Einsternflugmotor mit seiner Hauptmasse (aus z Getriebemassen) und mit der Masse M der Luftschraube; also in seiner einfachsten Gestalt; bei ihm kann die Hauptkritische in die Nähe der Normaldrehzahl fallen; die Ordnung der Erregenden ist $k = \frac{z}{2}$, z. B. bei *9 Zylindern* $k = 4,5$. Hierfür wird:

$$\frac{L}{l} = 4{,}5^2 = 20{,}25,$$

woraus:

$$l \sim \frac{L}{20}.$$

Da aus konstruktiven Gründen L nicht größer als der Kurbelhalbmesser r, z. B. $r = 8$ cm, gemacht werden kann, ist die auszuführende Pendellänge:

$$l \sim \frac{r}{20},$$

im Beispiel:
$$l = 0{,}4 \text{ cm}.$$

Das mathematische Pendel mit punktförmiger Masse m_2 und Fadenlänge l wird praktisch durch ein materielles Pendel mit ausgedehnter Masse ersetzt. Wegen dieser körperlichen Ausdehnung des Pendels ist sein Massenträgheitsmoment zu berücksichtigen. Ist J_S (cm kg sek²) das polare Trägheitsmoment der Masse m_2 um ihren Schwerpunkt, so ist der Kleinstwert für die Pendellänge:

$$l_{\min} = 2\sqrt{\frac{J_S}{m_2}}.$$

Aus räumlichen Gründen ergibt sich, wie nachgewiesen wurde, ein sehr kleines l. Da nun das einfache Pendel einen zu großen Betrag hierfür liefert, geht man zum Zweifadenpendel mit Parallelkurbeltrieb über, bei dem alle Punkte der Pendelmasse, somit auch der Schwerpunkt, kongruente Bahnen (Koppelkurven) als Kreisbögen beschreiben, deren Halbmesser recht klein gehalten werden kann (Abb. 183). Solches Pendel kommt daher einem Pendel gleich, dessen im Schwerpunkt S vereinigt gedachte Masse m an einem Faden von der Länge l hängt, der im Punkt B schwingen kann.

Die vorangehende Betrachtung erfaßt also nur den Fall des Eingreifens des Tilgers mit Beruhigung des Kurbelwellensystems, nicht aber die sonstigen Schwingungszustände des Wellenarmes samt gekoppeltem Schwinger, die alsdann ein Doppelpendel bilden.

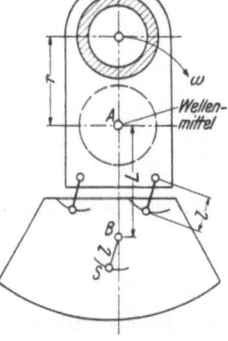

Abb. 183. Linienskizze eines Zweifadenpendels.　Abb. 184. Gegengewicht an der Kurbelwange als Pendel.

Praktische Ausführungsform. Zweierlei ist für die Verwirklichung von Bedeutung: einmal die Größe der Masse, sodann die kleinen Pendellängen.

Die richtige Eigenschnelle ω_2 ist nicht die einzige Bedingung für ein befriedigendes Tilgungspendel. Die Ausschläge, die von der Pendelmasse ausgeführt werden, stehen in

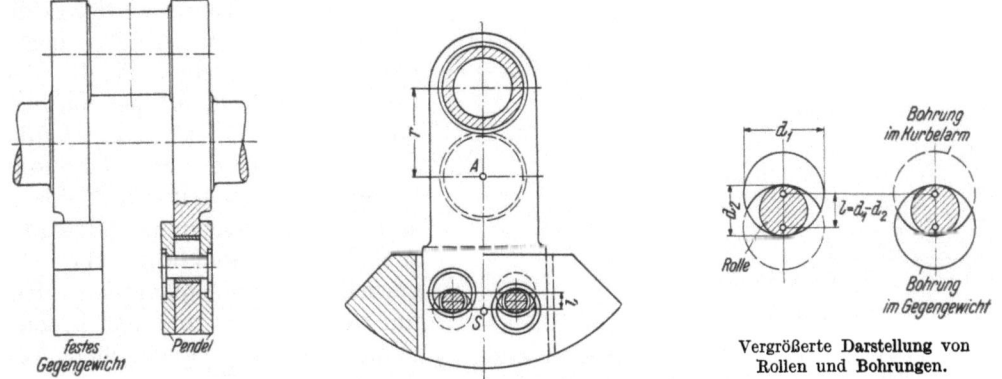

Abb. 185. Gegengewicht als Fliehkraftpendel, angelenkt durch Rollenbolzen. Die Wellenkröpfung kann ein- oder zweiteilig sein.

umgekehrtem Verhältnis zu ihrer Größe, so daß schon aus diesem Grund große Pendelmassen mit kleinen Ausschlägen und hoher Eigenfrequenz anzustreben sind. Der Ausschlag ist bei der k-ten Harmonischen D_k:

$$a_2 = \frac{D_k}{m_2 \cdot \dfrac{L}{l} \cdot \omega^2}. \tag{125}$$

Nun liegt bei den Kurbelwellen der Sternmotoren der besonders willkommene Fall vor, da die Kurbelkröpfung des Massenausgleiches wegen mit Gegengewichten versehen ist (vgl. Abschnitt „Massenausgleich"), ein solches Gegengewicht als Pendel ausbilden und ihm die Aufgabe des Tilgers übertragen (Abb. 184) zu können. Man könnte zunächst an die Aufhängung mit Laschen und Bolzen denken, doch handelt es sich in der Regel um so kleine Längen, die mit diesen Mitteln nicht verwirklicht werden können; hinzu kommt, daß die Belastung von Bolzen und Büchsen durch die große Fliehkraft fühlbare Reibung mit sich bringt.

Um diese winzigen Pendellängen konstruktiv unterzubringen, hat CHILTON die in Abb. 185 dargestellte Abwandlung des Pendel-Tilgers gefunden. Die Verbindung zwischen Kurbelarm und Gegengewicht wird durch zwei Bolzen hergestellt, deren Durchmesser d_2 kleiner ist als die Bohrung d_1 in Kurbelarm und Gegengewicht. Die Masse schwingt auf

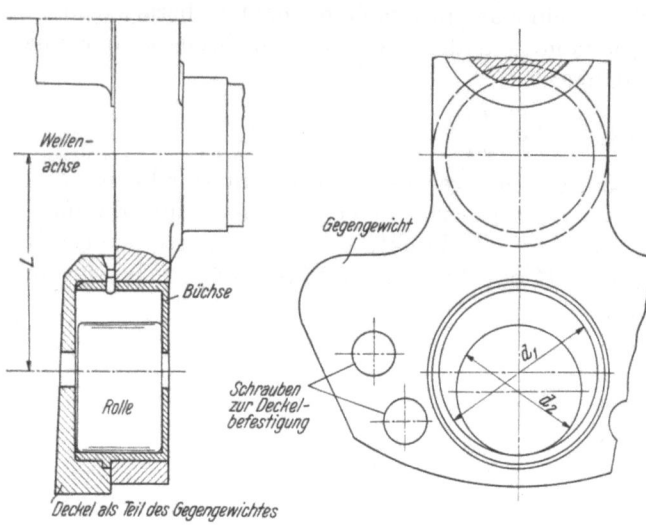

Abb. 186. Gegengewicht mit loser Rolle als Tilger an der Kurbelwelle des Sternmotors.

den Bolzen, die als Rollen, also unter Meidung von Gleiten, reibungslos arbeiten sollen; die Länge des gleichwertigen Pendels ist: $l = (d_1 - d_2)$. WRIGHT-Flugmotoren haben als erste solche Fliehkraftpendel verwendet.

Wenn schon früher schwingende Massen mit Drehpunkt außerhalb der Wellenmitte zur Anwendung gelangten, wie in D.R.P. 458463 [76], so ist in solchen Lösungen noch nicht die einfachste Arbeitsweise des Pendels erkannt. Greift man weiterhin zu Tilgerformen, die sich in ihrem Verhalten nicht mit dem mathematischen Pendel decken, z. B. zu einem Rollenkörper von größeren Abmessungen, so wirkt dieser als materielles Pendel, dessen Arbeitsweise als Tilger von STIEGLITZ [77] klargelegt worden ist, nachdem SALOMON die praktische Anwendung von Pendelgewichten als Außenrollen (Ringen) um feste Zapfen und als Innenrollen (Vollrollen) in zylindrischen Ausbohrungen in den Kurbelwangen oder in Wellenflanschen angegeben hat. Selbst die Kombination von Außenrolle und

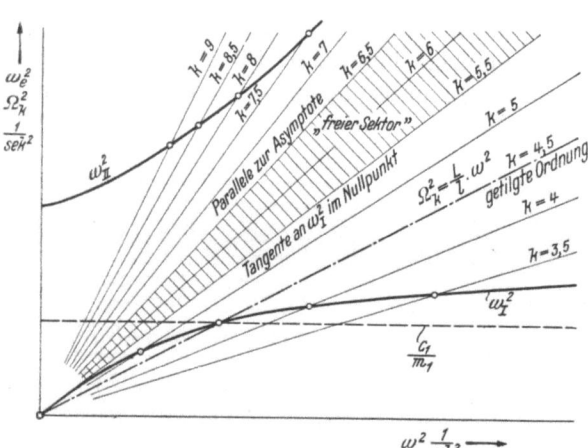

Abb. 187. Resonanzpunkte und getilgte Ordnung beim Dreimassensystem (dritte Masse als Fliehkraftpendel) nach KRAEMER. — ω_I = Eigenschnelle 1. Grades, ω_{II} = Eigenschnelle 2. Grades.

rollendem Stützbolzen ist möglich. In den PRATT-&-WHITNEY-Doppelsternmotoren mit 2×7 Zylindern wird eine einfache zylindrische Rolle verwendet (Abb. 186), die in einer größeren zylindrischen Kammer des einen Gegengewichts an der zweifach gekröpften Welle untergebracht ist und sich lose in ihr bei reichlicher Schmierung bewegen kann. Das Verhalten dieses Rollenpendels ist nicht so einfach wie jenes des

Zweifadenpendels; denn es kann bei den Schwingungsausschlägen ein Gleiten der Rolle eintreten, was die genaue Abstimmung des Tilgers unmöglich macht.

Einfluß des SARAZIN-*Pendels auf die Eigenschwingungszahlen des Systems.* Eine Besonderheit kommt mit solchem Pendel herein: Die Eigenschwingungszahlen des Systems sind nicht mehr unveränderlich, sondern vom ω der Welle abhängig. An Stelle der Geraden für ω_I, ω_{II} oder für n_I, n_{II} (Abb. 142) treten zwei Hyperbeläste für $\omega_I{}^2$ und $\omega_{II}{}^2$ (Abb. 187). Die Auswirkung dieser Eigenheit hat KRAEMER [75] beleuchtet. Das Ankoppeln des Pendels hat keine Vermehrung der Resonanzmöglichkeiten zur Folge; vielmehr gibt es Erregerordnungen, die weder mit der niedrigsten noch mit der höchsten Eigenschwingung in Resonanz geraten. Ein vom Nullpunkt des Koordinatensystems ausgehender Strahl $\Omega_k{}^2 = (k \cdot \omega)^2$ kann nur einen Hyperbelast schneiden, und zwar entweder $\omega_I{}^2$ oder $\omega_{II}{}^2$; der Bereich, in dem keinerlei Schnitt möglich ist, gibt den „freien Sektor".

2. *Anordnung von Fliehkraftpendeln bei dem Mehrmassensystem.* Während der Pendel-Tilger beim Massensystem des Sternmotors ein sehr einfaches Mittel der Bekämpfung der Drehschwingungen bildet, ist die Wirksamkeit seiner Anwendung bei *Reihenmaschinen* und vielfach gekröpften Wellen wegen der Überlagerung der Wirkung der einzelnen Pendel nicht mehr so leicht zu überblicken. Eine Anzahl von Lösungen der Anbringung des Pendel-Tilgers ist bekanntgeworden, so von SARAZIN, verwendet z. B. an SULZER-Maschinen, und von SALOMON; ihre Beschreibung hat KRAEMER [75] gebracht und die Untersuchung des Verhaltens der Welle, die mit mehreren Fliehkraftpendeln besetzt ist, hat SCHICK [78] durchgeführt.

Schrifttum.

1. HEIDEBROEK, E.: Die Berechnung von mehrfach gekröpften schnellaufenden Wellen. Masch.-Bau/Gestltg 2, G 31 (1922/23).
2. CORNELIUS, E. A.: Versuchsmethoden und Versuchseinrichtungen für Kurbelwellen schnellaufender Verbrennungsmaschinen. Automob.-techn. Z. 42, 190 (1939).
3. NEUGEBAUER, G.: Biegeschwingungsuntersuchungen an den Kurbelwellen eines Fahrzeugmotors. Automob.-techn. Z. 43, 339 (1940).
4. MEYER. E.: Über den Einfluß der Kröpfungsecken auf die Formänderung von gekröpften Wellen. Z. VDI 53, 295 (1909).
5. KULL, G.: Neue Beiträge zum Kapitel: Kritische Drehzahlen schnellumlaufender Wellen. Z. VDI 62, 249 (1918).
6. HOLBA, J.: Berechnungsverfahren zur Bestimmung der kritischen Drehzahlen von geraden Wellen. Wien: Julius Springer, 1936.
7. SCHNADEL, G.: Entwicklungsmerkmale im Schiffsmaschinenbau. Bericht über die internationale Konferenz in London 1938. Z. VDI 83, 519 (1939).
8. KLÜSENER, O.: Biegungsschwingungen zweimal gelagerter Kurbelwellen. Automob.-techn. Z. 36, 53 (1933).
9. BENZ, W.: Biegungsschwingungen von Kurbelwellen, insbesondere bei schweren Schwungrädern. Automob.-techn. Z. 38, 405 (1935).
10. RIEDE, W.: Messung der Biegungsschwingungen einer zweimal gelagerten Kurbelwelle in einem Vierzylindermotor während des Laufs. Automob.-techn. Z. 37, 366 (1934).
11. STODOLA, A.: Dampf- und Gasturbinen, 5. Aufl., S. 929. Berlin: Julius Springer, 1922.
12. GRAMMEL, R.: Ergebnisse der exakten Naturwissenschaften, Bd. 1, S. 92. Neuere Untersuchungen über kritische Zustände rasch umlaufender Wellen. Berlin: Julius Springer, 1922.
13. SCHRÖDER, P.: Die kritischen Zustände zweiter Art rasch umlaufender Wellen. Dissertation, T. H. Stuttgart, 1924.
14. RIEKERT, P. u. H. ERNST: Messung von Biegeschwingungen an einem Fahrzeug-Dieselmotor. Kraftfahrtechn. Forsch.-Arb. H. 5, S. 1. Berlin: VDI-Verlag, 1937.
15. TREFFTZ, E.: Zur Berechnung der Drehschwingungen von Kurbelwellen. Aachener Vorträge aus dem Gebiet der Aerodynamik, S. 214. Berlin, 1930.
16. SCHEUERMEYER, M.: Einfluß der Zündfolge auf die Drehschwingungen von Reihenmotoren. Dissertation, T. H. München, 1932.
17. GRAMMEL, R.: Die Schüttelschwingungen der Brennkraftmaschinen. Ing.-Arch. 6, 59 (1935).
18. BIEZENO, C. u. GRAMMEL R.: Technische Dynamik, S. 975, 1037; 971. Berlin: Julius Springer, 1939.
19. GRAMMEL, R.: Über die Torsion von Kurbelwellen. Ing.-Arch. 4, 287 (1933).
20. GRAMMEL, R.: Über einige dynamische Probleme bei Kolbenmotoren. Schriften der Deutschen Akademie der Luftfahrtforschung, H. 5. München: R. Oldenbourg, 1939.

21. Kimmel, A.: Grundsätzliche Untersuchungen über die bei den Drehschwingungen von Kurbelwellen maßgebende Drehsteifigkeit. Ing.-Arch. 10, 196 (1939).
22. Meyer, J.: Drehschwingungen der Kurbelwelle. Luftfahrtforschung 17, 54 (1940).
23. Schemberger, G.: Untersuchung über die Drehsteifigkeit von Wellen mit Hirth-Verzahnung. Motortechn. Z. 2, 328 (1940).
24. Holzer, H.: Die Berechnung der Drehschwingungen. Berlin: Julius Springer, 1921.
25. Geiger, J.: Mechanische Schwingungen und ihre Messung. Berlin: Julius Springer, 1927.
26. Carter, B.: An empirical formula for crankshaft stiffness in torsion. Engineering 126, 36 (1928).
27. Tuplin, A.: Torsional rigidity of crankshafts. Engineering 144, 275 (1937).
28. Lehr, E.: Schwingungstechnik, Bd. 1, S. 162. Berlin: Julius Springer, 1930.
29. Strunz, L.: Drehschwingungen in Kolbenmaschinen. Berlin: R. Schmidt, 1938.
30. Biber, W.: Praktische Verfahren zur Berechnung von Torsionseigenschwingungen. Dissertation, T. H. München, 1932.
31. Waimann, K.: Zeichnerisches Verfahren zur Berechnung von Wellen auf Drehschwingungen. Z. VDI 78, 1083 (1934).
32. Grammel, R.: Die Berechnung der Drehschwingungen von Kurbelwellen mittels der Frequenzfunktionstafel. Ing.-Arch. 3, 277 (1932). — Ferner: Ein neues Verfahren zur Berechnung der Drehschwingungszahlen von Kurbelwellen. Ing.-Arch. 2, 228 (1931).
33. Söchting, F.: Zur Berechnung der Eigenschwingungszahlen von Wellenleitungen. Automob.-techn. Z. 40, 259 (1937).
34. Geislinger, L.: Drehschwingungen von Systemen mit gleichmäßig verteilter Masse. Werft Reed. Hafen 18, 334 (1937). — Ferner: Die Nachrechnung der Dieselmotoren auf Drehschwingungen. Mitt. Forsch.-Anst. Gutehoffnungshütte 7, 15 (1939).
35. Frank. B.: Abgekürzte Drehschwingungsrechnungen mit Hilfe der Ersatzmasse und der Ersatzkraft. Ing.-Arch. 10, 371 (1939).
36. Hazer, M. u. V. Montieth: Torsional vibration of in line-aircraft engines. J. Soc. automot. Engr. 43, 335 (1938).
37. Lürenbaum, K.: Schwingungen des Systems Motor-Luftschraube. Schriften Dtsch. Akad. Luftfahrtforschg., H. 5. München: R. Oldenbourg, 1939.
38. Lundquist, G.: Torsional vibration of aircraft engine crankshafts. Trans. Amer. Soc. mech. Engr. 55, 133 (1933).
39. Dubbel, H.: Taschenbuch für den Maschinenbau, 7. Aufl., Bd. 2, S. 139. Berlin: Julius Springer, 1939.
40. Huszmann, A.: Rechnerisches Verfahren zur harmonischen Analyse und Synthese mit Schablonen. Berlin: Julius Springer, 1938.
41. Bauer, G.: Fortschritte im Schiffsantrieb durch übersetzte Dieselmotoren und hydraulische Kupplungen. Schiffbau 39, 41 (1938).
42. Wydler, H.: Drehschwingungen in Kolbenmaschinenanlagen und das Gesetz ihres Ausgleichs. Berlin: Julius Springer, 1922.
43. Den Hartog, P.: Mechanische Schwingungen. Deutsche Bearbeitung von G. Mesmer. Berlin: Julius Springer, 1936.
44. Stieglitz, A.: Drehschwingungen in Reihenmotoren. Luftf.-Forsch. 4, 133 (1929).
45. Kimmel, A.: Untersuchung über die Erregung der Dreh- und Biegeschwingungen bei Flugmotoren. Luftfahrtforschung 18, 229 (1941).
46. Geiger, J.: Die Dämpfung der Drehschwingungen von Brennkraftmaschinen. Mitt. Forsch.-Anst. Gutehoffnungshütte 3, 147 (1934). — Ferner: Über die Dämpfung bei Gußeisen mit besonderer Berücksichtigung gegossener Kurbelwellen. Automob.-techn. Z. 42, 634 (1939).
47. Föppl, O.: Kritische Betrachtungen zur Berechnung von Resonanzschwingungsdämpfern. Automob.-techn. Z. 41, 265 (1938).
48. Mansa, L.: Die Bestimmung der Dämpfung von Drehschwingungen einer Flugmotorkurbelwelle. Dissertation, T. H. Karlsruhe, 1932.
49. Brandt, R.: Untersuchung über die Erregung von Drehschwingungen in Reihenmotoren. Jb. 1931 der Motorenabt. DVL., S. 343.
50. Schrön, H.: Die Zündfolge der vielzylindrigen Verbrennungsmaschinen. München: R. Oldenbourg, 1938.
51. Kamm, W. u. Stieglitz A.: Schwingungsuntersuchungen an der Maschinenanlage des Luftschiffes „Graf Zeppelin". Z. Flugtechn. Motorluftsch. 20, 437 (1929).
52. Cornelius, E. A.: Berechnung und Gestaltung schnellaufender Kurbelwellen. Automob.-techn. Z. 42, 385 (1939).
53. Geiger, J.: Ermittlung der Beanspruchung in kritischen Torsionsdrehzahlen von Kurbelwellen mit Berücksichtigung der Dämpfung. Automob.-techn. Z. 43, 403 (1940).
54. Masi, F.: Permissible amplitudes of torsional vibration in aircraft engines. J. Soc. automot. Engr. 45, 311 (1939).
55. Lürenbaum, K.: Schwingungen des Systems Kurbelwelle-Luftschraube. Luftf.-Forschg. 13, 346 (1936).

56. Frahm, H.: Zahnradgetriebe für Turbinen- und Motorschiffe der Werft Blohm und Voß. Jb. Schiffsbautechn. Ges. **25**, 81 (1924).
57. Altmann, F.: Drehfedernde Kupplungen. Z. VDI **80**, 245 (1936).
58. Pielstick, G.: Schwingungsdämpfende Hülsenfedern. Mitt. Forsch.-Anst. Gutehoffnungshütte **4**, 123 (1936).
59. Söchting, F.: Dämpfung der Drehschwingungen durch Flüssigkeitskupplungen. Z. VDI **82**, 701 (1938).
60. Heldt, P.: Torsional vibration exciting forces in V-engines are less with unusual angles between cylinder blocks. Automot. Ind. **65**, 118 (1931).
61. Schlaefke, K.: Der Einfluß des V-Winkels auf die Kurbelwellen-Drehschwingungen von V-Motoren. Z. VDI **80**, 1253 (1936).
62. Frank, B.: Gabelwinkel von V- und W-Motoren. Motortechn. Z. **1**, 194 (1939).
63. Hahnkamm, E.: Erzwungene Schwingungen reibungsgekoppelter Schwingungssysteme. Zamm **13**, S. 183 (1933).
64. Geislinger, L.: Theorie des Resonanzschwingungsdämpfers. Ing.-Arch. **5**, 146 (1934). — Ferner: Die Berechnung von Drehschwingungsdämpfern. Motorentechn. Z. **3**, 326 (1941).
65. Klotter, K.: Einführung in die Technische Schwingungslehre, Bd. 1, S. 175. Berlin: Julius Springer, 1938. — Ferner: Theorie des Reibungsschwingungsdämpfers. Ing.-Arch. **9**, 137 (1939).
66. Kraemer, O.: Bau und Berechnung der Verbrennungskraftmaschinen, 1. Aufl. S. 86, 2. Aufl. S. 95. Berlin: Julius Springer, 1936 und 1941.
67. Bosse, H.: Die Wirkung von Resonanzschwingungsdämpfern und die Entwicklung einer Maschine zur Prüfung solcher Dämpfer. H. 36 der Mitt. Wöhlerinst. Braunschweig: Vieweg & Sohn, 1939.
68. Föppl, O.: Grundzüge der Technischen Schwingungslehre, 2. Aufl., S. 112. Berlin: Julius Springer, 1931. — Ferner: Aufschaukelung und Dämpfung von Schwingungen, S. 89, 99. Berlin: Julius Springer, 1936. Darin weiteres Schrifttum.
69. Wieneke, K.: Versuche zur Beurteilung von Drehschwingungsdämpfern verschiedener Konstruktion mit Hilfe eines neuen optisch-elektrischen Schwingungsmessers. Dissertation, T. H. Braunschweig, 1932.
70. Müller, F.: Untersuchungen über Schwungmasse und Reibungsmoment eines Drehschwingungsdämpfers. Automob.-techn. Z. **42**, 409 (1939).
71. Neugebauer, F.: Schwingungsdämpfung bei endlicher Dämpferträgheit. Dissertation, T. H. Dresden, 1929.
72. Sandner, E. u. J. Barraja: Practical experiences with devices for damping torsional vibrations. J. Soc. automot. Engr. **29**, 458 (1931).
73. Sarazin, R.: DRP. 597091.
74. Taylor, E.: Eliminating crankshaft torsional vibration in radial aircraft engines. J. Soc. automot. Engr. **38**, 81 (1936).
75. Kraemer, O.: Schwingungstilgung durch das Taylor-Pendel. Z. VDI **82**, 1297 (1938). **83**, 901 (1939). — Ferner: Schwingungstilgung durch angekoppelte Pendel. Motortechn. Z. **1**, 3 (9319).
76. D. R. P. 458463 der General Motors Corp., Dayton, V. St. A.
77. Stieglitz, H.: Beeinflussung von Drehschwingungen durch pendelnde Massen. Dissertation T. H. Dresden 1937.
78. Schick, W.: Wirkung und Abstimmung von Fliehkraftpendeln am Mehrzylindermotor. Ing.-Arch. **10**, 303 (1939).

Springer-Verlag in Wien

Die Verbrennungskraftmaschine

Herausgegeben von

Professor Dr. Hans List VDI
Dresden

(Erscheint in 14 in sich abgeschlossenen und einzeln käuflichen Heften.)

Heft 1: **Vorwort und Einführung.** Von Prof. Dr. H. List, VDI, Graz. — **Die Betriebsstoffe für Verbrennungskraftmaschinen.** Von Dr. A. von Philippovich, Berlin. — **Die Gaserzeuger.** Von Obering. Dipl.-Ing. K. Schmidt, Köln-Deutz. Mit 57 Textabbildungen. XII, 106 Seiten. 1939. RM 9.60

Heft 2: **Thermodynamik der Verbrennungskraftmaschine.** Von Professor Dr. H. List VDI, Graz. Mit 121 Textabbildungen. VIII, 123 Seiten. 1939. RM 12.—

Heft 5: **Die Gasmaschine.** Von Direktor Dr.-Ing. A. Schnürle, Köln-Deutz. Mit 170 Textabbildungen. VIII, 114 Seiten. 1939. RM 12.60

Heft 7: **Gemischbildung und Verbrennung im Dieselmotor.** Von Dr.-Ing. A. Pischinger VDI, Köln-Deutz, unter Mitarbeit von Dr.-Ing. O. Cordier VDI, Köln-Deutz. Mit 174 Textabbildungen. VIII, 128 Seiten. 1939. RM 12.60

Heft 8, Zweiter Teil: **Die Dynamik der Verbrennungskraftmaschine.** Von Professor Dr.-Ing. H. Schrön, München. Mit 187 Textabbildungen. VIII, 201 Seiten. 1942. RM 21.60

Heft 10: **Das Triebwerk schnellaufender Verbrennungskraftmaschinen.** Von Obering. H. Kremser, Köln-Deutz. Mit 184 Textabbildungen. IX, 136 Seiten. 1939. RM 16.50

Die weiteren Hefte werden behandeln: Heft 3: Wärmeübergang. — Heft 4: Ladungswechsel. — Heft 6: Gemischbildung im Benzinmotor. — Heft 8, Erster Teil: Allgemeine Fragen der Gestaltung, Festigkeit und Werkstoffe, Gleitflächen und Schmierung. — Heft 9: Die Steuerung und Regulierung der Verbrennungskraftmaschine. — Heft 11: Der Aufbau schnellaufender Verbrennungskraftmaschinen für Kraftfahrzeuge und Triebwagen. — Heft 12: Ortsfeste und Schiffsdieselmotoren. Heft 13: Flugmotoren. — Heft 14: Betriebszahlen und Wirtschaftlichkeit.

Zu beziehen durch jede Buchhandlung

Springer-Verlag in Berlin

Verbrennungsmotoren. Thermodynamische und versuchsmäßige Grundlagen unter besonderer Berücksichtigung der Flugmotoren. Von Dr.-Ing. habil. Fritz A. F. Schmidt, Leiter des Institutes für motorische Arbeitsverfahren und Thermodynamik der Deutschen Versuchsanstalt für Luftfahrt, E. V. (DVL), Berlin-Adlershof, Dozent an der Technischen Hochschule Berlin. Mit 159 Abbildungen im Text. VIII, 326 Seiten. 1939. RM 33.—; Ganzleinen RM 34.80

Schnellaufende Verbrennungsmotoren. Von Harry R. Ricardo. Zweite, verbesserte Auflage, übersetzt und bearbeitet von Dr. A. Werner und Dipl.-Ing. P. Friedmann. Mit 347 Textabbildungen. VIII, 447 Seiten. 1932. Ganzleinen RM 30.—

Die Brennkraftmaschinen. Arbeitsverfahren, Brennstoffe, Detonation, Verbrennung, Wirkungsgrad, Maschinenuntersuchungen. Von D. R. Pye. Übersetzt und bearbeitet von Dr.-Ing. F. Wettstädt. Mit 77 Textabbildungen und 39 Zahlentafeln. VII, 262 Seiten. 1933. Ganzleinen RM 15.—

Zweitakt-Dieselmaschinen kleinerer und mittlerer Leistung. Von Ing. Dr. techn. J. Zeman VDI, Wien. Mit 240 Abbildungen im Text. XI, 245 Seiten. 1935. (Springer-Verlag, Wien.) RM 18.—; Ganzleinen RM 20.—

Bau und Berechnung der Verbrennungskraftmaschinen. Von Prof. Otto Kraemer, Karlsruhe. Zweite, neubearbeitete und erweiterte Auflage. Mit 203 Abbildungen. IV, 202 Seiten. 1941. RM 6.90

Kreisprozesse der Gasturbinen und die Versuche zu ihrer Verwirklichung. Von Dr.-Ing. Rudolf Fuchs, Karlsruhe. Mit 59 Textabbildungen. IV, 80 Seiten. 1940. RM 6.60

Explosions- und Verbrennungsvorgänge in Gasen. Von Dr. sc. nat. Wilhelm Jost, Professor am Physikalisch-Chemischen Institut der Universität Leipzig. Mit 277 Abbildungen im Text. VIII, 608 Seiten. 1939. RM 46.50; Ganzleinen RM 49.50

Treibstoffe für Verbrennungsmotoren. Von Dr.-Ing. Franz Spausta. Mit 70 Textabbildungen. X, 346 Seiten. 1939. (Springer-Verlag, Wien.) RM 18.—; Ganzleinen RM 19.80

Zu beziehen durch jede Buchhandlung

If you have any concerns a...
you can contact ...
ProductSafety@springern...

In case Publisher is established ou...
the EU authorized representati...
Springer Nature Customer Service Cen...
Europaplatz 3, 69115 Heidelberg, Gern...

Printed by Libri Plureos GmbH
in Hamburg, Germany